普通高等学校土建类"十二五"应用型规划教材

钢结构基本原理

主　编　傅菊根　张春玉
副主编　王新武　赵　超

黄河水利出版社
·郑州·

内 容 提 要

本书主要依据国家标准《钢结构设计规范》(GB 50017—2003)编写。全书共分七章,基本内容包括绪论、钢结构的材料、钢结构的连接、轴心受力构件、受弯构件设计、拉弯压弯构件和钢结构最新技术。

本书可以作为高等学校土木工程专业的教材,也可作为钢结构设计、施工、科研及管理人员的参考用书。

图书在版编目(CIP)数据

钢结构基本原理/傅菊根,张春玉主编. —郑州:黄河水利出版社,2010.11 (2013.8 修订重印)
普通高等学校土建类"十二五"应用型规划教材
ISBN 978-7-80734-929-7

Ⅰ.①钢… Ⅱ.①傅… ②张… Ⅲ.①钢结构-高等学校-教材 Ⅳ.①TU391

中国版本图书馆 CIP 数据核字(2010)第 218377 号

组稿编辑:李洪良 电话:0371-66024331 E-mail:hongliang0013@163.com

出 版 社:黄河水利出版社
地址:河南省郑州市顺河路黄委会综合楼14层 邮政编码:450003
发行单位:黄河水利出版社
发行部电话:0371-66026940、66020550、66028024、66022620(传真)
E-mail: hhslcbs@126.com
承印单位:河南地质彩色印刷厂
开本:787 mm×1 092 mm 1/16
印张:19.5
字数:450 千字 印数:4 101—6 100
版次:2011年1月第1版 印次:2013 年8月第2次印刷

定价:35.00元

前　言

本书是按照高等学校土木工程专业指导委员会编制的《高等学校土木工程专业本科教育培养目标和培养方案及课程教学大纲》(修正稿)中的钢结构基本原理课程教学大纲的要求组织编写的,可作为土木工程专业教学用书,也可用于土建工程技术人员的继续教育教材。

本书根据土木工程专业所确定的培养目标和基本要求,重在应用,加强针对性,突出实用性、先进性和地区性,理论部分概念清晰、简明扼要,突出并充实钢结构构造及工程应用等实用性内容,注意从工程的角度加深对钢结构基本原理的理解。

全书共分七章,主要内容有钢结构的材料、钢结构的连接、轴心受力构件、受弯构件设计、拉弯和压弯构件、钢结构最新技术等。为了便于教学使用,本书各章除给出相应的例题外,还在各章后列出了反映相应重点概念和计算方法的思考题与习题。

本书由黄河水利出版社组织有多年丰富教学经验的教师编写,由傅菊根担任第一主编并统稿,张春玉担任第二主编,王新武、赵超担任副主编。各章编写分工如下:第一章及附录由傅菊根编写,第二章由凌利改编写,第三章由赵超编写,第四章由张春玉编写,第五章由牛海成编写,第六章由张春丽编写,第七章由王新武编写。

本书编写过程中参考了国内同行的著作、教材和论文资料,谨向这些文献的作者表示深深的谢意。由于编者水平有限,书中难免存在不妥甚至错误之处,恳请读者批评指正。

编　者

2010 年 10 月

目　录

第一章 绪 论

第一节 钢结构的特点和应用

一、钢结构的特点

钢结构是以钢材(钢板和型钢等)为主制作的结构,与其他材料的结构相比,钢结构具有如下特点。

(一)强度高,自重轻

钢比混凝土、砌体和木材的强度及弹性模量要高出很多倍,因此钢结构的自重常较轻。例如,在跨度和荷载都相同时,普通钢屋架的质量只有钢筋混凝土屋架的1/4~1/3,若采用冷弯薄壁型钢屋架,则只有钢筋混凝土屋架的1/10左右,轻得更多。因为自重小、刚度大,钢结构特别适宜于建造大跨度和超高、超重型的建筑物。由于质量轻,钢结构也便于运输和吊装,且可减轻下部结构和基础的负担,降低造价。

(二)材质均匀

钢材的内部组织均匀,非常接近于各向同性体,且在一定的应力范围内属于理想弹性工作,符合工程力学所采用的基本假定,因此可根据力学理论对钢结构进行计算,且计算结果准确、可靠。

(三)塑性、韧性好

钢材的塑性好,钢结构破坏前一般会产生显著的变形,易于被发现,可及时采取补救措施,避免重大事故发生。钢材的韧性好,钢结构对动力荷载的适应性强,具有良好的吸能能力,抗震性能优越。

(四)工业化程度高

钢结构构件在机械化程度高的工厂制成,能成批大量生产,生产效率高,速度快,成品精确度较高,质量易于保证,是工程结构中工业化程度最高的一种结构。采用工厂制造、工地安装的施工方法,可缩短建设周期、降低造价、提高经济效益。

(五)建筑钢材具有可焊性

建筑钢材具有可焊性,使钢结构的连接大为简化,可满足制造各种复杂结构形状的需要。但焊接时产生很高的温度,温度分布很不均匀,结构各部位的冷却速度也不同,因此不但在高温区(焊缝附近)材料性质有变差的可能,而且会产生较高的焊接残余应力,使结构中的应力状态复杂化。

(六)密闭性好

焊接的钢结构可以做到完全密闭,因此适宜于建造要求气密性和水密性好的气罐、油罐、管道和高压容器。

(七)耐热性较好,耐火性差

当辐射热温度低于100 ℃时,即使长期作用,钢材的主要性能变化也很小,其屈服点和弹性模量均降低不多,因此其耐热性能较好。但当温度超过250 ℃时,其材质变化较大,当结构表面长期受辐射热达150 ℃以上或在短时间内可能受到火焰作用时,须采用隔热和防火措施(涂装防火涂料等)。

(八)耐腐蚀性差

一般钢材较易锈蚀,特别是在湿度大和有侵蚀性介质的环境中更甚,因此须采用除锈、刷油漆等防护措施,而且须定期维修,需要一定的维护费用。

二、钢结构的应用

应根据钢结构的特点,注意扬长避短,合理使用钢结构。在工业与民用工程中,钢结构的主要应用范围如下。

(一)大跨度结构

结构的跨度越大,结构自重在全部荷载中所占比重也就越大,减轻自重可获得明显的经济效益。对于大跨度结构,钢结构质量轻的优点显得特别突出。

由于钢结构强度高而质量轻,可以跨越很大的跨度,特别适合大跨桥梁和大跨建筑结构。如:2009年我国入选世界十年十大建筑的国家体育场可容纳9.1万人,建筑顶面呈鞍形,长轴为332.3 m,短轴为296.4 m,钢结构最大跨度达到343 m;世界第一跨度钢结构斜拱——南京奥林匹克体育中心主体育场钢结构斜拱,总跨度361.582 m;国家大剧院、浦东国际机场、广州国际会展中心等大跨度结构,都充分展示了钢结构在大跨度结构中的独特优势。

(二)重型工业厂房结构

重型机器制造工业、冶金工业及大型动力设备制造工业等重工业企业的厂房大都属于重型厂房,厂房中的重级或中级工作制吊车均达到100 t以上,所以这些车间的主要承重骨架常全部和部分采用钢结构。此外,对于有强烈辐射的车间也经常采用钢结构。

(三)受动力荷载作用的结构

由于钢材具有良好的韧性,对于具有较大锻锤或动力设备的厂房常采用钢结构。此外,对于抗震性能要求高的结构也常采用钢结构。

(四)可拆卸的移动结构

钢结构不仅质量轻,便于搬迁,而且可以采用螺栓连接,非常便于装配和拆卸。对于展览馆和活动屋来说,采用钢结构制作最适宜搬迁。

(五)高耸结构和高层建筑

高耸结构包括塔架及桅杆等结构,如广播、电视发射塔架和高压输电线路等。高耸结构主要承受风荷载,由于钢结构的构件截面面积小,从而大大减小风荷载,因而能够取得更大的经济效果。当高层建筑的层数和高度均较大时,应采用钢结构。

(六)轻型钢结构

钢结构对于跨度比较小的结构也有一定的优势,因为在这类结构中,结构的自重是一个很重要的因素。采用轻屋面的轻钢屋结构与钢筋混凝土相比,在用钢指标接近的情况下,结构自重可以减轻 70% ~80%,用钢量相比普通钢结构会降低 25% ~50%,整体自重减少 20% ~50%。

(七)容器及其他构筑物

对于冶金、化工、石油企业中的油罐、高炉、热风炉等,常广泛采用密封和耐高压性能好的钢板焊成的容器。另外,对于通廊栈桥、管道支架、钻井及海上采油平台等其他构筑物,也常采用钢结构。

第二节 钢结构设计要求与设计方法

一、钢结构设计要求

钢结构设计时应满足下列要求:

(1)钢结构及其构件应安全可靠,即能安全地承受预期的各种有关荷载,因而必须具有足够的承载能力和稳定性。钢构件一般壁薄且细长,稳定问题特别突出。

(2)要满足使用要求和耐久性。使用要求包括变形和振幅的限制,耐久性主要应注意抗腐蚀和防火。

(3)要满足经济要求。最优的设计除安全适用外,还应做到成本最低、质量最轻、制作和安装劳动力最省、工期最短、维护最方便。

为了实现上述设计要求,应掌握各种荷载的特性和量值及它们应有的组合,具备合理选择钢材和连接的能力,能选用最优的结构方案和最先进的设计方法,使钢结构设计做到技术先进、经济合理、安全适用、确保质量。此外,还要总结、创新和推广先进的制造工艺与安装技术,任何脱离施工的设计都是不成功的设计。

二、钢结构设计方法

钢结构目前有两种设计方法,即容许应力设计法和极限状态设计法。

(一)容许应力设计法

容许应力设计法是一种传统的设计方法,这种方法是把影响结构的各种因素都当做定值,将材料可以使用的最大强度除以一个笼统的安全系数作为容许达到的最大应力,即容许应力。其表达式为

$$\sigma \leqslant \frac{f_y}{K} = [\sigma] \tag{1-1}$$

式中 f_y——钢材的屈服强度;

K——安全系数。

这种方法的优点是表达简洁、计算比较简单,曾长期被采用。但容许应力设计法的缺点是笼统地采用了一个安全系数,使各构件的安全度各不相同,从而使整个结构的安全度一般取决于安全度最小的构件。

容许应力设计法目前还被许多国家采用。我国的铁路和桥梁规范也采用这种方法。建筑钢结构中不能按极限平衡或弹塑性分析的结构也仍然采用该方法,如对钢构件或连

接处的疲劳强度计算。

(二)极限状态设计法

1. 极限状态

极限状态方法是将影响结构可靠性的各种参数作为随机变量,用概率论和数理统计方法进行分析,采用可靠度理论,求出结构在使用期间应满足要求的概率。

结构的极限状态是指整个结构或结构的某一部分达到某一特定状态,超过此特定状态就不能满足设计规定的某一功能的要求。结构的极限状态可以分为以下两类。

1)承载能力极限状态

承载能力极限状态对应于结构或构件达到最大承载力或出现不适于继续承载的变形,包括倾覆、强度破坏、疲劳破坏、丧失稳定、结构变为机动体系或出现过度的塑性变形。由于钢结构构件的材料强度高而截面面积小,故稳定的问题非常突出。压杆的截面尺寸一般由稳定要求而非强度来确定,不仅构件可能失稳,而且整体结构和组成构件的板件也可能失稳,不过,板件的局部失稳并不总是达到承载能力极限状态。

2)正常使用的极限状态

正常使用的极限状态对应于结构或构件达到正常使用或耐久性能的某项规定限值,包括出现影响正常使用或影响外观的变形,出现影响正常使用的振动及影响正常使用或耐久性的局部破坏。

2. 结构的极限状态方程

结构必须满足设计规定的各项功能。这些功能可用功能函数描述:若结构设计时需要考虑的影响结构可靠性的随机变量有 n 个,即 $x_1, x_2, \cdots, x_n$,则通常可建立函数关系

$$Z = g(x_1, x_2, \cdots, x_n) \tag{1-2}$$

此函数称为功能函数。

在简单的设计场合,仅以结构抗力 R 和作用效应 S 两个基本随机变量来表达功能函数:

$$Z = R - S \tag{1-3}$$

式中 R——结构抗力,指结构或构件承受内力和变形的能力,如构件的承载能力、刚度等,结构抗力是结构或构件的材料性能、几何参数和计算模式的函数;

S——作用效应,指结构上的作用引起的结构或其构件的内力和变形,如弯矩、剪力、轴力、扭矩和应力及挠度、转角与应变等,当作用为荷载时,其效应称为荷载效应。

由于影响结构抗力 R 和作用效应 S 的各种因素都是独立的随机变量,所以结构抗力和作用效应也是随机变量。结构或构件的极限状态可以用功能函数 $Z = R - S$ 来描述:

当 $Z < 0$,即 $R < S$ 时,结构或构件处于失效状态:

当 $Z > 0$,即 $R > S$ 时,结构或构件处于可靠状态;

当 $Z = 0$,即 $R = S$ 时,结构或构件处于极限状态。

3. 概率极限状态设计法

1)失效率与可靠度

结构或构件的失效率可以用下列公式表示

$$P_f = P \quad (Z = R - S < 0) \tag{1-4}$$

只要使通过上式计算出的结构或构件的失效率 P_f 小到人们可以接受的程度，就可以认为结构设计是可靠的。

直接应用结构可靠度或失效率的方法进行计算比较复杂，目前各个国家在确定可靠性指标时都采用校准法，通过对原有的规范作反演，找出隐含在现有工程中相应的可靠性指标值。对钢结构各类主要构件校准的结果，可靠性指标 β 一般为 3.16～3.62。

《建筑结构设计统一标准》(GBJ 68—1984) 规定的可靠性指标见表 1-1。

表 1-1 可靠性指标 β 和相应的失效率 P_f

破坏类型	安全等级		
	一级	二级	三级
塑性破坏	$3.7(1.08\times10^{-4})$	$3.2(6.87\times10^{-4})$	$2.7(3.47\times10^{-3})$
脆性破坏	$4.2(1.34\times10^{-5})$	$3.7(1.08\times10^{-4})$	$3.2(6.87\times10^{-4})$

注：表中括号外数字是可靠性指标 β，括号内数字是相应的失效率 P_f。

钢结构连接的承载能力极限状态经常是强度破坏，可靠性指标比构件高，推荐取 4.5。

2) 概率极限状态法设计表达式

为应用方便并符合人们长期以来的习惯，规范给出了以概率极限状态为基础的实用设计表达式。

(1) 承载能力极限状态表达式。

对承载能力极限状态，应考虑荷载效应的基本组合和在偶然情况下荷载效应的必要组合。钢结构设计用应力表达，采用钢材强度设计值，按荷载效应的基本组合进行，强度和稳定设计时，有如下极限状态表达式。

①可变荷载效应控制的组合：

$$\gamma_0\left(\gamma_G\sigma_{Gk} + \gamma_{Q1}\sigma_{Q1k} + \sum_{i=2}^{n}\psi_{Ci}\gamma_{Qi}\sigma_{Qik}\right) \leqslant f_y/\gamma_R = f \tag{1-5a}$$

②永久荷载效应控制的组合：

$$\gamma_0\left(\gamma_G\sigma_{Gk} + \sum_{i=1}^{n}\psi_{Ci}\gamma_{Qi}\sigma_{Qik}\right) \leqslant f_y/\gamma_R = f \tag{1-5b}$$

式中 γ_0——结构重要性系数，当安全等级为一、二、三级时分别取 1.1、1.0、0.9；

γ_G——永久荷载分项系数，对式(1-5a)一般取 1.2，对式(1-5b)一般取 1.35，当荷载效应对结构有利时，取 1.0，对抗倾覆和滑移有利时取 0.9；

γ_{Q1}、γ_{Qi}——第 1 个和第 i 个可变荷载的分项系数，一般情况下取 1.4，当楼面活荷载大于 4 kN/m^2 时取 1.3；

σ_{Q1k}、σ_{Qik}——第 1 个和第 i 个可变荷载标准值计算的可变荷载效应值；

σ_{Gk}——按永久荷载标准值计算的永久荷载效应值；

ψ_{Ci}——第 i 个可变荷载的组合系数，一般情况下，当无风荷载参与组合时取 1.0，有风荷载参与组合时取 0.6；

γ_R——结构抗力分项系数。

(2)正常使用极限状态设计表达式。

对正常使用极限状态,钢结构或构件仅考虑荷载效应标准组合,其表达式为

$$v_{Gk} + v_{Q1k} + \sum_{i=2}^{n} \psi_{Ci} v_{Qik} \leqslant [v] \tag{1-6}$$

式中　v_{Gk}——永久荷载的标准值在结构或构件中产生的变形值;

v_{Q1k}——起控制作用的第1个可变荷载的标准值在结构或构件中产生的变形值(该值使计算结果为最大);

v_{Qik}——其他第 i 个可变荷载标准值在结构或构件中产生的变形值;

$[v]$——结构或构件的容许变形值。

对于轴心受力和偏心受力构件,正常使用极限状态用构件的长细比 λ 来保证,以免构件过细、易于弯曲和颤动,对构件和连接的工作不利。验算公式为

$$\lambda = l_0/i \leqslant [\lambda] \tag{1-7}$$

式中　$[\lambda]$——构件的容许长细比,按规范规定采用;

l_0——构件的计算长度;

i——构件的截面回转半径,$i = \sqrt{I/A}$,I 和 A 分别是截面惯性矩和截面面积。

第三节　钢结构的发展方向

随着我国现代化建设的加速发展和钢产量的持续增加,钢结构的应用将有很大发展,钢结构工程的科学技术水平也应该迅速提高。为此,要在下列几个方面做好工作。

一、高效能钢材的研制和应用

高效能钢材的含义包括两个方面:一是研制出强度较高而性能又好的钢材;二是采用各种有效措施(如改进截面形式等),提高钢材的有效承载力,更好地发挥钢材的使用效果,从而节约钢材。

我国目前已较普遍采用Q345钢,北京首都体育馆的网架、上海电视塔的塔柱钢管就采用了这种材料。由于Q345钢强度高(屈服强度为345 MPa),可节约大量钢材。近几年,一些强度更高的钢材也相继在工程中使用,如中央电视台主楼钢结构使用了Q390、Q420等钢材,国家体育馆使用的钢材为Q460钢材。但与国外高强度钢材相比,当前仍然有较大的差距。如美国和苏联在1969年和1975年就已先后采用屈服点为700 N/mm^2 和750 N/mm^2 的钢材。如何开发研制高强度钢并合理应用是一个重要课题。

普通钢材的耐腐蚀性差,需要油漆防腐,这是钢结构尤其是薄壁钢结构的弱点。近年来,国外研制出一种耐腐蚀钢,价格虽比普通钢材高20%~40%,但抗腐蚀性强,不需油漆保护。日本和美国都已将其大量用于沿海工程中。我国也已研制并生产出耐腐蚀钢,用于铁路货车车厢,使车厢由过去5~7年需更换的大修期延长到12年以上,节约了大量钢材。今后在提高钢材强度、增强抗腐蚀性方面,应继续开展研制工作,并将它用于建筑钢结构。

另外,宽翼缘工字型钢(或称H型钢)、方钢管、压型钢板、冷弯薄壁型钢等都能较好

地发挥钢材的效能，得到较好的经济效果，有着广阔的发展前景。

二、计算理论的研究和完善

现在已广泛应用新的计算技术和测试技术，对结构和构件进行深入计算与测试，为了解结构和构件的实际性能提供了有利条件。计算和测试手段越先进，就越能反映结构和构件的实际工作情况，从而合理使用材料，发挥其经济效益，并保证结构的安全。

我国现行《钢结构设计规范》（GB 50017—2003）采用了以概率论为基础的极限状态设计法，这是通过大量理论研究和试验分析取得的成果。从合理和经济的角度出发，采用以概率为基础的极限状态设计方法是先进的设计方法，但目前还属于近似概率设计法，应向采用更为先进合理的全概率极限状态设计法的方向努力。

稳定是钢结构设计中的突出问题，自从欧拉提出轴心受压柱的弹性稳定临界力的计算公式以来，已有200多年。在此期间，很多学者对各类构件都做了不少理论分析和试验研究，也取得了很多成果，但仍存在不少问题尚未解决或未很好解决，如压弯构件的弯扭屈曲、薄板屈曲后强度、各种刚架体系的稳定及空间结构的稳定等，所有这些问题需要进一步研究和完善。

三、结构形式的创新和应用

新的结构形式有薄壁型钢结构、悬索结构、悬挂结构、网架结构和预应力钢结构等。这些结构形式适用于轻型结构、大跨屋盖结构、高层建筑和高耸结构等，对减少耗钢量有重要意义。

钢和混凝土组合构件的应用是一个重要的发展方向。钢材抗拉和抗压的强度相同，但受压构件取决于稳定承载力，致使钢材强度得不到充分发挥，混凝土则只能抗压。如果把钢和混凝土组合起来，形成钢－混凝土组合结构，则可充分发挥两种材料的长处，又互相弥补对方的缺点，形成一种新的结构，如组合梁、钢管混凝土柱、型钢混凝土梁和型钢混凝土柱等（见图1-1）。

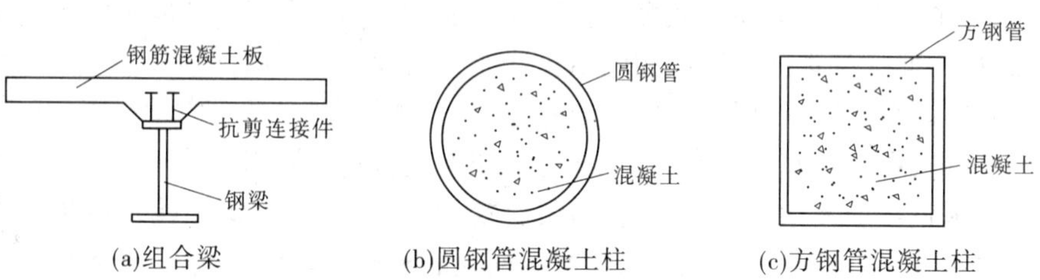

图1-1　组合梁和柱

由钢筋混凝土板作为受压翼缘与钢梁组合可节约钢材。这种组合梁已用在高层建筑楼层中。

采用钢管里面灌混凝土作为柱或柱肢，也是组合构件的一种类型。这种构件的特点是在压力作用下，钢管和混凝土之间产生相互作用力，使混凝土在三向受压的应力状态下工作，大大提高了它的抗压强度，还改善了它的塑性，提高了抗震性能。对于薄钢管，因得到了混凝土的支持，提高了稳定性，使钢材强度得以充分发挥。这一结构已在国内推广应用。新的《钢结构设计规范》(GB 50017—2003)还列入了组合结构的内容。

预应力钢结构也是一种新型结构。它的主要形式是在一般钢结构中增加一些高强度钢构件并对结构施加预应力,它的实质是以高强度钢材代替部分普通钢材,从而达到节约钢材的目的。我国从20世纪50年代就开始对预应力钢结构进行了理论和试验研究,并在一些工程中采用。

四、最优化原理的应用

结构优化设计包括确定优化的结构形式和确定优化的截面尺寸。计算机的逐步普及促使结构优化设计得到相应的发展。我国编制的钢吊车梁标准图集,就是根据耗钢量最小的条件写出目标函数,把强度、稳定、刚度等一系列设计要求作为约束条件,用计算机解得优化的截面尺寸,比过去的设计标准节省钢材5%~10%。优化设计已逐步推广到塔桅结构、网架结构设计等各个方面。

五、钢结构制造和施工技术的研究

钢结构制造的工业化程度会随着新技术的发展而提高,目前,钢结构制造业已趋向机电一体化,而且施工技术正在进一步提高。

第四节　本课程的主要内容、特点和学习方法

一、钢结构基本原理课程的主要内容

钢结构基本原理课程的主要内容包括材料、连接、基本构件设计(轴心受力构件、受弯构件、压弯拉弯构件)等部分。

二、钢结构基本原理课程的特点

钢结构基本原理是全国高等教育土木工程专业的核心课程之一,是为培养学生在土木工程钢结构方面的基本理论知识和应用设计能力而设置的一门课程。

钢结构基本原理是一门理论性较强的课程,它以材料力学、结构力学和建筑材料等课程为基础。因此,在学习本课程前,应学好力学和工程材料等课程。

目前,我国正在加大基础工程建设,高层建筑钢结构、大跨度钢结构及各种轻型钢建筑结构的发展和应用日渐广泛,更显出学习本课程的重要性。因此,从事土木建筑的工程技术人员应很好地学习和掌握这门专业课。

钢结构基本原理还是一门很有生命力的课程,随着各种高效钢材和新型结构的开发,以及计算技术和试验手段的现代化,钢结构技术在不断更新和发展,各种有关标准和规范也在不断修订充实,且钢结构设计原理的内容也在不断修订扩充。

三、钢结构基本原理课程的学习方法

对钢结构基本原理的学习首先应将基本理论和基本概念放在重要位置,要对材料合

理选用、连接计算、基本构件计算和结构设计等内容认真学习，善于归纳、分析和比较，并不断加深理解。同时，还必须联系工程实践，学习感性认识。另外，学会运用设计规范至关重要。为了贯彻国家的技术经济政策，保证设计质量，达到设计方法上必要的统一化、标准化，国家制定了钢结构设计规范，对钢结构构件的设计方法和构造细节都作了具体规定。规范反映了国内外钢结构的研究成果和工程经验，是理论与实践的高度总结，体现了该学科在当前一个时期的技术水平。对于规范，特别是其规定的强制性条文，设计人员一定要遵循，并能熟练应用。因此，在本课程的学习中，要注意有关基本理论的应用最终都要落实到规范的具体规定中。本课程涉及的规范、标准主要有《建筑结构荷载规范》（GB 5009—2012）、《钢结构设计规范》（GB 50017—2003）等。在设计和做习题时，应条理清晰、步骤分明、计量单位采用得当，以避免计算中的遗漏和失误。

思考题

1. 钢结构有哪些特点？结合这些特点，你认为应怎样选择其合理应用范围？

2. 钢结构基本原理课程有哪些主要内容和特点？

3. 钢结构的可靠性指的是什么？它包括哪些内容？可靠度又是什么？

4. 结构的承载能力极限状态包括哪些计算内容？正常使用极限状态又包括哪些内容？

5. 可靠性指标与失效率有什么关系？钢结构的可靠性指标一般规定是多少？

第二章　钢结构的材料

第一节　钢结构对材料的要求

钢材的种类繁多、性能差别很大,适用于钢结构的钢材只是其中的一小部分,所以用做钢结构的钢材必须满足下列要求。

钢材应具有较高的强度、足够的变形能力和良好的加工性能。对于钢结构中所用到的材料,按照《钢结构设计规范》(GB 50017—2003)中的要求,应用于承重结构的钢材有Q235钢、Q345钢、Q390钢和Q420钢。选用规范中未推荐的钢材时,必须有可靠依据,以确保钢材的质量。

用做钢结构的钢材必须具有较高的抗拉强度和屈服点。钢结构设计中常把钢材应力达到屈服点作为承载能力极限状态的标志,因此其值高可以减小截面面积,从而减轻自重,节约钢材,降低造价。而抗拉强度是钢材塑性变形很大且将破坏时的强度,其值高可以增加钢结构的安全保障。

用做钢结构的钢材要求具有很好的韧性和塑性。韧性好是指结构在动荷载作用下破坏时能吸收比较多的热量,降低钢材脆性破坏的概率。塑性好是指结构破坏前的变形比较明显,能减少脆性破坏的危险。所以,钢材变形能力的大小在设计中特别是采用塑性设计和考虑地震作用时更具重要意义。

加工性能包括冷、热加工和可焊性能。钢材应具有良好的加工性能,以保证其不但易于加工成各种形式的结构,而且不致因加工对强度、塑性及韧性带来较大的不利影响。

此外,根据结构的具体工作条件,在必要时还要求钢材具有适应低温和腐蚀性环境、抵抗冲击荷载及疲劳荷载作用的能力。

第二节　钢材的塑性破坏和脆性破坏

钢材有两种完全不同的破坏形式:塑性破坏和脆性破坏。钢材一般情况下是弹塑性材料,具有较高的塑性和韧性,但在特殊的条件下可以转变为脆性破坏。例如给定两个试件,一个是标准的圆棒实心试件,另一个是比标准试件粗但在中部带有小槽,两个试件的净截面面积相同。在试验机上进行标准条件下的加荷试验,其受力性能和破坏特征有明显的区别。前者表现为塑性破坏,而后者表现为脆性破坏。

这两种破坏形式的特征为:

塑性破坏——主要破坏特征是破坏前具有较大的、明显可见的塑性变形,常在钢材的表面出现明显的相互垂直交错的锈迹剥落线,而且仅在材料或结构构件中的应力达到抗拉强度后才会发生破坏。塑性破坏伴随有较长的持续时间,破坏后的断口呈纤维状,色泽发暗。塑性破坏特征很容易及时发现并采取适当措施予以补救，破坏前的较大塑性变形能力，可以实现构件和结构小的内力重分布，使结构中原先受力不等的部分应力趋于均匀，因而提高了结构的承载能力，钢结构的塑性设计就是建立在这种足够的塑性变形能力上的。

脆性破坏——主要特征是破坏前塑性变形很小或根本没有塑性变形，危险性极大，而且突然迅速断裂，破坏时平均应力低于抗拉强度，甚至低于屈服点，断裂从应力集中处开始，破坏后的断口平直，呈有光泽的晶粒状或有人字纹。由于脆性破坏前没有任何预兆，无法及时发现，而且一旦发生，就有可能导致整个结构瞬间塌毁，极易造成人身伤亡事故和较大经济损失，所以在设计、施工和使用钢结构时，要特别注意防止脆性破坏的发生。

第三节　钢材的主要性能

一、钢材在单向拉伸时的工作性能

钢材的标准试件在常温、静载条件下一次单向均匀拉伸试验时的荷载—变形曲线或应力—应变曲线如图 2-1 所示。其中图 2-1(a)是低碳钢和低合金钢的拉伸曲线，曲线中所表现出的钢材的性能最具有代表性，所进行的试验也比较简单，且能便于规定标准的试验方法和多项性能指标。钢材的主要强度指标和变形能力就是通过单向拉伸试验来确定的。

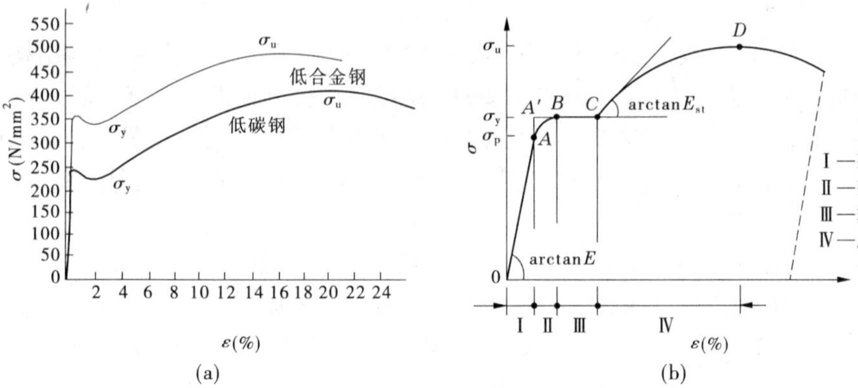

图 2-1　钢材的一次拉伸应力—应变曲线

从图 2-1 应力—应变曲线可以得到钢材的各项物理指标：

比例极限　曲线的最初阶段是直线段，直线段的最大值处用比例极限 σ_p 表示。比 σ_p 略高的还有弹性极限，直线超过 σ_p 后会出现曲线，但这两者非常接近，基本不加以区分。在这个阶段应力—应变曲线符合虎克定律，这个阶段内如果卸载，其变形能够完全恢复，所以称为弹性阶段，即图 2-1(b)中的 0A 段。

屈服点　当超过弹性阶段后，曲线进入弹塑性阶段，应变与应力不再成正比，直至屈服点。这一阶段是图 2-1(b)中的 AB 段，B 点的应力值为屈服点 σ_y。在此之后，应力保持不变而应变持续增大，出现了一段纯塑性变形，也称为塑性平台。在这个阶段内，如果卸载，就会出现部分变形不可恢复，不可恢复的变形称为残余变形，也即这个阶段任一点的变形分为弹性变形和塑性变形两部分。屈服点是钢结构材料的一项重要力学性能，计算时将其作为弹性计算时强度的标准(用符号 f_y 表示)。

抗拉强度 屈服平台之后，钢材的强度又有所提高，这个阶段应变增长时又需有应力的增长，而应变相对应力增长为快，呈现曲线关系直至最高点，最高点所对应的应力值即为抗拉强度 σ_u(在设计中作为材料的抗力用 f_u 表示)，之后试件出现颈缩而破坏。

从以上的分析及曲线的走向可以归纳出：

(1)钢材的单调拉伸曲线提供了三个重要的力学性能指标：屈服点 f_y、抗拉强度 f_u 和伸长率 δ。钢结构中所采用的钢材都应满足《钢结构设计规范》(GB 50017—2003)对这三项力学性能指标的要求。

(2)对于没有缺陷和残余应力影响的试件，比例极限和屈服点比较接近，达到相应应力值时的应变也较接近，且数值很小。因此，为了简化计算，通常假定屈服点前钢材为完全弹性的，而屈服点后则为完全塑性的，这样就可把钢材视为理想的弹塑性体，其应力—应变曲线表现为如图 2-2 所示的双直线。这一简化，与实际误差不大，却给计算带来了很大的方便，成为钢结构弹性设计和塑性设计的理论基础。

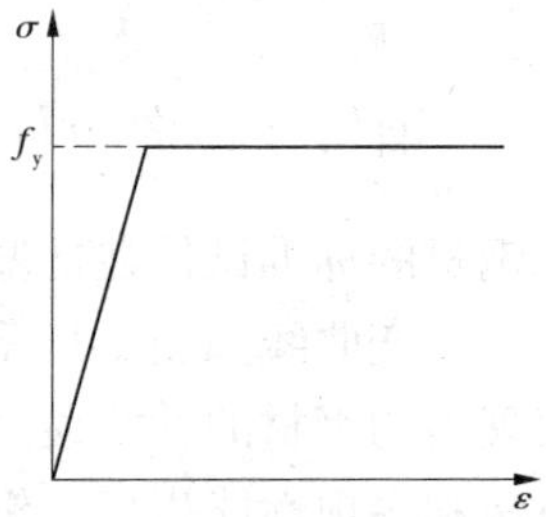

图 2-2 理想弹塑性体应力—应变曲线

构件应力达到 σ_y 后产生较大的变形，此时结构因过度变形而不适于继续承载，故把它取为计算构件的强度标准，所以屈服点 f_y 是钢结构设计中应力允许达到的最大限值。到达图 2-1(b)中 D 点时构件开始断裂破坏，所以 σ_u 是材料的安全储备，抗拉强度 f_u 反映了钢材受拉时所能承受的极限应力。钢材的抗拉强度与屈服点之比称为强屈比。设计时要求选定适当的强屈比，以提高强度的利用率和降低造价。

(3)伸长率 δ 是衡量钢材断裂前所具有的塑性变形能力的指标，指试件断裂后永久变形与原标定长度的百分比。取圆形试件直径的 5 倍或 10 倍为标定长度，其相应的伸长率用 δ_5 和 δ_{10} 表示。另外，还有一个衡量钢材塑性性能的指标为断面收缩率 Ψ，指颈缩处横断面面积最大的缩减量与原始横断面面积的百分比，比值越大，塑性越好。

(4)低碳钢和低合金钢具有明显的屈服点与屈服平台，但是热处理钢材或是调质处理的钢材没有明显的屈服点和塑性平台，应力—应变曲线为一连续曲线，其屈服点是以卸载后试件中残余变形为 0.2% 所对应的应力作为屈服点，是人为规定的。为了与前者的屈服点作一区别，这种名义屈服点称为屈服强度。

(5)钢材的一次单向均匀拉伸试验还能表现出其材料在弹性阶段的弹性模量 E 及硬化开始时的应变模量 E_{st}。

另外，钢材在单向受压时(短试件)，抗压强度与单向受拉时相同，钢材受扭转时的应力—应变曲线也与受拉时相似，只是剪切时的强度指标数值比拉伸时的小，剪切模量 G

也低于弹性模量 E。钢材和铸钢件的弹性模量、剪切模量、线膨胀系数 α 和质量密度 ρ 列于表 2-1。

表 2-1　钢材和钢铸件的物理性能指标

弹性模量 E (N/mm^2)	剪切模量 G (N/mm^2)	质量密度 ρ (kg/m^3)	线膨胀系数 α (℃$^{-1}$)	泊松比 μ
206×10^3	79×10^3	7 850	12×10^{-6}	0.3

二、钢材的冷弯性能

钢材的冷弯性能是衡量钢材在常温下弯曲加工产生塑性变形时对裂纹的抵抗能力的一项指标。另外,通过冷弯试验还能检验钢材内部颗粒结晶及非金属夹杂分布的情况,所以也是判别钢材冶金质量的指标。

钢材的冷弯性能是通过冷弯试验确定的,图 2-3 是钢材的冷弯试验示意图。试验时,根据试样的牌号和不同的厚度,按国家标准规定的弯心直径,在试验机上对标准试件中部施加荷载使之弯曲,弯曲角度为 180°,试验后根据其表面或侧面有无裂纹或分层判断冷弯性能。在设计中,焊接承重结构及重要的非焊接承重结构采用的钢材,均应具有冷弯试验的合格保证。

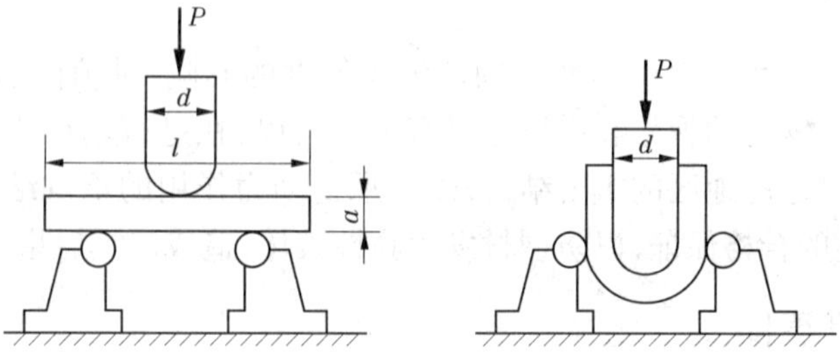

图 2-3　冷弯试验

三、钢材的冲击韧性

钢材在某些工作过程中还必须具有抵抗冲击的性能,这种与抵抗冲击作用有关的性能称为韧性。

在前面钢材的单向拉伸试验中,其断裂所吸收的能量用单位体积吸收的能量来表示,其值等于应力—应变曲线下的面积。塑性好的钢材,面积大,韧性值也大。这种情况下获得的韧性没有考虑应力集中和动荷载作用的影响,只是单一地比较了不同钢材在正常情况下的韧性的好坏。而在钢材的实际工作中,则是采用冲击韧性来衡量钢材抵抗脆断的性能。实际结构中,脆性断裂并不发生在单向受拉的地方,而总是发生在有缺口高峰应力的地方,所以冲击韧性也指缺口韧性,它是评价带有缺口的钢材在冲击荷载作用下抵抗脆性破坏能力的指标。

钢材的冲击韧性通常用有特定缺口的标准试件，在试验机上进行冲击荷载试验使试件断裂来确定。常用的试验方法为梅氏方法和夏比试验方法。前者是过去常用的方法，采用的试件是跨中带U形缺口的方形截面小试件。试验时将其放在试验机上（如图2-4(a)、(b)所示），在摆锤冲击下折断，断口处单位面积上的功即为冲击韧性，也叫冲击功，用 α_k 表示，单位为 J/cm^2。而后者采用的方法是我国现行标准《碳素结构钢》(GB 700—1988)规定的方法，其采用的是带有夏比V形缺口的标准试件进行冲击试验（见图2-4(c)），因缺口比较尖锐，缺口根部的高峰应力及其附近的应力状态能更好地描绘实际结构的缺陷，故此种方法更为流行，其破坏时的冲击功用 A_{kV} 或 C_V 表示，单位为J（1 J = 1 N×1 m）。

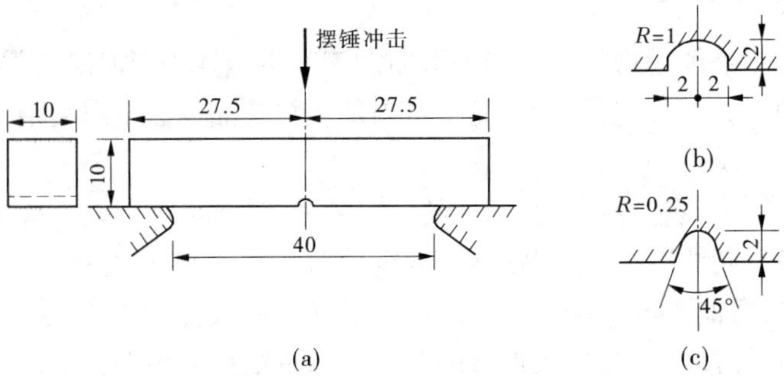

图2-4 冲击试验 （单位：mm）

经过大量的试验表明，缺口的冲击韧性值受温度的影响，其值随着温度的降低而降低，降低的规律还与钢材的牌号和质量等级有关。所以，在进行钢结构设计时，对于处于不同环境下，特别是寒冷地区的重要结构，以及承受动力作用的承重结构，要满足相当温度下钢材冲击韧性的合格保证，以防钢材发生脆性破坏，造成严重后果。

四、钢材的可焊性

可焊性是指采用一般焊接工艺就可完成合格的（无裂缝）焊缝的性能，此性能要求在焊接过程中焊缝及焊缝附近金属不产生热裂纹或冷却收缩裂纹，在使用过程中焊缝处的冲击韧性和热影响区内塑性良好，不低于母材的力学性能。

钢材的可焊性受碳含量和合金元素含量的影响。

(1)对于碳素结构钢，其含碳量在0.12%～0.20%范围内可焊性最好。当含碳量超过上述范围，也即含碳量增大时，可使焊缝和热影响区变脆。一般情况下，碳素结构钢中的Q235A的碳含量较其他三个质量等级的高，且碳含量不作为交货条件，除非把碳含量作为附加保证。因此，这一钢号通常不能用于焊接构件。其他三个质量等级Q235B、C、D的碳含量低于Q235A的，其碳含量控制在上述的适宜范围之内，能用于焊接的构件中。

(2)在低合金高强度钢中，为了提高钢材强度而加入了一些合金元素，而合金元素大多对可焊性有不利影响，这里将合金元素折算成含碳量，以碳当量 C_{eq} 作为钢材化学成分的重要指标，来衡量其可焊性。《建筑钢结构焊接技术规程》(JGJ 81—2002)采用的碳当

量计算公式为

$$C_{eq}=C+\frac{Mn}{6}+\frac{1}{5}(Cr+Mo+V)+\frac{1}{15}(Ni+Cu) \tag{2-1}$$

式中,等号后的各种元素代表的数值分别为其质量百分数。由此公式计算出的 C_{eq}不超过0.38%时,钢材的可焊性很好,可以不用采取措施直接施焊,Q345 钢属于这一类。当 C_{eq}的值为0.38% ~0.45%时,钢材淬硬(指钢材淬火硬化的现象)倾向明显,需要采取适当的预热措施并注意控制施焊工艺。预热的目的在于使焊缝和热影响区缓慢冷却,以免因淬硬而开裂。当 C_{eq}大于0.45%时,钢材的淬硬倾向更加明显,需要采用较高的预热温度和适当的预热措施并注意控制施焊工艺。

由此可见,钢材可焊性的优劣是指钢材在采用一定的焊接方法、焊接材料、焊接工艺参数及结构形式等条件下,获得合格焊缝的难易程度。可焊性差的钢材,则要采取更为严格的工艺措施。

第四节 影响钢材性能的因素

一、化学成分的影响

钢的主要成分是铁和碳,另外还含有其他微量元素。钢是含碳量小于2%的铁碳合金,而含碳量大于2%的则为铸铁。

在碳素结构钢中,铁的含量约占99%,碳和其他元素约占1%。低合金结构钢,通常是在此基础上加入总量不超过3%的合金元素。从钢材的组成成分中可以看出,碳及其他元素所占的比重不大,但是它们对钢材的性能有着重要影响。

以下就对钢中的碳和其他元素对钢材性能的影响进行介绍。

纯铁体是很柔软的,而钢材中的碳是形成其强度的主要成分,但并非碳的含量越高越好。随着含碳量的提高,钢的强度逐渐增高,而其他性能如塑性、韧性、冷弯性能、可焊性及抗锈蚀能力等下降。所以,在选择钢材时,不应选用含碳量高的钢材,以便保证钢材的其他性能,在使用中保证其可靠性。碳素钢按碳的含量区分,含量小于0.25%的为低碳钢,含量介于0.25% ~0.6%的为中碳钢,而含量大于0.6%的为高碳钢。当含碳量超过0.3%时,钢材的抗拉强度很高,但屈服点不明显,且塑性很小。当含碳量超过0.2%时,钢材的焊接性能将开始恶化。因此,钢结构用钢的含碳量一般不超过0.22%,而对于焊接结构,为了获得良好的焊接性能,其含碳量要求更高,宜控制在0.2%以内。

硫是有害元素,属于杂质,能生成易于熔化的硫化铁。当温度达800 ~1 000 ℃时,硫化铁的熔化会使钢材变脆,因而当热加工或焊接时,可能出现裂纹,称为热脆。另外,硫还能降低钢材的冲击韧性,同时也会降低钢材的疲劳性能、抗锈蚀性和可焊性等。因此,在选用钢材时应对硫的含量严格控制,一般不得超过0.045% ~0.05%。随着钢材牌号和质量等级的提高,硫含量的限值由0.05%降至0.025%,也即对钢材中硫的含量控制更加严格。另外,非金属硫化物夹杂经热轧加工后还会在厚钢板中形成局部分层现象,在采用焊接连接的节点中,沿板厚方向承受拉力时,会发生层状撕裂破坏,因此厚度方向性能钢板(Z 型钢)的含硫量要求控制在0.01%以下。

锰是有益元素,在普通碳素钢中,它是一种弱脱氧剂,可提高钢材强度,消除硫对钢的热脆影响,改善钢的冷脆倾向,在其含量适宜时不会显著降低钢材的塑性和韧性,但锰可使钢材的可焊性降低,因此含量也有所限制。碳素结构钢中,锰的含量为0.3% ~0.8%;低合金高强度结构钢中,锰的含量为1.0% ~1.7%。

磷既是有害元素,也是可以利用的合金元素。之所以称其为有害元素,是因为它的存在严重降低钢的塑性、韧性、冷弯性能和可焊性能,特别是在温度较低时使钢材变脆(称为冷脆)。因此,磷的含量要严格控制,随着钢材牌号和质量等级的提高,磷含量的限值由0.045%降至0.025%。之所以称其是可以利用的合金元素,是因为磷可以提高钢的强度和抗锈蚀能力,经过合适的冶金工艺也能作为合金元素,可以用这种合金元素来制造含磷的低合金钢,此时其含量可达0.12% ~0.13%,这时应减少钢材中的含碳量,以保持一定的塑性和韧性。

硅是有益元素,其有更强的脱氧作用,是一种强脱氧剂,常与锰共同脱氧,生产镇静钢。适量的硅能使钢的粒度变细,提高钢的强度,而不显著影响钢的塑性、韧性、冷弯性能和焊接性能。硅的含量在碳素镇静钢中为0.12% ~0.30%,在低合金钢中为0.2% ~0.55%。硅含量过大时则会恶化钢材的可焊性和抗锈蚀性。

氧和氮属于有害元素,它们是在金属熔化的状态下从空气中进入的。氧能使钢热脆,与硫类似,但其作用比硫剧烈;氮能使钢冷脆,与磷类似,因此其含量均应严格控制。钢在浇铸过程中,应根据需要进行不同程度的脱氧处理。碳素结构钢的含氧量不应大于0.008%。对于氮,当采用特殊的合金组分匹配时,其可作为一种合金元素来提高低合金钢的强度和抗腐蚀性。桥梁用钢15MnVNq钢,其B级钢氮含量为0.01% ~0.02%。由于氧和氮容易在冶炼过程中逸出,一般不会超过极限含量,故通常不要求做含量分析。

氢是有害元素,其对钢材的开裂破坏也称为氢脆,是因为氢元素在钢材中以不稳定的原子状态溶解其内,溶解度随温度的降低而降低,常在薄弱处富集(如疏松区域、孔洞、晶格错位和晶界处等),生成氢分子,产生巨大内压力,促使钢材开裂。氢脆属于延迟性破坏,破裂时面上常能见到白点,称为氢白点。对于含碳量较低且硫、磷含量较少的钢,氢脆敏感性低,而钢的强度越高,对氢脆越敏感。

钒、铌、钛能使钢材晶粒细化,我国的低合金钢都含有这三种元素。作为锰以外的合金元素,加入适量,即可提高钢材的强度,又可使钢材保持良好的塑性和韧性。

铝是强脱氧剂,用铝进行补充脱氧,一方面能进一步减少钢中的有害氧化物,另一方面还能细化晶粒,提高钢的强度和低温韧性。低合金钢的C、D级及E级都规定铝含量不低于0.001 5%,以保证具有合格的低温冲击韧性。铬、镍是提高钢材强度的合金元素,用于Q390钢和Q420钢,但其含量应受限制,以免影响钢材的其他性能。

铜可以显著提高钢对大气的抗腐蚀性能,也可以提高钢的强度,但对可焊性有不利影响。在我国焊接结构用钢中,铜的含量为0.20% ~0.40%。

二、成材过程的影响

从铁矿石开始到最终投入使用,其成材过程可分为冶炼、脱氧和浇铸、加工三道工序。

(一)冶炼

1. 炼铁

首先是从铁矿石中通过还原剂把氧除去,还原出铁。同时,为了使砂质和黏土质的杂质易于熔化为熔渣,以石灰石作为溶剂。炼铁是在能鼓入热风的高炉内进行的,并且是在足够的温度下进行的。

2. 炼钢

当用生铁制钢时,必须通过氧化作用除去生铁中多余的碳和其他杂质,使它们转变为氧化物进入渣中,或成气体逸出,这个过程需要在高温下进行,称为炼钢。钢材的冶炼方法主要有平炉炼钢法、电炉炼钢法、碱性侧吹转炉炼钢法及氧气顶吹转炉炼钢法。平炉炼钢周期长、效率低、成本高,目前基本被淘汰。电炉冶炼的钢材成本高、耗电量大,通常只用来冶炼特种用途的钢材,其冶炼的钢材一般不在建筑结构中使用。而碱性侧吹转炉炼钢生产的钢材质量较差,目前已基本被淘汰。最后一种方法,氧气顶吹转炉冶炼的钢中有害元素和杂质少,质量和加工性能优良,且可根据需要添加不同的元素冶炼碳素钢和合金钢,具有投资少、生产效率高、原料适应大等优点,已成为国内外发展最快的炼钢方法。

冶炼是形成钢的化学成分与含量、钢的金相组织结构的过程,不可避免地存在冶金缺陷,从而确定了不同的钢种、钢号及相应的力学性能。

(二)脱氧和浇铸

目前钢锭和钢坯成型的技术是脱氧和浇铸同时进行的。

当钢液进入钢锭模之前,应在炼钢炉中或盛钢桶内加入脱氧剂以消除氧,按脱氧方法和程度的不同,碳素结构钢可分为沸腾钢、半镇静钢、镇静钢和特殊镇静钢四类。沸腾钢是采用脱氧能力较弱的锰作脱氧剂,脱氧不完全,在将钢液浇铸入钢锭模时,会有气体逸出,出现钢液沸腾的现象。沸腾钢在铸模中冷却很快,钢液中的氧化铁和碳反应生成的一氧化碳气体不能全部逸出,凝固后在钢材中留有较多的氧化铁夹杂和气孔,钢的质量较差。镇静钢因浇铸时加入强脱氧剂,如硅,有时还加铝和钛,硅在还原氧化铁的过程中还会产生热量,使得保温时间得以延长,使钢液冷却缓慢,气体得以充分逸出,氧化杂质减少且晶粒较细,浇铸时不会出现沸腾现象。这种钢质量好,但成本高。半镇静钢的脱氧程度介于上述两者之间。特殊镇静钢的脱氧程度高于镇静钢,因为其脱氧是在锰和硅脱氧后,再用铝补充脱氧。低合金高强度结构钢使用的一般是镇静钢。

传统的浇铸方法因存在缩孔缺陷而成材率较低,而连续浇铸生产出的镇静钢没有缩孔,并且化学成分比较均匀,只有轻微的偏析现象,故采用这种技术既能提高产品质量,又能降低成本。

由以上可知,钢在冶炼和浇铸过程中会不可避免地出现冶金缺陷,常见的有偏析、非金属夹杂、气孔、缩孔和裂纹等。偏析是指金属结晶后化学成分分布不匀,特别是有害元素如硫、磷在钢锭中的富集现象,如图 2-5 所示;非金属夹杂是指钢中含有硫化物和氧化物等杂质；气孔是浇铸钢锭时，由氧化铁与碳作用生成的一氧化碳气体不能充分逸出而形成的微小孔洞；缩孔是因钢液在钢锭模中由外向内、自下而上凝固时体积收缩，因液面下降，最后凝固部位得不到钢液补充而形成的；钢液在凝固中因先后次序的不同会引起内应力，拉力较大的部位可能出现裂纹。这些缺陷都将影响钢材的力学性能。图 2-6 是钢锭的剖面图。

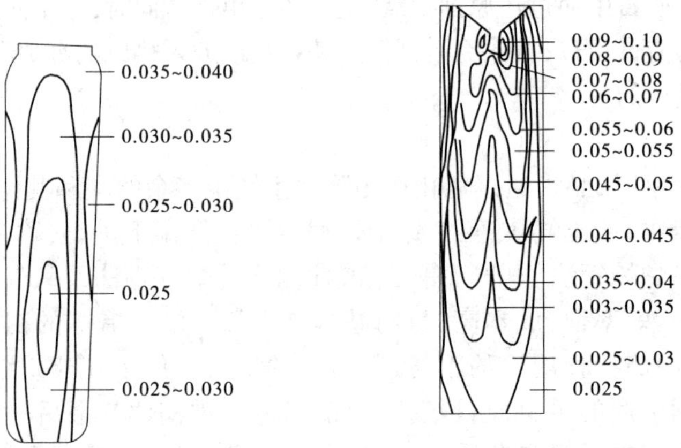

(a)镇静钢锭钢液含硫　　(b)沸腾钢锭钢液含硫

图 2-5　钢锭中硫的偏析(%)

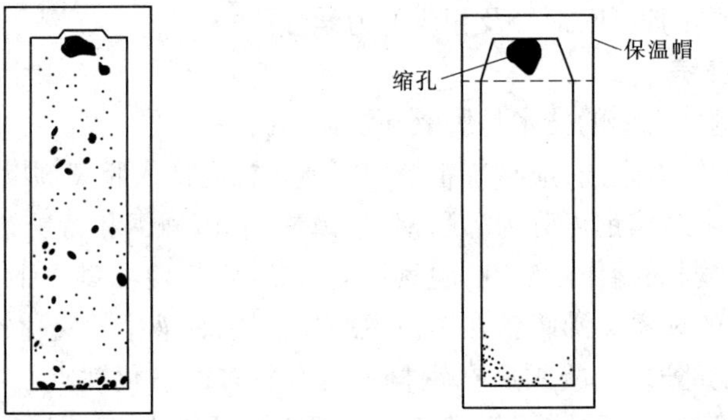

(a)沸腾钢　　(b)镇静钢

图 2-6　钢锭剖面

(三)加工

钢材的加工分为热加工、冷加工和热处理三种。

1. 热加工

钢材的轧制是通过一系列轧辊，使钢坯加热至塑性状态，依靠外力改变其形状，一般是对钢坯逐渐辊轧，生产出所需厚度的钢板或型钢(称为热加工)。通过这种方法，可破坏钢锭的铸造组织，使金属晶粒变细，也能使气泡、裂纹等闭合，从而改善钢材的力学性能。薄板因辊轧次数多，其强度比厚板略高，钢材的强度按板厚分组就是这个缘故，如

图 2-7所示。热加工使钢材沿轧制方向（纵向）的性能优于垂直轧制方向（横向）的性能，因此进行钢材的拉伸和冷弯试验时应在钢板部件的横向切取试件。另外，在浇铸时的非金属夹杂物在轧制后能造成钢材的分层，因此在设计中尽量避免拉力垂直于板面，以防层间撕裂。

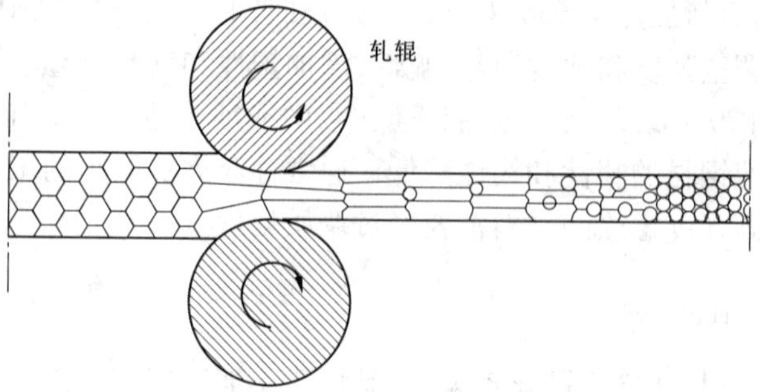

图 2-7　钢的轧制使晶粒细化

2. 冷加工

在常温下对钢材进行加工称为冷加工。冷加工包括冷拉、冷弯、冲孔、机械剪切等加工，这些工艺能使钢材产生很大塑性变形。产生塑性变形后的钢材在重新加荷时将提高屈服点，即在局部或整体上产生硬化，提高了钢材的强度和硬度，但同时降低了塑性和韧性，这种现象称为冷作硬化（应变硬化），如图 2-8（a）所示。

悬索结构中的冷拔高强度钢丝即利用了冷加工的冷作硬化。

冷弯薄壁型钢结构中的冷弯型钢，经过冷成型操作，其强度有所提高，故一般情况下冷弯薄壁型钢设计中允许利用因局部冷加工而提高的这部分强度。由于冷作硬化降低了钢的塑性和韧性，普通钢结构中不利用该现象所提高的强度。对于重要结构，要尽量避免局部冷加工硬化的发生，例如可以把钢板因剪切而硬化的边缘部分刨除。

3. 热处理

通过加热、保温、冷却的操作方法，使钢的组织结构发生变化，以获得所需性能的加工工艺称为热处理。一般钢材以热轧状态交货，而某些高强度钢材则在轧制后经过热处理才出厂。国家标准《低合金高强度结构钢》（GB/T 1591—1994）规定："钢一般应以热轧、控轧、正火及正火加回火状态交货。Q420、Q460 C、D、E 级钢也可以按淬火加回火状态交货。"热处理的目的在于取得高强度的同时能够保持良好的塑性和韧性。

钢材的普通热处理包括正火、退火、回火和淬火四种基本工艺。

正火和退火是应用非常广泛的热处理工艺。把钢材加热至 850 ~ 900 ℃，并保持一段时间后从炉中取出放在空气中自然冷却，即为正火；若随炉温冷却至 500 ℃以下，再放至空气中冷却即为退火。采用以上两种工艺，可以消除加工硬化、软化钢材、细化晶粒、改善组织以提高钢的机械性能，消除残余应力以防钢件的变形和开裂。正火的冷却速度比退火快，正火后的钢材组织比退火细，强度和硬度有所提高。如果钢材在终止热轧时的温度正好控制在上述范围内，可得到正火的效果，称为控轧。如果热轧卷板的成卷温度正好在上述范围内，则卷板内部的钢材可得到退火的处理效果，钢材会变软。还有一种去应力退火，又称低温退火，它是将钢件随炉缓慢加热至500～600 ℃，经一段时间后，随炉缓慢冷却至300～200 ℃以下出炉。它主要用来消除铸件、热轧件、锻件、焊接件和冷加工件中的残余应力。而残余应力是在加热、保温和冷却过程中消除的，钢在这种工艺下并无组织变化。

回火是将钢材重新加热至650 ℃并保持一段时间，然后在空气中自然冷却。其目的是消除残余应力，调整强度和硬度，减少脆性，增加塑性和韧性，形成较稳定的组织。淬火是指把钢件加热到900 ℃以上，保温后快速在水中或油中冷却。该工艺增加了钢材的强度和硬度，但同时使钢材的塑性和韧性降低。通常称淬火加回火的工艺为调质处理，强度较高的钢材，包括高强度螺栓的材料都要经过调质处理。

三、钢材的硬化影响

在上文中讲到钢材的冷作硬化现象，与其性质类似的还有时效硬化和应变时效。

时效硬化指钢材仅随时间的增加而转脆，在这个过程中，钢材的强度得以提高，但塑性和韧性降低，时效硬化现象俗称老化，如图2-8(a)所示。产生时效硬化的过程一般较长，但振动荷载、反复荷载及温度变化等会加速其发展程度。

应变时效是指钢材在产生应变硬化后又发生时效硬化的现象，如图2-8(b)所示。这种硬化在高温作用下会快速发展，人工时效就是据此提出来的。方法是：先使钢材产生10%左右的塑性变形，卸载后加热至250 ℃，保温1 h后在空气中冷却。所以，有些重要结构要求对钢材进行人工时效，然后测定其冲击韧性，可以判断钢材的应变时效硬化倾向，以保证结构具有足够的抗脆性破坏能力。

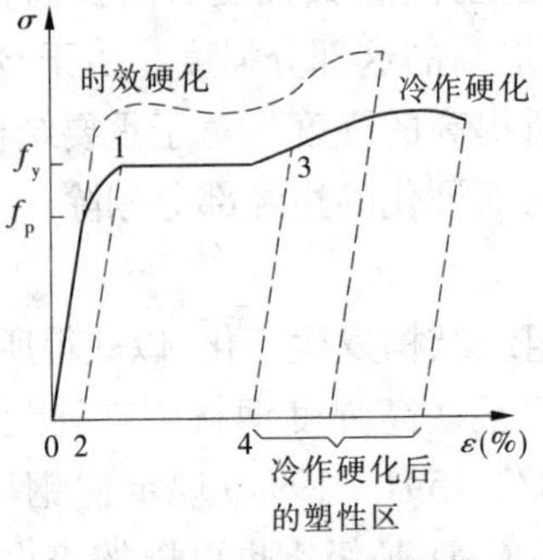

(a)时效硬化及冷作硬化

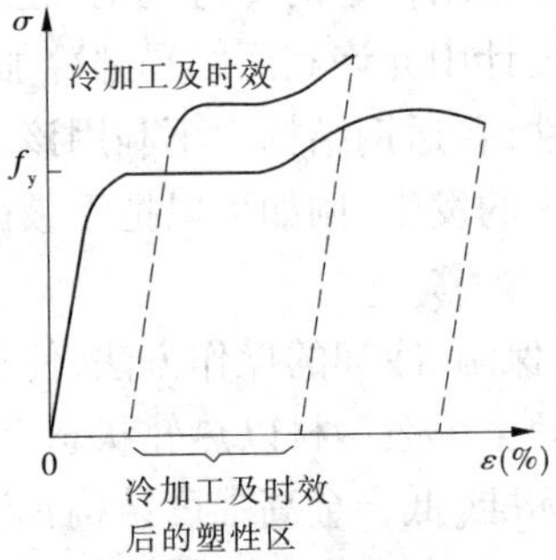

(b)应变时效硬化

图2-8　硬化对钢材性能的影响

四、温度的影响

钢材的性能受温度的影响十分明显，温度升高与降低都将使钢材性能发生变化。总的趋势是温度升高，钢材强度降低，变形增大；反之，当温度降低时，钢材的强度会略有增加，但同时塑性和韧性降低，从而使钢材变脆。相比之下，低温性能更重要。

(一)正温范围

如图2-9所示,随着温度的升高,在200 ℃以内时,钢材性能没有很大变化;300 ℃以后,强度和弹性模量均开始显著下降,塑性上升;430~540 ℃强度急剧下降;600 ℃时强度很低,不能承担荷载。但在250 ℃左右时会出现蓝脆现象,这种现象是指温度在250 ℃左右的区间内,抗拉强度有局部性提高,屈服强度也有回升现象,同时塑性有所降低,材料有转脆倾向,表现为蓝色是因为钢材表面氧化膜呈现蓝色。在蓝脆区进行热加工,可能引起裂纹,因此钢材的热加工应避开这一温度区段。当温度在260~320 ℃时,在应力持续不变的情况下,钢材以很缓慢的速度继续变形,这种现象称为徐变。

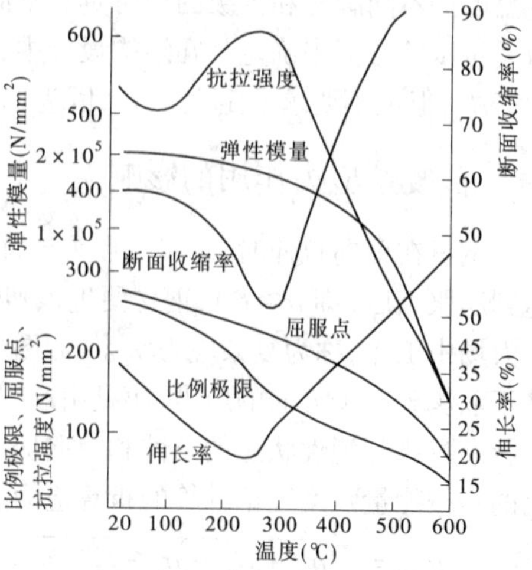

图2-9　温度对钢材性能的影响

从以上可以看出,钢材具有一定的抗热性能,但不耐火。特别是当温度在600 ℃以上时,钢结构会在瞬间因热塑性而倒塌,造成严重的人身事故及影响财产安全。所以,根据200 ℃以内钢材材性变化不大的性能,结构表面所受的辐射温度应不超过这一温度。设计时以150 ℃为适宜,超过之后应对结构采取有效的防护措施,如加隔热保护层。防火是钢结构设计中应考虑的一个重要问题。通常按国家有关防火的规范或标准,根据建筑物的防火等级对不同构件所要求的耐火极限进行设计,选择合适的防火保护层(包括防火涂料等的种类、涂层或防火层的厚度及质量要求等)。为了满足建筑物防火的要求,就需要用耐火材料加以保护,从而提高了钢结构的造价。为了降低造价,就需进一步研究具有一定耐火性能的钢材。

(二)负温范围

当温度从常温开始下降,特别是在负温范围内时,随着温度的降低,钢材的抗拉强度和屈服强度提高,而塑性和韧性降低,材料转脆,称为钢材的低温冷脆。钢材的冲击韧性对负温范围十分敏感,图2-10给出了冲击韧性 C_v 随温度变化的规律。由图整体来看,随着温度的降低,C_v 值迅速下降,材料将由塑性破坏转变为脆性破坏。根据曲线的走向,分为三个部分:左部分和右部分曲线较平缓,温度带来的变化不大,而中间部分曲线较陡,破坏时需要的能量随温度而急剧变化,这个区间对应的温度用 T_1 和 T_2 表示,温度由 T_2 向 T_1 降低的过程中,钢材的冲击功 C_v 急剧下降,材料由塑性破坏转到脆性破坏,故该温度区间称为

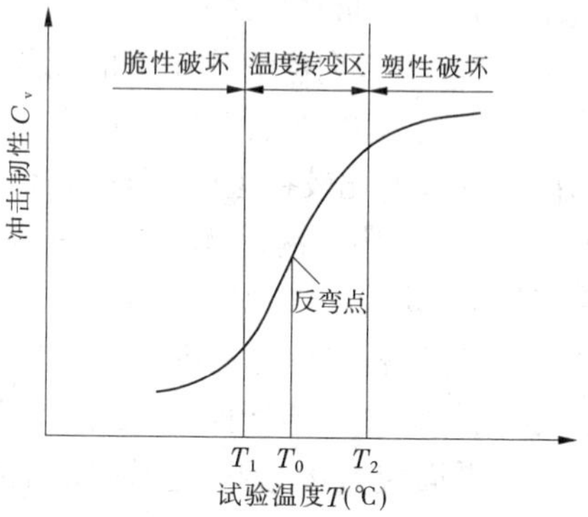

图2-10　C_v 随温度变化的规律

温度转变区。这个温度区段内的冲击功曲线反弯点(或最陡点)所对应的温度 T_0 称为转变温度。不同牌号和等级的钢材具有不同的温度转变区和转变温度,均应通过实践经验由大量试验数据来确定。在结构设计中,为了防止发生脆性破坏,就要求结构的工作温度大于 T_1,但也不要求一定大于 T_2,因为那样虽然安全,但对材料要求过严将造成浪费。

五、复杂应力作用的影响

钢材在单向拉伸时,以屈服点为界,即断面最大正应力小于屈服点为弹性工作状态,达到屈服点后(即 $\sigma \geqslant f_y$),钢材便进入塑性状态。实际结构中,钢结构构件在平面或三向应力场中工作,称为复杂应力状态,如图 2-11 所示。在这种复杂应力状态下,钢材的屈服并不取决于一个方向的应力,而是由反映各方向应力综合影响的应力决定的。钢材从弹性状态过渡到塑性状态的条件和单向应力状态下的屈服点相同,不过这时断面的强度采用的是按能量强度理论计算的折算应力,即

$$\sigma_{zs} = \sqrt{\sigma_x^2 + \sigma_y^2 + \sigma_z^2 - (\sigma_x\sigma_y + \sigma_y\sigma_z + \sigma_z\sigma_x) + 3(\tau_{xy}^2 + \tau_{yz}^2 + \tau_{zx}^2)} = f_y \quad (2\text{-}2)$$

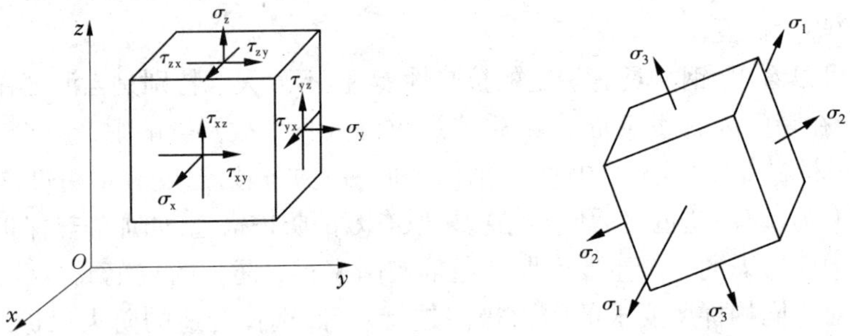

(a)一般应力分量状态　　(b)主应力状态

图 2-11　钢材单元体上复杂应力状态

或以主应力表示为

$$\sigma_{zs} = \sqrt{\frac{1}{2}[(\sigma_1 - \sigma_2)^2 + (\sigma_2 - \sigma_3)^2 + (\sigma_3 - \sigma_1)^2]} = f_y \quad (2\text{-}3)$$

式中　σ_{zs}——折算应力;

f_y——单向应力作用下的屈服点,当 $\sigma_{zs} \geqslant f_y$ 时为塑性状态,反之为弹性状态。

由主应力表达式(2-3)可以看出:在空间三向应力作用下,当三个主应力 σ_1、σ_2、σ_3 为同号且数值比较接近时,即使它们各自的值都远大于屈服点 f_y,但计算出的折算应力 σ_{zs} 仍小于 f_y,那么钢材就不容易进入塑性状态,直到材料发生破坏也没有明显的塑性变形,破坏表现为脆性;相反,如果三个主应力为异号,通过式子可以看出,即使最大的主应力未达到 f_y,材料也容易进入塑性状态,因此在异号应力场下,钢材会较早地进入塑性状态,提高了钢材的塑性性能,更容易发生塑性破坏。

在平面应力状态下,这里假定钢板的厚度较薄,其厚度方向的应力较小而忽略不计,那么式(2-3)可写为

$$\sigma_{zs} = \sqrt{\sigma_x^2 + \sigma_y^2 - \sigma_x\sigma_y + 3\tau_{xy}^2} = f_y \quad (2\text{-}4)$$

式(2-4)是平面应力状态下的一般表达式。

当在平面应力状态下只有正应力和剪应力时，表达式写为

$$\sigma_{zs} = \sqrt{\sigma^2 + 3\tau^2} = f_y \tag{2-5}$$

当在平面应力状态下只有剪应力时，表达式写为

$$\sigma_{zs} = \sqrt{3\tau^2} = f_y \tag{2-6}$$

式(2-6)可变为 $\tau = f_y/\sqrt{3} = \tau_y$，$\tau_y$ 为钢材的屈服剪应力，或剪切屈服强度，有时也用 f_{vy} 表示。因此，《钢结构设计规范》(GB 50017—2003)中给出的钢材强度设计值指标中，钢材抗剪设计强度为抗拉设计强度的0.58倍。

六、应力集中的影响

由单向拉伸试验所获得的钢材性能，只能反映钢材在标准试验条件下的性能，即应力均匀分布而且是单向的。但当钢材截面的完整性遭到破坏，如结构中存在裂纹(内部的或表面的)、孔洞、刻槽、凹角，以及截面的厚度或宽度突然改变时等，构件的应力分布不再保持均匀。在缺陷和截面变化处附近，应力线弯转、密集，出现高峰应力的现象称为应力集中，如图2-12所示。应力线在缺陷附近出现弯转，在孔口边缘处出现了沿力作用方向的应力峰值，在孔口附近产生垂直于力的作用方向的横向应力，甚至产生三向拉应力，而且厚度越厚的钢板，在其缺口中心部位的三向拉应力也越大。这样材料就处于复杂的应力状态下。根据前面的知识可知，三向同号应力且各应力数值接近时，材料不易屈服。当为三向相等的拉应力时，直到材料断裂也不屈服，所以钢材趋于脆性破坏。因此，对于厚钢板应该要求更高的韧性性能。另外，具有不同缺口形状的钢材拉伸试验结果也表明，截面改变尖锐程度越大的试件，其应力集中现象越严重，引起钢材脆性破坏的危险性也就越大，如图2-13所示。

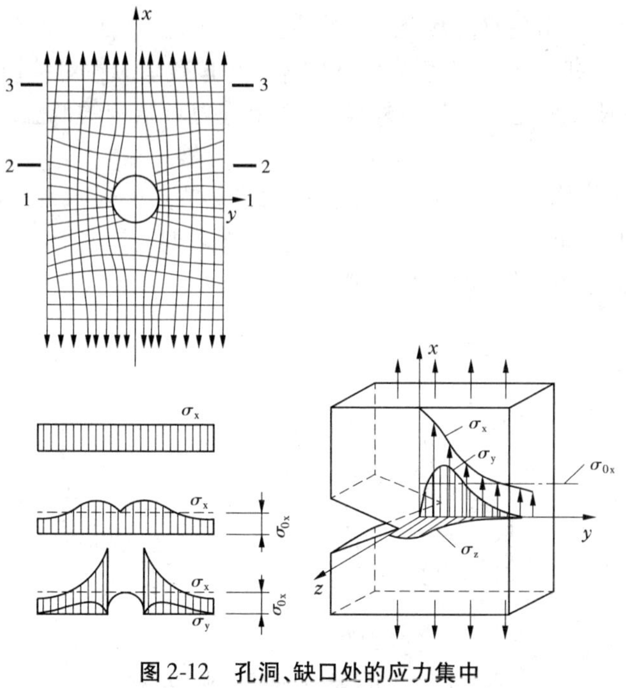

图2-12　孔洞、缺口处的应力集中

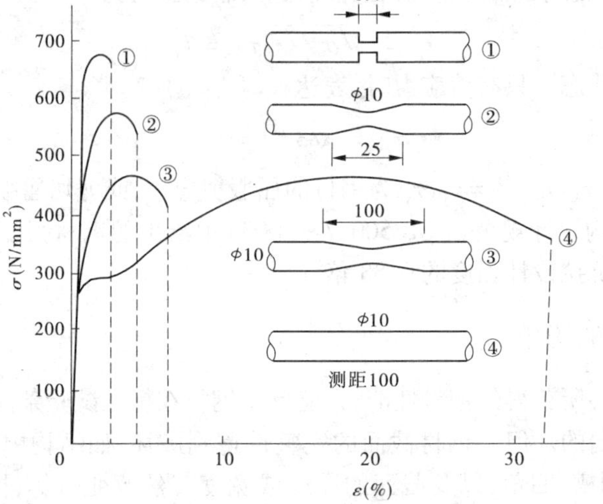

图 2-13　应力集中对应力—应变关系的影响（单位：mm）

应力集中的严重程度用应力集中系数衡量，孔洞或缺口边缘的最大应力 σ_{max} 与净截面的平均应力 σ_0（$\sigma_0 = N/A_n$，A_n 为净截面面积）的比值称为应力集中系数，即 $K = \sigma_{max}/\sigma_0$，其值愈大，钢材变脆的倾向愈严重。

七、残余应力的影响

残余应力是结构内部产生的，特点是力系在钢材内自相平衡，而与外力无关。产生的原因是构件在浇铸、轧制和焊接加工过程中，不同部位钢材的冷却速度不同，或不均匀加热和冷却。其中，焊接残余应力的值往往很高，在焊缝附近的残余拉应力常达到屈服点，而且在焊缝交叉处经常出现双向甚至三向残余拉应力场，使钢材局部变脆，当外力引起的应力与内应力处于不利组合时，会引发脆性破坏。焊接残余应力对结构的强度没有影响，但其会降低结构的刚度和稳定性。另外，焊接残余应力对结构的低温冷脆和疲劳强度都有较大影响。

因此，在进行钢结构设计时，应尽量使构件和连接节点的形状及构造合理，防止截面的突然改变。在进行钢结构的焊接构造设计和施工时，应尽量减小焊接残余应力。图 2-14是常见的热轧钢材截面的残余应力分布。

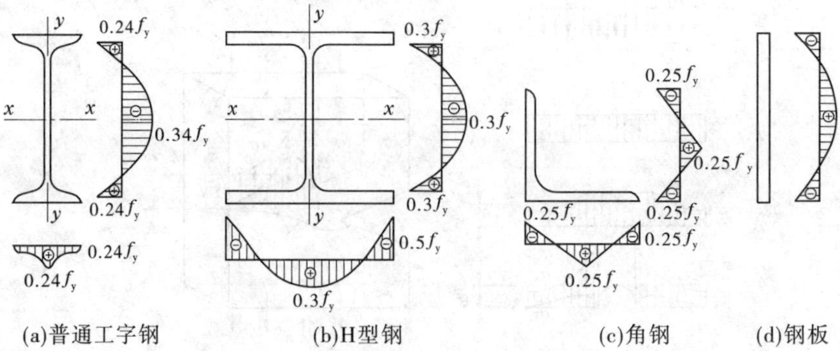

图 2-14　热轧钢材截面残余应力分布

八、反复荷载作用的影响

钢材在直接的连续反复的动荷载作用下，结构的抗力及性能都会发生重要变化，根据试验，在反复荷载作用下，钢材的强度将降低，即低于一次静力荷载作用下的拉伸试验的极限强度 f_u，这种现象称为钢的疲劳，发生的破坏称为疲劳破坏。疲劳破坏表现为突然发生的脆性断裂，它的破坏是一种累积损伤的结果。研究证明，构件的应力水平不高或荷载反复次数不多的结构一般不会发生疲劳破坏，计算中不必考虑疲劳的影响。但是，对于长期频繁地直接承受动力荷载的钢结构构件及其连接，在设计中必须进行钢材的疲劳计算。

关于钢材的疲劳性能，本章下一节将进行较详细的叙述。

本节针对影响钢材性能的主要因素进行了介绍，应知道这些因素及其产生的过程，从而采取适当的措施防止钢材发生脆性破坏，严格把握钢材的生产过程、设计阶段、加工制造及投入使用阶段等每个环节。

(1)生产过程。这个环节主要控制钢材中微量元素的含量及出厂前的加工工艺等。

(2)合理设计。首先需正确选用钢材，例如低温下工作、受动力作用的钢结构应选择合适的钢材，使所用钢材的脆性转变温度低于结构的工作温度。另外，要求构造应力合理，能均匀、连续地传递应力，避免构件截面剧烈变化。

(3)正确制造。应严格遵守设计要求进行制作，例如不能随意更换钢材、改变钢结构的连接方式。尽量避免使材料出现应变硬化，如果因剪切、冲孔而造成局部硬化，要通过扩钻或刨边等措施来除掉；要保证焊接质量，尽量减小残余应力；在制作或安装过程中出现的缺陷应进行修复；制作和安装过程中及完成后，均要严格执行质量检查制度。

(4)合理使用。结构构件或是建筑物投入使用后，应按照设计用途使用，不任意改变用途；不在主要结构上任意焊接附加的零件；不任意悬挂重物；不任意超负荷使用结构；原设计在室温工作的结构，在冬季停产检修时要注意保暖；要注意对结构的检查维护，及时涂漆防锈，避免任何形式的撞击和机械损伤。

第五节　钢材的疲劳

一、疲劳破坏的特征

钢材的疲劳破坏是微观裂缝在连续重复荷载作用下不断扩展直至断裂的脆性破坏。疲劳破坏的形式是脆性破坏，破坏前没有预兆，属于脆性断裂，这个断裂破坏与一般脆断的瞬间断裂不同，它的断裂过程可以分为三个阶段，即裂纹的形成、裂纹缓慢扩展与最后迅速断裂，因此疲劳破坏是有寿命的破坏，是延时断裂。疲劳破坏构件的断口一般具有光滑的和粗糙的两个区域：光滑区的形成是微观裂纹随着应力的连续重复作用而扩张，裂纹两边的材料时而相互挤压时而分离形成的，呈现半椭圆形，说明疲劳破坏也经历一个缓慢的转变过程；而粗糙部分是因为裂纹的扩展使截面进一步被削弱，截面残余部分不足以抵抗破坏时，构件突然发生断裂，由撕裂作用而形成的，其表明钢材最终断裂一瞬间的脆性破坏性质和拉伸试验的断口颇为相似，破坏是突然的，几乎以 2 000 m/s 的速度断裂，因而比较危险。

引起疲劳破坏的荷载有常幅交变荷载和变幅交变荷载，引起的应力称为常幅应力循环和变幅应力循环。常幅应力循环指一次应力循环中的应力幅为常数，其疲劳规律易于掌握；变幅应力循环在每次应力循环中，其应力幅值不是常数，而是一种随机变量。通常钢结构的疲劳破坏属高周期低应变疲劳，即总应变幅小，破坏前荷载循环次数多。循环次数 $n \geqslant 5 \times 10^4$ 次，应进行疲劳计算。

二、常幅疲劳

连续重复荷载之下应力往复变化一周叫做一个循环，常幅应力循环的循环应力谱见图 2-15。应力变化的幅度用应力幅 $\Delta\sigma$ 表示，其值为应力谱中最大应力与最小应力之差，即 $\Delta\sigma = \sigma_{max} - \sigma_{min}$，$\sigma_{max}$ 为每次应力循环中的最大拉应力（取正值），σ_{min} 为每次应力循环中的最小拉应力（取正值）或压应力（取负值），所以应力幅总为正值。

应力循环特性常用应力比 ρ 来表示，其含义为最小应力与最大应力之比，拉应力取正值，压应力取负值。当 $\rho = -1$ 时称为完全对称循环；当 $\rho = +1$ 时相当于静荷载作用；当 $\rho = 0$ 时称为脉冲循环；当 ρ 在 0 与 -1 之间，称为不完全对称循环，如图 2-15（d）所示，以拉应力为主。

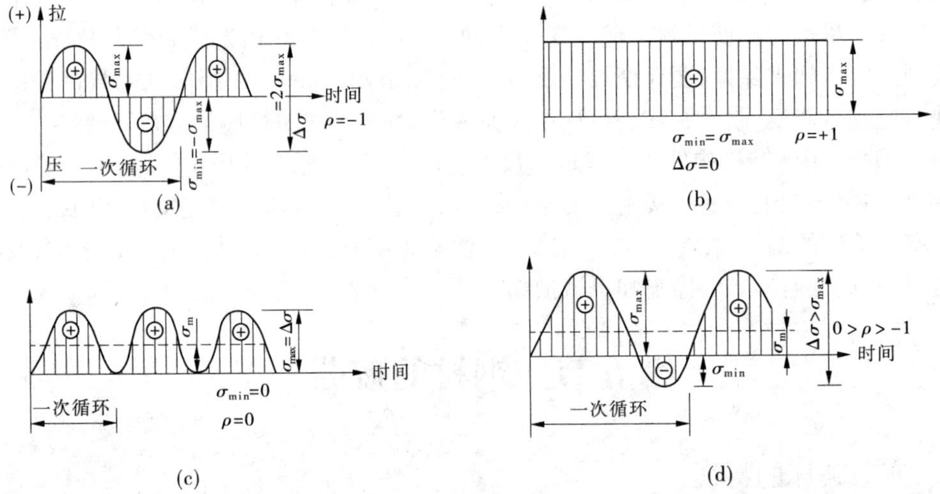

图 2-15　常幅应力循环

对于非焊接结构，疲劳强度与最大应力、应力比 ρ、循环次数和主体金属及连接类型有关，当 $n = 2 \times 10^6$ 次为疲劳寿命时，以往规范中给出了拉应力疲劳计算公式为

$$\sigma_{max} \leqslant [\sigma^{p}] \tag{2-7}$$

其中

$$[\sigma^{p}] = \frac{[\sigma_0^{p}]}{1 - k\rho} \tag{2-8}$$

式中　σ_{max}——交变荷载作用下需验算部位的最大拉应力；

$[\sigma^{p}]$——与构造形式有关的以拉应力为主的疲劳容许强度；

$[\sigma_0^{p}]$——相应结构形式当 $\rho = 0$ 时的疲劳容许强度，由试验确定；

k——与构造形式有关的系数，由试验确定。

但对于焊接结构，经过大量试验数据分析，影响其疲劳寿命的因素是构件和连接的类型及应力幅 $\Delta\sigma$，而与应力比无关。焊接结构与非焊接结构的根本差别在于焊接残余应力。由于焊接加热及随后的冷却，在截面上产生了垂直于截面的残余应力，在焊缝部位的残余拉应力通常达到钢材的屈服点 f_y，而此部位正是生成和发展疲劳裂纹最为敏感的区域。在重复荷载作用下，循环内应力处于增大阶段时，焊缝附近的高峰应力将不再增加（只是塑性范围加大），即 $\sigma_{max}=f_y$；之后，循环应力下降到 σ_{min} 再升至 $\sigma_{max}=f_y$，即不论应力比 ρ 值如何，焊缝附近的实际应力循环情况均形成在拉应力范围内的 $\Delta\sigma=f_y-\sigma_{min}$ 的循环情况，所以这种情况下的疲劳强度与名义最大应力和应力比无关，而与应力幅 $\Delta\sigma$ 有关。此观点已为国内外的大量疲劳试验所证实。

国内外的大量疲劳试验证明，构件或连接的应力幅 $\Delta\sigma$ 与相应的致损循环次数 n 之间呈指数为负数的幂函数关系，它们之间的关系曲线如图 2-16 所示。在曲线中，给定某一循环次数 n_1，就有一个应力幅 $\Delta\sigma_1$ 与之相对应，说明在该应力幅值下循环 n_1 次，构件或连接就会发生疲劳破坏。

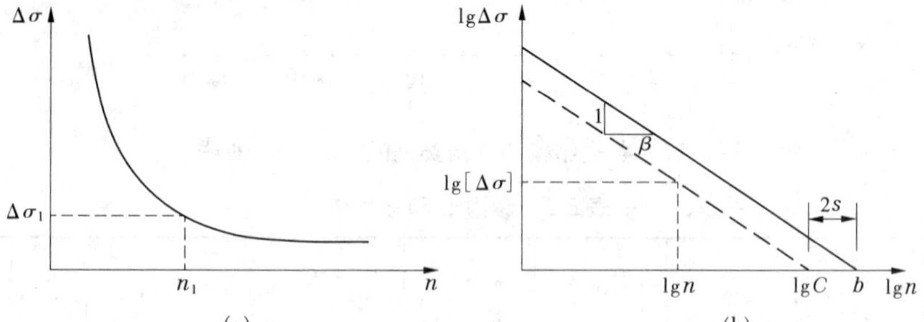

图 2-16　应力幅与循环寿命的关系

目前，国内外都采用双对数坐标轴的方法，也即对图 2-16(a)中的参量取对数，使曲线改为直线以便于分析。如图 2-16(b)所示的实线即为疲劳直线，其表达式为

$$\lg n = b - \beta\lg(\Delta\sigma) \tag{2-9}$$

式中　n——循环次数；

b——直线在横坐标上的截距；

β——直线对纵坐标的斜率。

式(2-9)是根据试验数据由统计理论所得的回归方程。对于任一 n 值，有 50% 的试验点处于实线下方，即在荷载确知的条件下构件不破坏的保证率只有 50%，则为了得到足够的保证率，就要考虑试验数据的离散性，取平均值减去 2 倍 $\lg n$ 的标准差($2s$)作为疲劳强度的下限值，如图 2-16(b)中的虚线。若 $\lg n$ 呈正态分布时疲劳强度的保证率是 97.7%，呈 t 分布时则约为 95%（假定荷载准确知道）。此时，下限值的直线方程是

$$\lg n = b - \beta\lg(\Delta\sigma) - 2s \tag{2-10}$$

按照图 2-16(b)中的相似关系，可得出

$$\frac{1}{\beta} = \frac{\lg[\Delta\sigma]}{\lg C - \lg n} = \frac{\lg[\Delta\sigma]}{\lg\dfrac{C}{n}} \tag{2-11}$$

式(2-11)可变为 $n \cdot [\Delta\sigma]^\beta = C$,进而可得容许应力幅的表达式为

$$[\Delta\sigma] = \left(\frac{C}{n}\right)^{\frac{1}{\beta}} \tag{2-12}$$

式中　C、β——不同构件和连接类别的试验参数。

对于不同焊接构件和连接类型,按试验数据回归的直线方程的斜率也不尽相同。为了设计的方便,我国规范中按连接方式、受力特点和疲劳容许应力幅,再适当照顾[$\Delta\sigma$]—n 曲线簇的等间距布置、归纳分类,划分为 8 类(如图 2-17 所示),它们的 C 和 β 值见表 2-2,表中的构件和连接类别一项见附录。

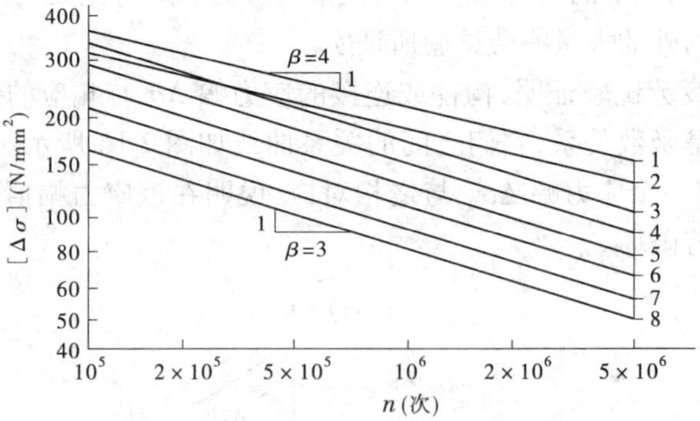

图 2-17　各类结构和连接类别的[$\Delta\sigma$]—n 曲线

表 2-2　参数 C 和 β 的值

构件和连接类别	1	2	3	4	5	6	7	8
C	$1\,940\times10^{12}$	861×10^{12}	3.26×10^{12}	2.18×10^{12}	1.47×10^{12}	0.96×10^{12}	0.65×10^{12}	0.41×10^{12}
β	4	4	3	3	3	3	3	3

对于直接受到重复荷载作用的构件,如吊车梁、桥梁、输送栈桥及一些相关的连接,当应力循环次数大于 10^5 时应进行疲劳验算。我国现行《钢结构设计规范》(GB 50017—2003)中规定钢结构一般按照以概率理论为基础的极限状态法设计,但是由于疲劳问题的复杂性,例如对疲劳裂缝的形成、扩展及断裂这一过程的极限定义,以及影响疲劳的有关因素研究还不彻底,所以疲劳计算采用容许应力设计法。

在进行内力计算时,应采用荷载的标准值。永久荷载所产生的应力为不变值,没有应力幅。应力幅只由重复作用的可变荷载产生,所以疲劳验算按可变荷载进行。由于确定应力幅的试验中自动包括了动力作用,故荷载计算时不再乘以动力系数。

常幅疲劳验算统一校核准则为

$$\Delta\sigma \leqslant [\Delta\sigma] \tag{2-13}$$

式中　$\Delta\sigma$——对焊接部位应力幅 $\Delta\sigma = \sigma_{max} - \sigma_{min}$,对非焊接部位应力幅 $\Delta\sigma = \sigma_{max} - 0.7\sigma_{min}$,应力以拉为正,压为负,其中 σ_{max} 和 σ_{min} 与前面的规定一致;

[$\Delta\sigma$]——常幅疲劳的容许应力幅。

三、变幅疲劳

实际结构中大部分承受的变幅随机荷载,也即变幅循环应力(见图2-18)的作用,例如吊车梁和桥梁所承受的荷载。对于吊车的工作情况,它不是每次都满载运行,吊车的小车也不是总处于极限状态,另外还有其他的一些情况,致使吊车每次循环的应力幅水平不是都达到最大值,实际是欠载状态的变幅疲劳。

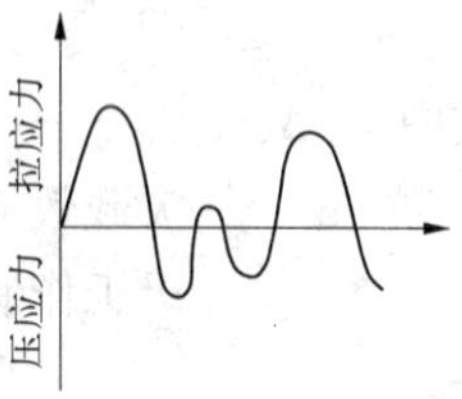

图2-18　变幅应力循环

变幅疲劳的计算方法是按照线性累积损伤准则,将变幅应力幅找出应力幅为常数的等效应力幅,然后按照常幅疲劳准则进行校核。设构件或连接的设计应力幅由若干个不同的应力幅水平 $\Delta\sigma_i$ 的常幅循环应力组成,其对应的循环次数为 n_i,对应的疲劳寿命为 N_i,当某一水平应力幅 $\Delta\sigma_i$ 循环一次时,将引起 $1/N_i$ 损伤,那么 n_i 次循环后的损伤即为 n_i/N_i,按照线性累积损伤的原则,将总的损伤按照线性叠加,其疲劳破坏的条件为

$$\sum \frac{n_i}{N_i} = \frac{n_1}{N_1} + \frac{n_2}{N_2} + \cdots + \frac{n_i}{N_i} + \cdots + \frac{n_n}{N_n} = 1 \tag{2-14}$$

假设构件或连接类别相同的变幅疲劳与常幅疲劳具有相同的疲劳曲线,那么与常幅疲劳相同,每一个应力幅水平均有与式(2-15)相同的表达式:

$$N_i = \frac{C}{(\Delta\sigma_i)^\beta} \tag{2-15}$$

将式(2-15)代入式(2-14)得

$$\frac{n_1(\Delta\sigma_1)^\beta}{C} + \frac{n_2(\Delta\sigma_2)^\beta}{C} + \cdots + \frac{n_i(\Delta\sigma_i)^\beta}{C} + \cdots + \frac{n_n(\Delta\sigma_n)^\beta}{C} = 1 \tag{2-16}$$

式(2-16)可以缩写为

$$\sum n_i(\Delta\sigma_i)^\beta = C \tag{2-17}$$

设想另有一等效常幅疲劳应力幅 $\Delta\sigma_e$,循环 $\sum n_i$ 次后,也能使该类别的部件产生疲劳破坏,即

$$\sum n_i(\Delta\sigma_e)^\beta = C \tag{2-18}$$

由式(2-17)和式(2-18)联立可得等效应力幅为

$$\Delta\sigma_e = \left[\frac{\sum n_i(\Delta\sigma_i)^\beta}{\sum n_i}\right] \tag{2-19}$$

以吊车的疲劳计算为例,前面已叙述吊车工作一般在欠载状态下,那么其欠载效应的等效系数为

$$\alpha_f = \frac{\Delta\sigma_e}{\Delta\sigma} \tag{2-20}$$

式中　α_f——欠载效应的等效系数;

$\Delta\sigma_e$——统一按 2×10^6 循环次数计算出的相应的等效应力幅;

$\Delta\sigma$——变幅应力谱中的最大应力幅看做满负荷工作的常幅设计应力幅。

在我国《钢结构设计规范》(GB 50017—2003)中规定:重级工作制吊车梁和重级、中级工作制吊车桁架的疲劳可作为常幅疲劳,按下式计算

$$\alpha_f \cdot \Delta\sigma \leqslant [\Delta\sigma]_{2\times10^6} \tag{2-21}$$

式中　$[\Delta\sigma]_{2\times10^6}$——循环次数 n 为 2×10^6 次的容许应力幅,按表 2-3 取值;

α_f——欠载效应的等效系数,对重级工作制硬钩吊车为 1.0,软钩吊车为 0.8,对中级工作制吊车为 0.5。

表 2-3　循环次数 n 为 2×10^6 次的容许应力幅　　(单位:N/mm²)

构件和连接类别	1	2	3	4	5	6	7	8
$[\Delta\sigma]_{2\times10^6}$	176	144	118	103	90	78	69	59

进行疲劳强度计算时,应注意以下一些问题:

(1)我国规范规定,疲劳破坏的计算方法为容许应力幅法,计算内力采用的是荷载标准值,进行弹性分析求内力,不考虑动力系数。式(2-13)确定的应力幅计算准则是建立在分类试验基础上的,应力集中和残余应力等因素已考虑在内,但是在有些特殊情况下,例如在后面章节中遇到的横向对接焊缝上开有空洞时,应当在计算 $\Delta\sigma$ 时考虑应力集中。

(2)理论和试验证明,不论应力循环是拉应力还是压应力,只要在构件和连接中存在高达屈服点的残余拉应力,当应力幅超过容许值时就会产生疲劳裂纹。但裂纹形成的同时,残余拉应力会自行释放,此后在循环压应力环境中,裂纹不会继续发展,故规范规定在应力循环中不出现拉应力的部位不予验算疲劳破坏。

(3)根据试验,不同钢材的静力强度对焊接构件和连接的疲劳强度无显著影响,故可以认为疲劳容许应力幅与钢材牌号无关。但在构造设计、加工制造和质量控制等过程中,要特别注意构造合理,措施得当,以便减小应力集中和残余应力,以提高钢材的疲劳强度,节约钢材。

第六节　钢材的种类和规格

一、钢结构用钢的种类

钢材的种类(简称钢种)按用途可分为结构钢、工具钢和特殊用途钢等,其中结构钢又分为建筑用钢和机械用钢;按化学成分可分为碳素钢和合金钢;按冶炼方法可分为平炉钢、转炉钢和电炉钢等;按脱氧方法可分为沸腾钢、半镇静钢、镇静钢和特殊镇静钢;按成型方法可分为轧制钢(热轧和冷轧)、锻钢和铸钢;按硫、磷含量和质量控制分类,有高级优质钢、优质钢和普通钢等。

我国的建筑用钢主要有碳素结构钢和低合金高强度结构钢两种,后者因含有锰、钼等合金元素而具有较高的强度。对于处在腐蚀介质中的结构,则采用高耐候结构钢,这种钢材造价较高,但其因加入铜、磷、铬、镍等元素而具有较高的抗锈能力。

钢结构所使用的钢材有不同的种类,每个钢种又有不同的牌号。以下分别叙述碳素结构钢和低合金高强度结构钢的钢号与性能。

(一)碳素结构钢

我国生产的碳素结构钢分为 Q195、Q215、Q235、Q255 和 Q275 五个牌号,其质量等级分为 A、B、C、D 四个等级,其中 Q 是屈服强度屈字的汉语拼音首字母,后面的阿拉伯数字表示屈服强度值(N/mm^2)。A、B 级按脱氧程度分为沸腾钢(F)、半镇静钢(b),C 级为镇静钢(Z),D 级为特殊镇静钢(TZ),其中镇静钢(Z)、特殊镇静钢(TZ)可以不写。以 Q235 - A · b 为例,表示屈服强度为 235 N/mm^2,A 级,半镇静钢。

Q195 到 Q275 是以强度由低到高排列的,钢材强度主要由其中碳元素含量的多少来确定。建筑结构中使用的碳素结构钢主要为 Q235 钢,其碳的质量百分数为 0.12% ~ 0.22%。钢材的质量优劣主要是以 V 形缺口试件的冲击韧性来区分的,冷弯试验只在需方有要求时才进行。B、C、D 级分别要求 20 ℃、0 ℃、- 20 ℃时的冲击韧性值,B、C、D 级也要求冷弯试验合格。不同等级的 Q235 钢对化学元素含量的要求略有不同,对 C、D 级钢要提高其锰的含量以改进韧性,同时降低其含碳量的上限以保证可焊性。此外,对硫、磷含量的限制也应得到保证。

(二)低合金高强度结构钢

在钢的冶炼过程中添加少量几种合金元素,合金元素的总量低于 5%,添加合金元素后的钢材强度明显提高,这样的钢材称为低合金高强度结构钢。国家标准《低合金高强度结构钢》(GB/T 1591—1994)里规定不再以钢的品种表示牌号,而是采用与碳素结构钢相同的表示方法,可以分为 Q295、Q345、Q390、Q420、Q460 等五种。因 Q345、Q390 和 Q420 具有较高的强度和较好的塑性、韧性和焊接性能,故这三种是《钢结构设计规范》(GB 50017—2003)中规定选用的钢号。

低合金高强度结构钢中的 Q345、Q390、Q420 三种牌号,按其化学成分和冲击韧性分为 A、B、C、D、E 五种质量等级,E 级对冲击韧性要求最高,要求 - 40 ℃的冲击韧性。另外,低合金高强度结构钢的牌号命名和碳素结构钢类似,A、B 级为镇静钢,C、D、E 级为特殊镇静钢,因此钢的牌号中可不注明脱氧方法。

(三)优质碳素结构钢

优质碳素结构钢与碳素结构钢的主要区别在于钢中含杂质元素较少,磷、硫等有害元素的质量百分数均不大于 0.035%,其他缺陷的限制也较严格,要求具有较好的综合性能。按照国家标准《优质碳素结构钢技术条件》(GB/T 699—1999)生产的钢材共有两大类,一类为普通含锰量的钢,另一类为较高含锰量的钢,两类的钢号均用两位数字表示,它表示钢中平均含碳量的万分数,前者数字后不加 Mn,后者数字后加 Mn。如 45 号钢,表示平均含碳量为 0.45% 的优质碳素结构钢;45Mn 号钢,则表示同样含碳量,但锰的含量较高的优质碳素结构钢。优质碳素结构钢可按不进行热处理或热处理(正火、淬火或高温回火)状态交货,要求热处理状态交货的应在合同中注明,未注明者按不进行热处理交货。由于价格较高,钢结构中使用较少,仅用来制作高强螺栓、自攻螺钉等,或用经热处理的优质碳素结构钢冷拔高强钢丝。

(四)Z 型钢和耐候钢

Z 型钢是在某一级结构钢(母级钢)的基础上,经过特殊冶炼、处理的钢材。Z 型钢在厚度方向有较好的延展性,有良好的抗层状撕裂能力,适用于高层建筑和大跨度钢结构的厚钢板结构。我国生产的 Z 型钢板的标记为在母级钢牌号后面加上 Z 型钢板等级标记,如 Z15、Z25、Z35 等,数字分别表示沿厚度方向的断面收缩率分别大于或等于 15%、25%、35%。

耐候钢是在低碳钢或低合金结构钢中加入铜、铬、镍等合金元素冶炼成的一种耐腐蚀钢材,在大气作用下,表面自动生成一种致密的防腐薄膜,起到抗腐蚀的作用。这种钢材适用于外露环境且对耐腐蚀有特殊要求的或在腐蚀性气体和固态介质作用下的承重结构。

二、钢材的规格

为了降低钢结构的成本,减少制造工作量,钢结构构件一般选用型钢,钢结构采用的型材主要为热轧钢板和型钢及冷弯(或冷压)成型的薄壁型钢与压型板。由工厂生产供应的钢板和型钢等有成套的截面形状和一定的尺寸间隔,称为钢材规格,所以钢结构的设计者和制作者应对钢材的规格有较全面的了解。以下就对这几种主要的钢材规格进行介绍,包括其详细的分类和表示方法。

(一)热轧钢板

热轧钢板分为厚钢板、薄钢板和扁钢(或带钢)等种类,厚板的厚度为 4.5 ~ 60 mm,宽度为 600 ~ 3 000 mm,长度为 4 ~ 12 m,主要用来组成大型梁、柱等实腹式构件的翼缘和腹板,以及用以连接板件等。薄钢板主要是制作冷弯薄壁型钢原材料,其厚度为 0.35 ~ 4 mm,宽度为 500 ~ 1 500 mm,长度为 0.5 ~ 4 m。扁钢可以用来做焊接组合梁、柱的翼缘板、各种连接板和加劲肋等,其厚度为 4 ~ 60 mm,宽度为 12 ~ 200 mm,长度为 3 ~ 9 m。

钢板的截面表示方法为在符号一后加宽度 × 厚度(单位为 mm),例如一 900 × 12 表示钢板的宽度为 900 mm,厚度为 12 mm。在设计图纸中,钢板的表示形式为在符号一后加厚度 × 宽度 × 长度(单位为 mm),如一 12 ×900 ×3 000 表示钢板的厚度为 12 mm,宽度为 900 mm,长度为 3 000 mm。

(二)热轧型钢

钢结构构件中常用的型钢包括角钢、槽钢、工字钢、H 型钢和部分 T 型钢及钢管等。如图 2-19 所示为其截面图,以下就对其逐一介绍。

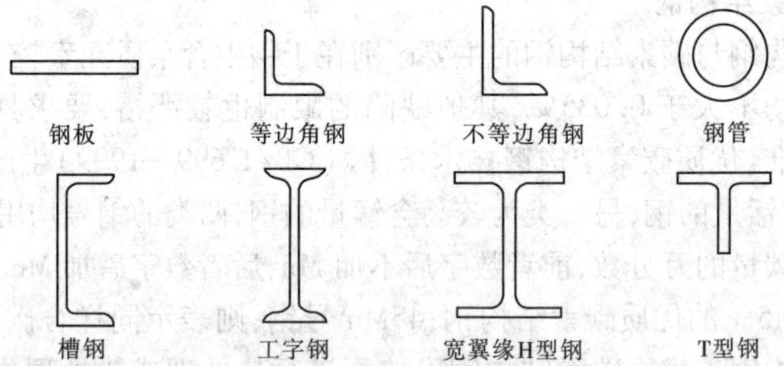

图 2-19　热轧钢板及型钢截面

角钢:有等边和不等边两种,也可称为等肢和不等肢角钢,主要用来制作桁架、格构式结构的杆件和支撑等连接构件。等边角钢的表示方法是在符号∟后加边长 × 厚度,如∟ 125 ×8;不等边角钢的表示方法为在符号∟后加长边宽 × 短边宽 × 厚度,如∟ 125 ×80 × 80,单位均为 mm 。角钢的长度一般为 3 ~ 19 m,在钢结构设计规范中,等边角钢规格有∟ 20 ×3 ~ ∟ 200 ×24,不等边角钢的规格有∟ 25 ×16 ×3 ~ ∟ 200 ×25 ×18。

槽钢:分为普通槽钢和轻型槽钢两种,适于作檩条等双向受弯的构件,也可用其组成组合或格构式构件,例如可以用做格构式轴心受力柱子的分肢。普通槽钢的型号用其断面符号[后加截面高度数字,如[36a 指截面高度为 36 cm、腹板厚度为 a 类的槽钢。号码相同的轻型槽钢,其翼缘和腹板较普通槽钢宽而薄,回转半径较大,质量较轻。

工字钢:分为普通工字钢和轻型工字钢。这两种工字钢的两个主轴方向的惯性矩相差较大,不宜单独用做受压构件,而宜用做腹板平面内受弯的构件,或由工字钢与其他型钢组成的组合构件或格构式构件。普通工字钢的型号用符号工后加截面高度的厘米数来表示;20 号以上的工字钢,又按腹板的厚度不同,同一号数分为 a、b 或 a、b、c 等类别,a 类腹板较薄,如工36a 表示截面高度为 36 cm 的 a 类工字钢。轻型工字钢的腹板和翼缘均比普通工字钢的薄,因而在相同质量的前提下截面回转半径较大。

H 型钢:是目前使用很广泛的热轧型钢,与普通工字钢相比,其冀缘板的内外两侧平行,便于与其他构件连接,其基本类型可分为宽翼缘 H 型钢(代号 HW,翼缘宽度 b 与截面高度 h 相等)、中翼缘 H 型钢(代号 HM,$b=(1/2 \sim 2/3)h$)及窄翼缘 H 型钢(代号 HN,$b=(1/3 \sim 1/2)h$)三类。宽翼缘和中翼缘 H 型钢可用于钢柱等受压构件,窄翼缘 H 型钢则用于钢梁等受弯构件。各种 H 型钢均可剖分为 T 型钢供应,代号分别为 TW、TM、TN。H 型钢和剖分 T 型钢的型号分别为代号后加高度 $h\times$宽度 $b\times$腹板厚度 $t_1\times$翼缘厚度 t_2,例如 HW400×400×13×21 和 TW200×400×13×21 等,单位均为 mm。

钢管有热轧无缝钢管和由钢板卷焊成的焊接钢管两种。钢管截面对称,外形圆滑,受力性能良好,由于回转半径较大,常用做桁架、网架、网壳等平面和空间格构式结构的杆件,在钢管混凝土柱中也有广泛的应用。规格用符号 Φ 后加外径×壁厚表示,如 Φ400×16,单位为 mm。

(三)冷弯薄壁型钢

冷弯薄壁型钢是用薄钢板经模压或弯曲成型,其壁厚一般为 1.5~5 mm,截面形式和尺寸可按工程要求合理设计,通常有角钢、卷边角钢、槽钢、卷边槽钢、Z 型钢、卷边 Z 型钢、方管、圆管及各种形状的压型钢板等(见图 2-20)。压型钢板是近年来开始使用的薄壁型材,是由热轧薄钢板经冷压或冷轧成型的,所用钢板厚度为 0.4~2 mm,主要用做轻型屋面及墙面等构件。

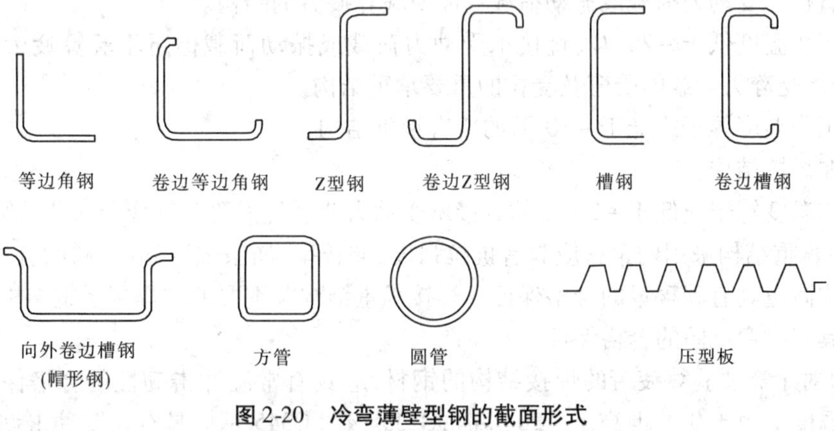

图 2-20　冷弯薄壁型钢的截面形式

三、钢材的选择

钢材的选用既要确保结构物的安全可靠，又要经济合理。为保证承重结构的承载能力和防止在一定条件下出现脆性破坏，应根据结构的重要性、荷载特征、结构形式、应力状态、连接方法、钢材厚度和工作环境等因素综合考虑，选用合适牌号和材性。具体应满足下列要求。

(1)结构或构件的重要性。根据建筑结构的重要程度和安全等级选择相应的钢材等级。对重型工业建筑结构、大跨度结构、高层或超高层民用建筑等重要结构，应选用质量好的钢材。

(2)荷载特征。根据荷载的性质不同选用适当的钢材，包括静力或动力、经常作用还是偶然作用、满载还是不满载等情况，并相应提出必要的质量保证措施。

(3)连接方法。钢结构的连接方法有焊接和非焊接两种。由于在焊接过程中会产生焊接变形、焊接应力及其他焊接缺陷，可能导致结构产生裂纹或脆性断裂，因此采用焊接连接时对材质的要求较严格。相对于非焊接连接的结构而言，焊接连接时所用钢材的碳、硫、磷及其他有害化学元素的含量应较低，塑性和韧性指标要高，焊接性能要好。

(4)结构的工作条件。钢材处于低温时容易发生冷脆，因此在低温条件下工作的结构，尤其是焊接结构，应选用具有良好抗低温脆断能力的镇静钢。露天结构易产生时效，有害介质作用的钢材易腐蚀、疲劳和断裂，也应区别选择。

(5)钢材厚度。厚度大的钢材不但强度较小，而且塑性、冲击韧性和焊接性能较差。因此，采用厚度大的钢材的焊接结构应采用材质较好的钢材。

我国《钢结构设计规范》(GB 50017—2003)对钢结构中材料的选用有如下规定。

(1)承重结构的钢材宜采用 Q235 钢、Q345 钢、Q390 钢和 Q420 钢，其质量应分别符合现行国家标准《碳素结构钢》(GB/T 700—2006)和《低合金高强度结构钢》(GB/T 1591—1994)的规定。当采用其他牌号的钢材时，尚应符合相应的有关标准的规定和要求。

(2)下列情况的承重结构和构件不应采用 Q235 沸腾钢。

• 焊接结构：

①直接承受动力荷载或振动荷载且需要验算疲劳的结构。

②工作温度低于 -20 ℃、直接承受动力荷载或振动荷载但可不验算疲劳荷载的结构，以及承受静力荷载的受弯及受拉的重要承重结构。

③工作温度等于或低于 -30 ℃的所有承重结构。

• 非焊接结构：

工作温度等于或低于 -20 ℃的直接承受动力荷载且需要验算疲劳荷载的结构。

(3)承重结构采用的钢材应具有抗拉强度、伸长率、屈服强度和硫、磷的合格保证，对焊接结构尚应具有碳含量的合格保证。焊接承重结构及重要的非焊接承重结构采用的钢材还应具有冷弯试验的合格保证。

(4)对于需要验算疲劳的焊接结构的钢材，应具有常温冲击韧性的合格保证。当结构工作温度不高于 0 ℃但高于 -20 ℃时，Q235 钢和 Q345 钢应具有 0 ℃冲击韧性的合格保证,Q390 钢和 Q420 钢应具有 -20 ℃冲击韧性的合格保证。当结构工作温度不高于 -20 ℃时,Q235 钢和 Q345 钢应具有 -20 ℃冲击韧性的合格保证,Q390 钢和 Q420 钢应具有 -40 ℃冲击韧性的合格保证。

需要验算疲劳的非焊接结构的钢材亦应具有常温冲击韧性的合格保证。当结构工作温度不高于 -20 ℃时,Q235 钢和 Q345 钢应具有 0 ℃冲击韧性的合格保证,Q390 钢和 Q420 钢应具有 -20 ℃冲击韧性的合格保证。

思考题

1. 钢材有哪两种主要的破坏形式? 它们对钢结构设计有何影响?
2. 在影响钢材性能的化学成分中,主要的有害元素有哪些? 其影响如何?
3. 为什么通常取屈服点作为钢材强度的标准值,而不取抗拉强度?
4. 钢材的主要力学性能指标有哪些? 其如何衡量钢材的性能?
5. 温度对钢材的力学性能有何影响?
6. 什么是应力集中? 其对钢材的力学性能影响如何?
7. 钢材疲劳破坏的特征是什么? 如何计算疲劳破坏?
8. 钢材中常见的冶金缺陷有哪些?
9. 钢材的加工方法有哪些? 其对钢材的性能有何影响?
10. 影响疲劳强度的因素有哪些?
11. 钢材选择的原则是什么?

第三章　钢结构的连接

第一节　钢结构的连接方法和特点

钢结构是由若干构件组合而成的。连接的作用就是通过一定的方式将板材或型钢组合成构件，或将若干个构件组合成整体结构，以保证其共同工作。因此，连接方式及其质量优劣直接影响钢结构的工作性能。钢结构的连接必须符合安全可靠、传力明确、构造简单、制造方便和节约钢材的原则。连接接头应有足够的强度，要有适宜于施行连接的足够空间。

钢结构的连接方法有焊缝连接、螺栓连接和铆钉连接三种(见图3-1)。

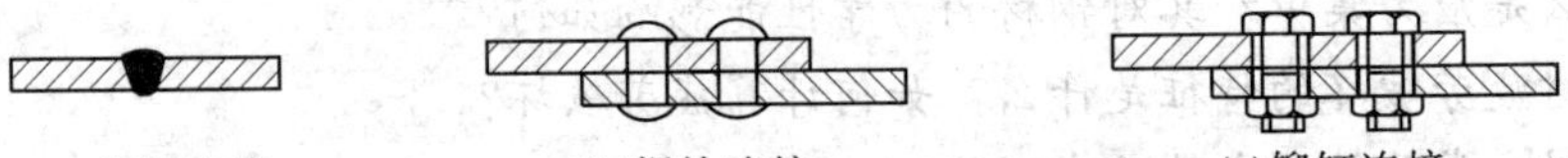

(a)焊缝连接　(b)螺栓连接　(c)铆钉连接

图3-1　钢结构的连接方法

一、焊缝连接

焊接连接是现代钢结构最主要的连接方法。其优点是：构造简单，任何形式的构件都可直接相连；用料经济，不削弱截面；制作加工方便，可实现自动化操作；连接的密闭性好，结构刚度大。其缺点是：在焊缝附近的热影响区内，钢材的金相组织发生改变，导致局部材质变脆；焊接残余应力和残余变形使受压构件承载力降低；焊接结构对裂纹很敏感，局部裂纹一旦发生，就容易扩展到整体，低温冷脆问题较为突出。

二、螺栓连接

螺栓连接分为普通螺栓连接和高强度螺栓连接两种。

(一)普通螺栓连接

普通螺栓分为A、B、C三级。A级与B级为精制螺栓，C级为粗制螺栓。C级螺栓材料性能等级为4.6级或4.8级，小数点前的数字表示螺栓成品的抗拉强度不小于400 N/mm^2，小数点及小数点以后数字表示其屈强比(屈服点与抗拉强度之比)为0.6或0.8。A级和B级螺栓材料性能等级则为5.6级和8.8级，其抗拉强度分别不小于500 N/mm^2和800 N/mm^2，屈强比分别为0.6和0.8。

A、B级精制螺栓是由毛坯在车床上经过切削加工精制而成的。表面光滑，尺寸准确，螺杆直径与螺栓孔径相同，但螺杆直径仅允许负公差，螺栓孔直径仅允许正公差，对成孔质量要求高。由于有较高的精度，因而受剪性能好。但制作和安装复杂，价格较高，已很少在钢结构中采用。

C 级螺栓由未经加工的圆钢压制而成。由于螺栓表面粗糙,一般用在单个零件上一次冲成或不用钻模钻成的孔(Ⅱ类孔)。螺栓孔的直径比螺栓杆的直径大 1.5 ~ 3 mm。对于采用 C 级螺栓的连接,由于螺杆与栓孔之间有较大的间隙,受剪力作用时,将产生较大的剪切滑移,连接的变形大。但其安装方便,且能有效地传递拉力,故可用于沿螺栓杆轴受拉的连接中,以及次要结构的抗剪连接或安装时的临时固定。

(二)高强度螺栓连接

高强度螺栓一般采用 45 号钢、40B 钢和 20MnTiB 钢加工制作,经热处理后,螺栓抗拉强度分别不低于 800 N/mm^2 和 1 000 N/mm^2,且屈强比分别为 0.8 和 0.9,因此其性能等级分别为 8.8 级和 10.9 级。

高强度螺栓分大六角头型和扭剪型两种(见图 3-2)。安装时通过特别的扳手,以较大的扭矩上紧螺帽,使螺杆产生很大的预拉力,使被连接的部件夹紧。按照其传力特点的不同,高强度螺栓分为摩擦型高强度螺栓和承压型高强度螺栓。

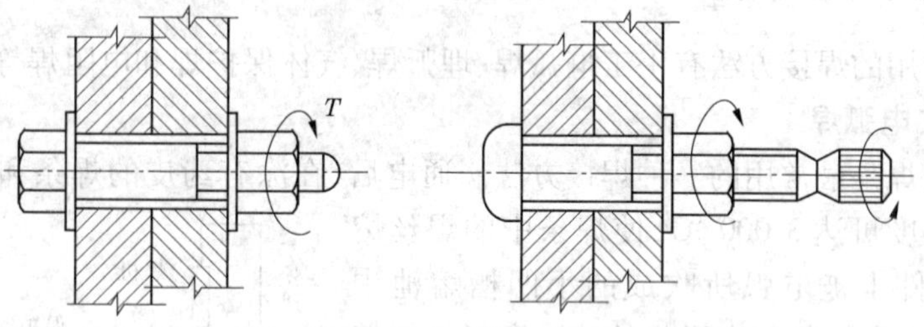

(a)大六角头型　(b)扭剪型

图 3-2　钢结构的连接方法

高强度螺栓的预拉力把被连接的部件夹紧,使部件的接触面间产生很大的摩擦力,外力通过摩擦力来传递。这种连接称为高强度螺栓摩擦型连接。它的优点是施工方便,对构件的削弱较小,可拆换,能承受动力荷载,耐疲劳,韧性和塑性好,包含了普通螺栓和铆钉连接的优点,目前已成为代替铆接的优良连接形式。

高强度螺栓也可同普通螺栓一样,允许接触面滑移,依靠螺栓杆和螺栓孔之间的承压来传力。这种连接称为高强度螺栓承压型连接。

摩擦型连接的栓孔直径比螺杆的公称直径 d 大 1.5 ~ 2.0 mm,承压型连接的栓孔直径比螺杆的公称直径 d 大 1.0 ~ 1.5 mm。摩擦型连接的剪切变形小,弹性性能好,特别适用于受动力荷载作用的结构。承压型连接的承载力高于摩擦型,连接紧凑,但剪切变形大,不得用于承受动力荷载的结构中。

三、铆钉连接

铆钉连接的制造有热铆和冷铆两种方法。热铆是由烧红的钉坯插入构件的钉孔中,用铆钉枪或压铆机铆合而成。冷铆是在常温下铆合而成的。在建筑结构中一般采用热铆。

铆钉连接的质量和受力性能与钉孔的制法密切相关。钉孔的制法分为Ⅰ、Ⅱ两类。Ⅰ类孔是用钻模钻成,或先冲成较小的孔,装配时再扩钻而成,质量较好。Ⅱ类孔是冲成或不用钻模钻成,虽然制法简单,但构件拼装时钉孔不易对齐,故质量较差。重要的结构应该采用 I 类孔。

铆钉打好后，钉杆由高温逐渐冷却而发生收缩，但由于被钉头之间的钢板阻止住，所以钉杆中产生了收缩拉应力，对钢板则产生压缩系紧力。这种系紧力使连接十分紧密。当构件受剪力作用时，钢板接触面上产生很大的摩擦力，因而能大大提高连接的工作性能。

铆钉连接由于构造复杂，生产效率低，现已很少采用。但是铆钉连接的塑性和韧性较好，传力可靠，质量易于检查，在一些重型结构和直接承受动力荷载的结构中，有时仍然采用。

第二节　焊缝连接的形式和焊缝的质量检验

一、常用的焊接方法

钢结构常用的焊接方法有手工电弧焊、埋弧焊、气体保护焊和电阻焊等。

（一）手工电弧焊

手工电弧焊是最常用的一种焊接方法。通电后，在涂有药皮的焊条和焊件间产生电弧。电弧的温度可达 3 000 ℃，使焊条中的焊丝熔化，滴落在焊件上被电弧所吹成的小凹槽熔池中（见图 3-3）。由电焊条药皮形成的熔渣和气体覆盖着熔池，防止空气中的氧、氮等气体与熔化的液体金属接触，避免形成脆性易裂的化合物。焊缝金属冷却后把被连接件连成一体。

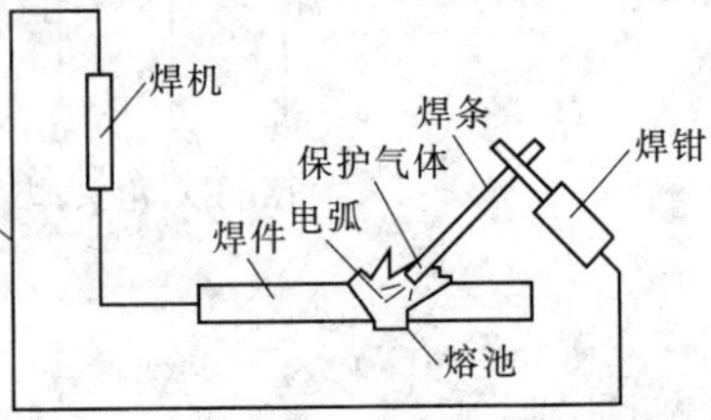

图 3-3　手工电弧焊

手工电弧焊所用焊条应与焊件钢材相适应，例如：Q235 钢采用 E43 型焊条（E4300 ~ E4328），Q345 钢采用 E50 型焊条（E5000 ~ E5048），Q390 钢和 Q420 钢采用 E55 型焊条（E5500 ~ E5518）。焊条型号中字母 E 表示焊条，前两位数字为熔敷金属的最小抗拉强度（单位为 kgf/mm^2），第三、四位数字表示适用焊接位置、电流及药皮类型等。不同钢种的钢材相焊接时，宜采用低组配方案，即宜采用与低强度钢相适应的焊条。

（二）埋弧焊

埋弧焊是电弧在焊剂层下燃烧的一种电弧焊方法。焊丝送进和焊接方向的移动有专门机构控制的称埋弧自动电弧焊（见图 3-4）；焊丝送进有专门机构控制，而焊接方向的移动靠工人操作的称为埋弧半自动电弧焊。电弧焊的焊丝不涂药皮，但施焊端由焊剂漏头自动流下的颗粒状焊剂所覆盖，电弧完全被埋在焊剂之内，电弧热量集中，熔深大，适于厚板的焊接，具有很高的生产效率。由于采用了自动或半自动化操作，焊接时的工艺条件稳定，焊

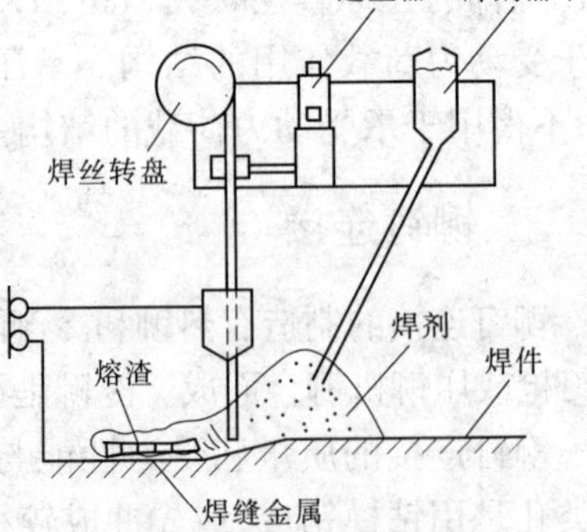

图 3-4　埋弧自动电弧焊

缝的化学成分均匀，故焊成的焊缝质量好，焊件变形小。同时，较高的焊速也减小了热影响区的范围。但埋弧焊对焊件边缘的装配精度（如间隙）要求比手工焊高。

埋弧焊所用焊丝和焊剂应与主体金属强度相适应，即要求焊缝与主体金属等强度。

（三）气体保护焊

气体保护焊是利用二氧化碳气体或其他惰性气体作为保护介质的一种电弧熔焊方法。它直接依靠保护气体在电弧周围形成局部的保护层，以防止有害气体的侵入并保证了焊接过程的稳定性。气体保护焊用于薄钢板或小型结构的连接中。

（四）电阻焊

电阻焊是利用电流通过焊件接触点表面电阻所产生的热来熔化金属，再通过加压使其焊合。模压及冷弯薄壁型钢的焊接常采用这种接触点焊。电阻焊适用于厚度为 6 ~ 12 mm 的板。

二、焊缝连接的形式

焊缝连接的形式按被连接构件的相互位置可分为对接、搭接、T 形连接和角部连接四种（见图 3-5）。这些连接所采用的焊缝主要有对接焊缝和角焊缝。

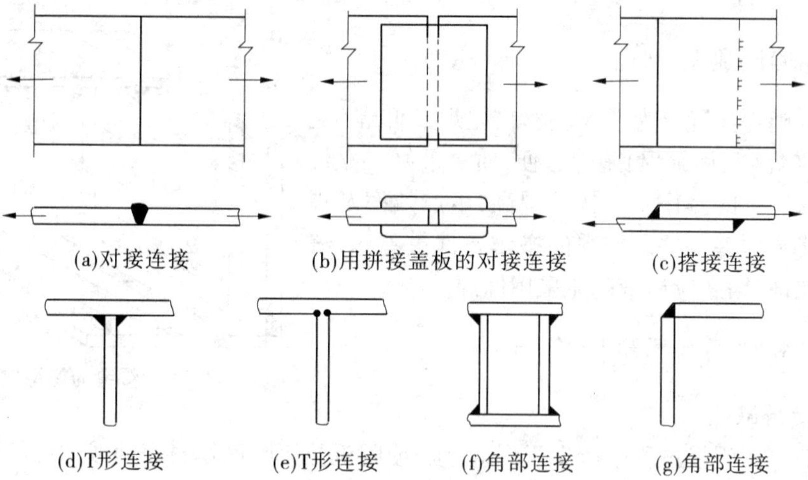

图 3-5　焊缝连接的形式

（一）对接焊缝

对接焊缝按其受力方向与焊缝长度方向的关系，分为正对接焊缝和斜对接焊缝，如图 3-6所示。

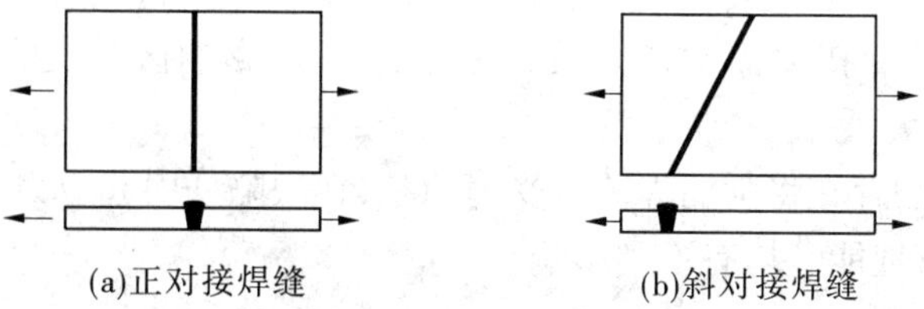

图 3-6　对接焊缝的形式

(二)角焊缝

角焊缝按其受力方向与焊缝长度方向的关系可分为正面角焊缝、侧面角焊缝和斜焊缝,如图3-7所示。

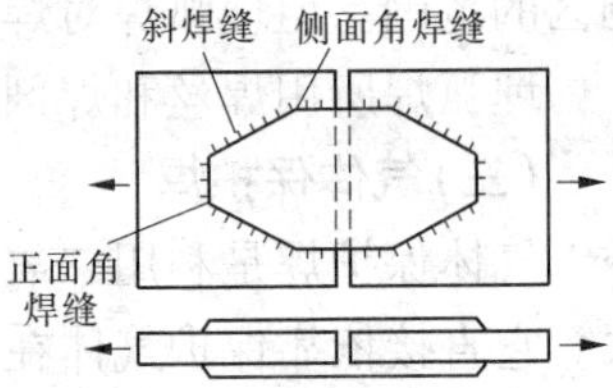

图3-7　角焊缝的形式

焊缝沿长度方向的布置分为连续角焊缝和间断角焊缝两种,如图3-8所示。连续角焊缝的受力性能较好,是主要的角焊缝形式。间断角焊缝的起、灭弧处容易引起应力集中,重要结构应避免采用,只能用于一些次要构件的连接或受力很小的连接中。间断角焊缝的间断距离 l 不宜过长,以免连接不紧密,潮气侵入引起构件锈蚀。一般在受压构件中应满足 $l \leqslant 15t$,在受拉构件中满足 $l \leqslant 30t$,t 为较薄焊件的厚度。

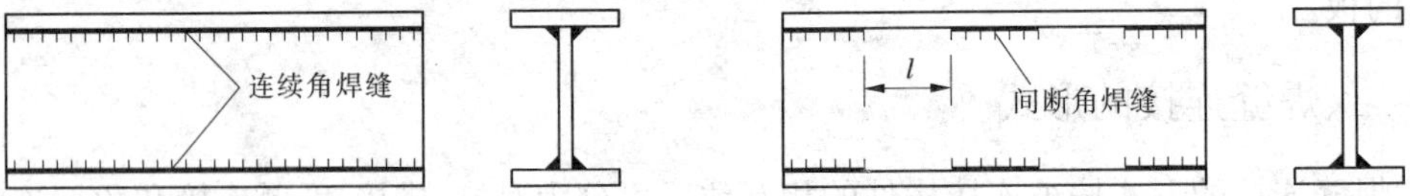

图3-8　连续角焊缝和间断角焊缝

三、焊缝的施焊位置

焊缝按施焊位置分为平焊、横焊、立焊及仰焊(见图3-9)。平焊(又称俯焊)施焊方便,质量最好。立焊和横焊要求焊工的操作水平比平焊高,生产效率及焊缝质量要比平焊差一些。仰焊的操作条件最差,焊缝质量不易保证,因此应尽量避免采用仰焊。

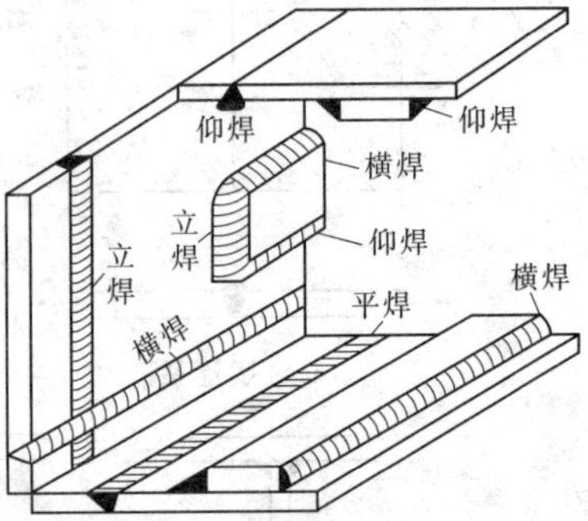

图3-9　焊缝的施焊位置

四、焊缝缺陷及质量检验

(一)焊缝缺陷

焊缝缺陷指焊接过程中产生于焊缝金属或附近热影响区钢材表面或内部的缺陷。常见的缺陷有裂纹、焊瘤、烧穿、弧坑、气孔、夹渣、咬边、未熔合、未焊透(见图3-10)等,以及焊缝尺寸不符合要求、焊缝成型不良等。裂纹是焊缝连接中最危险的缺陷。产生裂纹的原因很多,如钢材的化学成分不当、焊接工艺条件(如电流、电压、焊速、施焊次序等)选择不合适、焊件表面油污未清除干净等。气孔一般是由于焊接过程中的水产生的氢气和氧气而形成的。当气孔为孤立的时,对静载的影响不大;当气孔为链状时,相当于裂缝,对静载的影响较大。因此,在焊接时,应对焊条进行烘干、保温。夹渣主要由焊条的药皮引起,焊接完需清渣。咬边是焊缝与热影响区的交界处形成的弧坑,对疲劳强度的影响较大。

焊缝各种缺陷的存在将削弱焊缝的受力面积,在缺陷处引起应力集中,故对连接的强度、冲击韧性及冷弯性能等均有不利影响。

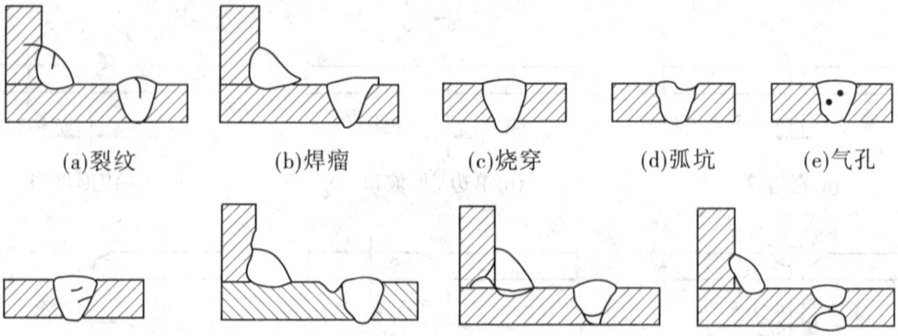

图 3-10　焊缝缺陷

(二)焊缝质量检验

焊缝质量检验一般可用外观检查及内部无损检验,前者检查外观缺陷和几何尺寸,后者检查内部缺陷。内部无损检验目前广泛采用超声波检验。该方法使用灵活、经济,对内部缺陷反应灵敏,但不易识别缺陷性质。有时还用磁粉检验。该方法用荧光检验等较简单的方法作为辅助。此外,还可采用 X 射线或 γ 射线透照或拍片,目前工程中应用较多的是 X 射线检验。

现行的《钢结构工程施工质量验收规范》(GB 50205—2001)规定:焊缝按其检验方法和质量要求分为一级、二级和三级。三级焊缝只要求对全部焊缝作外观检查且符合三级质量标准;设计要求全焊透的一级、二级焊缝则除外观检查外,还要求用超声波探伤进行内部缺陷的检验,超声波探伤不能对缺陷作出判断时,应采用射线探伤检验,并应符合国家相应质量标准的要求。

应根据结构的重要性、荷载特性、焊缝形式、工作环境及应力状态等情况,选用不同质量等级的焊缝。对于结构安全等级为一、二级构件的焊缝,焊缝设计等级不低于二级;对于结构安全等级为三级构件的焊缝,焊缝设计等级可为三级。

第三节　对接焊缝的构造要求和计算

一、对接焊缝的构造要求

对接焊缝的焊件常需做成坡口,故又叫坡口焊缝。坡口形式与焊件厚度有关。当焊件厚度很小(手工焊≤6 mm,埋弧焊≤10 mm)时,可用直边缝。对于一般厚度的焊件,可采用具有斜坡口的单边 V 形焊缝或 V 形焊缝。斜坡口和根部间隙 c 共同组成一个焊条能够运转的施焊空间,使焊缝易于焊透;钝边 p 有托住熔化金属的作用。对于较厚的焊件($t>20$ mm),则采用 U 形、K 形和 X 形坡口(见图 3-11)。对于 V 形焊缝和 U 形焊缝,需对焊缝根部进行补焊。对接焊缝坡口形式的选用,应根据板厚和施工条件按现行标准《气焊、手工电弧焊及气体保护焊焊缝坡口的基本形式与尺寸》(GB 985—1988)和《埋弧焊焊缝坡口的基本形式和尺寸》(GB 986—1988)的要求进行。

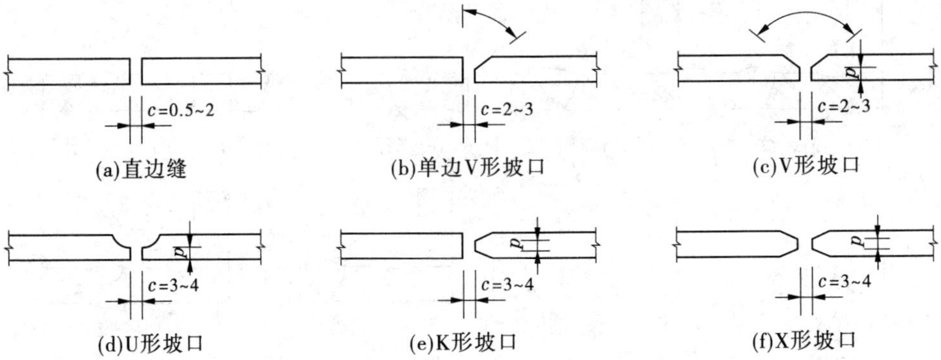

图 3-11　对接焊缝的坡口形式　（单位：mm）

在对接焊缝的拼接处，当焊件的宽度不同或厚度相差 4 mm 以上时，应分别在宽度方向或厚度方向从一侧或两侧做成坡度不大于 1∶2.5 的斜角（见图 3-12），以使截面过渡和缓，减小应力集中。

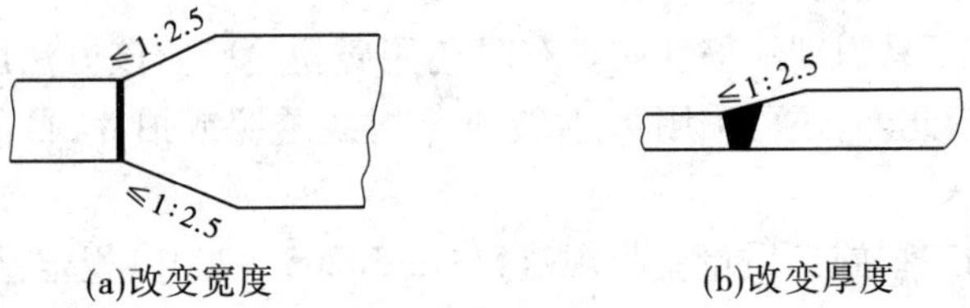

图 3-12　钢板拼接

在焊缝的起灭弧处，常会出现弧坑等缺陷，这些缺陷对承载力影响极大，故焊接时一般应设置引弧板和引出板（见图 3-13），焊后将它割除。对受静力荷载的结构设置引弧（出）板有困难时，允许不设置引弧（出）板，此时，可令焊缝计算长度等于实际长度减 $2t$（t 为较薄焊件厚度）。

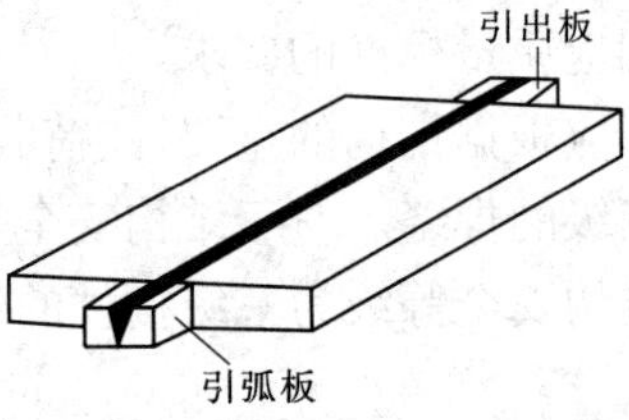

图 3-13　用引弧板和引出板焊接

二、对接焊缝的计算

对接焊缝的强度与所用钢材的牌号、焊条型号及焊缝质量的检验标准等因素有关。

如果焊缝中不存在任何缺陷，焊缝金属的强度是高于母材的。由于焊接技术问题，焊缝中可能有气孔、夹渣、咬边、未焊透等缺陷。试验证明，焊接缺陷对受压、受剪的对接焊缝影响不大，故可认为受压、受剪的对接焊缝与母材强度相等，但受拉的对接焊缝对缺陷甚为敏感。当缺陷面积与焊件截面面积之比超过 5% 时，对接焊缝的抗拉强度将明显下降。由于三级检验的焊缝允许存在的缺陷较多，故其抗拉强度为母材强度的 85%，而一、二级检验的焊缝的抗拉强度可认为与母材强度相等。

由于对接焊缝是焊件截面的组成部分，焊缝中的应力分布情况基本上与焊件原来的情况相同，因此除把焊件的截面的几何特性（A、I、W、S）改为焊缝截面的几何特性外，对接焊缝的计算方法与构件的强度计算一样。

（一）受轴心力作用的对接焊缝

在对接接头和T形接头中，垂直于轴心拉力或轴心压力 N 的对接焊缝（见图3-14），其强度应按下式计算：

$$\sigma = \frac{N}{l_w t} \leqslant f_t^w \text{ 或 } f_c^w \tag{3-1}$$

式中　N——轴心拉力或轴心压力设计值；

l_w——焊缝的计算长度，当未采用引弧板和引出板施焊时，取实际长度减去 $2t$；

t——在对接接头中连接件的较小厚度，在T形接头中为腹板厚度；

f_t^w、f_c^w——对接焊缝的抗拉、抗压强度设计值。

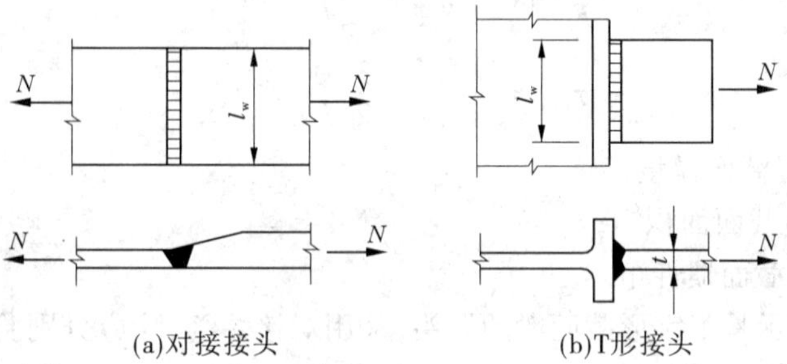

图3-14　直对接焊缝强度的计算

按《钢结构工程施工质量验收规范》（GB 50205—2001）的规定，对接焊缝施焊时均应加引弧板，以避免焊缝两端的起落弧缺陷，这样，焊缝计算长度应取为实际长度。但在某些特殊情况下，如T形接头，当加引弧板较为困难而未加时，则计算每条焊缝长度应减去 $2t$。因此，在一般加引弧板施焊的情况下，所有受压、受剪的对接焊缝及受拉的一、二级焊缝，均与母材等强，不用计算，只有受拉的三级焊缝才需要进行计算。

当直焊缝不能满足强度要求时，可采用斜焊缝。图3-15所示的轴心受拉斜焊缝，其强度可按下列公式计算：

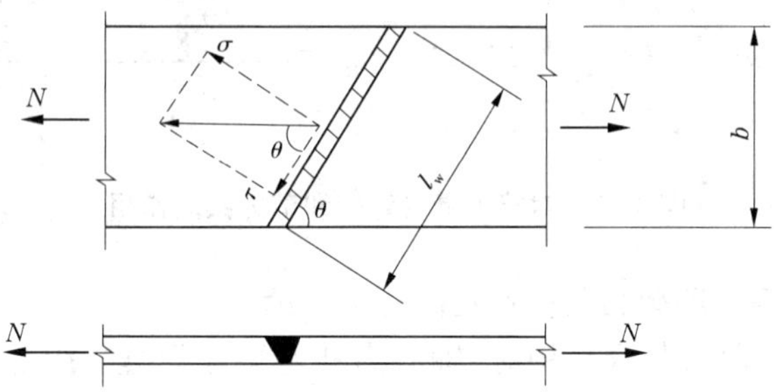

图3-15　斜对接焊缝强度的计算

$$\sigma = \frac{N\sin\theta}{l_w t} \leqslant f_t^w \tag{3-2}$$

$$\tau = \frac{N\cos\theta}{l_w t} \leqslant f_v^w \tag{3-3}$$

式中 l_w——焊缝的计算长度,加引弧板时 $l_w = b/\sin\theta$,不加引弧板时 $l_w = b/\sin\theta - 2t$;

f_v^w——对接焊缝抗剪强度设计值。

计算证明,三级检验的对接焊缝与作用力间的夹角 θ 满足 $\tan\theta \leqslant 1.5$ 时,如斜焊缝的强度不低于母材强度,可不再进行验算。

(二)受弯矩和剪力共同作用的对接焊缝

图 3-16(a)所示为对接焊缝受弯矩和剪力共同作用。由于焊缝截面是矩形,正应力与剪应力图形分别为三角形与抛物线形,其最大值应分别满足下列强度条件:

$$\sigma_{max} = \frac{M}{W_w} = \frac{6M}{l_w^2 t} \leqslant f_t^w \tag{3-4}$$

$$\tau_{max} = \frac{VS_w}{I_w t} = \frac{3}{2}\frac{V}{l_w t} \leqslant f_v^w \tag{3-5}$$

式中 W_w——焊缝截面模量;

S_w——焊缝截面面积矩;

I_w——焊缝截面惯性矩。

图 3-16(b)所示是工字形截面梁的接头,采用对接焊缝,除应分别验算最大正应力和剪应力外,对于同时受有较大正应力和较大剪应力处(例如腹板与翼缘的交接点处),还应按下式验算折算应力:

$$\sqrt{\sigma_1^2 + 3\tau_1^2} \leqslant 1.1 f_t^w \tag{3-6}$$

式中 σ_1、τ_1——验算点处的焊缝正应力和剪应力;

1.1——考虑到最大折算应力只在局部出现,而将强度设计值适当提高的系数。

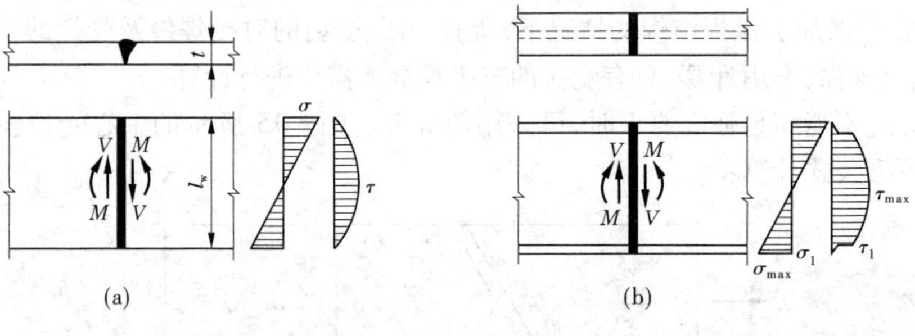

图 3-16 对接焊缝受弯矩和剪力共同作用

(三)受轴心力、弯矩和剪力共同作用的对接焊缝

当轴心力与弯矩、剪力联合作用时,轴心力和弯矩在焊缝中引起的正应力应进行叠加,剪应力仍按式(3-5)验算,折算应力仍按式(3-6)验算。

【例 3-1】 计算工字形截面牛腿与钢柱连接的对接焊缝强度(见图 3-17)。$F = 550$ kN(设计值),偏心距 $e = 300$ mm。钢材为 Q235B,焊条为 E43 型,手工焊。焊缝为三级检验标准,上、下翼缘加引弧板和引出板施焊。

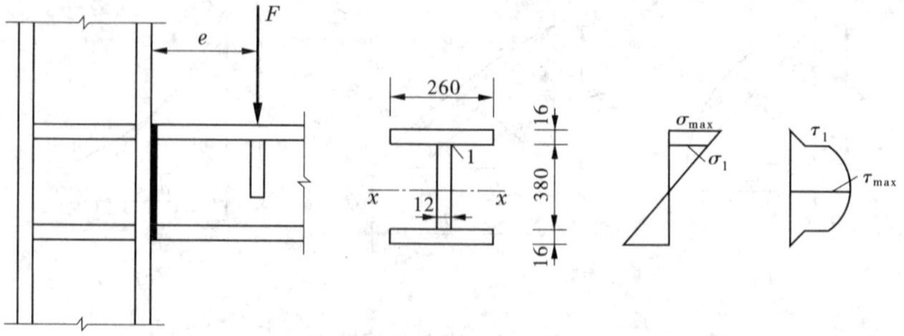

图 3-17　工字形截面牛腿与钢柱连接　（单位：mm）

解　截面几何特征值和内力分别为

$$I_x = \frac{1}{12} \times 1.2 \times 38^3 + 2 \times 1.6 \times 26 \times 19.8^2 = 38\ 105(\text{cm}^4)$$

$$S_{x1} = 26 \times 1.6 \times 19.8 = 824(\text{cm}^3)$$

$$V = F = 550\ \text{kN}, M = 550 \times 0.30 = 165(\text{kN} \cdot \text{m})$$

①最大正应力

$$\sigma_{max} = \frac{M}{I_x} \cdot \frac{h}{2} = \frac{165 \times 10^6 \times 206}{38\ 105 \times 10^4} = 89.2(\text{N/mm}^2) < f_t^w = 185\ \text{N/mm}^2$$

②最大剪应力

$$\tau_{max} = \frac{VS_x}{I_x t} = \frac{550 \times 10^3}{38\ 105 \times 10^4 \times 12} \times \left(260 \times 16 \times 198 + 190 \times 12 \times \frac{190}{2}\right)$$

$$= 125.1(\text{N/mm}^2) \approx f_v^w = 125\ \text{N/mm}^2$$

③1 点的折算应力

$$\sigma_1 = \sigma_{max} \cdot \frac{190}{206} = 82.3(\text{N/mm}^2)$$

$$\tau_1 = \frac{VS_{x1}}{I_x t} = \frac{550 \times 10^3 \times 824 \times 10^3}{38\ 105 \times 10^4 \times 12} = 99.1(\text{N/mm}^2)$$

$$\sqrt{\sigma_1^2 + 3\tau_1^2} = \sqrt{82.3^2 + 3 \times 99.1^2} = 190.4(\text{N/mm}^2) \leqslant 1.1 \times 185 = 203.5(\text{N/mm}^2)$$

满足要求。

第四节　角焊缝的构造和计算

一、角焊缝的构造

（一）角焊缝的形式和应力分布特点

1. 角焊缝的形式

角焊缝按其截面形式分为直角角焊缝（见图 3-18）和斜角角焊缝（见图 3-19）。

直角角焊缝通常焊成表面微凸的等腰直角三角形截面（见图 3-18(a)）。在直接承受

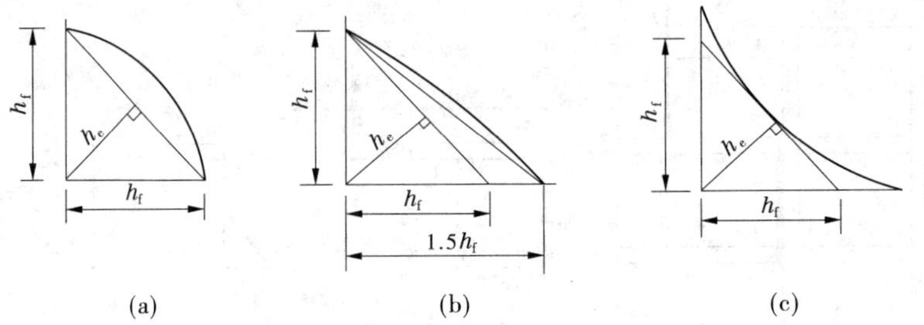

图 3-18　直角角焊缝

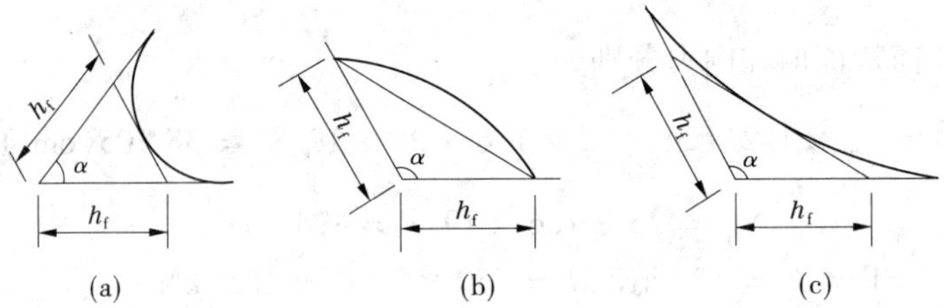

图 3-19　斜角角焊缝

动力荷载的结构中，为了减少应力集中，提高构件的抗疲劳强度，侧面角焊缝以凹形为最好。但手工焊成凹形极为费事，因此采用手工焊时，焊缝做成直线形较为合适（见图 3-18(b)）。当用自动焊时，由于电流较大，金属熔化速度快、熔深大，焊缝金属冷却后的收缩自然形成凹形表面（见图 3-18(c)）。为此，规定在直接承受动力荷载的结构（如吊车梁）中，侧面角焊缝做成凹形或直线形均可。对正面角焊缝，因其刚度较大，受动力荷载时应焊成平坡式（图 3-18(b)），直角边的比例通常为 1∶1.5（长边顺内力方向）。

两焊脚边的夹角 $\alpha>90°$ 或 $\alpha<90°$ 的焊缝称为斜角角焊缝（见图 3-19），斜角角焊缝常用于钢漏斗和钢管结构中。对于夹角 $\alpha>135°$ 或 $\alpha<60°$ 的斜角角焊缝，除钢管结构外，不宜用做受力焊缝。

2. 角焊缝的应力分布特点

大量试验结果表明：侧面角焊缝主要承受剪应力，塑性较好，弹性模量低（$E=0.7\times10^5\sim1\times10^5\ \text{N/mm}^2$），强度也较低。由于传力线通过侧面角焊缝时产生弯折，因而应力沿焊缝长度方向的分布不均匀，呈两端大、中间小的状态（见图 3-20），焊缝越长，应力分布不均匀性越显著，即 τ 分布不均匀，且不均匀程度随 l_w 的增大而增加，破坏常从两端开始，在出现裂纹后很快沿焊缝有效截面迅速断裂。但在接近塑性工作阶段时，产生应力重分布，可使应力分布的不均匀现象渐趋缓和。

正面角焊缝受力复杂，截面中的各面均存在正应力和剪应力（见图 3-21）。由于传力时力线弯折，并且焊根处正好是两焊件接触面的端部，相当于裂缝的尖端，故焊根处存在着很严重的应力集中。与侧面角焊缝相比，正面角焊缝的刚度较大（弹性模量 $E\approx1.5\times10^5\ \text{N/mm}^2$），强度较高，但塑性变形要差些。即 σ 沿焊缝长度方向分布比较均匀，但应力状态比侧面角焊缝复杂，两焊脚边均有拉、压应力和 τ，在焊缝根部存在应力集中，裂纹首

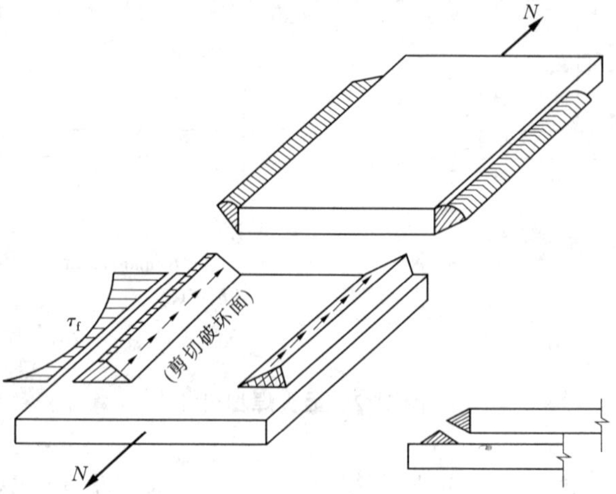

图 3-20　侧面角焊缝的应力

先在此处产生,断裂面可近似地假定在有效截面。

斜焊缝的受力性能和强度值介于正面角焊缝和侧面角焊缝之间。

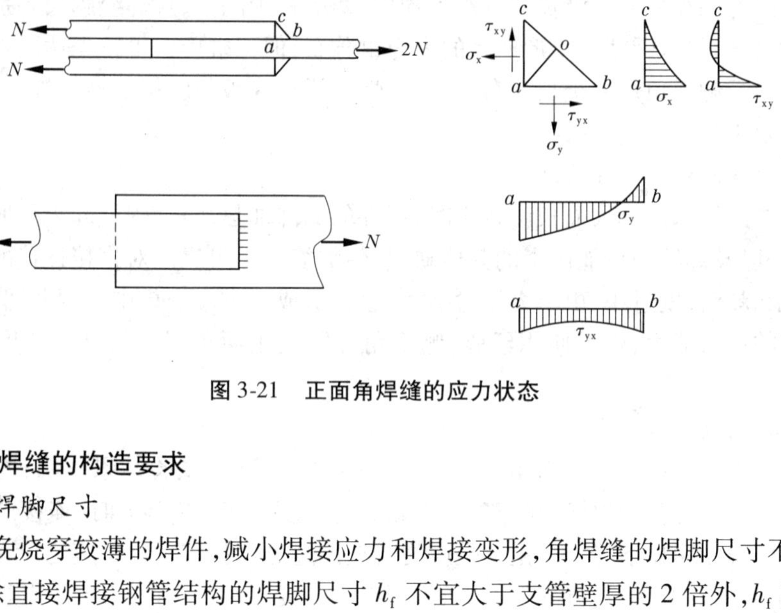

图 3-21　正面角焊缝的应力状态

(二)角焊缝的构造要求

1. 最大焊脚尺寸

为了避免烧穿较薄的焊件,减小焊接应力和焊接变形,角焊缝的焊脚尺寸不宜太大。规范规定:除直接焊接钢管结构的焊脚尺寸 h_f 不宜大于支管壁厚的 2 倍外,h_f 不宜大于较薄焊件厚度的 1.2 倍,即 $h_f \leqslant 1.2t_{min}$(t_{min}为 t_1、t_2 中的较小值,见图 3-22(a))。在板件边缘的角焊缝,当板件厚度 $t>6$ mm 时,不易焊满全厚度,故取 $h_f \leqslant t-(1\sim2$ mm);当板件厚度 $t \leqslant 6$ mm 时,通常用小焊条施焊,易于焊满全厚度,则取 $h_f \leqslant t$。如果另一焊件厚度 $t'<t$,还应满足 $h_f \leqslant 1.2t_{min}$的要求(t_{min}为 t、t'中的较小值,见图 3-22(b))。圆孔或槽孔内的角焊缝尺寸尚不宜大于圆孔直径或槽孔短径的 1/3。

2. 最小焊脚尺寸

焊脚尺寸不宜太小,以保证焊缝的最小承载能力,并防止焊缝因冷却过快而产生裂

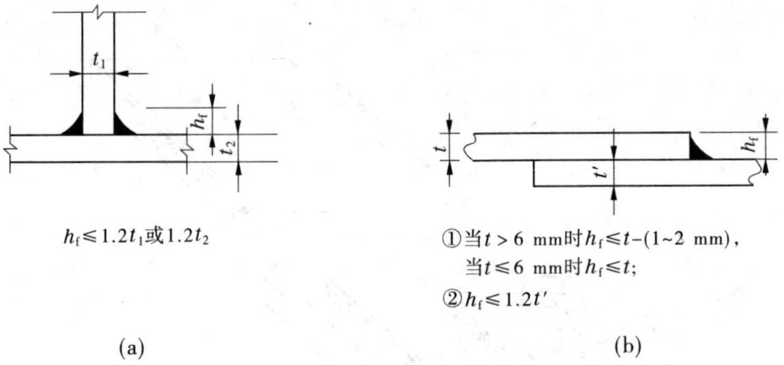

图 3-22　最大焊脚尺寸

纹。规范规定:角焊缝的焊脚尺寸 h_f 不得小于 $1.5\sqrt{t}$,t 为较厚焊件厚度(以 mm 计);自动焊熔深大,最小焊脚尺寸可减少 1 mm;对于 T 形连接的单面角焊缝,应增加 1 mm。当焊件厚度等于或小于 4 mm 时,则最小焊脚尺寸应与焊件厚度相同。

3. 侧面角焊缝的最大计算长度

侧面角焊缝的计算长度不宜大于 $60h_f$,当大于 $60h_f$ 时,其超过部分在计算中不予考虑。这是因为侧焊缝应力沿长度分布不均匀,两端较中间大,且焊缝越长差别越大。当焊缝太长时,虽然仍有因塑性变形产生的内力重分布,但两端应力可首先达到强度极限而破坏。当内力沿侧面角焊缝全长分布时,比如焊接梁翼缘板与腹板的连接焊缝,计算长度可不受上述限制。

4. 角焊缝的最小计算长度

角焊缝的焊脚尺寸大而长度较小时,焊件的局部加热严重,焊缝起灭弧所引起的缺陷相距太近,以及焊缝中可能产生的其他缺陷,使焊缝不够可靠。对搭接连接的侧面角焊缝而言,如果焊缝长度过小,由于力线弯折大,也会造成严重应力集中。因此,为了使焊缝能够有一定的承载能力,根据使用经验,侧面角焊缝或正面角焊缝的计算长度均不得小于 $8h_f$ 和 40 mm。

5. 搭接构造要求

当板件端部仅有两条侧面角焊缝连接时(见图 3-23),试验结果表明,连接的承载力与 b/l_w 有关。b 为两侧焊缝的距离,l_w 为侧焊缝长度。当 $b/l_w>1$ 时,连接的承载力随着 b/l_w 值的增大而明显下降。这主要是应力传递的过分弯折使构件中应力分布不均匀造成的。为使连接强度不致过分降低,每条侧焊缝的长度不宜小于两侧面角焊缝之间的距离,即 $b/l_w \le 1$。两侧面角焊缝之间的距离 b 也不宜大于 $16t$($t>12$ mm)或 200 mm($t \le 12$ mm),t 为较薄焊件的厚度,以免因焊缝横向收缩引起板件产生较大拱曲。

在搭接连接中,当仅采用正面角焊缝时(见图 3-24),其搭接长度不得小于焊件较小厚度的 5 倍,也不得小于 25 mm,以免焊缝受偏心弯矩影响太大而破坏。

杆件端部搭接采用三面围焊时,在转角处截面突变,会产生应力集中,如在此处起灭弧,可能出现弧坑或咬边等缺陷,从而加大应力集中的影响。因此,所有围焊的转角处必须连续施焊。对于非围焊情况,当角焊缝的端部在构件转角处时,可连续地做长度为 $2h_f$

的绕角焊(见图3-23)。

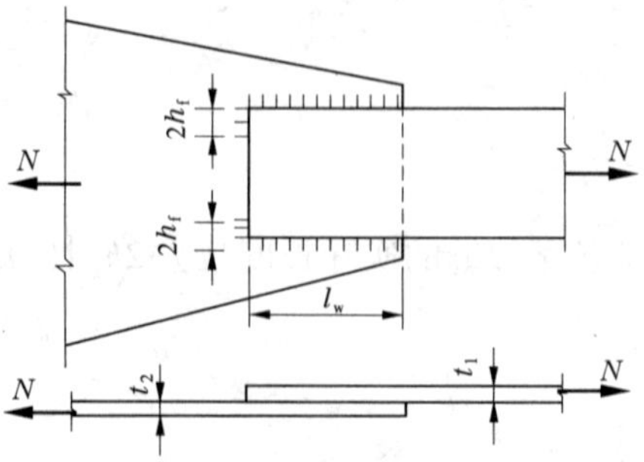

图3-23　焊缝长度及两侧焊缝间距

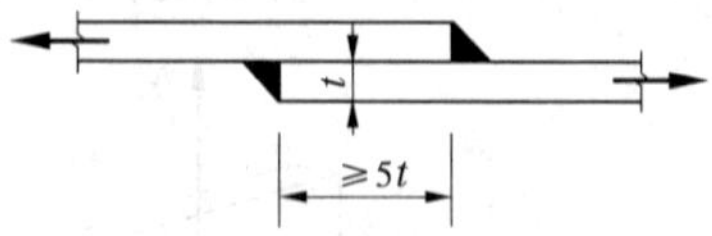

图3-24　搭接连接

二、直角角焊缝的计算

(一)直角角焊缝的基本计算公式

直角角焊缝的有效截面为焊缝有效厚度与计算长度的乘积,而有效厚度 $h_e = 0.7h_f$ 为焊缝横截面的内接等腰三角形的最短距离,即不考虑熔深和凸度(见图3-25)。

试验表明,直角角焊缝的破坏常发生在45°方向的最小截面,故长期以来对角焊缝的研究均着重于这一部位。通常认为直角角焊缝是以45°方向的最小截面(即有效厚度(也称计算厚度)与焊缝计算长度的乘积)作为有效计算截面。作用于焊缝有效截面上的应力如图3-26所示,这些应力包括垂直于焊缝有效截面的正应力 $\sigma_\perp$、垂直于焊缝长度方向的剪应力 $\tau_\perp$,以及沿焊缝长度方向的剪应力 $\tau_{//}$。

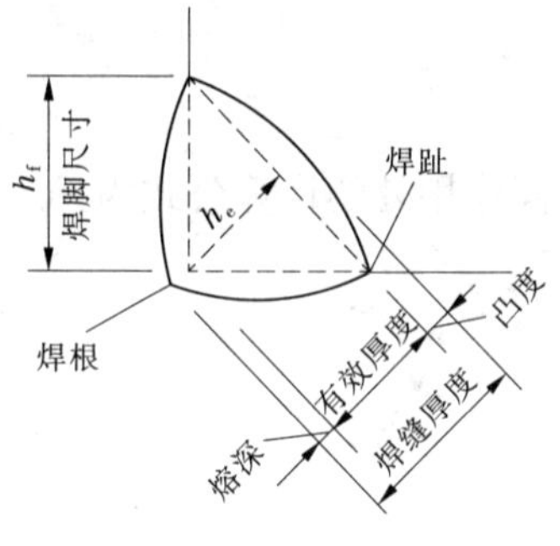

图3-25　直角角焊缝截面

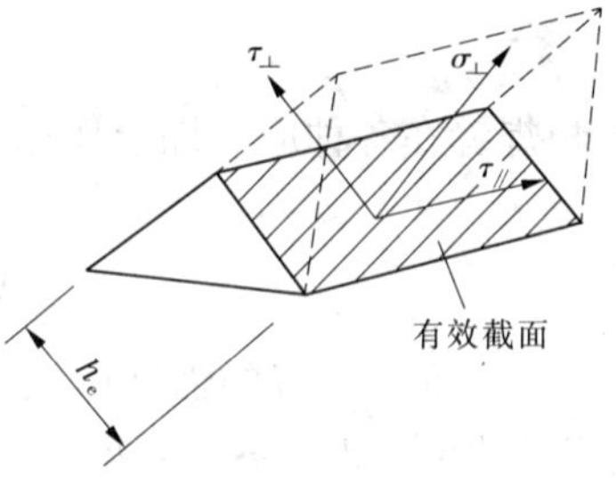

图3-26　角焊缝有效截面上的应力

我国规范采用了折算应力公式得角焊缝的计算式:

$$\sqrt{\sigma_\perp^2 + 3(\tau_\perp^2 + \tau_{//}^2)} \leqslant \sqrt{3}f_f^w \tag{3-7}$$

式中　f_f^w——规范规定的角焊缝强度设计值。

由于 f_f^w 是由角焊缝的抗剪条件确定的,所以 $\sqrt{3}f_f^w$ 相当于角焊缝的抗拉强度设计值。

采用式(3-7)进行计算,即使是在简单外力作用下,都要花费时间去求有效截面上的应力分量 $\sigma_\perp$、$\tau_\perp$、$\tau_{//}$,太过烦琐。我国规范采用了下述方法进行简化。

现以图3-27(a)所示承受互相垂直的 N_y 和 N_x 两个轴心力作用的直角角焊缝为例,说明角焊缝基本公式的推导。N_y 在焊缝有效截面上引起垂直于焊缝一个直角边的应力

σ_f，该应力对有效截面既不是正应力，也不是剪应力，而是 $\sigma_\perp$ 和 $\tau_\perp$ 的合应力。

$$\sigma_f = \frac{N_y}{h_e l_w} \tag{3-8}$$

式中　N_y——垂直于焊缝长度方向的轴心力；

h_e——垂直角焊缝的有效厚度，$h_e = 0.7h_f$；

l_w——焊缝的计算长度，考虑起灭弧缺陷，按各条焊缝的实际长度减去 $2h_f$ 计算。

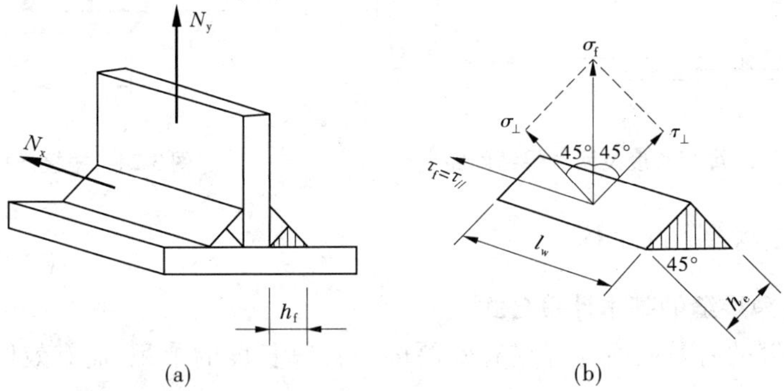

图 3-27　直角角焊缝的计算

由图 3-27(b)知，对直角角焊缝

$$\sigma_\perp = \tau_\perp = \sigma_f / \sqrt{2}$$

沿焊缝长度方向的分力 N_x 在焊缝有效截面上引起平行于焊缝长度方向的剪应力 $\tau_f = \tau_{//}$：

$$\sigma_f = \tau_{//} = \frac{N_x}{h_e l_w} \tag{3-9}$$

则得直角角焊缝在各种应力综合作用下，σ_f 和 τ_f 共同作用处的计算公式为

$$\sqrt{\left(\frac{\sigma_f}{\beta_f}\right)^2 + \tau_f^2} \leqslant f_f^w \tag{3-10}$$

式中　β_f——正面角焊缝的强度增大系数，$\beta_f = \sqrt{3/2} = 1.22$。

对正面角焊缝，此时 $\tau_f = 0$，得

$$\sigma_f = \frac{N}{h_e l_w} \leqslant \beta_f f_f^w \tag{3-11}$$

对侧面角焊缝，此时 $\sigma_f = 0$，得

$$\tau_f = \frac{N}{h_e l_w} \leqslant f_f^w \tag{3-12}$$

式(3-10)～式(3-12)即为角焊缝的基本计算公式。只要将焊缝应力分解为垂直于焊缝长度方向的应力 σ_f 和平行于焊缝长度方向的应力 τ_f，上述基本公式就可适用于任何受力状态。

对于直接承受动力荷载结构中的焊缝，由于正面角焊缝的刚度大、韧性差，应将其强度降低使用，取 $\beta_f = 1.0$，相当于按 σ_f 和 τ_f 的合应力进行计算，即 $\sqrt{\sigma_f^2 + \tau_f^2} \leqslant f_f^w$。

(二)受轴心力作用的角焊缝连接的计算

1. 用盖板的对接连接

当焊件受轴心力,且轴心力通过连接焊缝中心时,可认为焊缝应力是均匀分布的。图 3-28 用盖板的对接连接中,当只有正面角焊缝时,按式(3-11)计算正面角焊缝承担的内力 $N' = \beta_f f_f^w \sum h_e l_w$(式中 $\sum l_w$ 为连接一侧正面角焊缝计算长度的总和);当有侧面角焊缝时,按式(3-12)计算,再由力$(N - N')$计算侧面角焊缝的强度:

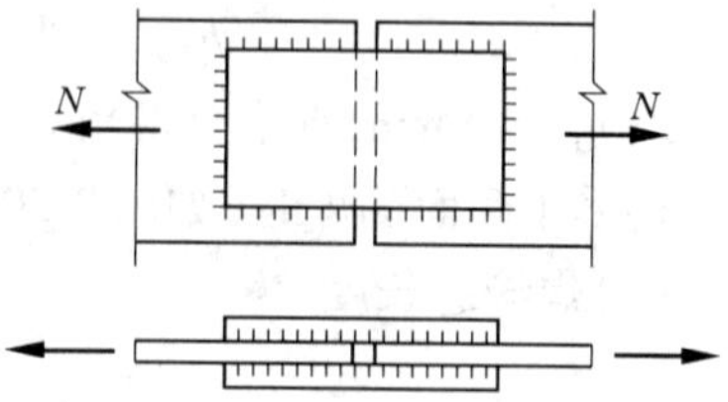

图 3-28　受轴心力的盖板连接

$$\tau_f = \frac{N - N'}{\sum h_e l_w} \leqslant f_f^w \tag{3-13}$$

式中　$\sum l_w$ ——连接一侧的侧面角焊缝计算长度的总和。

2. 受斜向轴心力的角焊缝

图 3-29 所示为受斜向轴心力的角焊缝连接,将 N 分解为垂直于焊缝长度的轴心力 $N_x = N\sin\theta$ 和沿焊缝长度的剪力 $N_y = N\cos\theta$,代入式(3-10),得

$$\frac{N}{\beta_{f\theta} \sum h_e l_w} \leqslant f_f^w \tag{3-14}$$

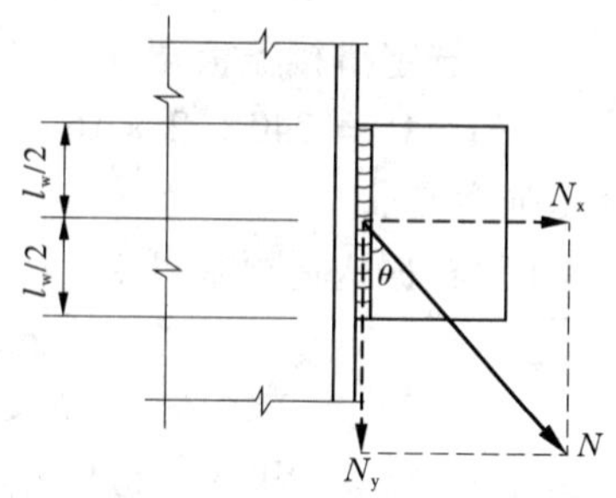

图 3-29　受斜向轴心力的角焊缝

式中　θ——作用力(或焊缝应力)与焊缝长度方向的夹角;

$\beta_{f\theta}$——斜焊缝强度增大系数(或有效截面增大系数),$\beta_{f\theta} = \frac{1}{\sqrt{1 - \frac{\sin^2\theta}{3}}}$,其值为 1.0 ~ 1.22,对于直接受动力荷载结构中的焊缝,取 $\beta_{f\theta} = 1.0$。

【例 3-2】　试设计用拼接盖板的对接连接(见图 3-30)。已知钢板宽 $B = 270$ mm,厚度 $t_1 = 28$ mm,拼接盖板厚度 $t_2 = 16$ mm。该连接承受静态轴心力 $N = 1\,400$ kN(设计值),钢材为 Q235B,手工焊,焊条为 E43 型。

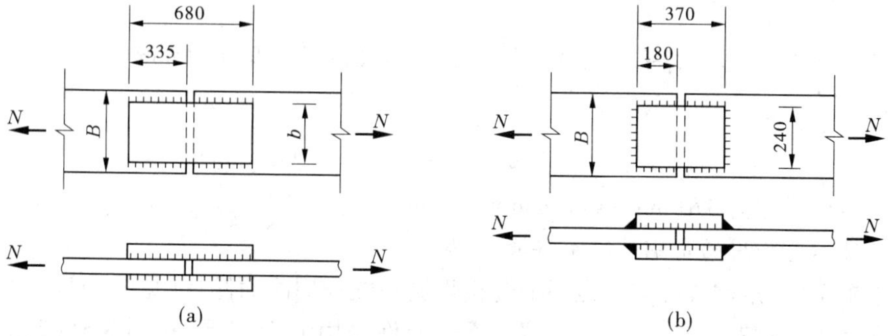

图 3-30　例 3-2 图

解　角焊缝的焊脚尺寸 h_f 应根据板件厚度确定

$$h_{fmax} = t - (1 \sim 2) = 16 - (1 \sim 2) = 14 \sim 15(\text{mm})$$

$$h_{fmin} = 1.5\sqrt{t_1} = 1.5\sqrt{28} = 7.9(\text{mm})$$

取 $h_f = 10$ mm，查附录得角焊缝强度设计值 $f_f^w = 160\ \text{N/mm}^2$。

1. 采用两面侧焊时（如图 3-30（a）所示）

（1）焊缝总长度

$$\sum l_w = \frac{N}{h_e f_f^w} = \frac{1\,400 \times 10^3}{0.7 \times 10 \times 160} = 1\,250(\text{mm})$$

（2）一条焊缝的实际长度

$$l'_w = \frac{\sum l_w}{4} + 2h_f = \frac{1\,250}{4} + 20 = 333(\text{mm}) < 60h_f = 60 \times 10 = 600(\text{mm})$$

（3）盖板长度

$$L = 2l'_w + 10 = 2 \times 333 + 10 = 676(\text{mm})，取 680\ \text{mm}。$$

（4）选定拼接盖板宽度 $b = 240$ mm，则

$$A' = 240 \times 2 \times 16 = 7\,680(\text{mm}^2) > A = 270 \times 28 = 7\,560(\text{mm}^2)$$

满足强度要求。

（5）根据构造要求可知

$$b = 240\ \text{mm} < l_w = 313\ \text{mm}$$

且

$$b < 16t = 16 \times 16 = 256(\text{mm})$$

满足要求，故选定拼接盖板尺寸为 680 mm × 240 mm × 16 mm。

2. 采用三面围焊时（如图 3-30（b）所示）

（1）端面角焊缝承担 N'

$$N' = 2\beta_f f_f^w h_e l'_w = 2 \times 1.22 \times 160 \times 0.7 \times 10 \times 240 = 655\,872(\text{N})$$

侧面角焊缝承担 N_1，$N_1 = N - N'$。

（2）焊缝长度计算

$$\sum l_w = \frac{N_1}{0.7h_f f_f^w} = \frac{1\,400\,000 - 655\,872}{0.7 \times 10 \times 160} = 664(\text{mm})$$

（3）一条焊缝长度

$$l'_w = \frac{\sum l_w}{4} + h_f = \frac{664}{4} + 10 = 176(\text{mm})，取 180\ \text{mm}。$$

（4）盖板长度

$$L_{板} = 2l'_w + a = 2 \times 180 + 10 = 370(\text{mm})$$

选定拼接盖板尺寸为 370 mm × 240 mm × 16 mm。

3. 受轴心力作用的角钢端部角焊缝

在钢桁架中，角钢腹杆与节点板的连接焊缝一般采用两面侧焊（见图 3-31（a）），也可采用三面围焊（见图 3-31（b）），特殊情况下也允许采用 L 形围焊（见图 3-31（c））。腹杆受轴心力作用，为了避免焊缝偏心受力，焊缝所传递的合力的作用线应与角钢杆件的轴线

重合。

对于三面围焊，可先假定正面角焊缝的焊脚尺寸 h_{f3}，求出正面角焊缝所分担的轴心力 N_3。当腹杆为双角钢组成的 T 形截面，且肢宽为 b 时

$$N_3 = 2 \times 0.7 h_{f3} b \beta_f f_f^w \tag{3-15}$$

由平衡条件（$\sum M = 0$）可得

$$N_1 = \frac{N(b-e)}{b} - \frac{N_3}{2} = K_1 N - \frac{N_3}{2} \tag{3-16}$$

$$N_2 = \frac{Ne}{b} - \frac{N_3}{2} = K_2 N - \frac{N_3}{2} \tag{3-17}$$

式中　N_1、N_2——支钢肢背和肢尖上的侧面角焊缝所分担的轴力；

e——角钢的形心距；

K_1、K_2——角钢肢背和肢尖焊缝的内力分配系数，可按表 3-1 查用。

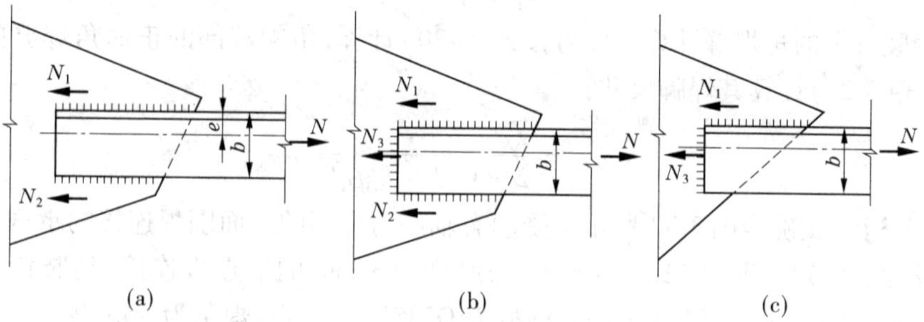

图 3-31　角钢腹杆与节点板的连接

表 3-1　角钢焊缝内力分配系数

角钢连接	连接情况	角钢肢背 K_1	角钢肢尖 K_2
等边角钢		0.70	0.30
不等边角钢（短边连接）		0.75	0.25
不等边角钢（长边连接）		0.65	0.35

对于两面侧焊（见图 3-31（a）），因 $N_3 = 0$，得

$$N_1 = K_1 N \tag{3-18}$$

$$N_2 = K_2 N \tag{3-19}$$

求得各条焊缝所受的内力后，按构造要求（角焊缝的尺寸限制）假定肢背和肢尖焊缝

的焊脚尺寸,即可求出焊缝的计算长度。例如对双角钢截面

$$l_{w1} = \frac{N_1}{2 \times 0.7 h_{f1} f_f^w} \tag{3-20}$$

$$l_{w2} = \frac{N_2}{2 \times 0.7 h_{f2} f_f^w} \tag{3-21}$$

式中　h_{f1}、l_{w1}——角钢肢背上的侧面角焊缝的焊脚尺寸及计算长度;

　　　h_{f2}、l_{w2}——角钢肢尖上的侧面角焊缝的焊脚尺寸及计算长度。

考虑到每条焊缝两端的起灭弧缺陷,实际焊缝长度应为计算长度加 $2h_f$,对于采用绕角焊的侧面角焊缝实际长度等于计算长度(绕角焊缝长度 $2h_f$ 不进入计算)。

当杆件受力很小时,可采用 L 形围焊(见图 3-31(c))。由于只有正面角焊缝和角钢肢背上的侧面角焊缝,肢尖受力 $N_2=0$,得

$$N_3 = 2K_2 N \tag{3-22}$$

$$N_1 = N - N_3 \tag{3-23}$$

角钢肢背上的角焊缝计算长度可按式(3-20)计算,角钢端部的正面角焊缝的长度已知,可按式(3-24)计算其焊脚尺寸:

$$h_{f3} = \frac{N_3}{2 \times 0.7 \times l_{w3} \beta_f f_f^w} \tag{3-24}$$

【例 3-3】 试确定图 3-32 所示承受静态轴心力作用的三面围焊连接的承载力及肢尖焊缝的长度。已知角钢为 2∟125×10,与厚度为 8 mm 的节点板连接,其肢背搭接长度为 300 mm,焊脚尺寸均为 $h_f=8$ mm,钢材为 Q235B,手工焊,焊条为 E43 型。

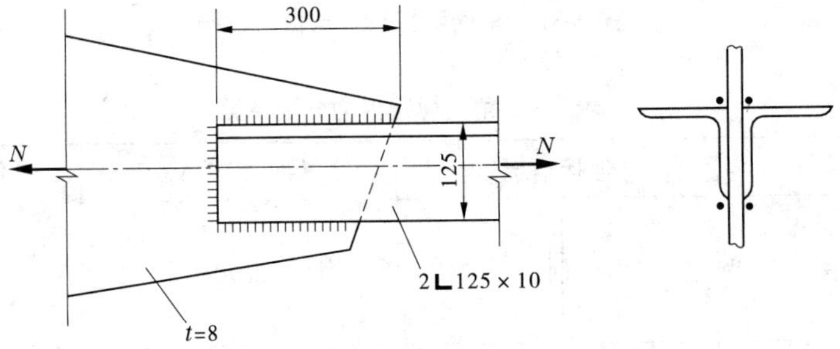

图 3-32　例 3-3 图

解　$f_f^w=160$ N/mm^2,$K_1=0.7$,$K_2=0.3$。

1. 端部焊缝承担的力 N_3

$$N_3 = 2 \times 0.7 h_{f3} l_{w3} \beta_f f_f^w = 2 \times 0.7 \times 8 \times 125 \times 1.22 \times 160 = 273.3\text{(kN)}$$

2. 肢背焊缝承担的力 N_1

$$N_1 = 2h_e l_{w1} f_f^w = 2 \times 0.7 \times 8 \times (300 - 8) \times 160 = 523.3\text{(kN)}$$

3. 焊缝连接承担的力 N

$$N_1 = K_1 N - \frac{N_3}{2} = 0.7N - \frac{273.3}{2} = 523.3\text{(kN)}$$

$$N=\frac{523.3+136.7}{0.7}=942.7(\text{kN})$$

4. 肢尖焊缝承担的力 N_2

$$N_2=K_2N-\frac{N_3}{2}=0.3\times942.7-\frac{273.2}{2}=146.2(\text{kN})$$

5. 肢尖焊缝长度

$$l'_{w2}=\frac{N_2}{2h_ef_f^w}+8=\frac{146.2\times10^3}{2\times0.7\times8\times160}+8=89.6(\text{mm})$$

取 90 mm。

(三)受轴力、弯矩、剪力共同作用时角焊缝的计算

图 3-33 所示的双面角焊缝连接承受偏心斜拉力 N 作用,计算时,可将作用力 N 分解为 N_x 和 N_y 两个分力。角焊缝同时承受轴心力 N_x、剪力 N_y 和弯矩 $M=N_x\cdot e$ 的共同作用。焊缝计算截面上的应力分布如图 3-33(b)所示,图中 A 点应力最大,为控制设计点。此处垂直于焊缝长度方向的应力由两部分组成,即由轴心拉力 N_x 产生的应力

$$\sigma_N=\frac{N_x}{A_e}=\frac{N_x}{2h_el_w}\tag{3-25}$$

由弯矩 M 产生的应力

$$\sigma_M=\frac{M}{W_e}=\frac{6M}{2h_el_w^2}\tag{3-26}$$

这两部分应力由于在 A 点处的方向相同,可直接叠加,故 A 点垂直于焊缝长度方向的应力为

$$\sigma_f=\frac{N_x}{2h_el_w}+\frac{6M}{2h_el_w^2}\tag{3-27}$$

剪力 N_y 在 A 点处产生平行于焊缝长度方向的应力

$$\tau_y=\frac{N_y}{A_e}=\frac{N_y}{2h_el_w}\tag{3-28}$$

式中　l_w——焊缝的计算长度,为实际长度减 $2h_f$。

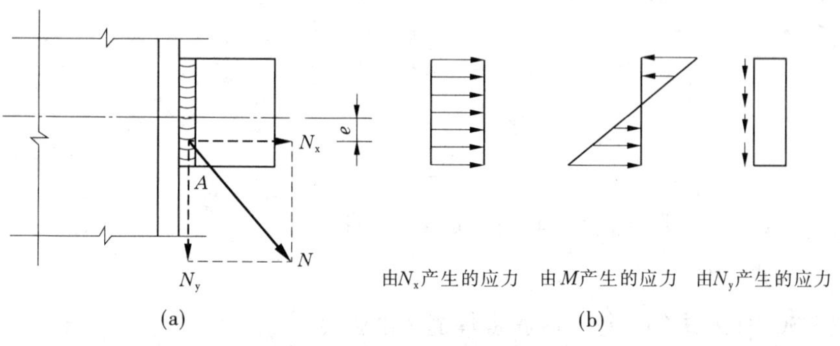

图 3-33　受弯矩、轴心力或剪力共同作用的角焊缝

将式(3-27)、式(3-28)代入式(3-10)求解焊缝强度。

对于工字梁(或牛腿)与钢柱翼缘的角焊缝连接(见图 3-34),通常只承受弯矩 M 和剪力 V 的联合作用。由于翼缘的竖向刚度较差,在剪力作用下,如果没有腹板焊缝存在,翼缘将发生明显挠曲。这就说明,翼缘板的抗剪能力极差。因此,计算时通常假设腹板焊缝承受全部剪力,而弯矩则由全部焊缝承受。

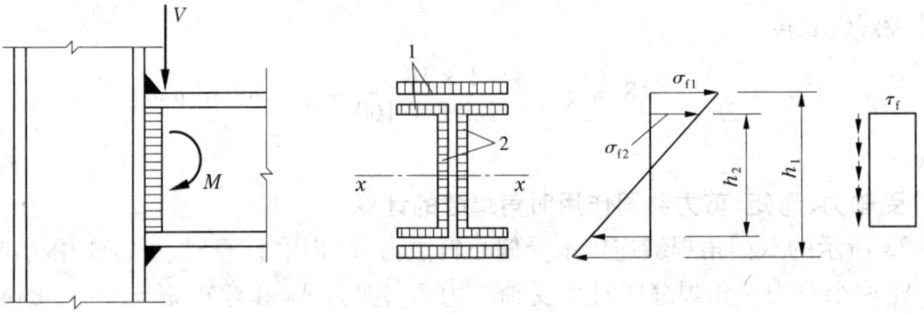

图 3-34　工字梁(或牛腿)的角焊缝连接

为了焊缝分布较合理,宜在每个翼缘的上下两侧均匀布置焊缝,弯曲应力沿梁高度呈三角形分布,最大应力发生在翼缘焊缝的最外纤维 1 处,由于翼缘焊缝只承受垂直于焊缝长度方向的弯曲应力,为了保证此焊缝正常工作,应使翼缘焊缝最外纤维处的应力满足角焊缝的强度条件,即

$$\sigma_{f1} = \frac{M}{I_w}\frac{h_1}{2} \leqslant \beta_f f_f^w \tag{3-29}$$

式中　M——全部焊缝所承受的弯矩;

I_w——全部焊缝有效截面对中和轴的惯性矩;

h_1——上下翼缘焊缝有效截面最外纤维之间的距离。

腹板焊缝承受两种应力的联合作用,即垂直于焊缝长度方向且沿梁高度呈三角形分布的弯曲应力和平行于焊缝长度方向且沿焊缝截面均匀分布的剪应力的作用,设计控制点在翼缘焊缝与腹板焊缝 2 的交点处,此处的弯曲应力和剪应力分别按下式计算

$$\sigma_{f2} = \frac{M}{I_w}\frac{h_2}{2}$$

$$\tau_f = \frac{V}{\sum(h_{e2}l_{w2})} \tag{3-30}$$

式中　$\sum(h_{e2}l_{w2})$——腹板焊缝有效截面面积之和;

h_2——腹板焊缝的实际长度。

将式(3-30)代入式(3-10)求解腹板焊缝 2 的强度。

工字梁(或牛腿)与钢柱翼缘角焊缝的连接的另一种计算方法是使焊缝传递应力与母材所承受应力相协调,即假设腹板焊缝只承受剪力,翼缘焊缝承担全部弯矩,并将弯矩 M 化为一对水平力 $H = M/h_1$,则翼缘焊缝的强度计算式为

$$\sigma_f = \frac{H}{\sum h_{e1} l_{w1}} \leqslant \beta_f f_f^w \tag{3-31}$$

腹板焊缝的强度计算式为

$$\tau_f = \frac{V}{2h_{e2} l_{w2}} \leqslant f_f^w \tag{3-32}$$

式中 $\sum h_{e1} l_{w1}$——一个翼缘上角焊缝的有效截面面积之和；

$2h_{e2} l_{w2}$——两条腹板焊缝的有效截面面积。

【例 3-4】 试验算图 3-35(a)所示牛腿与钢柱连接角焊缝的强度。钢材为 Q235，焊条为 E43 型，手工焊。荷载设计值 $N = 350$ kN，偏心距 $e = 380$ mm，焊脚尺寸 $h_{f1} = 8$ mm，$h_{f2} = 6$ mm。图 3-35(b)为焊缝有效截面。

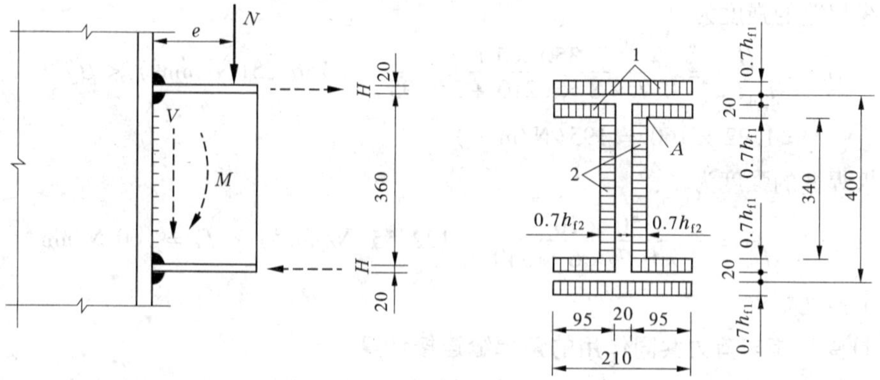

(a) (b)

图 3-35 例 3-4 图

解 偏心力 N 在角焊缝形心处引起剪力 $V = N = 350$ kN 和弯矩 $M = Ne = 350 \times 0.38 = 133.0$(kN·m)。

1. 考虑腹板焊缝参加传递弯矩的计算方法

为了计算方便，将图中尺寸尽可能取为整数。

全部焊缝有效截面对中和轴的惯性矩为

$$I_w = 2 \times \frac{0.42 \times 34^3}{12} + 2 \times 21 \times 0.56 \times 20.28^2 + 4 \times 9.5 \times 0.56 \times 17.28^2 = 18\ 779(\text{cm}^4)$$

翼缘焊缝的最大应力为

$$\sigma_{f1} = \frac{M}{I_w}\frac{h}{2} = \frac{133.0 \times 10^6}{18\ 779 \times 10^4} \times 205.6 = 145.6(\text{N/mm}^2) < \beta_f f_f^w$$

$$= 1.22 \times 160 = 195(\text{N/mm}^2)$$

腹板焊缝中由于弯矩 M 引起的最大应力为

$$\sigma_{f2} = 145.6 \times \frac{170}{205.6} = 120.4(\text{N/mm}^2)$$

由于剪力 V 在腹板焊缝中产生的平均剪应力为

$$\tau_f = \frac{V}{\sum(h_{e2}l_{w2})} = \frac{350\times10^3}{2\times0.7\times6\times340} = 122.5(\text{N/mm}^2)$$

则腹板焊缝的强度(A 点为设计控制点)为

$$\sqrt{\left(\frac{\sigma_{f2}}{\beta_f}\right)^2 + \tau_f^2} = \sqrt{\left(\frac{120.4}{1.22}\right)^2 + 122.5^2} = 157.3(\text{N/mm}^2) < f_f^w = 160(\text{N/mm}^2)$$

故均满足强度要求。

2. 按不考虑腹板焊缝传递弯矩的计算方法

翼缘焊缝所承受的水平力为

$$H = \frac{M}{h} = \frac{133.0\times10^3}{380} = 350(\text{kN})(h\text{ 值近似取为翼缘中线间距离})$$

翼缘焊缝的强度为

$$\sigma_f = \frac{H}{h_{e1}l_{w1}} = \frac{350\times10^3}{0.7\times8\times(210+2\times95)} = 156.25(\text{N/mm}^2) < \beta_f f_f^w$$
$$= 1.22\times160 = 195(\text{N/mm}^2)$$

腹板焊缝的强度为

$$\tau_f = \frac{V}{h_{e2}l_{w2}} = \frac{350\times10^3}{2\times0.7\times6\times340} = 122.55(\text{N/mm}^2) < f_f^w = 160\ \text{N/mm}^2$$

故均满足强度要求。

(四)受扭矩与剪力共同作用的角焊缝连接计算

图 3-36 所示为采用三面围焊的搭接连接,该连接角焊缝承受竖向剪力 $V=F$ 和扭矩 $T=F(e_1+e_2)$作用。计算角焊缝在扭矩 T 作用下产生的应力时,采用如下假定:

(1)构件是完全刚性的,角焊缝处于弹性状态;

(2)角焊缝群上任意一点的应力方向垂直于该点与形心的连线,且应力大小与连线长度 r 成正比。

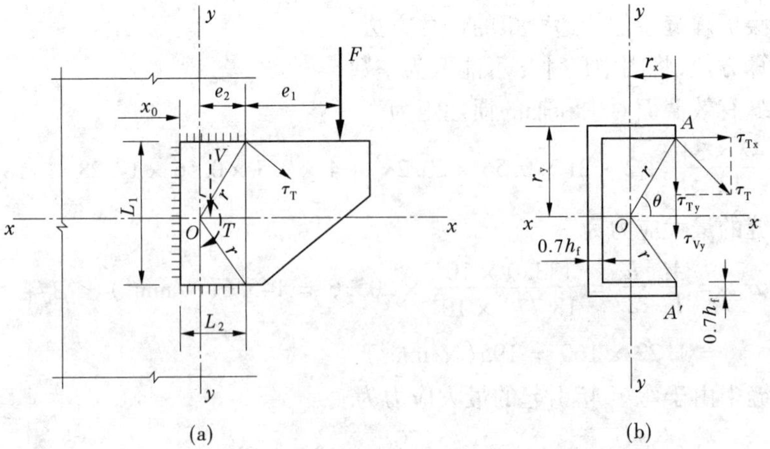

图 3-36 采用三面围焊的搭接连接

图3-36中,A点与A'点由扭矩T引起的剪应力τ_T最大,焊缝群其他各处由扭矩T引起的剪应力τ_T均小于A点和A'点的剪应力,因此A点和A'点为设计控制点。

在扭矩T作用下,A点(或A'点)的应力为

$$\tau_T = \frac{Tr}{I_p} = \frac{Tr}{I_x + I_y} \tag{3-33}$$

式中　I_p——焊缝有效截面的极惯性矩,$I_p = I_x + I_y$。

将τ_T沿x轴和y轴分解为

$$\tau_{Tx} = \tau_T \cdot \sin\theta = \frac{Tr}{I_p} \cdot \frac{r_y}{r} = \frac{Tr_y}{I_p} \tag{3-34}$$

$$\tau_{Ty} = \tau_T \cdot \cos\theta = \frac{Tr}{I_p} \cdot \frac{r_x}{r} = \frac{Tr_x}{I_p} \tag{3-35}$$

由剪力V在焊缝群引起的剪应力τ_{Vy}假设按均匀分布,则τ_{Vy}为

$$\tau_{Vy} = \frac{V}{\sum h_e l_w} \tag{3-36}$$

则A点受到垂直于焊缝长度方向的应力为

$$\sigma_f = \tau_{Ty} + \tau_{Vy} \tag{3-37}$$

沿焊缝长度方向的应力为τ_{Tx},则A点合应力应满足的强度条件为

$$\sqrt{\left(\frac{\tau_{Ty} + \tau_{Vy}}{\beta_f}\right)^2 + \tau_{Tx}^2} \leqslant f_f^w \tag{3-38}$$

当连接直接承受动态荷载时,取$\beta_f = 1.0$。

第五节　焊接残余应力和焊接变形

一、焊接残余应力的分类和产生的原因

焊接过程是一个不均匀加热和冷却的过程。在施焊时,焊件上产生不均匀的温度场,焊缝及其附近温度最高,可达1 600 ℃以上,而邻近区域温度则急剧下降(见图3-37(a)、(b))。不均匀的温度场产生不均匀的膨胀。温度高的钢材膨胀大,但受到两侧温度较低、膨胀量较小的钢材所限制,产生了热态塑性压缩。焊缝冷却时,被塑性压缩的焊缝区趋向于缩短,但受到周围钢材限制而产生拉应力。在低碳钢和低合金钢中,这种拉应力经常达到钢材的屈服强度。焊接应力是一种无荷载作用下的内应力,因此会在焊件内部自相平衡,这就必然在距焊缝稍远区段内产生压应力。

焊缝应力有沿焊缝长度方向的纵向焊接应力、垂直于焊缝长度方向的横向焊接应力和沿厚度方向的焊接应力。

(一)纵向焊接应力

纵向焊接应力是由焊缝的纵向收缩引起的。一般情况下,焊缝区及近缝两侧的纵向应力是拉应力区,远离焊缝的两侧是压应力区(见图3-37(c)、(d))。

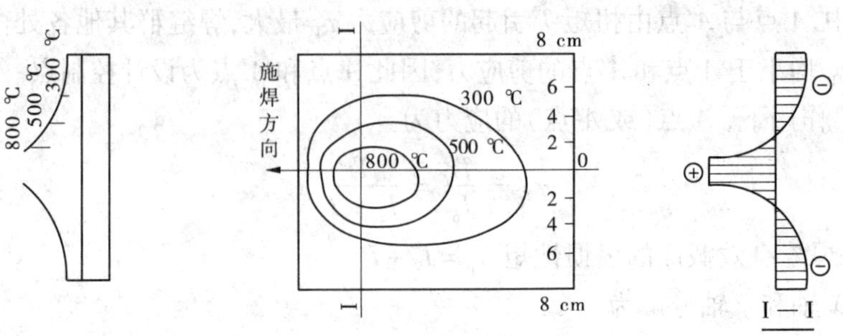

(a)施焊时焊缝及附近的温度场　(b)施焊时焊缝及附近的温度场　(c)钢板上的纵向焊接应力

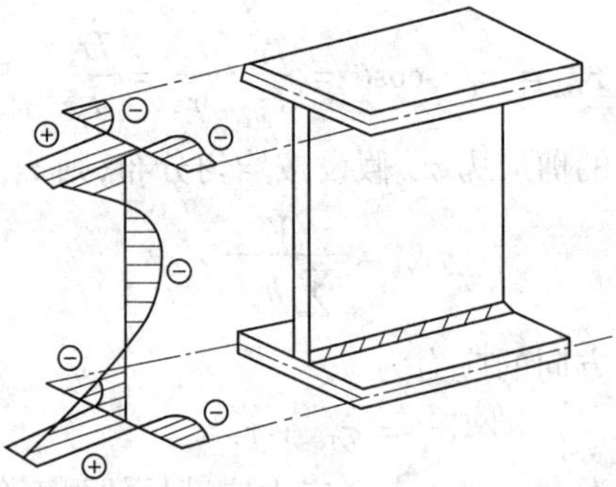

(d)焊接工字形截面翼缘和腹板上的纵向焊接残余应力

图 3-37　施焊时焊缝及附近的温度场和焊接残余应力

(二)横向焊接应力

横向焊接应力是由两部分收缩力引起的。一是由于焊缝纵向收缩,两块钢板趋向于形成反方向的弯曲变形,但实际上焊缝将两块钢板连成整体,不能分开,于是两块板的中间产生横向拉应力,而两端则产生压应力(见图 3-38(a)、(b))。二是由于先焊的焊缝已经凝固,阻止后焊焊缝在横向自由膨胀,使后焊焊缝发生横向的塑性压缩变形。当后焊焊缝冷却时,其收缩受到已凝固的先焊焊缝限制而产生横向拉应力,而先焊部分则产生横向压应力,因应力自相平衡,更远处的另一端焊缝则受拉应力(见图 3-38(c))。焊缝的横向应力就是上述两部分应力合成的结果(见图 3-38(d))。

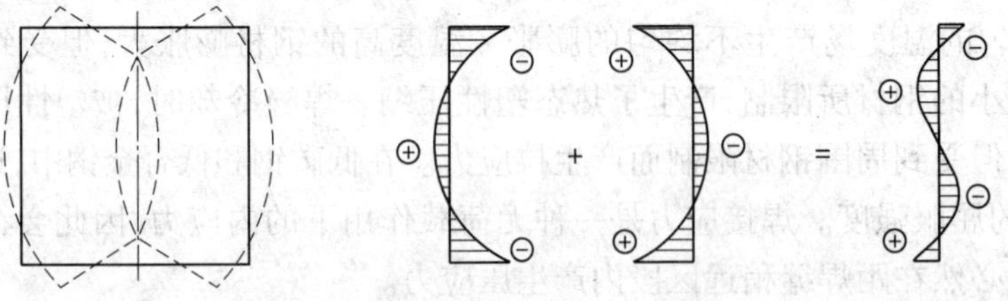

(a)　(b)　(c)　(d)

图 3-38　横向焊接应力

(三)厚度方向的焊接应力

在厚钢板的焊接连接中,焊缝需要多层施焊。因此,除有纵向和横向焊接应力 σ_x、σ_y

外,还存在着沿钢板厚度方向的焊接应力 σ_z(见图 3-39)。这三种应力形成三向拉应力场,将大大降低连接的塑性。

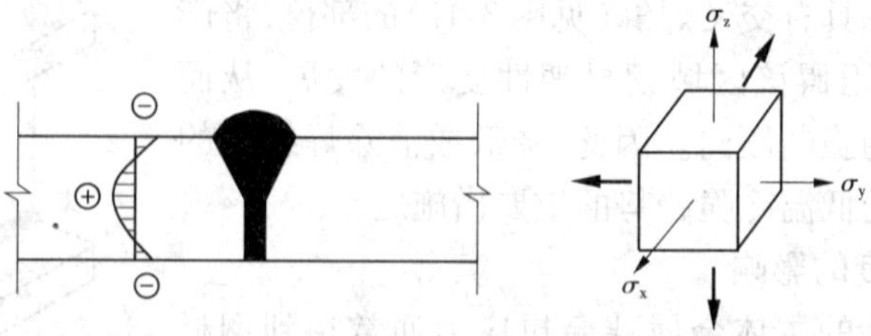

图 3-39　厚板中的焊接残余应力

二、焊接应力对结构性能的影响

(一)对结构静力强度的影响

对在常温下工作并具有一定塑性的钢材,在静荷载作用下,焊接应力是不会影响结构强度的。设轴心受拉构件在受荷前($N=0$)截面上就存在纵向焊接应力,并假设其分布如图 3-40(a)所示。由于截面 bt 部分的焊接拉应力已达屈服强度 f_y,故在轴心力作用下,其应力不再增加,因为钢材具有一定的塑性,拉力 N 就仅由受压的弹性区承担。随着轴心力 N 的增大,两侧受压区应力由原来受压逐渐变为受拉,最后应力也达到屈服强度 f_y,此时全截面应力都达到 f_y(见图 3-40(b))。

由于焊接应力自相平衡,故受拉区应力面积 A_t 必然和受压区应力面积 A_c 相等,即 $A_t=A_c=btf_y$,则构件全截面达到屈服强度 f_y 时所承受的外力 $N_y=A_c+(B-b)tf_y=Btf_y$。而 Btf_y 也就是无焊接应力且无应力集中现象的轴心受拉构件,当全截面上的应力达到 f_y 时所承受的外力。由此可知,有焊接应力构件的承载能力和无焊接应力者完全相同,即焊接应力不影响结构的静力强度。

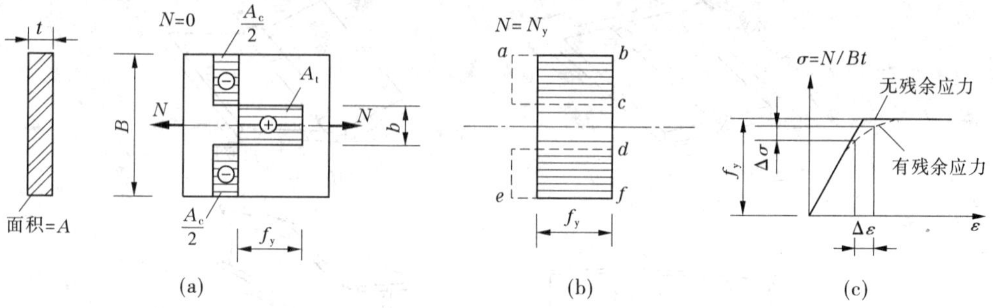

图 3-40　具有焊接残余应力的轴心受拉杆加荷时应力的变化情况

(二)对结构刚度的影响

构件上存在焊接残余应力会降低结构的刚度。现仍以轴心受拉构件为例加以说明(见图 3-40(a))。由于截面 bt 部分的拉应力已达到 f_y,这部分刚度为零,因而构件在拉力 N 作用下的应变增量为 $\Delta\varepsilon_1=\Delta N/(B-b)tE$。显然,当构件上无焊接残余应力存在时,则构件在拉力作用下的应变增量为 $\Delta\varepsilon_2=\Delta N/(BtE)$。由于 $B-b<B$,则 $\Delta\varepsilon_1>\Delta\varepsilon_2$,因此焊接残余应力的存在将增大结构的变形,降低结构的刚度。对于轴心受压构件,焊接残余应力使其挠曲刚度减小,从而降低压杆的稳定承载力。

(三)对低温工作的影响

在厚板焊接处或具有交叉焊缝(见图3-41)的部位,将产生三向焊接拉应力,阻碍该区域钢材塑性变形的发展,从而增加钢材在低温下的脆断倾向。因此,降低或消除焊缝中的残余应力是改善结构低温冷脆趋势的重要措施之一。

(四)对疲劳强度的影响

在焊缝及其附近的主体金属残余拉应力通常达到钢材的屈服强度,此部位正是形成和发展疲劳裂纹最为敏感的区域,因此焊接残余应力对结构的疲劳强度有明显不利影响。

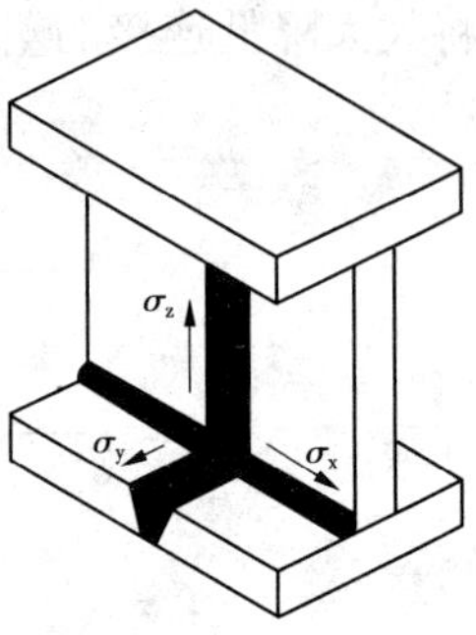

图3-41　三向焊接残余应力

三、焊接残余变形

在焊接应力下,如果焊件的约束度较小,如板较薄或处于自由无约束状态下,则焊件会产生相应的焊接变形。

焊接变形是焊接构件经局部加热冷却后产生的不可恢复变形,包括纵向收缩、横向收缩、角变形、弯曲变形、扭曲变形或波浪变形等(见图3-42),通常是几种变形的组合。任一焊接变形超过验收规范的规定时,必须进行校正,以免影响构件在正常使用下的承载能力。如果焊件的约束度很大,如板较厚、形状复杂或因人为施加的夹具而处于较强的约束状态下,此时焊件不能自由变形,但焊缝及其附近的主体金属会产生较大的残余应力。

焊接变形是焊接结构中经常出现的问题。焊接构件出现了变形,就需要花许多工时去矫正。比较复杂的变形,矫正的工作量可能比焊接的工作量还要大。有时变形太大,甚至无法矫正,变成废品。

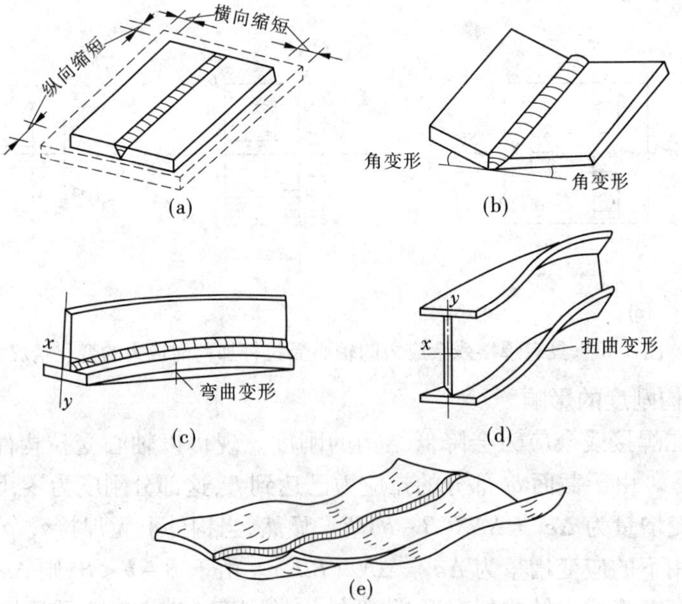

图3-42　焊接残余变形类别示意图

四、减小焊接残余应力和焊接残余变形的措施

可通过合理的焊缝设计和焊接工艺措施来控制焊接结构焊接应力与变形。

（一）合理的焊缝设计

（1）合理选择焊缝的尺寸和形式。在保证结构承载能力的条件下，设计时应该尽量采用较小的焊缝尺寸。因为焊缝尺寸大，不但焊接量大，而且焊缝的焊接变形和焊接应力也大。

（2）尽可能减少不必要的焊缝。在设计焊接结构时，常常采用加劲肋来提高板结构的稳定性和刚度。但是为了减轻自重采用薄板，不适当地大量采用加劲肋，反而不经济。因为这样做不但增加了装配和焊接的工作量，而且易引起较大的焊接变形，增加校正工时。

（3）合理安排焊缝的位置。安排焊缝时尽可能对称于截面中性轴，或者使焊缝接近中性轴（见图 3-43（a）、（c）），这对减少梁、柱等构件的焊接变形有良好的效果。而图 3-43 中的（b）和（d）是不正确的。

（4）尽量避免焊缝的过分集中和交叉。如几块钢板交会一处进行连接时，应采用图 3-43（e）的方式，避免采用图 3-43（f）的方式，以免热量集中，引起过大的焊接变形和应力，恶化母材的组织构造。又如图 3-43（g）、（h）中，为了让腹板与翼缘的纵向连接焊缝连续通过，加劲肋进行切角，其与翼缘和腹板的连接焊缝均在切角处中断，避免了三条焊缝的交叉。

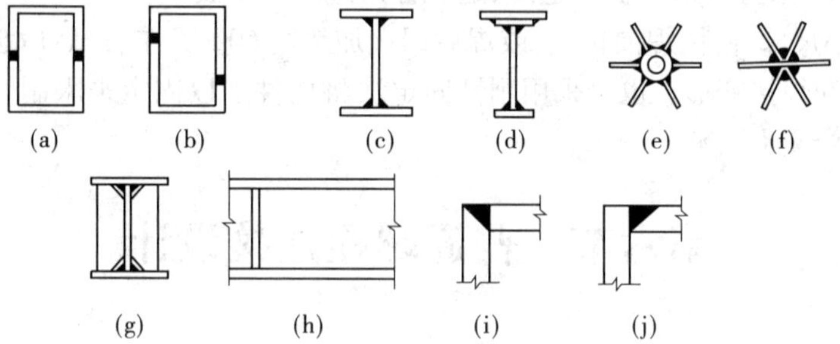

图 3-43　焊缝布置举例

（5）尽量避免在母材厚度方向的收缩应力。如图 3-43（i）的构造措施是正确的，而图 3-43（j）的构造常引起厚板的层状撕裂（由约束收缩焊接应力引起的）。

（二）合理的工艺措施

（1）采用合理的焊接顺序和方向。尽量使焊缝能自由收缩，先焊工作时受力较大的焊缝或收缩量较大的焊缝。如图 3-44 所示在工地焊接工字梁的接头时，1、2 为对接焊缝，3 为翼缘角焊缝，这时应留出一段翼缘角焊缝最后焊接，先焊受力最大的翼缘对接焊缝 1，再焊腹板对接焊缝 2。

又如图 3-45 所示的拼接板的施焊顺序：先焊短焊缝 1、2，最后焊长焊缝 3，可使各长条板自由收缩后再连成整体。上述措施均可有效降低焊接应力。

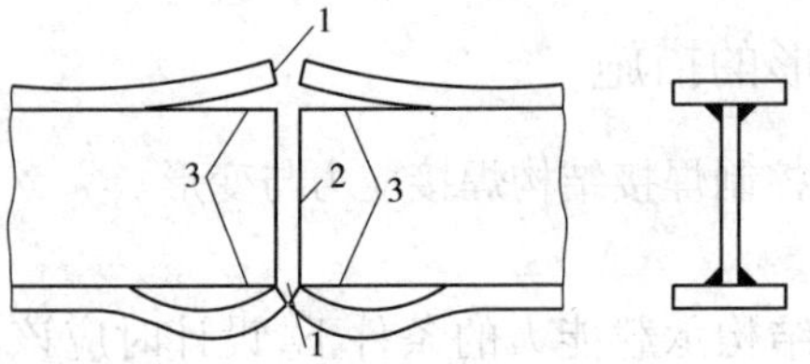

图 3-44　按受力大小确定焊接顺序

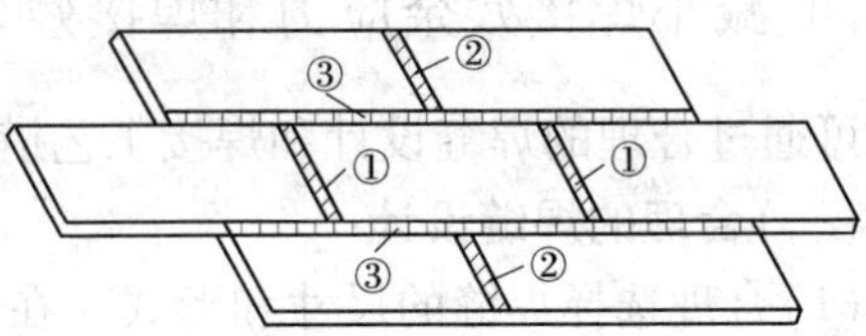

图 3-45　按焊缝布置确定焊接顺序

(2)采用反变形法减小焊接变形或焊接应力。施焊前使构件有一个和焊接变形相反的预变形。例如在顶接中将翼缘预弯,焊接后产生焊接变形与预变形抵消(见图 3-46(a))。在平接中使接缝处预变形(见图 3-46 (b)),焊接后产生焊接变形与之抵消。这种方法可以减少焊接后的变形量,但不会消除焊接应力。

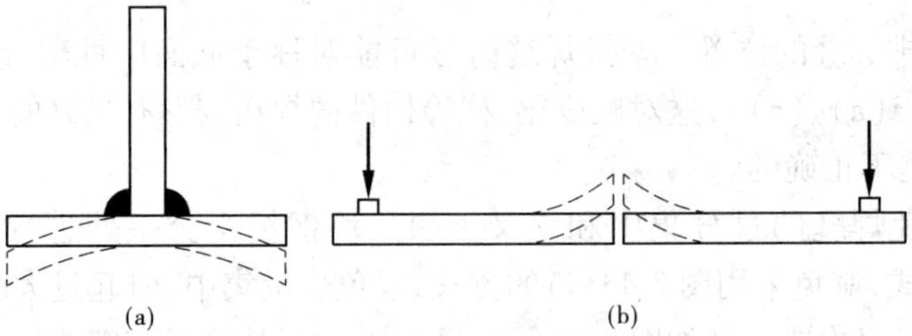

图 3-46　减少焊接变形的措施

(3)锤击或辗压焊缝,使焊缝得到延伸,从而降低焊接应力。锤击或辗压焊缝均应在刚焊完时进行。锤击应保持均匀、适度,避免锤击过分产生裂纹。

(4)对于小尺寸焊件,焊前预热,或焊后回火加热至 600 ℃左右,然后缓慢冷却,可以消除焊接应力和焊接变形。也可采用刚性固定法将构件加以固定来限制焊接变形,但却增加了焊接残余应力。

第六节　普通螺栓连接设计

一、普通螺栓连接构造

(一)最少螺栓数要求

一般情况下,每个杆件在节点上及拼接接头一端,按构造要求的螺栓数目不宜少于 2 个。这是由于 1 个螺栓不能防止连接处的转动,同时 1 个螺栓破坏后将使整个接头失效,多个螺栓的可靠性得到提高。另外,1 个螺栓给安装带来极大的困难,若接头处有 2 个或 2 个以上的螺栓,只要其中一个孔能基本对上,用锥形销打入,其他孔必然就能对准,也就容易安上螺栓,然后将锥形销取出,换上螺栓。在某些特殊情况下,也允许采用一个螺栓。

(二)螺栓排列

一个满意的螺栓连接就是选用适当大小的螺栓和合理的布置。标准螺栓直径为 M12(14)mm、M16(18)mm、M20(22)mm、M24 mm、M27 mm、M30 mm 等,其中钢结构中常用的为 M20 ~ M24。螺栓在构件上排列应简单、统一、整齐而紧凑,通常分为并列和错列两种形式(见图3-47)。并列比较简单整齐,所用连接板尺寸小,但由于螺栓孔的存在,对构件截面削弱较大。错列可以减小螺栓孔对截面的削弱,但螺栓孔排列不如并列紧凑,连接板尺寸较大。

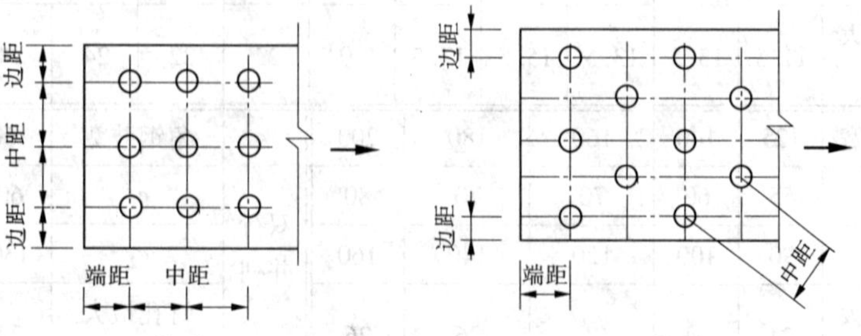

(a)并列　　(b)错列

图3-47　钢板的螺栓排列

螺栓在构件上的排列应满足受力、构造和施工要求。

受力要求:在受力方向螺栓的端距过小时,钢材有剪断或撕裂的可能。各排螺栓距和线距太小时,构件有沿折线或直线破坏的可能。对受压构件,当沿作用方向螺栓距过大时,被连板间易发生鼓曲和张口现象。

构造要求:螺栓的中矩及边距不宜过大,否则钢板间不能紧密贴合,潮气会侵入缝隙使钢材锈蚀。

施工要求:要保证一定的空间,便于转动螺栓扳手拧紧螺帽。

根据上述要求,规范制定出螺栓排列最大、最小容许距离(见表3-2),在型钢上排列的螺栓还应符合各自线距和最大孔径的要求(见表3-3~表3-5、图3-48)。

表3-2　螺栓或铆钉的最大、最小容许距离

<table>
<tr><th>名称</th><th colspan="3">位置和方向</th><th>最大容许距离
(取两者的较小值)</th><th>最小容许
距离</th></tr>
<tr><td rowspan="5">中心
间距</td><td colspan="3">外排(垂直内力方向或顺内力方向)</td><td>$8d_0$ 或 $12t$</td><td rowspan="5"></td></tr>
<tr><td rowspan="3">中间排</td><td colspan="2">垂直内力方向</td><td>$16d_0$ 或 $24t$</td></tr>
<tr><td rowspan="2">顺内力方向</td><td>构件受压力</td><td>$12d_0$ 或 $18t$</td></tr>
<tr><td>构件受拉力</td><td>$16d_0$ 或 $24t$</td></tr>
<tr><td colspan="3">沿对角线方向</td><td>—</td></tr>
<tr><td rowspan="4">中心至
构件边
缘距离</td><td colspan="3">顺内力方向</td><td rowspan="4">$40d_0$ 或 $8t$</td><td>$2d_0$</td></tr>
<tr><td rowspan="3">垂直内
力方向</td><td colspan="2">剪切边或手工气割边</td><td rowspan="2">$1.5d_0$</td></tr>
<tr><td rowspan="2">轧制边、自动气
割或锯割边</td><td>高强度螺栓</td></tr>
<tr><td>其他螺栓或铆钉</td><td>$1.2d_0$</td></tr>
</table>

注:(1)d_0 为螺栓孔或铆钉孔直径,t 为外层较薄板件的厚度。

(2)钢板边缘与刚性构件(如角钢、槽钢等)相连的螺栓或铆钉的最大间距,可按中间排的数值采用。

表 3-3　角钢上螺栓线距　　（单位：mm）

单行排列	角钢肢宽	40	45	50	56	63	70	75	80	90	100	110	125
	线距 e	25	25	30	30	35	40	40	45	50	55	60	70
	钉孔最大直径	11.5	13.5	13.5	15.5	17.5	20	22	22	24	24	26	26

双行错排	角钢肢宽	125	140	160	180	200	双行并列	角钢肢宽	160	180	200
	e_1	55	60	70	70	80		e_1	60	70	80
	e_2	90	100	120	140	160		e_2	130	140	160
	钉孔最大直径	24	24	26	26	26		钉孔最大直径	24	24	26

表 3-4　工字钢和槽钢腹板上的螺栓线距　　（单位：mm）

工字钢型号	12	14	16	18	20	22	25	28	32	36	40	45	50	56	63
线距 $c_{\min}$	40	45	45	45	50	50	55	60	60	65	70	75	75	75	75
槽钢型号	12	14	16	18	20	22	25	28	32	36	40	—	—	—	—
线距 $c_{\min}$	40	45	50	50	55	55	55	60	65	70	75	—	—	—	—

表 3-5　工字钢和槽钢翼缘上的螺栓线距　　（单位：mm）

工字钢型号	12	14	16	18	20	22	25	28	32	36	40	45	50	56	63
线距 $c_{\min}$	40	40	50	55	60	65	65	70	75	80	80	85	90	95	95
槽钢型号	12	14	16	18	20	22	25	28	32	36	40	—	—	—	—
线距 $c_{\min}$	30	35	35	40	40	45	45	45	50	56	60	—	—	—	—

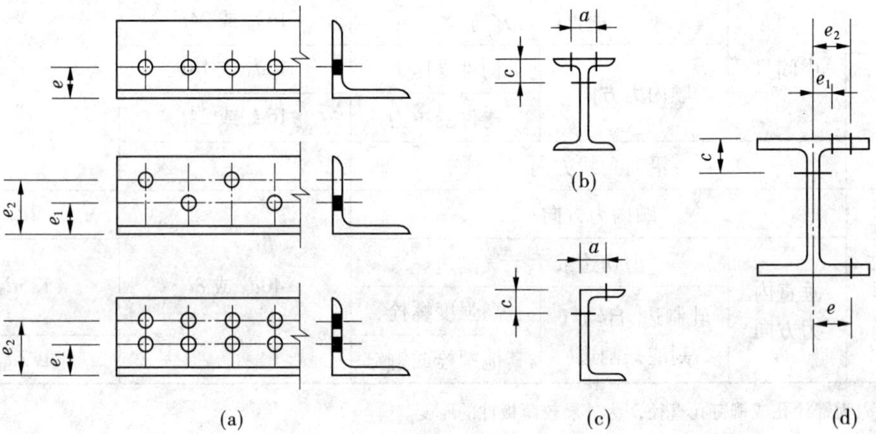

图 3-48　型钢的螺栓排列

(三)螺栓的其他构造要求

由于C级螺栓与孔壁有较大间隙,只宜用于沿其杆轴方向受拉的连接。承受静力荷载结构的次要连接、可拆卸结构的连接和临时固定构件用的安装连接中,也可用C级螺栓受剪。

对于直接承受动力荷载的普通螺栓连接,应采用双螺帽或其他防止螺帽松动的有效措施。例如采用弹簧垫圈,或将螺帽或螺杆焊死等方法。

二、普通螺栓连接的工作性能和计算

普通螺栓连接按受力情况可分为三类:螺栓只承受剪力、螺栓只承受拉力、螺栓承受拉力和剪力的共同作用。

(一)普通螺栓的受剪连接

1. 受剪螺栓的工作性能

抗剪连接是最常见的螺栓连接。

(1)在施加荷载之初,荷载较小,荷载靠构件间接触面的摩擦力传递,螺栓杆与孔壁之间的间隙保持不变,连接工作处于弹性阶段。

(2)当荷载增大,连接中的剪力达到构件间摩擦力的最大值,板件间产生相对滑移,其最大滑移量为螺栓杆与孔壁之间的间隙,直至螺栓与孔壁接触。

(3)荷载继续增加,连接所承受的外力主要靠栓杆与孔壁接触传递。

栓杆除主要受剪力外,还受弯矩和轴向拉力,而孔壁则受到挤压,直到螺栓或连接板达到弹性极限。

受剪螺栓连接达到极限承载力时,可能的破坏形式有:

(1)栓杆被剪断(见图3-49(a))。当栓杆直径较小、板件较厚时可能发生。

(2)钢板孔壁被挤压破坏(见图3-49(b))。当栓杆直径较大、板件较薄时可能发生。

(3)钢板被拉断(见图3-49(c))。板件因螺栓孔削弱太多时可能发生沿开孔截面的断裂。

(4)端部钢板冲剪破坏(见图3-49(d))。当顺着受力方向的端距太小时可能发生。

(5)螺杆受弯破坏(见图3-49(e))。当螺栓杆过长时可能发生。

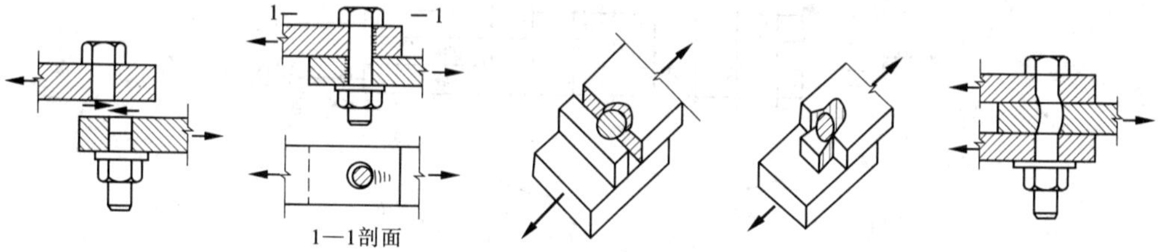

(a)栓杆被剪断　(b)钢板孔壁被挤压破坏　(c)钢板被拉断　(d)端部钢板冲剪破坏　(e)螺杆受弯破坏

图3-49　受剪螺栓连接的五种破坏形式

上述五种破坏形式中的后两种,可以采取构造措施加以防治。如规定螺栓端距 $l_1 \geq 2d$(d 为螺栓直径)来保证板件的端部不被剪坏,规定 $\sum t \leq (4\sim6)d$ 来保证螺栓不产生弯曲破坏。对于前三种破坏形式,需要通过计算来防治。

2. 单个普通螺栓的受剪计算

普通螺栓的受剪承载力主要由栓杆受剪和孔壁承压两种破坏模式控制,因此应分别计算,取其小值进行设计。计算时做了如下假定:①栓杆受剪计算时,假定螺栓受剪面上的剪应力是均匀分布的;②孔壁承压计算时,假定挤压力沿栓杆直径平面(实际上是相应于栓杆直径平面的孔壁部分)均匀分布。考虑一定的抗力分项系数后,得到普通螺栓受剪连接中,每个螺栓的受剪和承压承载力设计值如下。

螺栓杆受剪承载力设计值为

$$N_v^b = n_v \frac{\pi d^2}{4} f_v^b \tag{3-39}$$

孔壁承压承载力设计值为

$$N_c^b = d \sum t f_c^b \tag{3-40}$$

式中 n_v——受剪面数目,单剪 $n_v=1$,双剪 $n_v=2$,四剪 $n_v=4$;

d——螺栓杆直径;

$\sum t$——在不同受力方向中一个受力方向承压构件总厚度的较小值;

f_v^b、f_c^b——螺栓的抗剪和承压强度设计值,由附表 1-3 查用。

3. 普通螺栓群受剪连接计算

1)普通螺栓群轴心受剪

试验证明,螺栓群的受剪连接承受轴心力时,与侧焊缝的受力相似,在长度方向各螺栓受力是不均匀的(见图 3-50),两端受力大,中间受力小。当连接长度 $l_1 \leqslant 15d_0$(d_0 为螺孔直径)时,由于连接工作进入弹塑性阶段后内力发生重分布,螺栓群中各螺栓受力逐渐接近,故可认为轴心力 N 由每个螺栓平均分担,即螺栓数 n 为

$$n = \frac{N}{N_{min}^b} \tag{3-41}$$

式中 N_{min}^b——一个螺栓受剪承载力设计值与承压承载力设计值的较小值。

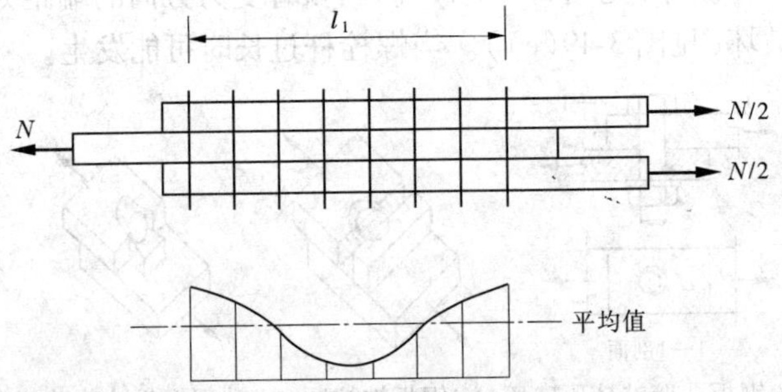

图 3-50 长接头螺栓的内力分布

当 $l_1 > 15d_0$ 时,连接进入弹塑性阶段后,各螺杆所受内力仍不均匀,端部螺栓首先达到极限强度而破坏,随后由外向里依次破坏。

根据试验并参考国外的规定,我国规范规定,当 $l_1 > 15d_0$ 时,应将承载力设计值乘以

折减系数

$$\eta = 1.1 - \frac{l_1}{150d_0} \geqslant 0.7 \tag{3-42}$$

对于长连接，所需抗剪螺栓数为

$$n = \frac{N}{\eta N_{\min}^{b}} \tag{3-43}$$

此外，为了防止构件因开孔削弱截面而拉断，还需验算开孔截面的强度

$$\sigma = \frac{N}{A_n} \leqslant f \tag{3-44}$$

式中　A_n——构件净截面面积。

【例 3-5】　设计两块钢板用普通螺栓的盖板拼接（见图 3-51）。已知轴心拉力的设计值 $N = 325$ kN，钢材为 Q235A，螺栓直径 $d = 20$ mm（粗制螺栓）。

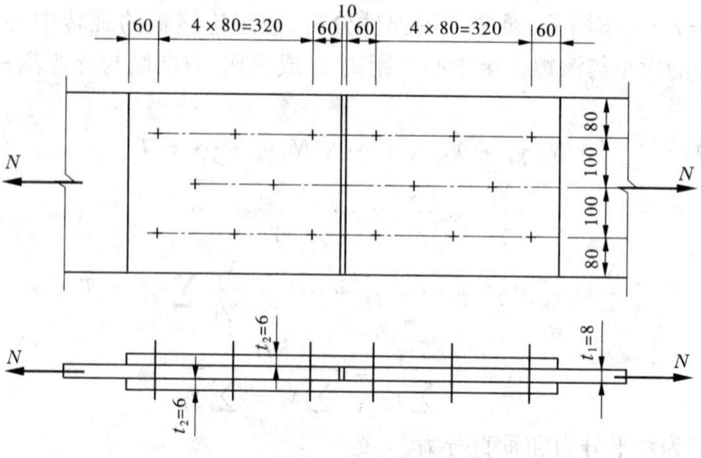

图 3-51　例 3-5 图

解　受剪承载力设计值为

$$N_v^b = n_v \frac{\pi d^2}{4} f_v^b = 2 \times \frac{3.14 \times 20^2}{4} \times 140 = 87.9(\text{kN})$$

承压承载力设计值为

$$N_c^b = d \sum t f_c^b = 20 \times 8 \times 305 = 48.8(\text{kN})$$

一侧所需螺栓数 n 为

$$n = \frac{325}{48.8} = 6.7(\text{kN})$$

取 8 个。

2）普通螺栓群偏心受剪

图 3-52 所示为螺栓群承受偏心剪力的情形，剪力 F 的作用线至螺栓群中心线的距离为 e，故螺栓群同时受到轴心力 F 和扭矩 $T = F \cdot e$ 的联合作用。

在轴心力作用下可认为每个螺栓平均受力，即

$$N_{1F} = \frac{F}{n} \tag{3-45}$$

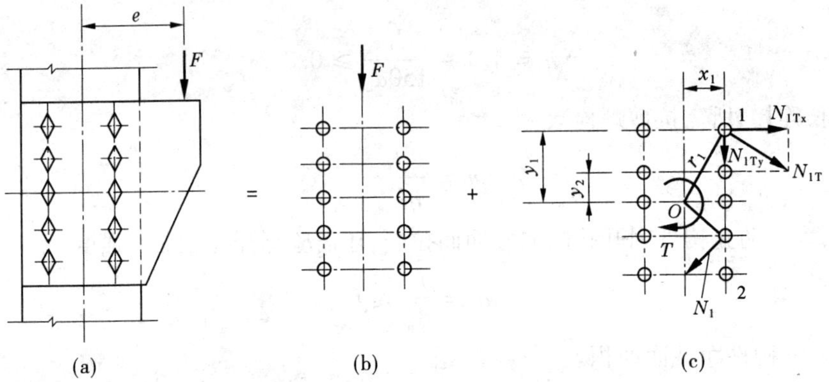

图 3-52　偏心受剪的螺栓群

在扭矩 $T=F\cdot e$ 作用下,通常采用弹性分析,假定连接板的旋转中心在螺栓群的形心,则螺栓剪力的大小与该螺栓至中心点距离 γ_i 成正比,方向则与此距离垂直(见图 3-52(c))。由

$$N_{1T}\gamma_1+N_{2T}\gamma_2+\cdots+N_{iT}\gamma_i+\cdots=T$$

及

$$\frac{N_{1T}}{\gamma_1}=\frac{N_{2T}}{\gamma_2}=\cdots=\frac{N_{iT}}{\gamma_i}=\cdots$$

得

$$\frac{N_{1T}}{\gamma_1}(\gamma_1^2+\gamma_2^2+\cdots+\gamma_i^2+\cdots)=\frac{N_{1T}}{\gamma_1}\sum\gamma_i^2=T$$

最大剪力

$$N_{1T}=\frac{Tr_1}{\sum r_i^2}=\frac{Tr_i}{\sum x_i^2+\sum y_i^2}$$

将 N_{1T} 分解为水平分力和垂直分力

$$N_{1Tx}=N_{1T}\frac{y_1}{r_1}=\frac{Ty_1}{\sum x_i^2+\sum y_i^2}\tag{3-46}$$

$$N_{1Ty}=N_{1T}\frac{x_1}{r_1}=\frac{Tx_1}{\sum x_i^2+\sum y_i^2}\tag{3-47}$$

由此可得受力最大螺栓所承受的合力 N_1 的计算式:

$$N_1=\sqrt{N_{1Tx}^2+(N_{1Ty}+N_{1F})^2}\leqslant N_{\min}^{b}\tag{3-48}$$

当螺栓布置在一个狭长带,即 $y_1\geqslant 3x_1$ 时,可假定式(3-46)和式(3-47)中的 $x_i=0$,由此得 $N_{1Ty}=0$,$N_{1Tx}=Ty_1/\sum y_i^2$,计算式为

$$N_1=\sqrt{\left(\frac{Ty_1}{\sum y_i^2}\right)^2+\left(\frac{F}{n}\right)^2}\leqslant N_{\min}^{b}\tag{3-49}$$

公式中的各符号见图 3-52。$N_{\min}^{b}$ 为一个螺栓的受剪承载力设计值。

以上设计方法,除受力最大的螺栓外,其余大多数螺栓均有潜力。所以,按式(3-45)计算轴心力 F 作用下的螺栓内力时,即使连接长度 $>15d_0$,也不用考虑长接头的折减系数 η。

【例 3-6】 验算图 3-53(a) 所示的普通螺栓拼接。柱翼缘厚度为 10 mm，连接板厚度为 8 mm，钢材为 Q235B，荷载设计值为 $F = 150$ kN，偏心距为 $e = 250$ mm，粗制螺栓 M22。

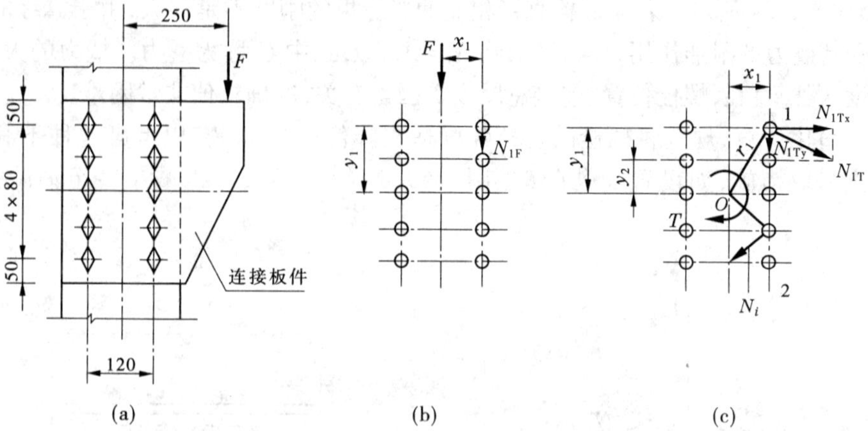

图 3-53 例 3-6 图

解 将力向形心简化

$$T = F \cdot e = 150 \times 0.25 = 37.5(\text{kN} \cdot \text{m})$$

$$V = F = 150 \text{ kN}$$

扭矩作用下 1 号螺栓受力

$$\sum x_i^2 + \sum y_i^2 = 10 \times 6^2 + (4 \times 8^2 + 4 \times 16^2) = 1\,640(\text{mm}^2)$$

$$N_{1\text{Tx}} = \frac{Ty_1}{\sum x_i^2 + \sum y_i^2} = \frac{37.5 \times 0.16}{1\,640 \times 10^{-4}} = 36.6(\text{kN})$$

$$N_{1\text{Ty}} = \frac{Tx_1}{\sum x_i^2 + \sum y_i^2} = \frac{37.5 \times 0.06}{1\,640 \times 10^{-4}} = 13.7(\text{kN})$$

剪力作用下 1 号螺栓受力

$$N_{1\text{F}} = \frac{F}{n} = \frac{150}{10} = 15(\text{kN})$$

1 号螺栓受力

$$N_1 = \sqrt{N_{1\text{Tx}}^2 + (N_{1\text{Ty}} + N_{1\text{F}})^2} = \sqrt{36.6^2 + (13.7 + 15)^2} = 46.5(\text{kN})$$

承载力验算

$$N_\text{v}^\text{b} = n_\text{v} \frac{\pi d^2}{4} f_\text{v}^\text{b} = 1 \times \frac{3.14 \times 22^2}{4} \times 140 = 53.2(\text{kN}) > N_1 = 46.5 \text{ kN}$$

$$N_\text{c}^\text{b} = d \sum t f_\text{c}^\text{b} = 22 \times 8 \times 305 = 53.7(\text{kN}) > N_1 = 46.5 \text{ kN}$$

$$N_1 = 46.5 \text{ kN} < N_{\min}^\text{b} = 53.2 \text{ kN}$$

(二)普通螺栓的受拉连接

1. 普通螺栓受拉的工作性能

沿螺栓杆轴方向受拉时,一般很难做到拉力正好作用在螺杆轴线上,而是通过水平板件传递,如图 3-54 所示。若与螺栓直接相连的翼缘板的刚度不是很大,由于翼缘的弯曲,则螺栓受到撬力的附加作用,杆力增加到 $N_t = N + Q$,式中 Q 称为撬力。撬力的大小与翼缘板厚度、螺杆直径、螺栓位置、连接总厚度等因素有关,准确求值非常困难。

为了简化计算,规范将螺栓的抗拉强度适当降低($f_t^b = 0.8f$)以考虑这种不利影响,在构造上采取措施,如设置加劲肋(见图 3-55)、提高刚度,可以减小甚至消除撬力的影响。

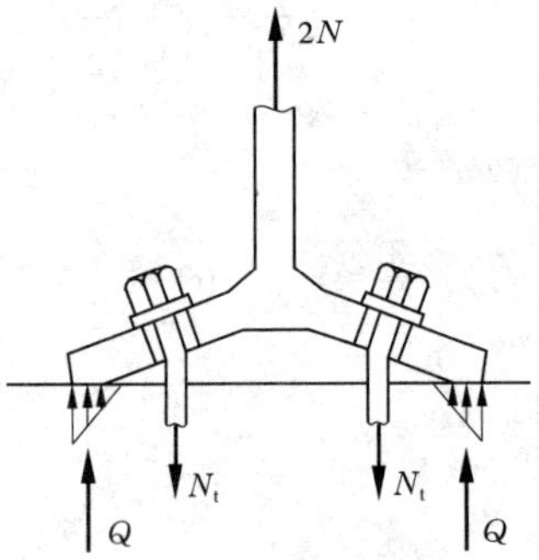

图 3-54　受拉螺栓的撬力

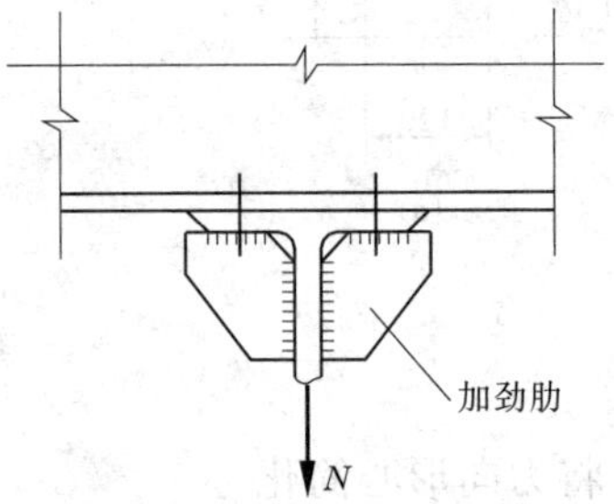

图 3-55　T 形连接中螺栓受拉

2. 单个普通螺栓的受拉承载力

螺栓受拉的破坏形式是栓杆被拉断,部位多在被螺纹削弱截面处。

单个螺栓受拉承载力的设计值为

$$N_t^b = A_e f_t^b = \frac{\pi d_e^2}{4} f_t^b \tag{3-50}$$

式中　A_e——螺栓有效截面面积;

d_e——螺纹处的有效直径。

由于螺纹呈倾斜方向,螺栓受拉时采用的直径既不是扣除螺纹后的净直径 d_n,也不是全直径与净直径的平均直径 d_m,而是由下式计算的有效直径

$$d_e = \frac{d_n + d_m}{2} = d - \frac{13}{24}\sqrt{3}P \tag{3-51}$$

式中　P——螺纹的螺距。

表 3-6 给出了普通螺栓按有效直径 d_e 算得的螺栓净截面面积 A_n(即有效截面面积 A_e),可直接查用。

表 3-6　普通螺栓规格

公称直径 d(mm)	12	14	16	18	20	22	24	27	30
计算净截面面积 A_e(cm^2)	0.84	1.15	1.57	1.92	2.45	3.03	3.53	4.59	5.61

3. 受轴心拉力作用的普通螺栓群计算

图 3-56 所示为螺栓群在轴心力下的抗拉连接，通常假定每个螺栓平均受力，则连接所需螺栓数

$$n \geqslant \frac{N}{N_t^b} \tag{3-52}$$

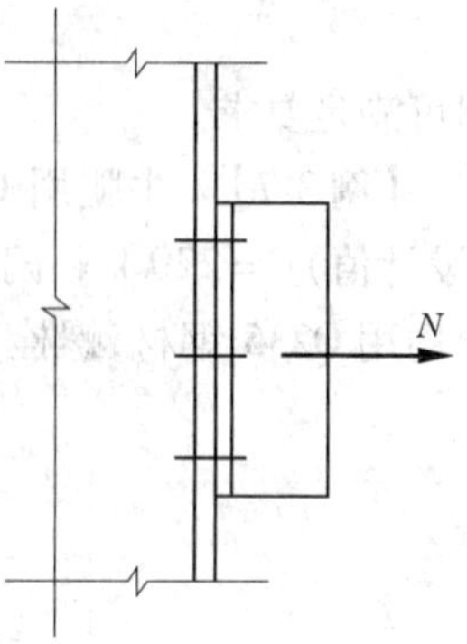

图 3-56　轴心受拉作用的普通螺栓群

4. 受弯矩作用的普通螺栓群计算

图 3-57 所示为在弯矩作用下的受拉螺栓群连接（图中的剪力 V 通过承托（板）传递）。按弹性设计法，在弯矩作用下，离中和轴越远的螺栓所受拉力越大，而压力则由部分受压的端板承受，设中和轴至端板受压边缘的距离为 c（见图 3-57（c））。这种连接的受力有如下特点：受拉螺栓截面只是孤立的几个螺栓点，而端板受压区则是宽度较大的实体矩形截面（见图 3-57（b）、（c））。当计算其形心位置作为中和轴时，所求得的端板受压区高度 c 总是很小，中和轴通常在弯矩指向一侧最外排螺栓附近的某个位置。因此，实际计算时可近似地取中和轴位于最下排螺栓 O 处，即认为连接变形为绕 O 处水平轴转动，螺栓拉力与 O 点算起的纵坐标 y 成正比。在对 O 点水平轴列弯矩平衡方程时，偏安全地忽略了力臂很小的端板受压区部分的力矩。

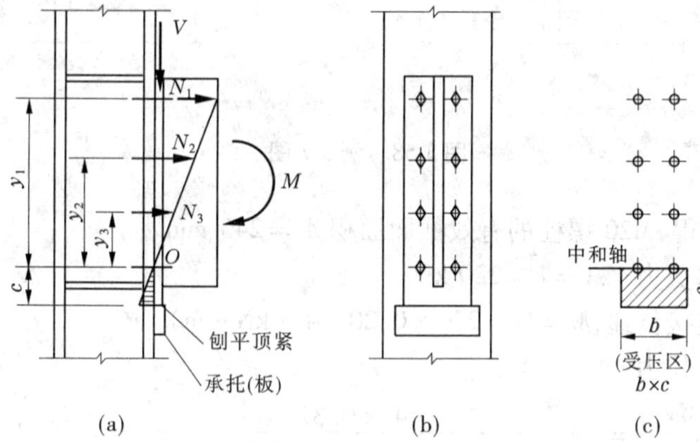

图 3-57　受弯矩作用的普通螺栓群

考虑到

$$N_1/y_1 = N_2/y_2 = \cdots = N_i/y_i = \cdots = N_n/y_n$$

则

$$\begin{aligned} M &= N_1y_1 + N_2y_2 + \cdots + N_iy_i + \cdots + N_ny_n \\ &= (N_1/y_1)y_1^2 + (N_2/y_2)y_2^2 + \cdots + (N_i/y_i)y_i^2 + \cdots + (N_n/y_n)y_n^2 \\ &= (N_i/y_i)\sum y_i^2 \end{aligned}$$

螺栓 i 的拉力为

$$N_i = My_i/\sum y_i^2$$

设计时要求受力最大的最外排螺栓 1 的拉力不超过一个螺栓的抗拉承载力设计值

$$N_1 = My_1 / \sum y_i^2 \leqslant N_t^b \quad (3\text{-}53)$$

即可满足要求。

【例 3-7】 牛腿用 C 级普通螺栓及承托与柱连接，如图 3-58 所示。承受竖向荷载（设计值）$F = 220$ kN，偏心距为 $e = 200$ mm。验算其螺栓连接是否安全。已知构件和螺栓均用 Q235 钢材，螺栓为 M20，孔径 21.5 mm。

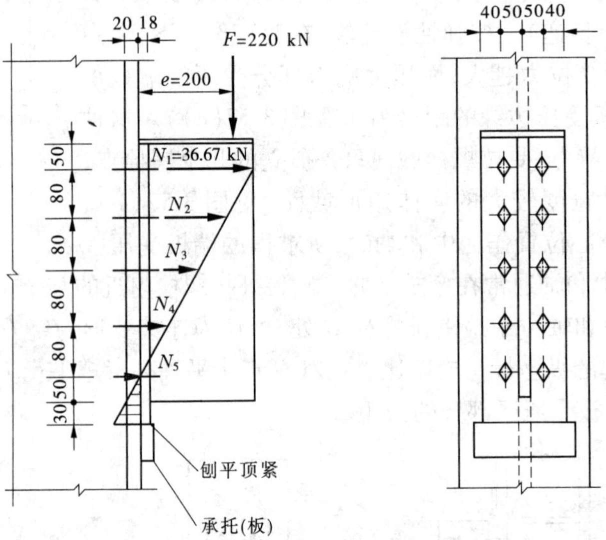

图 3-58　例 3-7 图

解　查表 3-6 得，M20 螺栓的有效截面面积 $A_e = 245\ \text{mm}^2$，

承托传递全部剪力 V，$V = F = 220$ kN

弯矩由螺栓连接传递，$M = Ve = 220 \times 0.20 = 44$（kN · m）

单个螺栓最大拉力

$$N_1 = \frac{My_1}{\sum y_i^2} = \frac{44 \times 0.32}{2 \times (0.08^2 + 0.16^2 + 0.24^2 + 0.32^2)} = 36.7\text{(kN)}$$

单个螺栓的抗拉承载力设计值为

$$N_t^b = A_e f_t^b = 245 \times 170 = 41.7\text{(kN)} > N_1 = 36.7\ \text{kN}$$

所以，满足要求。

5. 拉力和弯矩共同作用的普通螺栓群计算

按弹性设计法，根据偏心距的大小可能出现小偏心受拉和大偏心受拉两种情况。

1）小偏心受拉

当偏心较小时，所有螺栓均承受拉力作用，端板与柱翼缘有分离趋势，故在计算时轴心拉力 N 由各螺栓均匀承受；弯矩 M 则引起以螺栓群形心 O 为中和轴的三角形内力分布（见图 3-59(a)、(b)），使上部螺栓受拉，下部螺栓受压，叠加后全部螺栓均受拉。可推出最大、最小受力螺栓的拉力和满足设计要求的公式如下（y_i 均自 O 点算起）

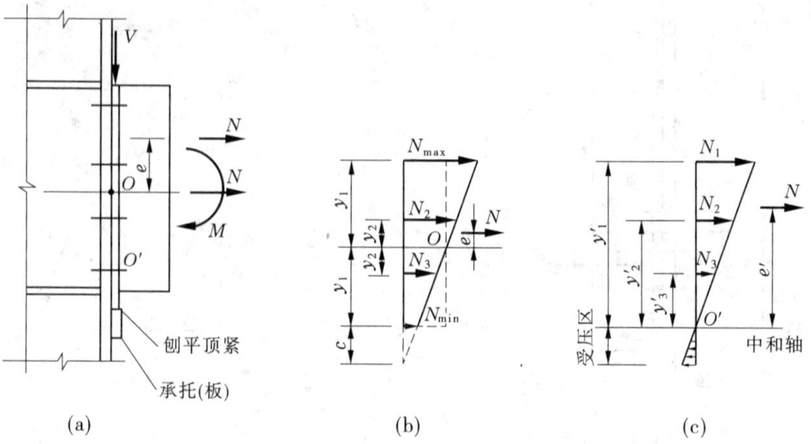

图 3-59　拉力和弯矩共同作用的普通螺栓群

$$N_{min} = N/n - Ney_1/\sum y_i^2 \geq 0 \tag{3-54a}$$

$$N_{max} = N/n + Ney_1/\sum y_i^2 \leq N_t^b \tag{3-54b}$$

式(3-54a)为判定小偏心受拉的依据，当此式满足时，则表示全部螺栓都受拉，不存在受压区，此时，最大受力螺栓所受的拉力应满足式(3-54b)的要求。

2）大偏心受拉

当偏心距 e 较大时，弯矩 M 较大，将有 $N_{min}<0$，此时在端板底部将出现受压区（见图 3-59(c)）。仿式(3-53)近似并偏安全取中和轴位于最下排螺栓 O' 处，按相似步骤列对 O' 点的弯矩平衡方程，可得（e' 和 y'_i 自 O' 点算起，最上排螺栓 1 的拉力最大）

$$N_1/y'_1 = N_2/y'_2 = \cdots = N_i/y'_i = \cdots = N_n/y'_n$$

$$\begin{aligned} N'e &= N_1y'_1 + N_2y'_2 + \cdots + N_iy'_i + \cdots + N_ny'_n \\ &= (n_1/y'_1)y'^2_1 + (N_2/y'_2)y'^2_2 + \cdots + (N_i/y'_i)y'^2_i + \cdots + (N_n/y'_n)y'^2_n \\ &= (N_i/y'_i)\sum y'^2_i \end{aligned}$$

$$N_i = N'ey'_i/\sum y'^2_i, \quad N_1 = N'ey'_1/\sum y'^2_i \leq N_t^b \tag{3-55}$$

（三）受剪力和拉力共同作用的普通螺栓连接

大量的试验研究结果表明，同时承受剪力和拉力作用的普通螺栓（见图 3-60）有两种可能破坏形式：一是螺栓杆受剪受拉破坏，二是孔壁承压破坏。

大量的试验结果表明，当将拉－剪联合作用下处于极限承载力时的拉力和剪力分别除以各自单独作用时的承载力，所得到的关于 N_t/N_t^b 和 N_v/N_v^b 的相关曲线，近似为圆曲线（见图 3-61）。于是，规范规定：同时承受剪力和杆轴方向拉力的普通螺栓，应分别符合下列公式的要求。

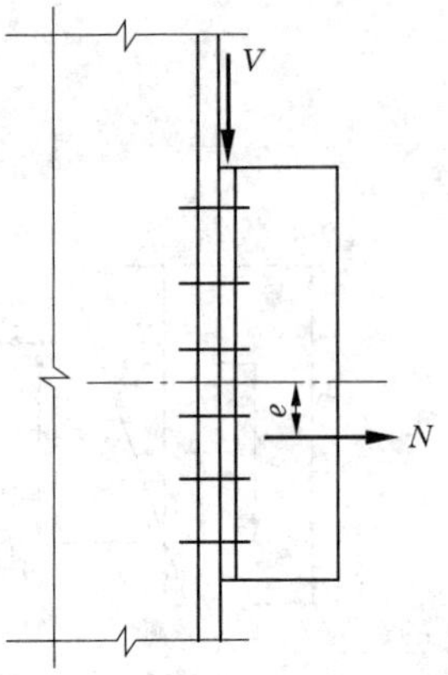

图 3-60　螺栓群受剪力和拉力联合作用

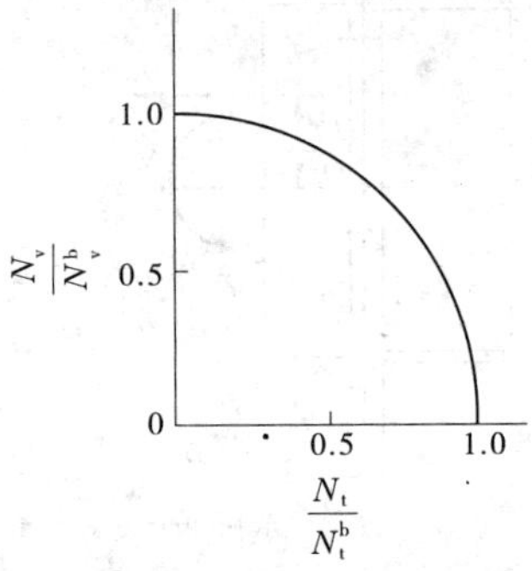

图 3-61　拉剪螺栓的相关曲线

验算拉－剪作用

$$\sqrt{\left(\frac{N_v}{N_v^b}\right)^2+\left(\frac{N_t}{N_t^b}\right)^2}\leqslant 1 \tag{3-56}$$

验算孔壁承压

$$N_v\leqslant N_c^b \tag{3-57}$$

式中　N_v、N_t——一个螺栓所承受的剪力和拉力设计值；

N_v^b、N_t^b——一个螺栓的螺杆抗剪和抗拉承载力设计值；

N_c^b——一个螺栓的孔壁承压载力设计值。

【例 3-8】　如图 3-62 所示为短横梁与柱翼缘的连接，剪力 $V=250$ kN，$e=120$ mm，螺栓为 C 级，M20 螺栓，梁端竖板下有承托。钢材为 Q235B，手工焊，焊条 E43 型，试按考虑承托传递全部剪力 V 及不承受剪力 V 两种情况验算此连接是否安全。

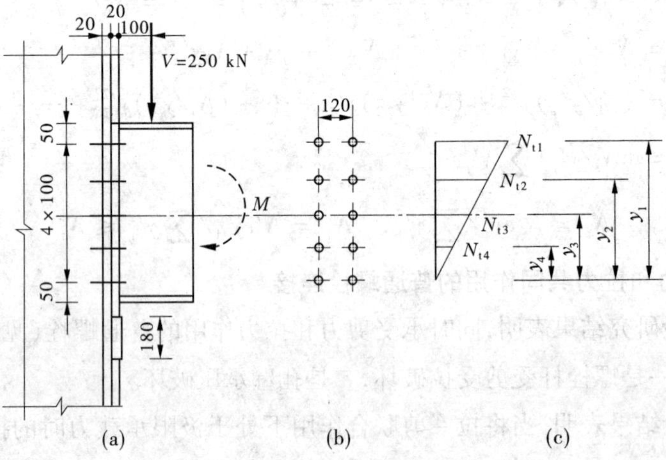

图 3-62　例 3-8 图

解　1. 承托传递全部剪力 V，螺栓群受弯矩作用

$$V = 250\ \text{kN}, M = Ve = 250 \times 0.12 = 30(\text{kN} \cdot \text{m})$$

（1）单个螺栓抗拉承载力

$$N_t^b = A_e f_t^b = 245 \times 170 = 41.7(\text{kN})$$

（2）单个螺栓所受的最大拉力

$$N_t = \frac{My_1}{m\sum y_i^2} = \frac{30 \times 10^3 \times 400}{2 \times (100^2 + 200^2 + 300^2 + 400^2)} = 20(\text{kN}) < N_t^b = 41.7\ \text{kN}$$

满足要求。

（3）承托焊缝验算　　$h_f = 10$ mm

$$\tau_f = \frac{1.35V}{h_e \sum l_w} = \frac{1.35 \times 250 \times 10^3}{2 \times 0.7 \times 10 \times (180 - 2 \times 10)} = 150.7(\text{N/mm}^2) < f_f^w = 160\ \text{N/mm}^2$$

满足要求。

2. 不考虑承托传递剪力 V

（1）一个螺栓承载力

$$N_v^b = n_v \frac{\pi d^2}{4} f_v^b = 1 \times \frac{3.14 \times 20^2}{4} \times 140 = 44.0(\text{kN})$$

$$N_c^b = d \sum t f_c^b = 20 \times 20 \times 305 = 122(\text{kN})$$

$$N_t^b = 41.7\ \text{kN}$$

（2）一个螺栓受力

$$N_t = 20\ \text{kN}, N_v = \frac{V}{n} = \frac{250}{10} = 25(\text{kN}) < N_c^b = 122\ \text{kN}$$

（3）剪力和拉力联合作用下

$$\sqrt{\left(\frac{N_v}{N_v^b}\right)^2 + \left(\frac{N_t}{N_t^b}\right)^2} = \sqrt{\left(\frac{25}{44.0}\right)^2 + \left(\frac{20}{41.7}\right)^2} = 0.744 < 1$$

满足要求。

第七节　高强度螺栓连接设计

一、高强度螺栓连接的工作性能

（一）高强度螺栓预拉力的建立

高强度螺栓分大六角头型（见图 3-2(a)）和扭剪型（见图 3-2(b)）两种。两者都是通过拧紧螺帽，使螺杆受到拉伸作用产生预拉力，而被连接板件间产生压紧力。

为了保证通过摩擦力传递剪力，高强度螺栓的预拉力 P 的准确控制非常重要。针对不同类型的高强度螺栓，其预拉力的建立方法不尽相同。

1. 大六角头螺栓的预拉力控制方法

1）力矩法

力矩法一般采用指针式扭力（测力）扳手或预置式扭力（定力）扳手。目前用得多的是电动扭矩扳手。力矩法是通过控制拧紧力矩来实现控制预拉力。拧紧力矩可由试验确定,应使施工时控制的预拉力为设计预拉力的1.1倍。

为了克服板件和垫圈等的变形,基本消除板件之间的间隙,使拧紧力矩系数有较好的线性度,从而提高施工控制预拉力值的准确度,在安装大六角头高强度螺栓时,应先按拧紧力矩的50%进行初拧,然后按100%拧紧力矩进行终拧。对于大型节点,在初拧之后,还应按初拧力矩进行复拧,然后终拧。

力矩法的优点是较简单、易实施、费用少,但由于连接件和被连接件的表面与拧紧速度的差异,测得的预拉力值误差大且分散,一般误差为±25%。

2)转角法

转角法先用普通扳手进行初拧,使被连接板件相互紧密贴合,再以初拧位置为起点,按终拧角度,用长扳手或风动扳手旋转螺母,拧至该角度值时,螺栓的拉力即达到施工控制预拉力。

2.扭剪型高强度螺栓

扭剪型高强度螺栓具有强度高、安装简单和质量易于保证、可以单面拧紧、对操作人员没有特殊要求等优点。扭剪型高强度螺栓的螺栓头为盘头,螺纹段端部有一个承受拧紧反力矩的十二角体和一个能在规定力矩下剪断的断颈槽。

扭剪型高强度螺栓连接副的安装需用特制的电动扳手,该扳手有两个套头,一个套在螺母六角体上,另一个套在螺栓的十二角体上。拧紧时,对螺母施加顺时针力矩,对螺栓十二角体施加大小相等的逆时针力矩,使螺栓断颈部分承受扭剪,其初拧力矩为拧紧力矩的50%,复拧力矩等于初拧力矩,终拧至断颈剪断为止,安装结束,相应的安装力矩即为拧紧力矩。安装后一般不拆卸。

(二)高强度螺栓预拉力的确定

确定螺栓杆中设计预拉力值时,应使栓杆中的拉应力接近所用钢材的抗拉强度,以获得较大的经济效益。高强度螺栓杆的设计预拉力值由材料的强度和螺栓的有效截面面积确定,并考虑了施工时的补偿预拉力的松弛对螺栓超张拉5%~10%,因此乘以系数0.9;还考虑了抗力的变异等影响,再乘以系数0.9;还有一个0.9是由于以抗拉强度为准引入的附加安全系数。在拧紧螺栓时扭矩使螺栓产生的剪力将降低螺栓的承拉能力,所以对材料抗拉屈服强度除以系数1.2。

因此,高强度螺栓的预拉力设计值为

$$P=\frac{0.9\times0.9\times0.9}{1.2}A_{e}f_{u} \tag{3-58}$$

式中　A_e——螺栓的有效截面面积;

f_u——螺栓材料经热处理后的最低抗拉强度,对于8.8级螺栓,$f_u=830\ \text{N/mm}^2$,对于10.9级螺栓,$f_u=1\ 040\ \text{N/mm}^2$。

各种规格高强度螺栓预拉力的取值见表3-7。

表 3-7 一个高强度螺栓的设计预拉力值 (单位:kN)

螺栓的性能等级	螺栓公称直径(mm)					
	M16	M20	M22	M24	M27	M30
8.8 级	80	125	155	180	230	285
10.9 级	100	155	190	225	290	355

(三)高强度螺栓摩擦面抗滑移系数

高强度螺栓摩擦面抗滑移系数的大小与连接处构件接触面的处理方法和构件的钢号有关。试验表明,此系数值有随连接构件接触面间的压紧力减小而降低的现象,故与物理学中的摩擦系数有区别。

我国规范推荐采用的接触面处理方法有:喷砂、喷砂后涂无机富锌漆、喷砂后生赤锈和钢丝刷清除浮锈或对干净轧制表面不作处理等,各种处理方法相应的 μ 值见表 3-8。

表 3-8 摩擦面的抗滑移系数 μ 值

在连接处构件接触面的处理方法	构件的钢号		
	Q235 钢	Q345 钢、Q390 钢	Q420 钢
喷砂	0.45	0.50	0.50
喷砂后涂无机富锌漆	0.35	0.40	0.40
喷砂后生赤锈	0.45	0.50	0.50
钢丝刷清除浮锈或干净轧制表面不作处理	0.30	0.35	0.40

由于冷弯薄壁型钢构件板壁较薄,其抗滑移系数均较普通钢结构的有所降低。

钢材表面经喷砂除锈后,表面看来光滑平整,实际上金属表面尚存在着微观的凹凸不平,高强度螺栓连接在很高的压紧力作用下,被连接构件表面相互啮合;钢材强度和硬度愈高,要使这种啮合的面产生滑移的力就愈大,因此 μ 值与钢种有关。

二、摩擦型高强度螺栓连接的承载力计算

(一)受剪连接承载力

摩擦型高强度螺栓连接的受剪承载力取决于构件接触面的摩擦力,而此摩擦力的大小与螺栓所受预拉力和摩擦面的抗滑移系数及连接的传力摩擦面数有关。因此,一个摩擦型连接高强度螺栓的受剪承载力设计值为

$$N_v^b = 0.9 n_f \mu P \tag{3-59}$$

式中 0.9——抗力分项系数 γ_R 的倒数,即取 $\gamma_R = 1/0.9 = 1.111$;

n_f——传力摩擦面数目:单剪时 $n_f = 1$,双剪时 $n_f = 2$;

P——一个高强度螺栓的设计预拉力,按表 3-7 采用;

μ——摩擦面抗滑移系数,按表 3-8 采用。

试验证明,低温对摩擦型高强度螺栓抗剪承载力无明显影响,但当温度 $t = 100 \sim 150$ ℃时,螺栓的预拉力将产生温度损失,故应将摩擦型高强度螺栓的抗剪承载力设计值降低 10%;当 $t > 150$ ℃时,应采取隔热措施,以使连接温度在 150 ℃或 100 ℃以下。

(二)受拉连接承载力

如前所述,为了使摩擦型高强度螺栓连接在承受拉力作用时,能使被连接板间保持一定的压紧力,规范规定在杆轴方向承受拉力的摩擦型高强度螺栓连接中,单个螺栓受拉承载力设计值为

$$N_t^b = 0.8P \tag{3-60}$$

(三)同时承受剪力和拉力连接的承载力

如前所述,当螺栓所受外拉力 $N_t \leqslant P$ 时,虽然螺杆中的预拉力 P 基本不变,但板层间压力将减小到 $P - N_t$。试验研究表明,这时接触面的抗滑移系数 μ 值也有所降低,而且 μ 值随 N_t 的增大而减小。试验结果表明,外加剪力 N_v 和拉力 N_t 与高强度螺栓的受拉、受剪承载力设计值之间具有线性相关关系,故规范规定,当高强度螺栓摩擦型连接同时承受摩擦面间的剪力和螺栓杆轴方向的外拉力时,其承载力应按下式计算

$$\frac{N_v}{N_v^b} + \frac{N_t}{N_t^b} \leqslant 1 \tag{3-61}$$

式中　N_v、N_t——某个高强度螺栓所承受的剪力和拉力设计值;

N_v^b、N_t^b——一个高强度螺栓的受剪、受拉承载力设计值。

三、承压型高强度螺栓的承载力计算

(一)受剪连接承载力

承压型高强度螺栓连接的计算方法与普通螺栓连接相同,仍可用式(3-45)和式(3-46)计算单个螺栓的抗剪承载力设计值,只是应采用承压型连接高强度螺栓的强度设计值。当剪切面在螺纹处时,承压型连接高强度螺栓的抗剪承载力应按螺纹处的有效截面计算。但对于普通螺栓,其抗剪强度设计值是根据连接的试验数据统计而定的,试验时不分剪切面是否在螺纹处,故计算抗剪强度设计值时用公称直径。

(二)受拉连接承载力

承压型高强度螺栓连接沿杆轴方向受拉时,规范给出了相应强度级别的螺栓抗拉强度设计值 $f_t^b \approx 0.48 f_u^b$,抗拉承载力的计算公式与普通螺栓相同,只是抗拉强度设计值不同。

(三)同时承受剪力和拉力连接的承载力

同时承受剪力和杆轴方向拉力的承压型高强度螺栓连接的计算方法与普通螺栓相同,即

$$\sqrt{\left(\frac{N_v}{N_v^b}\right)^2 + \left(\frac{N_t}{N_t^b}\right)^2} \leqslant 1 \tag{3-62}$$

$$N_v \leqslant N_c^b / 1.2 \tag{3-63}$$

式中　N_v、N_t——某个高强度螺栓所承受的剪力和拉力设计值；

N_v^b、N_t^b、N_c^b——一个高强度螺栓的受剪、受拉和承压承载力设计值。

由于在剪应力单独作用下，高强度螺栓对板层间产生强大压紧力，当板层间的摩擦力被克服，螺杆与孔壁接触时，板件孔前区形成三向应力场，因而承压型连接高强度螺栓的承压强度比普通螺栓高得多，两者相差约50%。当承压型连接高强度螺栓受有杆轴拉力时，板层间的压紧力随外拉力的增加而减小，因而其承压强度设计值也随之降低。为了计算简便，我国现行《钢结构设计规范》(GB 50017—2003)规定，只要有外拉力存在，就将承压强度除以1.2予以降低，而未考虑承压强度设计值变化幅度随外拉力大小而变化这一因素。因为所有高强度螺栓的外拉力一般不大于0.8P。此时，可认为整个板层间始终处于紧密接触状态，采用统一除以1.2的做法来降低承压强度，一般能保证安全。

四、高强度螺栓群的计算

(一)高强度螺栓群受剪

1. 轴心受剪

此时，高强度螺栓连接所需螺栓数目应由下式确定

$$n \geqslant \frac{N}{N_{min}^b} \tag{3-64}$$

式中　N_{min}^b——相应连接类型的单个高强度螺栓受剪承载力设计值的最小值，由式(3-59)、式(3-39)和式(3-40)计算。

2. 高强度螺栓群的非轴心受剪

高强度螺栓群在扭矩或扭矩和剪力共同作用时的抗剪计算方法与普通螺栓群相同，但应采用高强度螺栓承载力设计值进行计算。

(二)高强度螺栓群受拉

1. 轴心受拉

高强度螺栓群连接所需螺栓数目为

$$n \geqslant \frac{N}{N_t^b}$$

式中　N_t^b——在杆轴方向受拉力时，一个高强度螺栓(摩擦型或承压型)的承载力设计值，根据连接类型按式(3-60)或式(3-50)计算。

2. 高强度螺栓群受弯矩作用

高强度螺栓(摩擦型和承压型)的外拉力总是小于预拉力P，在连接受弯矩而使螺栓沿栓杆方向受力时，被连接构件的接触面一直保持紧密贴合。因此，可认为中和轴在螺栓群的形心轴上(见图3-63)，最外排螺栓受力最大。最大拉力及其验算式为

$$N_1 = \frac{My_1}{\sum y_i^2} \leqslant N_t^b \tag{3-65}$$

式中　y_1——螺栓群形心轴至螺栓的最大距离；

$\sum y_i^2$——形心轴上、下各螺栓至形心轴距离的平方和。

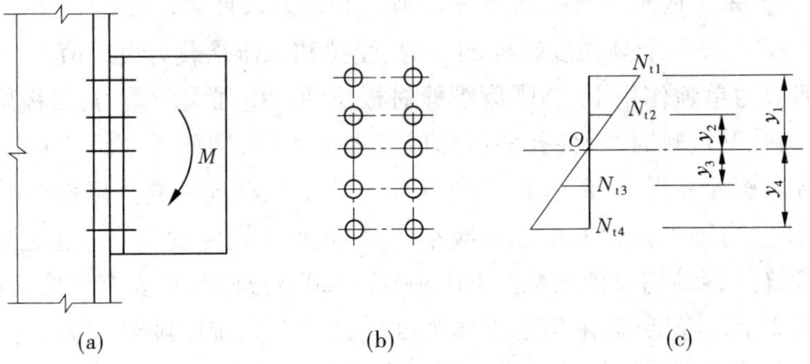

图 3-63　承受弯矩的高强度螺栓连接

3. 高强度螺栓群偏心受拉

由于高强度螺栓偏心受拉时，螺栓的最大拉力不得超过 0.8P，能够保证板层之间始终保持紧密贴合，端板不会拉开，故摩擦型连接高强度螺栓和承压型连接高强度螺栓均可按普通螺栓小偏心受拉计算，即

$$N_1 = \frac{N}{n} + \frac{Ne}{\sum y_i^2} y_1 \leqslant N_t^b \tag{3-66}$$

(三) 高强度螺栓群承受拉力、弯矩与剪力的共同作用

1. 摩擦型连接的计算

图 3-64 所示为摩擦型连接高强度螺栓承受拉力、弯矩和剪力共同作用时的情况。由于螺栓连接板层间的压紧力和接触面的抗滑移系数随外拉力的增加而减小，已知摩擦型连接高强度螺栓承受剪力和拉力联合作用，则螺栓的承载力设计值应符合相关方程

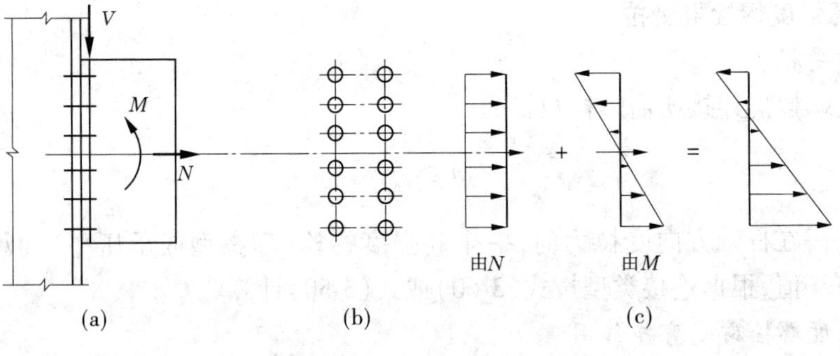

图 3-64　摩擦型连接高强度螺栓的内力分布

$$\frac{N_v}{N_v^b} + \frac{N_t}{N_t^v} = 1 \tag{3-67}$$

式(3-67)可改写为

$$N_v = N_v^b\left(1 - \frac{N_t}{N_t^v}\right)$$

将 $N_v^b = 0.9 n_f \mu P$，$N_t^v = 0.8P$ 代入上式，得

$$N_v = 0.9n_f\mu(P - 1.25N_t) \tag{3-68}$$

即式(3-67)和式(3-68)是等价的。式中的 N_v 是同时作用剪力和拉力时,单个螺栓所能承受的最大剪力设计值。

在弯矩和拉力共同作用下,高强度螺栓群中的拉力各不相同,即

$$N_{ti} = \frac{N}{n} \pm \frac{My_i}{\sum y_i^2} \tag{3-69}$$

则剪力 V 的验算应满足下式:

$$V \leqslant \sum_{i=1}^{n} 0.9n_f\mu(P - 1.25N_{ti}) \tag{3-70}$$

或

$$V \leqslant 0.9n_f\mu(nP - 1.25\sum_{i=1}^{n} N_{ti})$$

式(3-69)中,当 $N_{ti}<0$ 时,取 $N_{ti}=0$。

在式(3-70)中,只考虑螺栓拉力对抗剪承载力的不利影响,未考虑受压区板层间压力增加的有利作用,故按该式计算的结果是略偏安全的。

此外,螺栓最大拉力应满足

$$N_{ti} \leqslant N_t^b$$

2. 承压型连接的计算

对承压型连接高强度螺栓,应按式(3-62)和式(3-63)验算拉剪的共同作用,即

$$\sqrt{\left(\frac{N_v}{N_v^b}\right)^2 + \left(\frac{N_t}{N_t^b}\right)^2} \leqslant 1$$

$$N_v \leqslant \frac{N_c^b}{1.2}$$

式中的 1.2 为承压强度设计值降低系数。计算 N_c^b 时,应采用无外拉力状态的 f_c^b 值。

习　题

1. 一工字形梁,跨度 12 m,在跨中作用集中力 $P=40$ kN,在离支座 4 m 处有一拼接焊缝(采用对接焊缝),如图 3-65 所示。已知截面尺寸为:翼缘宽度 $b=100$ mm,翼缘厚度 $t=12$ mm,腹板高度 $h=200$ mm,腹板厚度 $t_w=10$ mm。钢材采用 Q345 钢,焊条为 E50 型,施焊时采用引弧板。试验算焊缝强度。

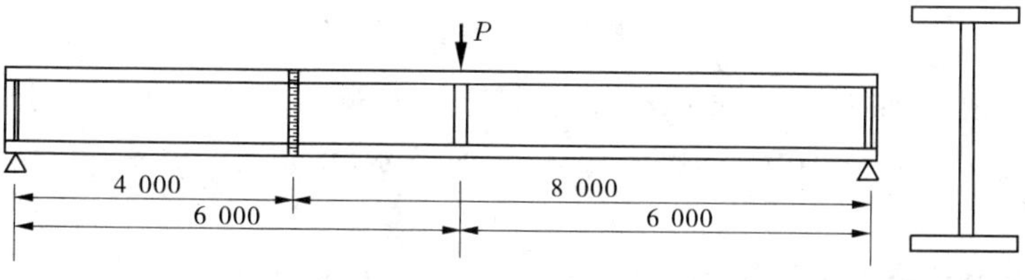

图 3-65　习题 1 图

2. 有一支托角钢，两边用角焊缝与柱连接，图中标注尺寸单位为 mm（如图 3-66 所示）。$N=400$ kN，钢材为 Q345 钢，焊条为 E50 型，手工焊，$f_f^w=200$ N/mm^2。试确定焊缝厚度。

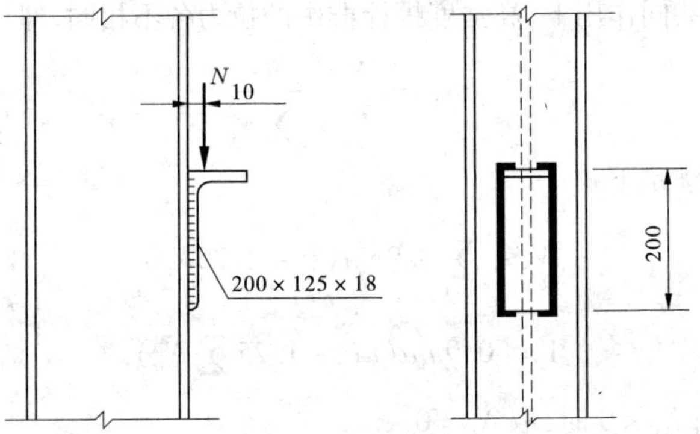

图 3-66　习题 2 图

3. 如图 3-67 所示为一梁柱连接，$M=100$ kN · m，$V=600$ kN。钢材为 Q235C 钢。剪力 V 由支托承受，焊条用 E43 型，角焊缝的强度设计值 $f_f^w=160$ N/mm^2，端板厚 14 mm，支托厚 20 mm。

(1) 求角焊缝 A 的 h_f。

(2) 弯矩 M 由螺栓承受，4. 8 级螺栓 M24，验算螺栓强度。$f_t^b=170$ N/mm^2。

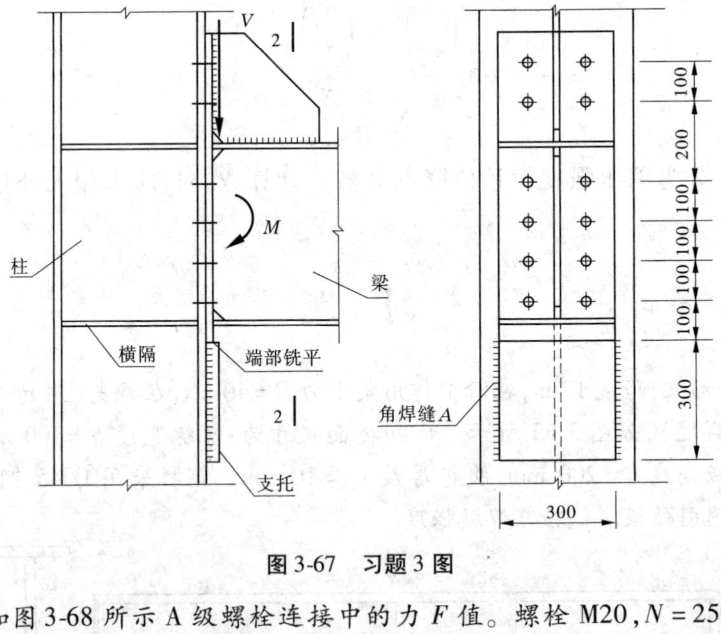

图 3-67　习题 3 图

4. 确定如图 3-68 所示 A 级螺栓连接中的力 F 值。螺栓 M20，$N=250$ kN，钢板采用 Q235B 钢，厚度为 $t=10$ mm，螺栓材料为 45 号钢（8. 8 级），$f_v^b=320$ N/mm^2，$f_c^b=405$ N/mm^2。

5. 屋架下弦端节点 A 的连接如图 3-69 所示。钢材为 Q235 钢，C 级普通螺栓，M22，试按节点处有支托和没有支托两种情况分别验算该连接是否安全。

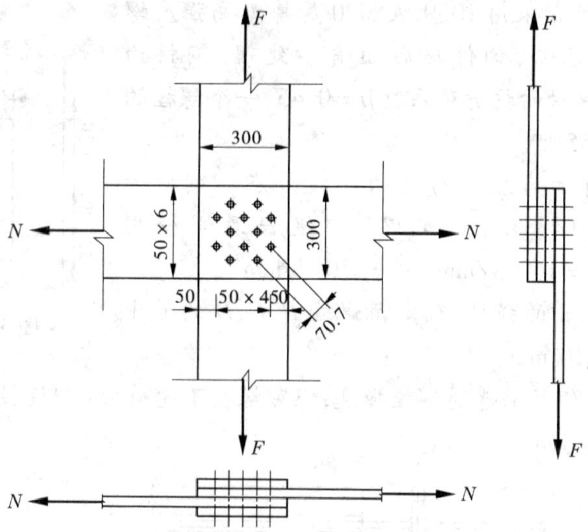

图 3-68　习题 4 图

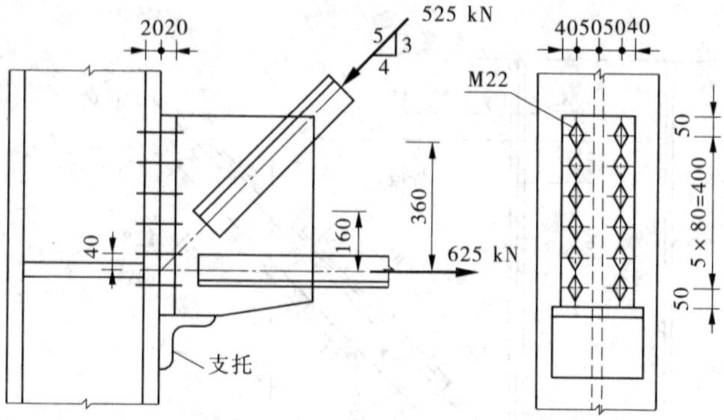

图 3-69　习题 5 图

6. 如图 3-70 所示高强度螺栓摩擦型连接,被连接构件的钢材为 Q235B 钢。螺栓为 10.9 级,直径 20 mm,接触面采用喷砂处理,图中内力均为设计值,试验算此连接是否安全。

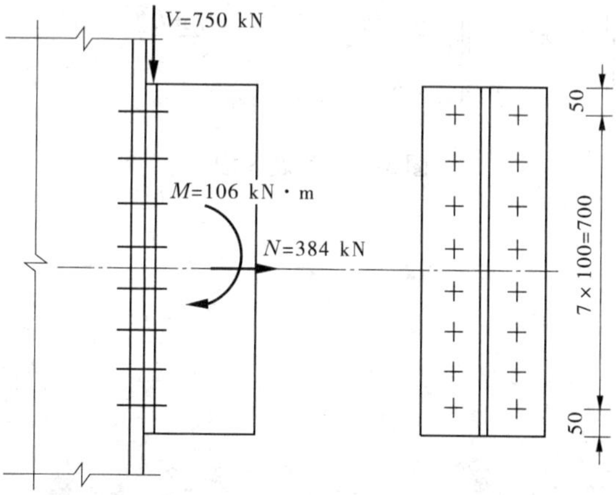

图 3-70　习题 6 图

7. 验算图 3-71 所示采用 10.9 级 M20 摩擦型高强度螺栓连接的承载力。已知，构件接触面喷砂处理，钢材为 Q235－BF 钢，构件接触面抗滑移系数 $\mu = 0.45$，一个螺栓的预拉力设计值 $P = 155$ kN。

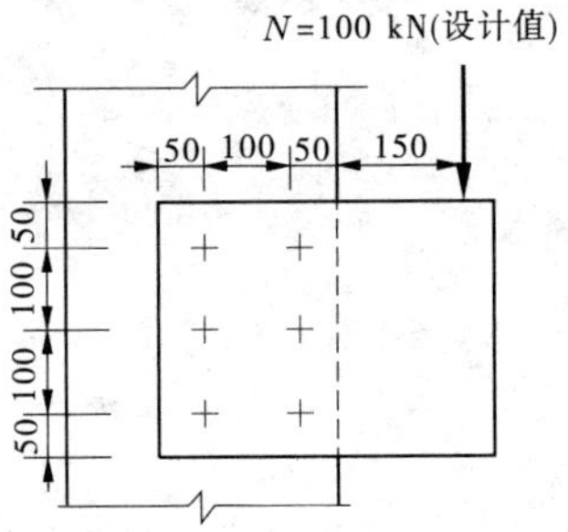

图 3-71　习题 7 图

8. 如图 3-72 所示为屋架与柱的连接节点。钢材为 Q235B 钢，焊条用 E43 型，手工焊。C 级普通螺栓用 Q235BF 钢。已知 $f_f^w = 160$ N/mm^2，$f_t^b = 170$ N/mm^2。

(1)验算角焊缝 A 的强度，确定角焊缝 B、C、D 的最小长度，焊缝厚度 $h_f = 10$ mm。

(2)验算连接于钢柱的普通螺栓强度，假定螺栓不受剪力(即连接处竖向力由支托承受)。螺栓直径为 24 mm。

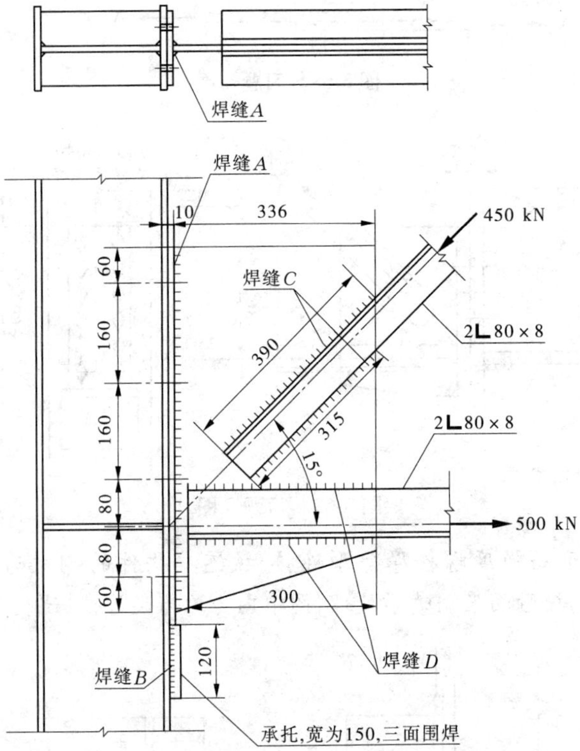

图 3-72　习题 8 图

第四章 轴心受力构件

第一节 轴心受力构件的应用

轴心受力构件是指仅承受通过截面形心轴的轴心力作用的一种受力构件。当这种轴向力为拉力时,称为轴心受拉构件,亦简称为轴心拉杆;当这种轴心力为压力时,称为轴心受压构件,亦简称为轴心压杆。

厂房钢结构中的桁架、大跨结构中的网架及塔桅结构中的塔架等结构,均由杆件通过节点连接而成,如图 4-1 所示。在进行结构受力分析时,这类结构一般将节点简化成铰接,当结构仅承受节点荷载作用时,则各杆件均为轴心受力构件,或为轴心受压构件,或为轴心受拉构件。工业建筑平台结构中的柱常被设计为轴心受压构件,而预应力钢结构及悬挂(斜拉)结构中的钢索则是一种轴心受拉构件。

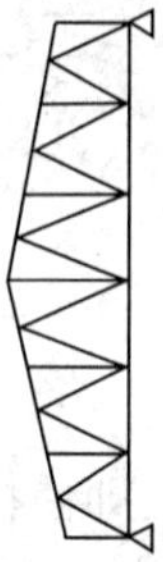

(a)桁架结构

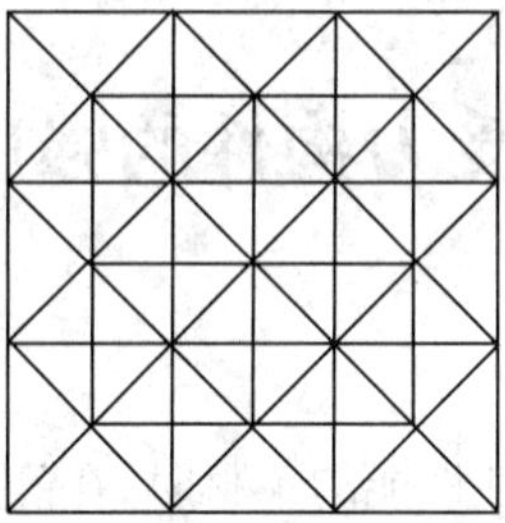

(b)网架结构

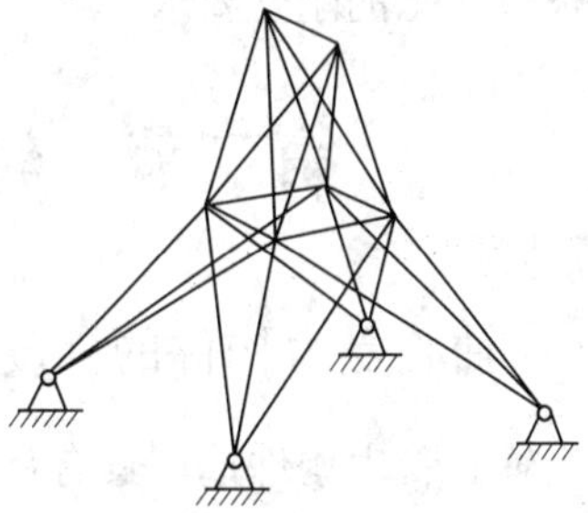

(c)塔架结构

图 4-1 轴心受力构件结构形式

轴心受力构件的常用截面形式可分为实腹式和格构式两大类,分别如图 4-2 和图 4-3 所示。实腹式轴心受力构件具有制作简单、与其他构件连接方便等优点,其常用截面形式很多,既可直接采用单个型钢(如图 4-2(a)所示),也可以采用由型钢或钢板组成的组合截面(如图 4-2(b)所示)。其中,截面紧凑(如圆钢和组成板件宽厚比较小的截面)或对两主轴的刚度相差悬殊者(如工字型钢和槽钢),一般较适用于轴心受拉构件,而轴心受压构件通常采用较为开展、组成板件宽厚比较大的截面形式。

格构式轴心受压构件很容易实现两主轴方向等稳定的要求,具有刚度大、抗扭性能好、用料经济等优点,其截面一般由两个或多个肢件组成,肢件间采用缀条(角钢)或缀板(钢板)连接成整体。

在进行轴心受力构件的设计时,应同时满足承载能力极限状态和正常使用极限状态的要求。对于轴心受拉构件,应满足承载能力极限状态的强度要求和正常使用极限状态

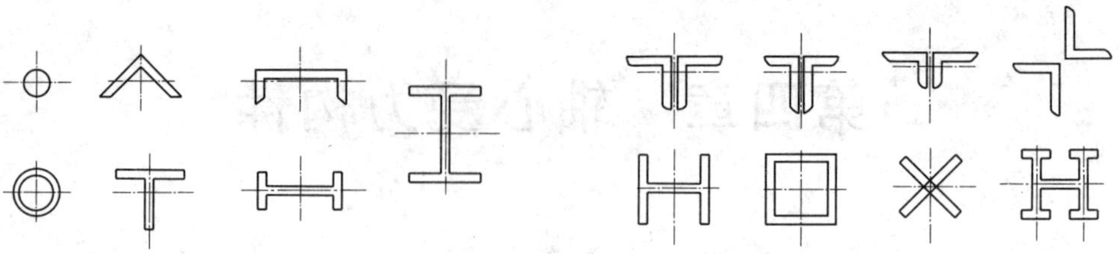

图 4-2　实腹式轴心受力构件截面形式

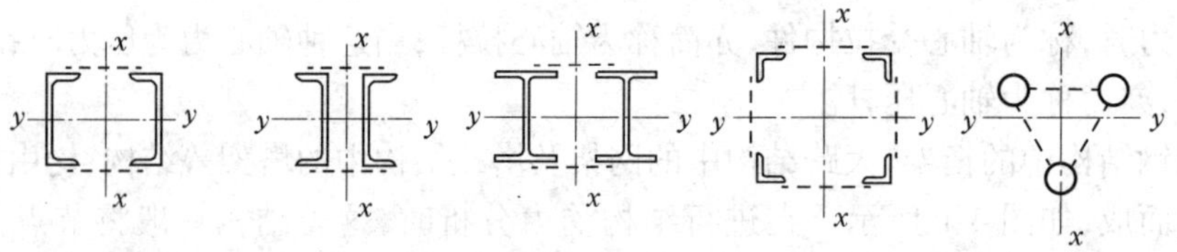

图 4-3　格构式轴心受力构件截面形式

的刚度要求；对于轴心受压构件，应满足承载能力极限状态的强度要求和稳定要求及正常使用极限状态的刚度要求。

第二节　轴心受力构件的强度和刚度

一、轴心受力构件的强度

当轴心受力构件选用具有良好塑性性能的钢材时，在静力荷载作用下，即使构件截面具有局部削弱，截面上的应力也会由于材料塑性的充分发展而趋于均匀分布。因此，轴心受力构件的强度承载力以净截面平均应力达到钢材的屈服强度为极限，轴心受力构件的强度按下式计算

$$\sigma = \frac{N}{A_n} \leqslant f \tag{4-1}$$

式中　N——构件所承受的轴心拉力或压力设计值；

A_n——构件的净截面面积；

f——钢材的抗拉（压）强度设计值，取值见附录 1。

当轴心受力构件采用普通螺栓（或铆钉）连接时，须判断产生强度破坏的截面位置，如图 4-4 所示。图 4-4(a) 为并列布置的螺栓连接，危险截面为靠近荷载作用端的Ⅰ—Ⅰ正交截面。在图 4-4(b)、(c) 错列布置的螺栓连接中，构件可能的破坏截面有Ⅰ—Ⅰ正交截面和Ⅱ—Ⅱ斜交截面，而净截面最小的截面即为危险截面。式(4-1)中的 A_n 取危险截面的净面积，计算公式如下：

正交截面Ⅰ—Ⅰ

$$A_n = A_1 - n_1 d_0 t \tag{4-2}$$

斜交截面Ⅱ—Ⅱ

$$A_n = A_2 - n_2 d_0 t \tag{4-3}$$

式中　A_1——构件的毛截面面积,钢板取板宽与板厚的乘积;

A_2——构件的斜截面面积,取折线长度与板厚的乘积;

n_1——正交截面上螺栓孔的个数;

n_2——斜交截面上螺栓孔的个数;

d_0——螺栓孔的直径;

t——构件的厚度。

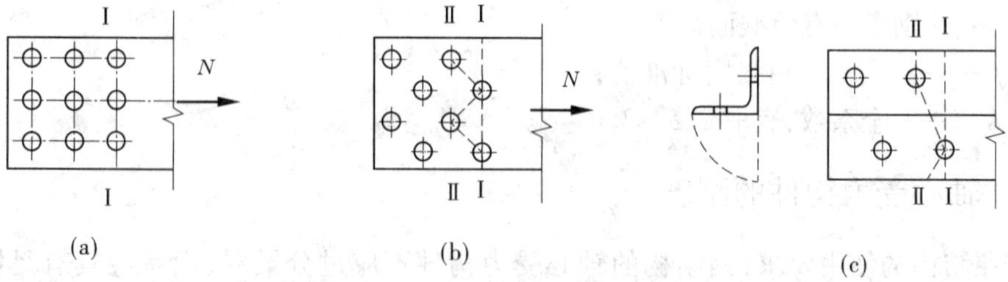

图 4-4　构件破坏截面

当轴心受力构件采用摩擦型高强度螺栓连接时,验算净截面强度则应考虑摩擦型高强度螺栓连接的工作性能,即净截面上所受的内力应扣除螺栓孔前的传力,如图 4-5 所示。因此,验算最外列螺栓处危险截面的强度时,应考虑螺栓孔前传力影响(传力系数取 0.5),按下式计算

$$\sigma = \frac{N'}{A_n} \leqslant f \tag{4-4}$$

$$N' = N - 0.5 \times \frac{N}{n} \times n_1 = N(1 - 0.5\frac{n_1}{n}) \tag{4-5}$$

式中　N'——构件最外列螺栓处危险截面所受内力;

n_1——计算截面上的高强度螺栓数;

n——连接一侧高强度螺栓的总数。

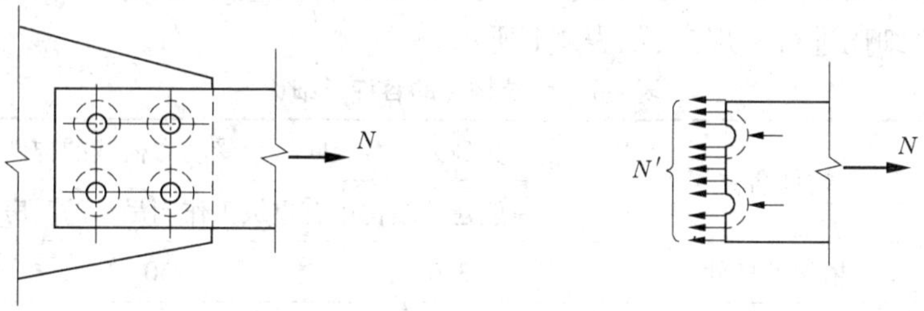

图 4-5　摩擦型高强度螺栓孔前传力

对于采用摩擦型高强度螺栓连接且有截面削弱的轴心受拉构件,除应按式(4-4)验算净截面强度外,尚应验算构件的毛截面强度,公式为

$$\sigma = \frac{N}{A} \leqslant f \tag{4-6}$$

式中　N——构件所承受的轴心拉力设计值；

A——构件的毛截面面积。

钢索是一种特殊的轴心受拉构件，其强度计算国内外目前均采用容许应力法，即

$$\frac{N_{kmax}}{A} \leqslant \frac{f_k}{K} \tag{4-7}$$

式中　N_{kmax}——按永久荷载、可变荷载、预应力、地震作用及温度等各种组合工况下所计算得到的最大拉力标准值；

A——钢索的有效截面面积；

f_k——钢索的材料强度标准值；

K——安全系数，宜取2.5～3.0。

二、轴心受力构件的刚度

按照结构的使用要求，钢结构的轴心受力构件不应过分柔弱，而是应具有足够的刚度，以保证构件不产生过大的变形。当构件的刚度不足时，会产生下列不利影响：

(1)在运输和安装过程中产生弯曲或过大的变形。

(2)使用期间因其自重而明显下挠。

(3)在动力荷载作用下发生较大的振动。

(4)轴心压杆的刚度过小时，将使构件的极限承载力显著降低，同时初弯曲和自重产生的挠度也将给构件的整体稳定带来不利影响。

轴心受力构件通过控制长细比来保证构件的刚度，计算公式如下

$$\lambda_{max} = (l_0/i)_{max} \leqslant [\lambda] \tag{4-8}$$

式中　λ_{max}——构件的最大长细比；

l_0——构件的计算长度，拉杆取几何长度，压杆应考虑杆端约束的影响；

i——构件的截面回转半径；

$[\lambda]$——构件的容许长细比，按规范确定。

在总结了钢结构长期使用经验的基础上，根据构件的重要性和荷载情况，规范对受拉构件的容许长细比进行了规定，如表4-1所示。

表4-1　受拉构件的容许长细比

项次	构件名称	承受静力荷载或间接承受动力荷载的构件		直接承受动力荷载的结构
		一般建筑结构	有重级工作制吊车的厂房	
1	桁架的杆件	350	250	250
2	吊车梁或吊车桁架以下的柱间支撑	300	200	—
3	其他拉杆、支撑、系杆等（张紧的圆钢除外）	400	350	—

在利用表4-1进行轴心受拉构件刚度计算时，应注意以下几点内容：

(1)承受静力荷载的结构中,可仅计算受拉构件在竖向平面内的长细比。

(2)在直接或间接承受动力荷载的结构中,计算单角钢受拉构件的长细比时,应采用角钢的最小回转半径,但在计算交叉杆件平面外的长细比时,应采用与角钢肢边平行轴的回转半径。

(3)中、重级工作制吊车桁架下弦杆的长细比不宜超过200。

(4)在设有夹钳吊车或刚性料耙吊车的厂房中,支撑(表4-1中第2项除外)的长细比不宜超过300。

(5)受拉构件在永久荷载与风荷载组合作用下受压时,其长细比不宜超过250。

(6)跨度等于或大于60 m的桁架,其受拉弦杆和腹杆的长细比不宜超过300(承受静力荷载或间接承受动力荷载)或250(直接承受动力荷载)。

由于受压构件对几何缺陷的影响较为敏感,因此规范对其容许长细比的限制比受拉构件严格得多,如表4-2所示。

表4-2　受压构件的容许长细比

项次	构件名称	容许长细比
1	柱、桁架和天窗架构件	150
	柱的缀条、吊车梁或吊车桁架以下的柱间支撑	
2	支撑(吊车梁或吊车桁架以下的柱间支撑除外)	200
	用以减小受压构件长细比的杆件	

在利用表4-2进行轴心受压构件刚度计算时,应注意以下几点内容:

(1)桁架(包括空间桁架)的受压腹杆,当其内力等于或小于承载能力的50%时,容许长细比可取为200。

(2)计算单角钢受压构件的长细比时,应采用角钢的最小回转半径,但在计算交叉杆件平面外的长细比时,应采用与角钢肢边平行轴的回转半径。

(3)跨度等于或大于60 m的桁架,其受压弦杆和端压杆的容许长细比宜取为100,其他受压腹杆可取为150(承受静力荷载或间接承受动力荷载)或120(直接承受动力荷载)。

(4)由容许长细比控制截面的杆件,在计算其长细比时,可不考虑扭转效应。

【例4-1】　如图4-6所示三角形屋架的下弦杆*AB*,杆长9 m,所受拉力为500 kN。采用等边双角钢相并的T形截面形式,截面为2∟100×10,节点板厚度为12 mm。*AB*杆件中点的拼接节点采用螺栓连接,螺栓布置采用错列形式,螺栓孔径$d_0=20$ mm。已知材料为Q235钢,且*A*、*B*两点处设有纵向系杆。试计算该杆件是否满足强度及刚度要求。

解　1. 查取数据

由型钢表查取2∟100×10的截面几何参数,得到$i_x=3.05$ cm,$i_y=4.60$ cm;由钢材强度表查得$f=215$ N/mm^2。

2. 强度验算

角钢的肢厚为10 mm,确定危险截面时应将其按中面展开,如图4-6所示。

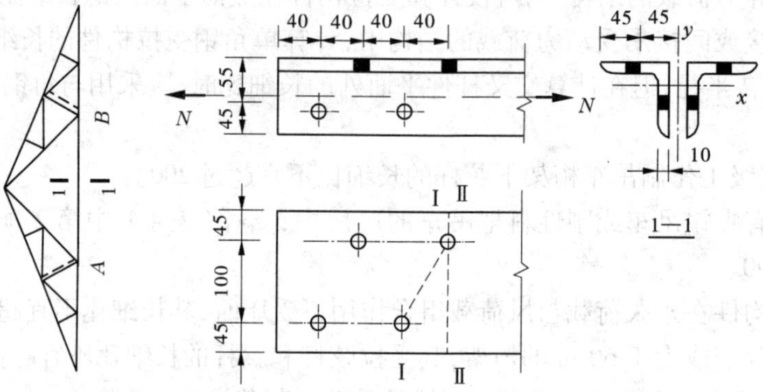

图 4-6　屋架下弦杆刚强度验算

Ⅰ—Ⅰ截面的净面积

$$A_{n1}=2\times(45+\sqrt{100^2+40^2}+45-2\times20)\times10=3\ 154(\text{mm}^2)=31.54\ \text{cm}^2$$

Ⅱ—Ⅱ截面的净面积

$$A_{n2}=2\times(45+100+45-20)\times10=3\ 400(\text{mm}^2)=34\ \text{cm}^2$$

危险截面为Ⅰ—Ⅰ截面,净截面应力为

$$\sigma=\frac{N}{A_n}=\frac{500\times10^3}{3\ 154}=158.5(\text{N/mm}^2)\leqslant f=215\ \text{N/mm}^2$$

拼接处净截面强度满足要求。

3. 刚度验算

由表 4-1 查得容许长细比[λ] =350,构件的长细比为

$$\lambda_x=\frac{l_{0x}}{i_x}=\frac{9\ 000}{30.5}=295,\quad \lambda_y=\frac{l_{0y}}{i_y}=\frac{9\ 000}{46.0}=195.7$$

$$\lambda_{max}=\max(\lambda_x,\lambda_y)=295\leqslant[\lambda]=350$$

杆件刚度满足要求。

第三节　轴心受压构件的整体稳定

钢结构在荷载作用下外力和内力必须保持平衡状态,但平衡状态有稳定和不稳定之分。当结构处于不稳定平衡时,轻微扰动将使结构整体或其组成构件产生很大的变形而最后丧失承载能力,这种现象称为失去稳定性。由于钢材的强度较高,一般轴心压杆比较柔细修长,在钢结构工程事故中,因失稳导致破坏者较为常见。因此,对钢结构的稳定问题须加以足够的重视。

一、理想轴心受压构件的屈曲

为便于研究实际工程中轴心受压构件的稳定性能,有必要先介绍一下理想轴心受压构件的稳定。

(一)理想轴心受压构件的屈曲形式

所谓理想轴心受压构件,就是杆件为等截面理想直杆,压力作用线与杆件形心轴重合,材料匀质、各向同性、无限弹性且符合虎克定律,没有初始应力的轴心受压构件。此种杆件发生失稳现象,也可以称之为屈曲。屈曲形式可分为弯曲屈曲、扭转屈曲和弯扭屈曲三种。①弯曲屈曲:杆件的纵轴由直线变为曲线,发生弯曲变形,任一截面只绕一个主轴旋转,如图 4-7(a)所示。②扭转屈曲:失稳时杆件除支承端外,任意截面均绕纵轴发生扭转,如图 4-7(b)所示。③弯扭屈曲:杆件在发生弯曲变形的同时伴随着截面的扭转,这是单轴对称截面构件或无对称轴截面构件失稳的基本形式,如图 4-7(c)所示。

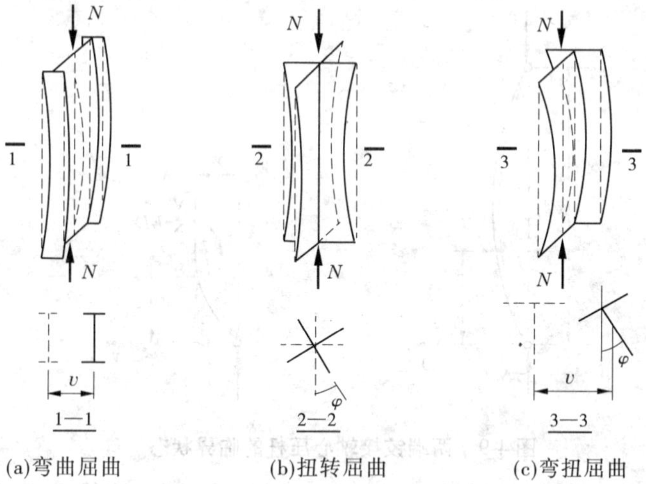

图 4-7　理想轴心受压构件的屈曲形式

单轴对称截面构件或无对称轴截面构件之所以可能发生弯扭屈曲,是由于截面的形心 O 与剪切中心 S 不重合所引起的,如图 4-8 所示。因此,当单轴对称截面构件绕截面的对称轴弯曲的同时,必然伴随构件的扭转变形,产生弯扭屈曲。

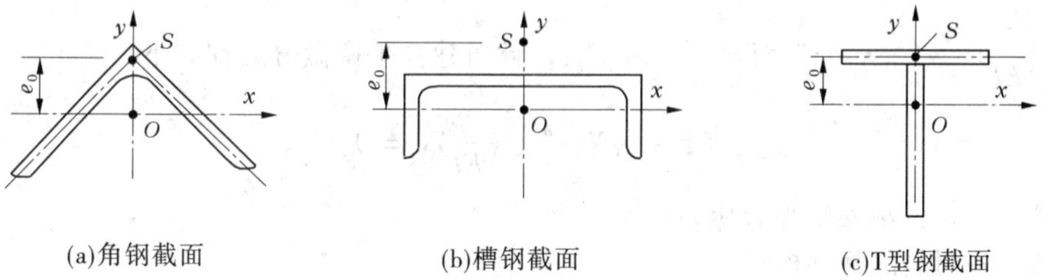

图 4-8　单轴对称截面的形心与剪切中心

在上述三种屈曲形式中,弯曲屈曲是理想轴心受压构件最基本的一种失稳形式,它是轴心受压构件整体稳定计算的基础,以下将重点介绍弯曲屈曲的相关内容。

(二)理想轴心受压构件的整体稳定临界力

轴心受压构件发生屈曲时所承受的轴向力称为构件的临界承载力或临界力。理想轴心受压构件的稳定临界力应分为弹性和塑性两种状态进行讨论。

1. 理想轴心受压构件的弹性弯曲屈曲临界力

如图 4-9 所示两端铰接的轴心受力构件，当压力 N 较小时，构件将在平直状态保持平衡，此时即使有扰动使之微弯，当扰动消除后，构件仍然恢复直线状态，这种平衡是稳定的；当 N 增大到某一数值时，如有扰动，构件将可能微弯，并在扰动消除后仍然保持微弯状态而不再恢复原有的直线状态，这种平衡是随遇的，叫做随遇平衡或中性平衡；当压力 N 超过这一数值时，微小的扰动将使构件产生很大的弯曲变形直至破坏，即此时构件的平衡处于不稳定状态，构件发生了屈曲破坏。可见，中性平衡状态是构件从稳定平衡过渡到不稳定平衡的临界状态，此时的 N 即为弯曲屈曲临界力。

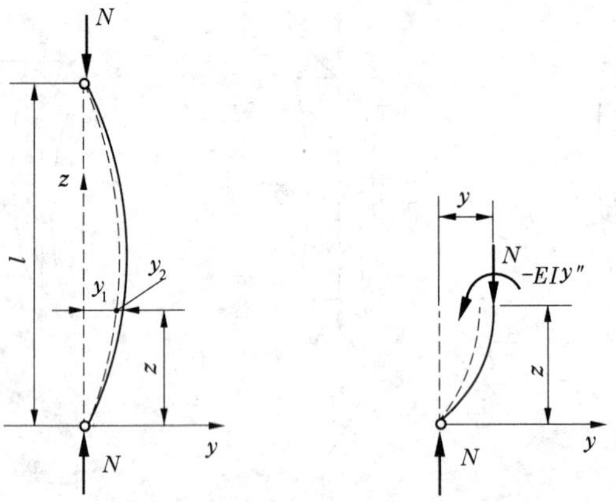

图 4-9　两端铰接轴心压杆的临界状态

若轴心受压构件屈曲破坏时材料完全处于弹性状态，则表明构件截面应力与应变呈线性关系，据此可建立此杆件微弯状态的平衡微分方程并求得临界力。

轴心受压构件发生弯曲时，截面上任意一点将产生弯矩和剪力。由图 4-9 可知，总变形 $y = y_1 + y_2$ 中，变形 y_1 由弯矩 M 产生，变形 y_2 由剪力 V 产生。由材料力学可知，$y''_1 = -\frac{M}{EI}$，而 $y'_2 = \gamma_1 V = \gamma_1 M'$，即 $y''_2 = \gamma_1 M''$。由图中的隔离体可知，$M = Ny$，即 $M'' = Ny''$，则有 $y''_1 = -(\frac{N}{EI})y$，$y''_2 = \gamma_1 Ny''$，而 $y'' = y''_1 + y''_2$，由此可建立平衡微分方程如下

$$(1 - \gamma_1 N)y'' + (\frac{N}{EI})y = 0 \tag{4-9}$$

式中　N——构件承受的轴心压力；

E——材料的弹性模量；

I——构件截面绕屈曲轴的惯性矩；

γ_1——构件截面单位剪切角，即单位剪力作用下轴线的转角。

利用边界条件求解式(4-9)的平衡微分方程，解得 N 即为构件的临界力 N_{cr}

$$N_{cr} = \frac{\pi^2 EI}{l_0^2} \frac{1}{1 + \frac{\pi^2 EI}{l_0^2}\gamma_1} \tag{4-10}$$

l_0 为两端铰接轴心受压杆的计算长度。对于其他杆端约束条件的轴心受压构件，

$l_0 = \mu l$，其中 l 为杆件的几何长度，μ 为计算长度系数，具体取值如表 4-3 所示。

表 4-3　轴心受压构件的计算长度系数

构件的屈曲形式						
理论 μ 值	0.5	0.7	1.0	1.0	2.0	2.0
建议 μ 值	0.65	0.8	1.2	1.0	2.1	2.0
约束条件示意	无转动、无侧移			无转动、自由侧移		
	自由转动、无侧移			自由转动、自由侧移		

当构件达到临界状态时，其截面的平均应力称为临界应力 σ_{cr}，其计算公式为

$$\sigma_{cr} = \frac{N_{cr}}{A} = \frac{\pi^2 E}{\lambda^2} \frac{1}{1 + \frac{\pi^2 EA}{\lambda^2}\gamma_1} \tag{4-11}$$

式中　A——构件的毛截面面积，即计算稳定临界力时不考虑截面削弱的影响；

λ——构件的长细比，$\lambda = l_0/i$，$i = \sqrt{\frac{I}{A}}$，为截面对应屈曲轴的回转半径。

当构件为实腹式截面时，构件总变形中剪切变形所占的比重很小，忽略剪切变形后，临界力只相差 3‰左右。若只考虑弯曲变形的影响（式中 γ_1 取为零），则构件临界状态的临界力和临界应力分别称为欧拉临界力 N_E 和欧拉临界应力 σ_E，计算公式如下

$$N_{cr} = N_E = \frac{\pi^2 EI}{l_0^2} = \frac{\pi^2 EA}{\lambda^2} \tag{4-12}$$

$$\sigma_{cr} = \sigma_E = \frac{N_E}{A} = \frac{\pi^2 E}{\lambda^2} \tag{4-13}$$

若应用以上两式进行实腹式构件的设计，应控制其临界应力 σ_{cr} 不超过材料的比例极限 f_p，因为公式的推导是建立在材料符合虎克定律（即弹性模量 E 为常量）的基础上的，即材料应满足下式要求

$$\sigma_{cr} = \frac{\pi^2 E}{\lambda^2} \leqslant f_p \tag{4-14}$$

式（4-14）变形后，得到如下公式

$$\lambda \geqslant \lambda_p = \pi \sqrt{\frac{E}{f_p}} \tag{4-15}$$

通过式（4-14）和式（4-15）可以看出，只需控制截面的平均应力或构件的长细比，就可以控制构件在丧失整体稳定时材料是否完全处于弹性。

2. 理想轴心受压构件的弹塑性弯曲屈曲临界力

当构件的长细比 λ 小于 λ_p 时，说明临界应力超过了材料的比例极限，截面材料进入

弹塑性阶段，此时截面应力与应变呈非线性关系，确定临界力较为困难。历史上出现过两种理论来解决这一问题，一种是切线模量理论，另一种是双模量理论。经过复杂的理论分析和大量的试验研究，发现切线模量理论能较好地反映轴心受压构件在弹塑性阶段的承载能力，其临界力和临界应力的计算公式如下

$$N_t = \frac{\pi^2 E_t I}{l_0^2} \tag{4-16}$$

$$\sigma_{cr} = \frac{\pi^2 E_t}{\lambda^2} \tag{4-17}$$

式中　E_t——弹塑性阶段材料的切线模量。

二、实际轴心受压构件的整体稳定

理想轴心受压构件在实际工程中是不存在的，实际工程中所谓的轴心受压构件，都不可避免地存在着初始缺陷。根据初始缺陷的性质，可以把它分为力学缺陷和几何缺陷。力学缺陷主要包括残余应力和截面材料力学性能不均等；几何缺陷包括构件的初弯曲和荷载的初偏心等。其中，对压杆弯曲失稳影响最大的是残余应力、初弯曲和初偏心。

（一）残余应力对轴心受压构件的影响

在构件受荷前，截面内就存在自相平衡的初始应力即为残余应力。其产生的主要原因有焊接时的不均匀受热和不均匀冷却、型钢热轧后的不均匀冷却、板边缘经火焰切割后的热塑性收缩、构件经冷校正产生的塑性变形。

对于轴心受力构件，残余应力有平行于杆轴方向的纵向残余应力和垂直于杆轴方向的横向残余应力。其中，横向残余应力的数值一般较小，且对构件承载能力的影响有限，因此通常只考虑纵向残余应力对构件稳定的影响。

残余应力对轴心受压构件稳定性的影响与其在截面上的分布和大小有关。残余应力的分布和大小与构件截面的形状、尺寸、制造方法及加工方法有关，与钢材的强度无关。构件截面实际的残余应力分布比较复杂，一般将其简化为直线或简单曲线的分布图。图 4-10为几种不同加工方法制造的常见截面的残余应力分布。

以下以热轧 H 型钢为例说明残余应力对轴心受压构件的影响。为了便于说明问题，截面中忽略了对稳定性能影响不大的腹板部分，并假定纵向残余应力最大值为 $0.3f_y$，如图 4-11 所示。在图 4-11(a)中，H 型钢受荷前其翼缘端部存在残余压应力(阴影部分)，中部存在残余拉应力。随着荷载的增加，截面残余应力之上将叠加逐渐增大的轴心压应力，当外荷载使轴心压应力增加到 $0.7f_y$之前，构件全截面处于弹性，如图 4-11(b)所示；若外荷载继续增大，截面轴心压应力达到并超过 $0.7f_y$时，塑性开始逐渐由翼缘端部向内发展，构件的弹性区逐渐变小，此时截面应力分布如图 4-11(c)所示；图 4-11(d)为构件全截面进入塑性的状态。当构件材料进入塑性时，截面塑性部分将失去抵抗外力矩的能力，只有弹性区的材料参与抵抗外力矩，此时构件的欧拉临界力和临界应力计算公式分别如下

$$N_{cr} = \frac{\pi^2 E I_e}{l_0^2} = \frac{\pi^2 E I}{l_0^2} \frac{I_e}{I} \tag{4-18}$$

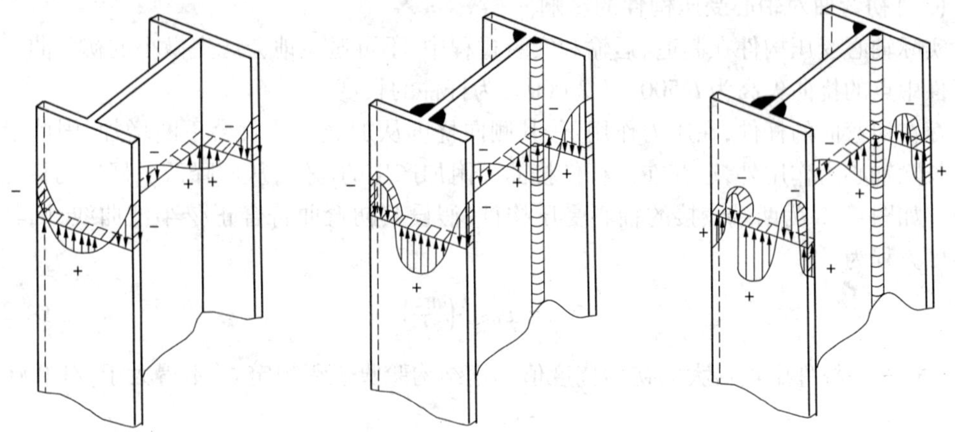

(a)热轧H型钢　(b)轧制边翼缘的焊接截面　(c)焰切边翼缘的焊接截面

图4-10　残余应力分布形式

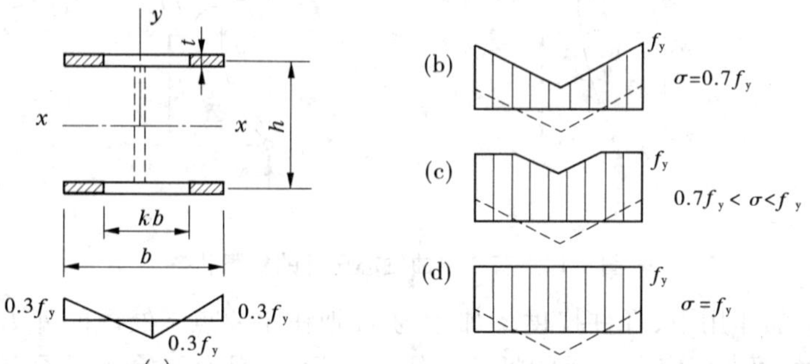

图4-11　残余应力对稳定的影响

$$\sigma_{cr} = \frac{\pi^2 E}{\lambda^2}\frac{I_e}{I} \tag{4-19}$$

式中　I——构件的全截面惯性矩；

I_e——构件截面弹性区的惯性矩。

由于$\frac{I_e}{I}<1$,从以上两式可以看出,残余应力降低了轴心受压构件的临界力和临界应力,具体影响可以通过以下公式看出

$$\sigma_{crx} = \frac{\pi^2 E}{\lambda_x^2}\frac{I_{ex}}{I_x} = \frac{\pi^2 E}{\lambda_x^2}\frac{2t(kb)h^2/4}{2tbh^2/4} = \frac{\pi^2 E}{\lambda_x^2}k \tag{4-20}$$

$$\sigma_{cry} = \frac{\pi^2 E}{\lambda_y^2}\frac{I_{ey}}{I_y} = \frac{\pi^2 E}{\lambda_y^2}\frac{2t(kb)h^3/12}{2tb^3/12} = \frac{\pi^2 E}{\lambda_y^2}k^3 \tag{4-21}$$

由于$k<1$,从以上两式可知残余应力对弱轴的影响大于对强轴的影响。

(二)初弯曲对轴心受压构件的影响

实际轴心受压构件在制造、运输和安装过程中,不可避免地会产生微小的初弯曲。一般杆件中点的挠曲矢高为 $l/500 \sim l/2\,000$,l 为杆件的长度。

存在初弯曲的杆件,在压力作用下,其侧向挠度从加载开始就会不断增加,因此沿杆件全长除轴心力作用外,还存在因杆件挠曲而附加产生的弯矩,从而降低了杆件的稳定承载力。如图 4-12 为两端铰接的轴心受压构件,假设其初弯曲符合正弦半波曲线,则其初始挠度方程为

$$y_0 = v_0 \sin\left(\frac{\pi z}{l}\right) \tag{4-22}$$

式中　v_0——杆件中点最大的初始挠度值。钢结构验收规程规定 v_0 不得大于 $l/1\,000$。

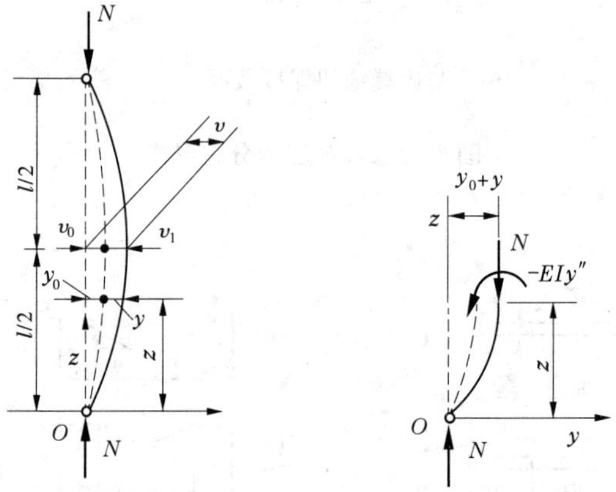

图 4-12　有初挠曲轴心压杆的极限状态

在压力 N 的作用下,杆件挠度增加量为 y,则在距原点 z 处截面外力产生的力矩为 $N(y+y_0)$,而截面内部应力形成的抵抗弯矩为 $-EIy''$(因为初始变形没有产生应力),则由图 4-12 可以得到平衡微分方程如下

$$-EIy'' = N(y + y_0) \tag{4-23}$$

弹性阶段杆件在压力 N 作用下增加的挠度 y 也呈正弦曲线,即 $y = v_1 \sin(\pi z/l)$,v_1 为杆件中点增加最大的挠度值。将 y_0 和 y 的表达式代入式(4-23),平衡方程变形如下

$$\sin\frac{\pi z}{l}\left[-v_1\frac{\pi^2 EI}{l_0^2} + N(v_0 + v_1)\right] = 0 \tag{4-24}$$

解式(4-24),可得 $v_1 = \dfrac{Nv_0}{N_E - N}$,其中 N_E 为欧拉临界力,即 $N_E = \dfrac{\pi^2 EI}{l_0^2}$。

轴心受压构件在压力作用下杆件中点的总挠度如下

$$v = v_1 + v_0 = \frac{Nv_0}{N_E - N} + v_0 = \frac{v_0}{1 - \dfrac{N}{N_E}} \tag{4-25}$$

由此可以看出,具有最大初始挠度 v_0 的轴心受压构件,压力作用下达到稳定极限平衡状态时,挠度将增加到 v,即增加了 $1/\left(1-\dfrac{N}{N_E}\right)$ 倍,因此将 $1/\left(1-\dfrac{N}{N_E}\right)$ 称为挠度放大

系数。

假定构件材料无限弹性，则具有不同初弯曲的轴心受压构件的压力—挠度曲线如图 4-13所示。由于材料并非无限弹性，图中虚线即为弹塑性阶段的构件压力—挠度曲线。图中 $A(A')$点表示材料开始进入塑性，$B(B')$点表示构件弹塑性阶段的极限点。通过图 4-13可以得到如下几点有益的结论：

（1）当轴心压力较小时，总挠度增加较慢，截面发展塑性后，总挠度增加较快；当轴心压力小于欧拉临界力时，杆件处于弯曲平衡状态，这与理想轴心压杆的直线平衡状态不同。

（2）压杆的初始挠度值 v_0 越大，相同压力下构件的挠度越大。

（3）构件的初弯曲即使很小，其杆件临界力也小于欧拉临界力。

若以构件截面刚开始屈服作为稳定的极限状态，可以建立平衡方程，并解得临界应力 σ_{cr}。通常此准则称为“边缘屈服准则”，格构式轴心受压构件的虚轴稳定和冷弯薄壁型钢轴心受压构件的整体稳定即按此准则计算。据此准则建立的平衡方程如下

$$\frac{N}{A}+\frac{Nv_0}{W(1-N/N_E)}=f_y \tag{4-26}$$

有初弯曲的压杆在弹塑性阶段屈曲临界力的确定比较复杂。我国钢结构设计规范取 v_0 为杆长的 1/1 000，并引入构件初弯曲率 ε_0 的概念，$\varepsilon_0=v_0/\rho$，其中 ρ 为截面核心矩，$\rho=W/A$。因此，式(4-26)变为

$$\frac{N}{A}\left[1+\frac{\varepsilon_0}{(1-N/N_E)}\right]=f_y \tag{4-27}$$

将欧拉临界应力 $\sigma_E=N_E/A$ 和截面均布压应力 $\sigma=N/A$ 代入式(4-27)，即可得到构件以边缘屈服为准则的临界应力 σ_{cr}的计算公式（即柏利公式），计算公式如下

$$\sigma_{cr}=\frac{f_y+(1+\varepsilon_0)\sigma_E}{2}-\sqrt{\left[\frac{f_y+(1+\varepsilon_0)\sigma_E}{2}\right]^2-f_y\sigma_E} \tag{4-28}$$

值得注意的是，构件在初弯曲 v_0 相同的情况下，由柏利公式计算得到的绕强轴（x 轴）和弱轴（y 轴）弯曲所得到的临界应力是不同的，如图 4-14 所示。

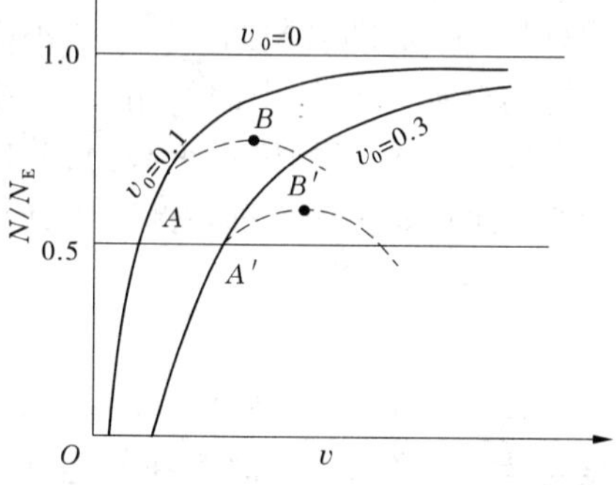

图 4-13　有初弯曲压杆的压力—挠度曲线

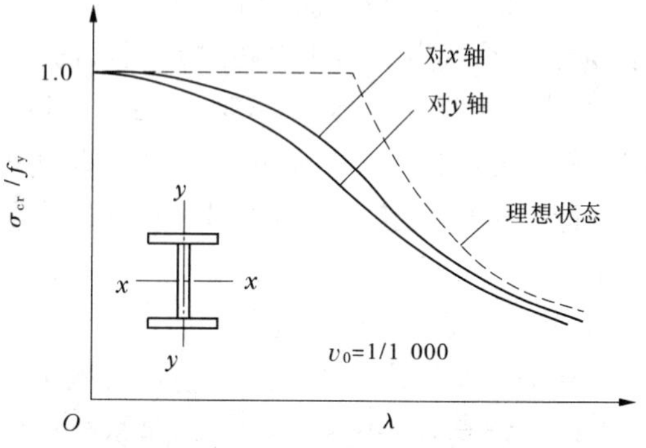

图 4-14　仅考虑初弯曲时 σ_{cr}—λ 曲线

(三)初偏心对轴心受压构件的影响

当轴心压力作用线与杆件的轴线不重合,即荷载存在初偏心时,构件的受力性质将由轴心受力构件变为压弯构件,将降低构件的承载能力。具有初偏心 e_0 的两端铰接轴心受压构件,其平衡状态如图 4-15(a)所示,据此建立平衡方程,可得到有初偏心压杆的压力—挠度曲线如图 4-15(b)所示,虚线表示杆件弹塑性阶段的压力—挠度曲线。

通过图 4-15 可以看出,轴心受压构件压力—挠度曲线都通过原点,且对轴心受力构件的影响与初弯曲类似。但是,初弯曲对中等长细比构件的影响较大,初偏心由于数值较小,除对短杆有较明显的影响外,构件越长则影响越小。

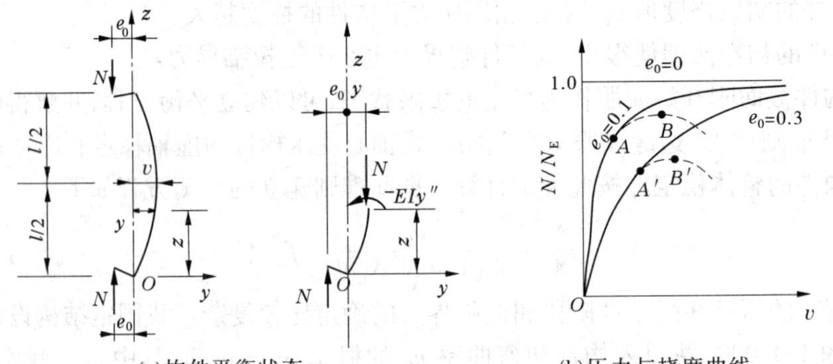

图 4-15 有初偏心的轴心受压构件极限状态

三、轴心受压构件的整体稳定计算

(一)轴心受压构件的最大强度准则

理想轴心受压构件弯曲屈曲属于分肢屈曲,即杆件屈曲时才产生挠度。轴压构件弹性弯曲屈曲临界力为欧拉临界力 N_E,其压力—挠度曲线如图 4-16 中的曲线 1;弹塑性弯曲屈曲临界力为切线模量临界力 N_t,其压力—挠度曲线如图 4-16 中的曲线 2。具有初弯曲(或初偏心)的实际轴心受压构件,一经压力作用就产生挠度,其压力—挠度曲线如图 4-16中的曲线 3 所示,曲线上 A 点表示压杆跨中截面边缘屈服。边缘屈服准则就是以 N_A 作为最大承载力。当压力超过 N_A 后,构件进入弹塑性阶段,随着截面塑性区的不断扩展,挠度值增加得更快,到达 B 点之后,压杆的抵抗能力开始小于外力的作用,不能维持稳定平衡。曲线最高点 B 处的压力 N_B 即为具有初弯曲压杆真正的极限承载力,若以此为准则计算压杆稳定,则称为"最大强度准则"。实腹式轴心受压构件即按此准则计算整体稳定。

(二)轴心受压构件的柱子曲线

实际轴心受压构件不可避免地存在残余应力、初弯曲、初偏心、材质不匀等缺陷,并对构件整体稳定具有一定的影响。但是从概率的角度考虑,这些因素同时存在并达到最大的可能性很低。因此,钢结构设计规范规定,普通钢结构(由热轧钢板和型钢组成)中的轴心受压构件,可只考虑残余应力和初弯曲(取杆长的 1/1 000)的不利影响,忽略初偏心及材质不匀的影响。

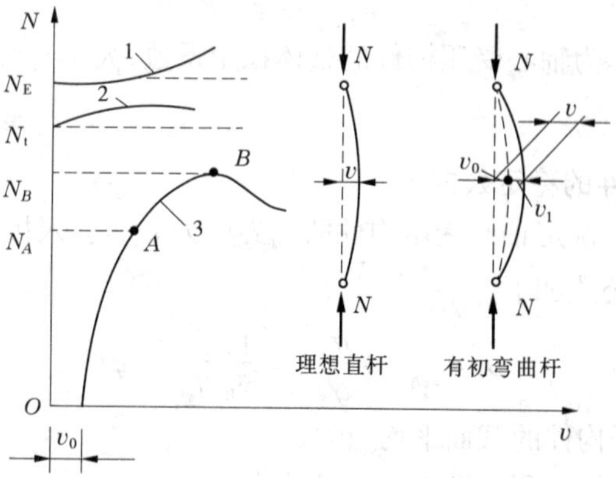

图 4-16　轴心压杆挠度曲线

按照最大强度理论,并同时考虑构件残余应力和初弯曲的影响,借助计算机计算技术,可以得到实际轴心受压构件的临界应力 σ_{cr} 与长细比 λ 的关系曲线,即柱子曲线。

由于各类轴心受压构件截面上的残余应力分布和大小差异显著,并且对稳定的影响又随构件屈曲方向而不同,而构件的初弯曲对稳定的影响也与截面形式和屈曲方向有关,因此轴心受压构件不同的截面形式和屈曲方向都对应着不同的柱子曲线。为了便于应用,在一定的概率保证下,我国将柱子曲线按照构件的截面形式、截面尺寸、加工方法及弯曲方向等因素,划分为 a、b、c、d 四类,如图 4-17 所示。图中标示的截面和屈曲方向以外的其他情形,均属于 b 类曲线;a 类曲线截面承载力最高,主要原因是残余应力影响最小;c 类曲线承载力较低,主要原因是残余应力影响较大(包括板厚度方向的影响);曲线 d 承载力最低,主要是由于厚板或特厚板处于最不利的屈曲方向。在图 4-17 中,$\bar{\lambda}$ 为无量纲

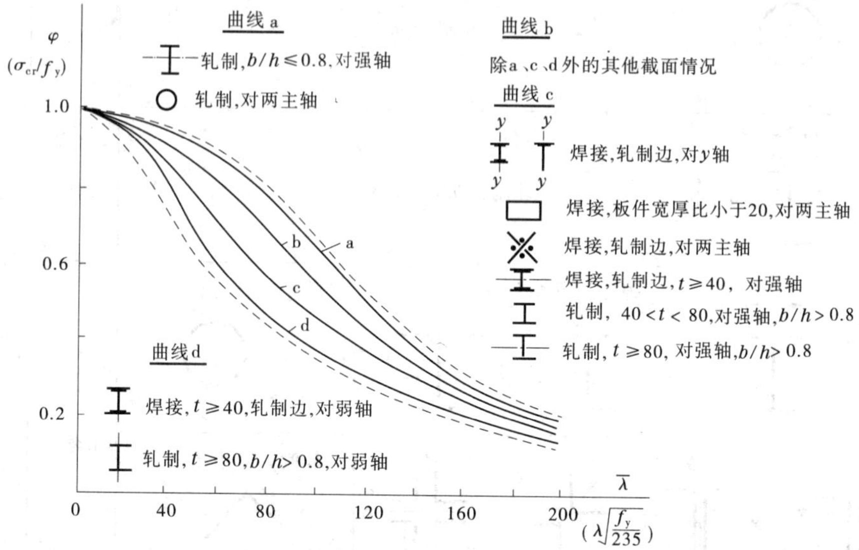

图 4-17　我国钢结构柱子曲线

长细比，$\bar{\lambda}=\lambda\sqrt{\frac{f_y}{235}}$；$\varphi$ 为轴心受压构件的整体稳定系数，大小与临界应力 σ_{cr} 及所用钢材屈服强度 f_y 有关。

（三）轴心受压构件的稳定公式

利用最大强度准则确定轴心受压构件的临界应力 σ_{cr}，引入抗力分项系数 γ_R，则轴心受压构件的稳定计算公式如下

$$\sigma=\frac{N}{A}\leqslant\frac{\sigma_{cr}}{\gamma_R}=\frac{\sigma_{cr}}{\gamma_R}\frac{f_y}{f_y}=\varphi f \tag{4-29}$$

式中　σ——轴心受压构件的截面平均应力；

N——轴心受压构件所受轴心压力设计值；

A——轴心受压构件的毛截面面积（不考虑构件截面削弱）；

φ——轴心受压构件的整体稳定系数，$\varphi=\frac{\sigma_{cr}}{f_y}$；

f——钢材强度设计值，$f=\frac{f_y}{\gamma_R}$，取值见附录 1。

将上式变形，即可得到钢结构设计规范对轴心受压构件整体稳定的计算式

$$\frac{N}{\varphi A}\leqslant f \tag{4-30}$$

式（4-30）中，整体稳定系数 φ 取值的过程是，先根据表 4-4 和表 4-5 确定构件的截面类别，然后按照计算得到的构件长细比，由附录 4 即可查得。

表 4-4　轴心受压构件截面类别（板厚 $t<40$ mm）

<table>
<tr><th colspan="3">截面形式</th><th>对x轴</th><th>对y轴</th></tr>
<tr><td>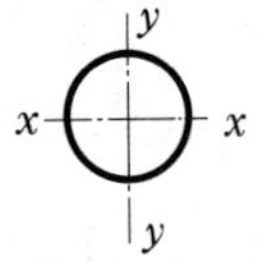</td><td colspan="2">轧制</td><td>a类</td><td>a类</td></tr>
<tr><td>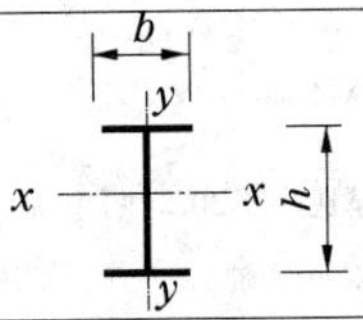</td><td colspan="2">轧制，$b/h\leqslant0.8$</td><td>a类</td><td>b类</td></tr>
<tr><td>轧制
$b/h>0.8$
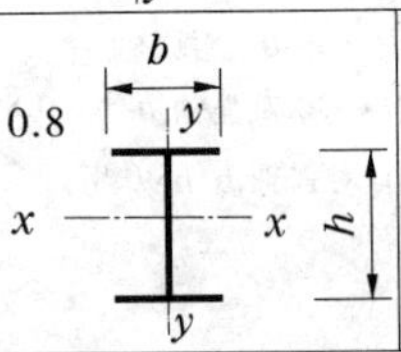</td><td>焊接，翼缘为焰切边
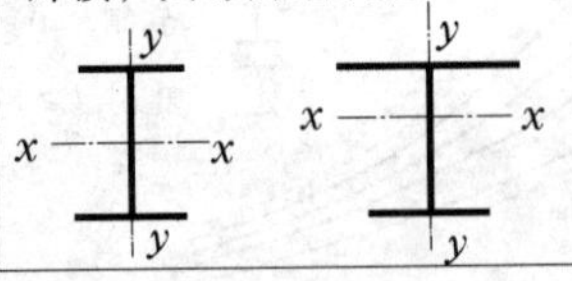</td><td>焊接
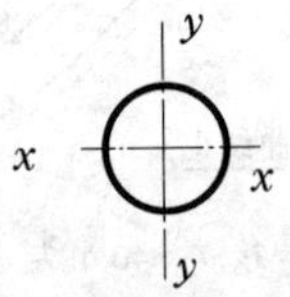</td><td rowspan="2">b类</td><td rowspan="2">b类</td></tr>
<tr><td colspan="2">轧制
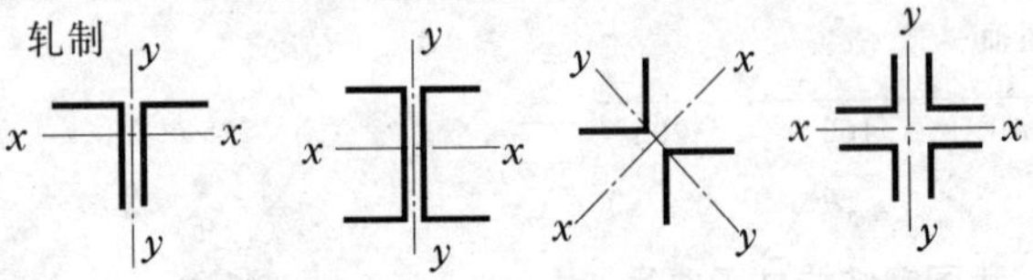</td><td>轧制，等边角钢
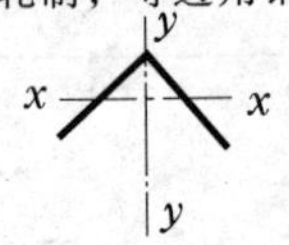</td></tr>
</table>

续表 4-4

截面形式		对x轴	对y轴
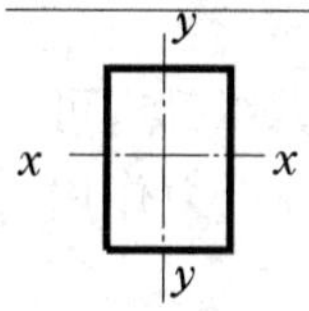 轧制，焊接(板件宽厚比大于20)	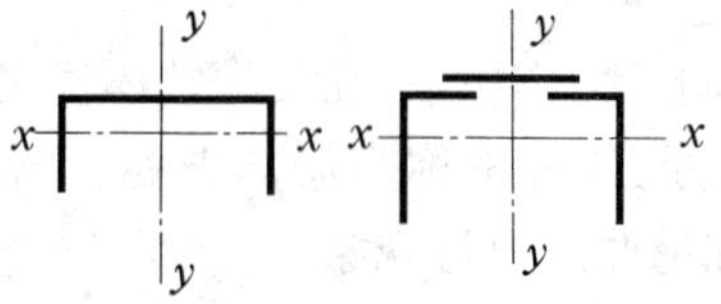 轧制或焊接	b类	b类
焊接 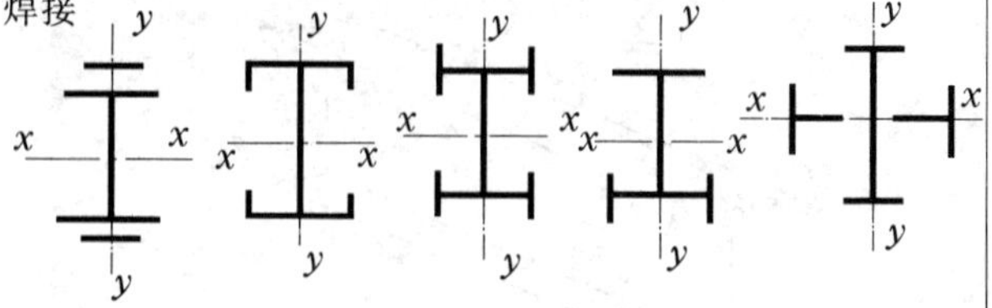	轧制或焊接(翼缘为焰切边) 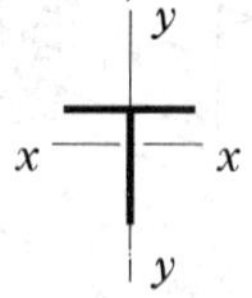		
格构式截面 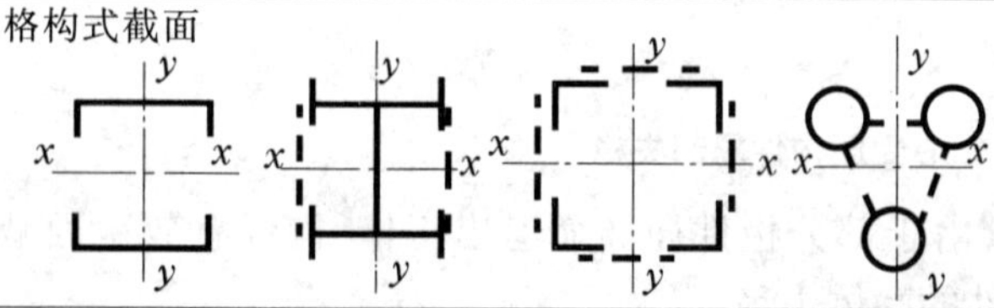	焊接(焰切边) 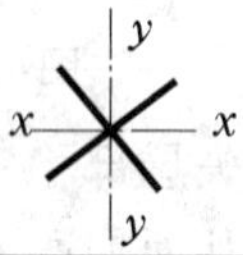		
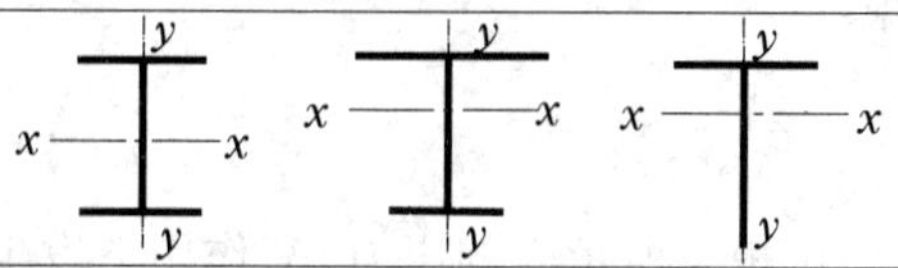 焊接(翼缘为轧制或剪切边)		b类	c类
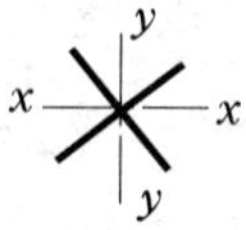 焊接(板件边缘轧制或剪切)	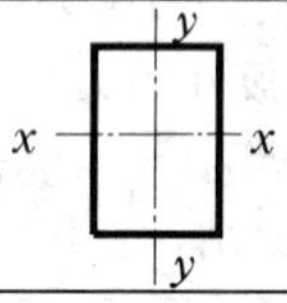 轧制，焊接(板件宽厚比≤20)	c类	c类

表 4-5　轴心受压构件的截面分类(板厚 $t\geqslant 40$ mm)

截面情况			对x轴	对y轴
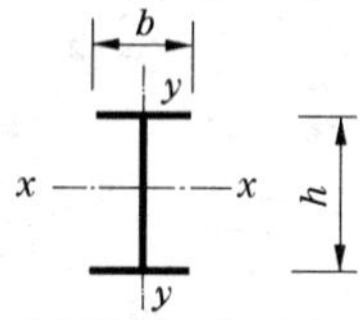	轧制工字形或H形截面	$t<80$ mm	b类	c类
		$t\geqslant 80$ mm	c类	d类
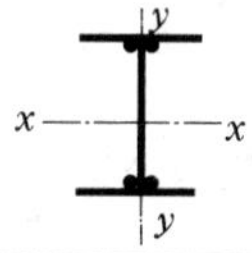	焊接工字形截面	翼缘为焰切边	b类	b类
		翼缘为轧制或剪切边	c类	d类
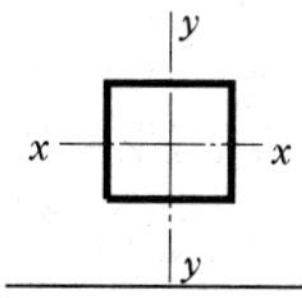	焊接箱形截面	板件宽厚比＞20	b类	b类
		板件宽厚比≤20	c类	c类

第四节　轴心受压构件的局部稳定

实腹式轴心受压构件在轴向压力作用下,在丧失整体稳定之前,其腹板和翼缘都有可能达到极限承载力而丧失稳定,此种现象称为局部失稳。图 4-18 表示在轴心压力作用下,腹板和翼缘发生侧向鼓曲和翘曲的失稳现象。

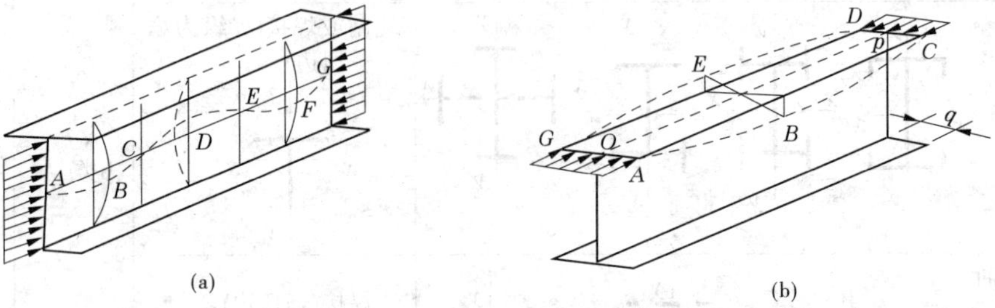

图 4-18　轴心受压构件局部失稳

当轴心受压构件丧失局部稳定后,由于部分板件屈曲而退出工作,构件有效截面减小,降低了构件的刚度,从而加速了构件的整体失稳。

一、均匀受压板件的屈曲

如图 4-19 所示四边简支板,在两端均布压力(单位板宽所承受的压力)N_x作用下发生屈曲变形。若板件在弹性状态屈曲,则板件的力平衡方程如下

$$D\left(\frac{\partial^4\omega}{\partial x^4}+2\frac{\partial^4\omega}{\partial x^2\partial y^2}+\frac{\partial^4\omega}{\partial y^4}\right)=-N_x\frac{\partial^2\omega}{\partial x^2}\tag{4-31}$$

式中　ω——板件屈曲后任一点的挠度;

D——板件的柱面刚度,$D=\dfrac{Et^3}{12(1-\gamma^2)}$,其中 t 为板厚,γ 为钢材的泊松比;

N_x——单位板宽承受的压力。

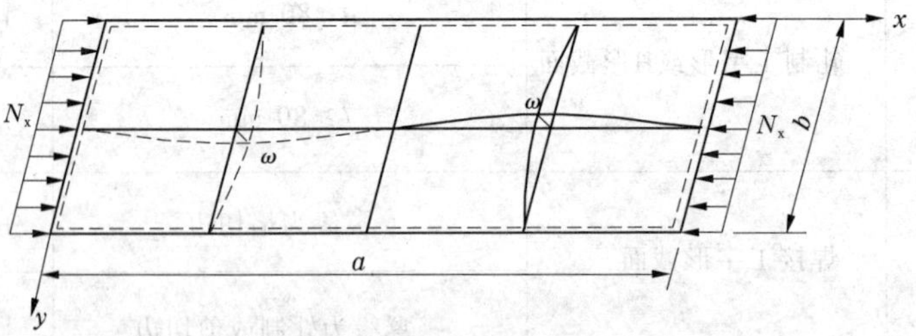

图 4-19　四边简支均匀受压板件屈曲

将四边简支板的边界条件(板边的挠度和弯矩为零)代入上式,可以得到板的屈曲力如下

$$N_{crx} = \pi^2 D(\frac{m}{a} + \frac{a}{m} \times \frac{n^2}{b^2})^2 \tag{4-32}$$

式中　a、b——受压方向板的长度和板的宽度；

m、n——板屈曲后纵向和横向的半波数。

通过式(4-32)可以看出，板件的尺寸及屈曲半波数将影响临界力的大小。考虑板件的尺寸、边长比及荷载的状况，板件屈曲临界力 N_{crx} 的计算公式变形如下

$$N_{crx} = K\frac{\pi^2 D}{b^2} \tag{4-33}$$

式中　N_{crx}——板件屈曲临界力；

K——板件的屈曲系数，与荷载种类、分布状况及板的边长比有关；

b—— 板件受压边的宽度。

由板件的临界力计算公式可以得到板的弹性屈曲临界应力，计算公式如下

$$\sigma_{crx} = \frac{N_{crx}}{t} = K\frac{\pi^2 E}{12(1-\gamma^2)}(\frac{t}{b})^2 \tag{4-34}$$

考虑到实际轴心受压构件中板件之间的相互嵌固（约束）作用及屈曲时板件的塑性发展，弹塑性阶段板件的屈曲应力计算公式如下

$$\sigma_{crx} = \frac{\chi K\pi^2 \sqrt{\eta} E}{12(1-\gamma^2)}(\frac{t}{b})^2 \tag{4-35}$$

式中　χ——板件边缘的弹性约束系数；

η——弹性模量折减系数，$\eta = \frac{E_t}{E}$。

二、轴压构件板件的宽厚比

对于板件组成的轴心受压构件，通过控制构件组成板件的局部稳定临界应力 σ_{crx} 不低于构件的整体稳定临界应力 σ_{cr}（即等稳定准则），即可保证构件在整体失稳之前不发生局部失稳。由此条件可得到轴心受压构件局部稳定的宽厚比（或高厚比）限值。

工程中常用的轴心受压构件截面形式很多，以下以工字形截面轴心受压构件为例，介绍常用的工字形、T 形和箱形截面轴心受压构件宽厚比限值计算公式的推导过程，截面尺寸如图 4-20 所示。

（一）工字形截面翼缘宽厚比

如图 4-20(a)所示工字形截面轴心受压构件，其翼缘根据受力状况可以看做三边简支一边自由的板件，由等稳定准则可得

$$\frac{\chi K\pi^2 \sqrt{\eta} E}{12(1-\gamma^2)}(\frac{t}{b_1})^2 = \varphi f_y \tag{4-36}$$

式(4-36)中，左侧为翼缘的临界应力，其中 b_1 为工字形截面翼缘的悬伸长度；右侧为构件的整体稳定临界应力，其中 φ 为整体稳定系数，其大小与构件长细比 λ 有关。经分析，屈曲系数 $K=0.425$，弹性约束系数 $\chi=1.0$，弹性模量折减系数按试验资料取值，泊松比 $\gamma=0.3$。将参数代入后，得到翼缘悬伸部分的宽厚比 $\frac{b_1}{t}$ 与长细比 λ 的关系曲线，化简

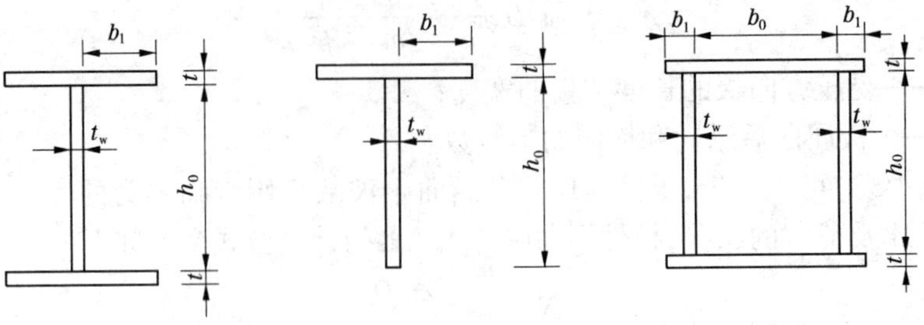

图 4-20　工字形、T 形和箱形截面板件尺寸

后，即可得到翼缘板不发生局部失稳的宽厚比控制式如下

$$\frac{b_1}{t} \leqslant (10 + 0.1\lambda)\sqrt{\frac{235}{f_y}} \tag{4-37}$$

式中　λ——构件两方向长细比的最大值，当 $\lambda < 30$ 时，取 $\lambda = 30$；当 $\lambda > 100$ 时，取 $\lambda = 100$。

上式同样适用于计算图 4-20(b)中 T 形截面翼缘自由悬伸部分的宽厚比限值。

(二)工字形截面腹板高厚比

如图 4-20(a)所示工字形截面轴心受压构件，其腹板根据受力状况可以看做四边简支的板件。与翼缘宽厚比限值的推导相似，仍然按照等稳定准则，可以得到如下等式

$$\frac{\chi K\pi^2\sqrt{\eta}E}{12(1-\gamma^2)}\left(\frac{t_w}{h_0}\right)^2 = \varphi f_y \tag{4-38}$$

式中　h_0——轴心受压构件腹板计算高度；

t_w——轴心受压构件腹板厚度。

经分析，取屈曲系数 $K=4$，弹性约束系数 $\chi = 1.3$，弹性模量折减系数仍然按试验资料取值，泊松比 $\gamma = 0.3$。将参数代入后，得到腹板部分的高厚比 $\frac{h_0}{t_w}$ 与长细比 λ 的关系曲线，化简后，即可得到腹板不发生局部失稳的高厚比控制式如下

$$\frac{h_0}{t_w} \leqslant (25 + 0.5\lambda)\sqrt{\frac{235}{f_y}} \tag{4-39}$$

对于图 4-20(b)中 T 形截面腹板的高厚比限值，根据相同方法推导，可采用如下公式计算：

热轧剖分 T 型钢

$$\frac{h_0}{t_w} \leqslant (15 + 0.2\lambda)\sqrt{\frac{235}{f_y}} \tag{4-40}$$

焊接 T 型钢

$$\frac{h_0}{t_w} \leqslant (13 + 0.17\lambda)\sqrt{\frac{235}{f_y}} \tag{4-41}$$

(三)箱形截面宽厚比(高厚比)

如图 4-20(c)中的箱形截面轴心受压构件，其翼缘和腹板都可以看做均匀受压的四

边支承板，但由于板件之间一般用单侧焊缝连接，相互间的约束程度较低。虽然可以按照等稳定条件得到箱形截面与长细比 λ 有关的宽厚比（或高厚比）控制式，但为了便于应用，《钢结构设计规范》（GB 50017—2003）偏于安全地将其取为定值，即不与长细比 λ 有关，计算式如下

$$\frac{h_0}{t_w}\left(\frac{b_0}{t}\right) \leqslant 40\sqrt{\frac{235}{f_y}} \tag{4-42}$$

对于工程中应用的圆管截面轴压构件，《钢结构设计规范》（GB 50017—2003）规定管壁不发生屈曲的控制条件如下

$$\frac{D}{t} \leqslant 100 \times \frac{235}{f_y} \tag{4-43}$$

式中　D——圆管截面的外径；

　　　t——圆管截面的壁厚。

当工字形、H 形及箱形截面轴心受压构件的腹板局部稳定不满足要求时，增加板厚往往不够经济，一般设置纵向加劲肋加强（如图 4-21 所示）；或在计算构件的强度和稳定性时，按有效截面进行计算，即将腹板的截面仅考虑计算高度边缘范围内两侧宽度各为 $20t_w\sqrt{\frac{235}{f_y}}$ 的部分（计算构件的稳定系数时，仍用全部截面），如图 4-22 所示。

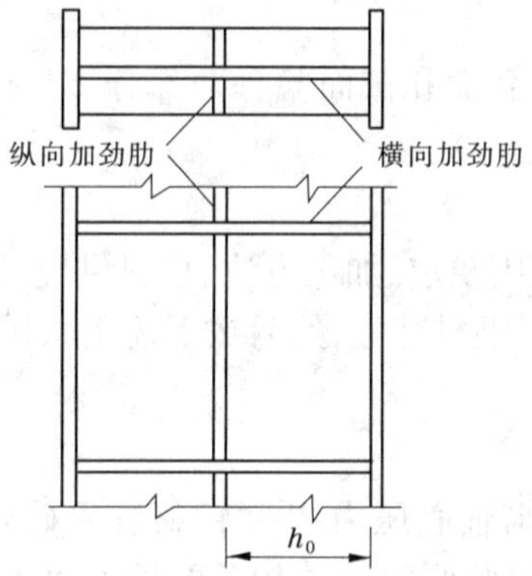

图 4-21　实腹式腹板加劲肋设置

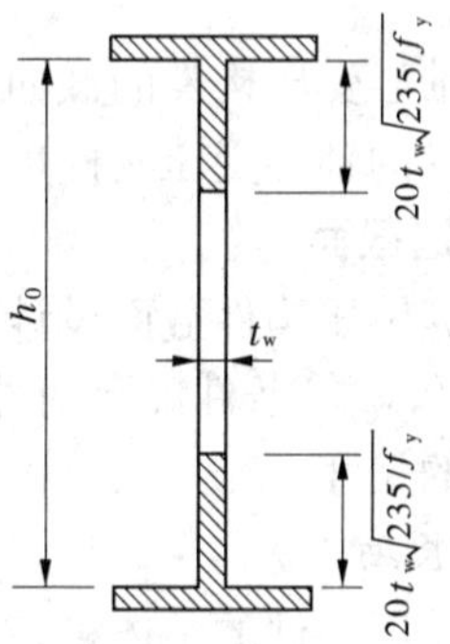

图 4-22　实腹式柱腹板有效截面

第五节　实腹式轴心受压构件的设计

一、实腹式轴心受压构件的常用截面形式

实腹式轴心受压构件为避免弯扭失稳，一般采用双轴对称的型钢截面或实腹式组合截面。常用的截面形式有工字型钢、H 型钢及型钢和钢板的组合截面，如图 4-2 所示。

为取得建造快捷、经济合理的效果，轴心受压构件的截面形式选取时应参照下述原则。

(一)等稳定性原则

若轴心受压构件在两个主轴方向的稳定承载力相同,则可以充分发挥其承载能力。因此,应尽可能使构件两方向的稳定系数或长细比相等,即 $\varphi_x=\varphi_y$ 或 $\lambda_x=\lambda_y$。对两主轴方向不属同一类别的截面,稳定系数在长细比相同时亦不同,但一般相差不大,仍可采用 $\lambda_x=\lambda_y$,或作适当调整。

(二)宽肢薄壁原则

在满足构件组成板件宽厚比限值的条件下,选择截面形式时,应使截面面积分布尽量远离形心轴,这样可以增大截面的惯性矩和回转半径,提高杆件的整体稳定承载力和刚度,达到用料合理的目的。

(三)制造省工原则

在选择构件的截面形式时,应使构造简单,能充分利用现代化的制造设备和减少制造工作量,如选用便于采用自动焊的截面(工字形截面等)和尽量使用 H 型钢,以节约成本、保证质量。

(四)连接简便原则

轴压构件的截面形式应便于与其他构件连接。一般情况下,以选用双轴对称开敞式截面为宜。对封闭式的箱形和管形截面,由于连接困难、制作费工,只在特殊情况下使用。

二、实腹式轴心受压构件的截面设计

实腹式轴心受压构件的截面设计包括初选截面和截面验算两部分,对于已知构件尺寸和使用条件的轴心受压构件可直接进行截面验算。

(一)初选截面

首先根据轴压构件截面设计原则和构件使用要求、加工方法、材料供应、轴心压力 N、计算长度 l_{0x} 和 l_{0y} 等条件确定构件的截面形式及钢材牌号,然后按下述步骤试选型钢规格或组合截面的尺寸。

1. 假定长细比 λ

在轴心受压构件的整体稳定计算公式中,当轴心压力 N 和钢材牌号确定后,存在稳定系数 φ 和截面面积 A 两个参数,一般先根据经验假定与 φ 相关的长细比 λ。

根据经验长细比 λ 可在 60 ~ 100 选用。当构件承受轴心压力较大且计算长度较小时,取小值,反之取大值,但不应大于 150。通常轴心压力 N 小于 1 500 kN,计算长度为 5 ~ 6 m 时,可假定 $\lambda=80\sim100$;压力 N 大于 3 000 kN,计算长度 $l_0=4\sim5$ m 时,可假定 $\lambda=60\sim80$。

2. 计算构件所需截面面积 A 和回转半径 i_x、i_y

由假定长细比 λ 按照截面对应的类别查表可得到稳定系数 φ,则构件所需的截面面积 $A=\dfrac{N}{(\varphi_{\min}f)}$,$\varphi_{\min}$ 为 φ_x 和 φ_y 的较小值。

由假定长细比 λ 计算两主轴所需的回转半径,其中 $i_x=\dfrac{l_{0x}}{\lambda}$,$i_y=\dfrac{l_{0y}}{\lambda}$。

3. 确定构件尺寸

由截面面积 A 和回转半径 i_x、i_y,优先选用型钢截面,如工字钢和 H 型钢。当现有型钢规格不满足所需尺寸时，可采用组合截面，其轮廓尺寸 h 和 b 与回转半径 i_x、i_y 有关。几种常用截面的轮廓尺寸与回转半径的近似关系见表 4-6。

表 4-6　截面轮廓尺寸与回转半径近似关系

截面	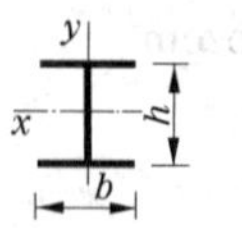	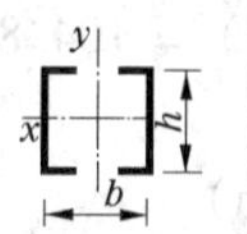	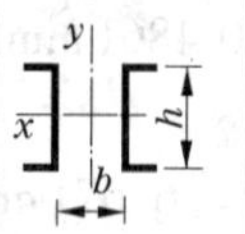	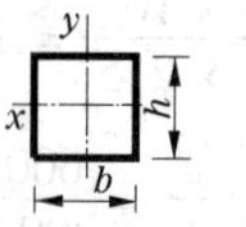	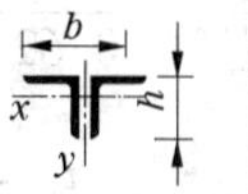	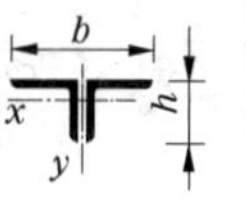	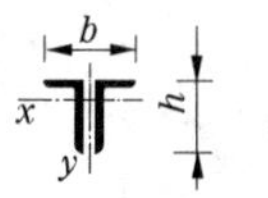
$i_x = \alpha_1 h$	$\alpha_1 = 0.43$	$\alpha_1 = 0.38$	$\alpha_1 = 0.38$	$\alpha_1 = 0.40$	$\alpha_1 = 0.30$	$\alpha_1 = 0.28$	$\alpha_1 = 0.32$
$i_y = \alpha_2 b$	$\alpha_2 = 0.24$	$\alpha_2 = 0.44$	$\alpha_2 = 0.60$	$\alpha_2 = 0.40$	$\alpha_2 = 0.215$	$\alpha_2 = 0.24$	$\alpha_2 = 0.20$

当确定出组合截面的轮廓尺寸 h 和 b 后，根据截面面积 A 的要求，考虑构造状况、局部稳定及钢材的规格，进一步确定截面的初选尺寸。

（二）截面验算

轴心受压构件的验算包括强度、刚度、整体稳定和局部稳定等几方面内容。在构件的验算过程中，一定要注意按照最终确定的截面尺寸进行计算。经过上述的验算，若所选截面同时满足要求，则所选尺寸合理，否则应调整后重复验算，直至全部满足。

【例 4-2】　如图 4-23 所示平台结构中的轴心受压柱 AB，承受轴心压力 1 400 kN。柱两端铰接，截面无削弱，钢材为 Q235。试设计此构件的截面：

1. 选用普通轧制工字钢；
2. 选用轧制 H 型钢；
3. 选用焊接工字形截面，翼缘为焰切边。

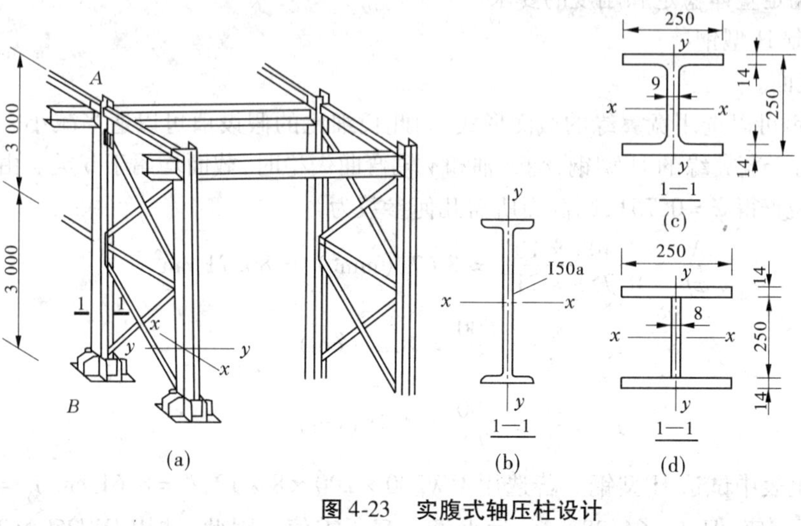

图 4-23　实腹式轴压柱设计

解　1. 选用普通轧制工字钢

(1) 试选截面。

①假定长细比 $\lambda=90$,对于轧制工字钢,当构件绕 x 轴和 y 轴弯曲失稳时,截面分别属于 a 类和 b 类,由附表可得 $\varphi_x=0.714$,$\varphi_y=0.621$,则 $\varphi_{min}=0.621$。

②计算所需几何参数:

$$A=\frac{N}{\varphi_{min}f}=\frac{1\,400\times10^3}{0.621\times215}=10\,486(\mathrm{mm}^2)=104.86\ \mathrm{cm}^2$$

$$i_x=\frac{l_{0x}}{\lambda}=\frac{600}{90}=6.67(\mathrm{cm})$$

$$i_y=\frac{l_{0y}}{\lambda}=\frac{300}{90}=3.33(\mathrm{cm})$$

③选择型钢。根据计算得到的参数由附录的型钢表中选取适宜的工字钢。一般情况下,很难选到所有参数接近的型钢,但至少应满足两个参数的要求。本例初选 I 50a,如图 4-23(b)所示,$A=119\ \mathrm{cm}^2$,$i_x=19.7\ \mathrm{cm}$,$i_y=3.07\ \mathrm{cm}$。

(2)截面验算。

因构件截面无削弱,可不验算强度。又因为轧制工字钢的翼缘和腹板均较厚,可不验算局部稳定。因此,该构件只需验算整体稳定和刚度。

$$\lambda_x=\frac{l_{0x}}{i_x}=\frac{600}{19.7}=30.5<[\lambda]=150$$

$$\lambda_y=\frac{l_{0y}}{i_y}=\frac{300}{3.07}=97.7<[\lambda]=150$$

由 $\lambda_x=30.5$ 查 a 类截面稳定系数表,得 $\varphi_x=0.962$;由 $\lambda_y=97.7$ 查 b 类截面稳定系数表,得 $\varphi_y=0.567$,则 $\varphi_{min}=0.567$。

$$\frac{N}{\varphi_{min}A}=\frac{1\,400\times10^3}{0.567\times119\times10^2}=207.5(\mathrm{N/mm}^2)<f=215\ \mathrm{N/mm}^2$$

所选型钢规格满足整体稳定和刚度的要求。

2. 选用轧制 H 型钢

(1)试选截面。

热轧 H 型钢可以选用宽翼缘的截面形式,因此长细比的假设值可以适当减小。本例假设 $\lambda=70$。对于宽翼缘的 H 型钢,绕 x 轴和 y 轴弯曲失稳时,截面均属于 b 类。由 b 类截面稳定系数表查得 $\varphi=0.751$,则截面所需几何参数为

$$A=\frac{N}{\varphi f}=\frac{1\,400\times10^3}{0.751\times215}=8\,671(\mathrm{mm}^2)=86.71\ \mathrm{cm}^2$$

$$i_x=\frac{l_{0x}}{\lambda}=\frac{600}{70}=8.57(\mathrm{cm})$$

$$i_y=\frac{l_{0y}}{\lambda}=\frac{300}{70}=4.29(\mathrm{cm})$$

由附录型钢表中试选 H 型钢。若选用 HW200 × 200 × 8 × 12,$i_x=8.61\ \mathrm{cm}$,$i_y=4.99\ \mathrm{cm}$,接近计算所需值,但 $A=64.28\ \mathrm{cm}^2$,远小于计算所需值。因此,选用 HW250 × 250 × 9 × 14,如图 4-23(c)所示,$i_x=10.8\ \mathrm{cm}$,$i_y=6.29\ \mathrm{cm}$,$A=92.18\ \mathrm{cm}^2$。

(2)截面验算。

因构件截面无削弱，且为热轧型钢，因此可不验算强度和局部稳定，只需验算整体稳定和刚度。

$$\lambda_x = \frac{l_{0x}}{i_x} = \frac{600}{10.8} = 55.6 < [\lambda] = 150$$

$$\lambda_y = \frac{l_{0y}}{i_y} = \frac{300}{6.29} = 47.7 < [\lambda] = 150$$

因构件截面对 x 轴和 y 轴均属于 b 类，由 $\lambda_x = 55.6$ 查 b 类截面稳定系数表得 $\varphi_x = 0.83$。

$$\frac{N}{\varphi_x A} = \frac{1\,400 \times 10^3}{0.83 \times 92.18 \times 10^2} = 183(\text{N/mm}^2) < f = 215\ \text{N/mm}^2$$

所选 H 型钢截面满足要求。

3. 选用焊接工字形截面

(1)试选截面。

当无参考资料时，可先按照表 4-6 确定焊接工字形截面的轮廓尺寸，再结合所需截面面积和局部稳定的要求确定板件厚度。本例参照上述 H 型钢截面，选用图 4-23(d)所示的截面，几何参数计算如下

$$A = 2 \times 25 \times 1.4 + 25 \times 0.8 = 90(\text{cm}^2)$$

$$I_x = \frac{1}{12} \times (25 \times 27.8^3 - 24.2 \times 25^3) = 13\,250(\text{cm}^4)$$

$$I_y = 2 \times \frac{1}{12} \times 1.4 \times 25^3 = 3\,645.8(\text{cm}^4)$$

$$i_x = \sqrt{\frac{I_x}{A}} = \sqrt{\frac{13\,250}{90}} = 12.13(\text{cm})$$

$$i_y = \sqrt{\frac{I_y}{A}} = \sqrt{\frac{3\,645.8}{90}} = 6.36(\text{cm})$$

(2)截面验算。

构件截面无削弱，同样不需验算强度，只需验算整体稳定和刚度、局部稳定。

①整体稳定和刚度验算

$$\lambda_x = \frac{l_{0x}}{i_x} = \frac{600}{12.13} = 49.5 < [\lambda] = 150$$

$$\lambda_y = \frac{l_{0y}}{i_y} = \frac{300}{6.37} = 47.1 < [\lambda] = 150$$

因构件截面对 x 轴和 y 轴均属于 b 类，由 $\lambda_x = 49.5$ 查 b 类截面稳定系数表得 $\varphi_x = 0.859$。

$$\frac{N}{\varphi_x A} = \frac{1\,400 \times 10^3}{0.859 \times 90 \times 10^2} = 181.1(\text{N/mm}^2) < f = 215\ \text{N/mm}^2$$

②局部稳定验算

$$\frac{b}{t} = \frac{12.1}{1.4} = 8.9 < (10 + 0.1\lambda_x)\sqrt{\frac{235}{f_y}}$$

$$\frac{h_w}{t_w} = \frac{25}{0.8} = 31.25 < (25 + 0.5\lambda_x)\sqrt{\frac{235}{f_y}}$$

所选截面满足整体稳定和局部稳定、刚度要求。

三、实腹式轴心受压构件的构造

（一）一般构造要求

1. 横膈设置

对大型实腹式柱，为了增加其抗扭刚度，应设置横隔（外伸宽度加宽至翼缘边的横向加劲肋）。横隔的间距不得大于柱截面较大宽度的 9 倍或 8 m，且在运输单元的两端均应设置。另外，在受有较大水平力处亦应设置，以防止柱局部弯曲变形。

2. 加劲肋设置

当实腹式柱腹板宽厚比 $\frac{h_0}{t_w} \geqslant 80$ 时，构件可能在施工过程中产生扭转变形，故应如图 4-21所示成对配置横向加劲肋，以增加抗扭刚度。横向加劲肋间距不得大于 $3h_0$，其截面尺寸要求为双侧加劲肋的外伸宽度 b_s 应不小于 $(h_0/30 + 40)$ mm，厚度 t_s 应大于外伸宽度的 1/15。

工字形截面实腹式柱中加劲肋与横隔的区别在于加劲肋通常较窄，而横隔则与柱的翼缘同宽。

3. 连接焊缝

实腹式轴心受压柱板件间（如工字形截面翼缘与腹板间）的纵向连接焊缝只承受柱初弯曲或因偶然横向力作用等产生的很小剪力，因此不必计算，其焊脚尺寸可按构造要求采用。

（二）梁与柱连接节点

在钢结构建筑中，轴心受压构件通过柱头直接承受上部结构传来的荷载，并通过柱脚将柱身的内力可靠地传给基础。最常见的上部结构是梁格系统。梁与柱的连接节点设计必须遵循传力可靠、构造简单和便于安装的原则。

1. 梁柱连接形式

梁与柱的连接有铰接、刚接和半刚接三种形式，而轴心受压柱与梁的连接只能做成铰接。根据梁与柱的相互位置关系，可分为顶接和侧接两种方式。当采用顶接（即梁支承于柱顶）连接时，与梁连接的柱顶部分通称为柱头。常见的实腹式轴心受压柱与梁的连接如图 4-24 所示。

图 4-24(a)、(b) 为梁柱顶接连接，其构造一般为在柱顶设一块顶板，梁的反力经其传给柱身。顶板与柱身焊接连接，其厚度不宜小于 16 mm，一般取 16 ~ 20 mm。图 4-24(a) 所示梁柱连接，梁端支承加劲肋应对准柱翼缘，这样可使梁的反力直接传给柱翼缘。两相邻梁之间应留 10 ~ 20 mm 间隙，以便于梁的安装。此种连接构造简单，对制造和安装要求都不高，且传力明确。缺点是当两相邻梁的反力不等时，将使柱偏心受压。图 4-24(b) 所示梁柱连接，梁的支座反力通过突缘加劲肋传递，应将加劲肋放在柱的轴线附近，这样即使两相邻梁的反力不等，柱仍接近于轴心受压。突缘加劲肋底部应刨平并与柱顶板顶

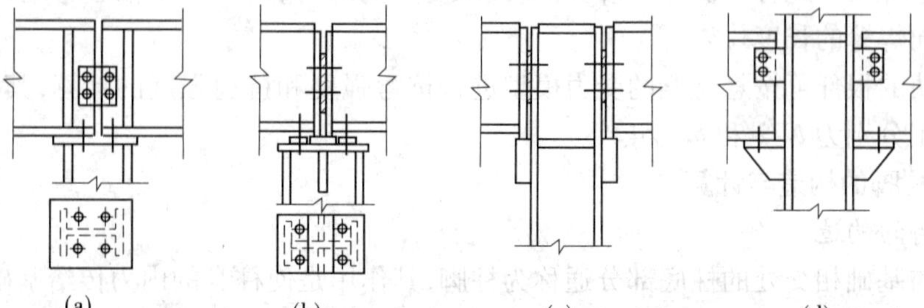

图 4-24　实腹式轴心受压柱与梁的连接

紧。当梁的支座反力较大时,为提高柱顶板的抗弯刚度,可在其上加设垫板,且应对柱的腹板加强,即在其两侧设置加劲肋。加劲肋顶部与柱顶板可用焊接,但为了更好地传递梁支座反力,宜采用刨平顶紧。

图 4-24(c)、(d)为梁柱侧接连接。当梁的反力较大时,可采用图 4-24(c)的连接形式,即在柱的翼缘(或腹板)外焊接一厚钢板承托,梁端则通过突缘加劲肋与承托刨平顶紧。承托与柱翼缘(或腹板)间的连接角焊缝,考虑荷载的偏心影响,可按梁反力 1.25 倍计算。为便于安装,梁端与柱翼缘(或腹板)之间亦应留一定间隙,并嵌入填板用构造螺栓固定。当梁的反力较小时,可采用图 4-24 (d)所示的连接形式,即将梁搁置于柱侧 T 形承托上。为防止梁扭转,可在其顶部附近设置小角钢。这种方式构造简单,施工方便。

2. 柱头计算

柱头的计算可根据其传力过程进行,一般可不计算垫板和顶板,但应计算加劲肋(肋板的高、宽、厚)和连接焊缝(水平焊缝和竖向焊缝)的内容。如图 4-24(b)所示,当顶板通过端面承压把力传给加劲肋时,肋板的端面承压按下式计算

$$\sigma = \frac{N}{2b_1 t_1} \leqslant f_{ce} \tag{4-44}$$

式中　N——轴心压力设计值;

b_1——加劲肋的宽度,参照柱的截面尺寸确定,取值不宜超出翼缘范围;

t_1——加劲肋的厚度,取值应符合板的规格,并满足 $t \geqslant \frac{b_1}{15}$ 及 $t > 10$ mm;

f_{ce}——钢材的端面承压强度。

当顶板不是通过端面承压而是通过水平焊缝把 N 传给加劲肋时,确定出 b_1 和 t_1 后,应确定水平焊缝的焊脚尺寸。两块肋板与顶板间的 4 条水平焊缝承受全部压力 N,且压力通过焊缝群(4 条水平焊缝)的形心,因此水平焊缝按轴心受力状态进行计算。在计算肋板与柱腹板间的竖向焊缝时,可按每块肋板承受 $N/2$ 考虑(两条竖向焊缝承受偏心剪力 $N/2$),偏心距可取肋板宽度的一半($b_1/2$),即两条竖向焊缝承受剪力 $N/2$,弯矩 $b_1N/4$,则其强度按照角焊缝的一般公式计算即可。值得注意的是,竖向焊缝的长度取决于肋板的高度。

当轴心压力过大时,设计成悬臂梁的加劲肋高度将很大(由焊缝承载力决定),这将使构造不合理。此种情况下,可以将前后两块悬臂加劲肋连成整体,即将加劲肋设置成一

整块的双悬伸梁。此种情况下，竖向焊缝仅承受竖向剪力，而不承受偏心弯矩，这样将大大降低竖向焊缝的长度。

加劲肋的根部可按悬臂梁的受力模型进行抗弯强度和抗剪强度的计算，其根部所受剪力和弯矩分别为 $N/2$ 和 $b_1N/4$。

（三）柱脚的构造与计算

1. 柱脚的构造

柱身与基础相交处的柱底部分通称为柱脚，其作用是使柱身的内力传给基础，并和基础牢固连接。柱脚的设计也应做到构造简单、传力可靠及安装简便，并符合结构的计算简图。柱脚包括铰接和刚接两种连接方式。轴心受压柱一般采用铰接柱脚，而框架柱多采用刚接柱脚。

轴心受压柱常用的平板式铰接柱脚如图 4-25 所示。铰接柱脚一般由底板和辅助受力零件（靴梁、隔板、肋板）组成，并用埋设于混凝土基础内的锚栓固定。锚栓一般按构造采用 2 个 M20 ~ M27，并沿底板短轴线设置。

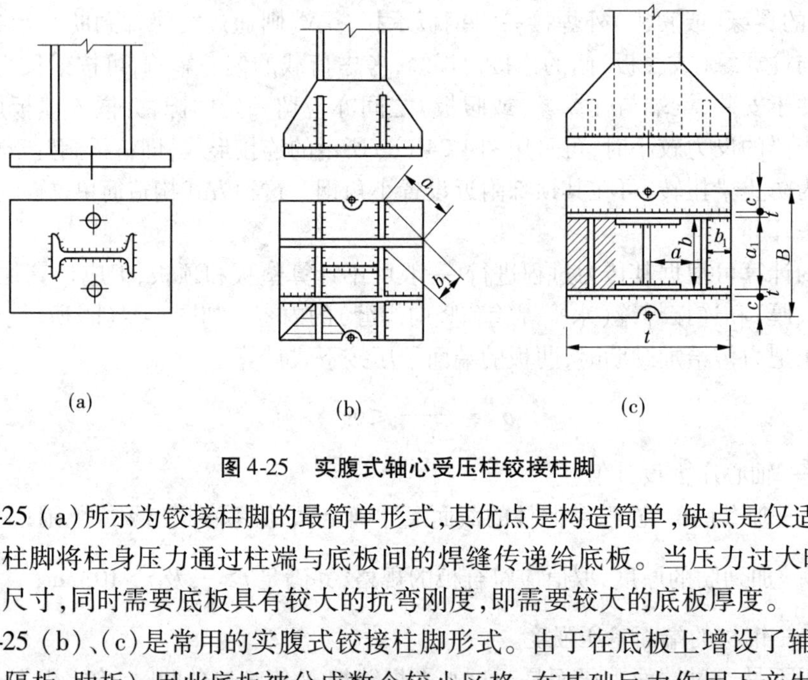

图 4-25　实腹式轴心受压柱铰接柱脚

图 4-25（a）所示为铰接柱脚的最简单形式，其优点是构造简单，缺点是仅适用于小型柱。这种柱脚将柱身压力通过柱端与底板间的焊缝传递给底板。当压力过大时，需要较大的焊角尺寸，同时需要底板具有较大的抗弯刚度，即需要较大的底板厚度。

图 4-25（b）、（c）是常用的实腹式铰接柱脚形式。由于在底板上增设了辅助传力零件（靴梁、隔板、肋板），因此底板被分成数个较小区格，在基础反力作用下产生的弯矩将大为减小，其厚度亦可变薄。这两种柱脚形式增大了焊缝的长度，将使得焊脚尺寸变小。值得注意的是，布置焊缝时应考虑施焊的方便和可能，对于无法施焊或无法保证焊接质量的部位，不应考虑其承载能力。

底板上锚栓孔径应比锚栓直径大 1 ~ 1.5 倍或做成 U 形缺口，以便于柱的安装和调整。最后固定时，应用孔径比锚栓直径大 1 ~ 2 mm 的锚栓垫板套住锚栓并与底板焊固。

2. 柱脚的计算

轴心受压柱的柱脚计算包括底板尺寸确定（长度、宽度和厚度）、零件（靴梁、隔板和肋板）尺寸确定及受力焊缝的计算等内容。

1)底板平面尺寸 L 和 B 的确定

假定底板与混凝土基础顶面间的压应力均匀分布,按照板底压应力不大于混凝土抗压强度的原则,得到底板面积应满足的要求如下

$$A = L \times B \geqslant \frac{N}{f_{cc}} + A_0 \tag{4-45}$$

式中　L、B——底板的长度和宽度;

N——轴心压力设计值;

f_{cc}——混凝土考虑局部承压的抗压强度设计值;

A_0——锚栓孔面积。

通常,底板做成正方形或边长比小于 2 的长方形,一般先按照构造定出宽度 B,然后按式(4-45)计算出所需长度 L。如图 4-25(c)所示,板宽 $B = b + 2t + 2c$,b 为柱身的尺寸,t 为靴梁的板厚,c 为底板悬臂边长度(取锚栓直径的 3 ~4 倍)。

2)底板厚度 t 的确定

底板的厚度由抗弯条件确定。柱端、靴梁、隔板和肋板将底板分割成四边支承、三边支承、两相邻边支承和悬臂的几种受力状态板块,则底板的厚度 t 计算公式如下

$$t = \sqrt{\frac{6M_{max}}{f}} \tag{4-46}$$

式中　M_{max}——各板块中板单位宽度上的最大弯矩值;

f——钢材的强度设计值。

可见,合理的设计是使各板块中弯矩值接近,当相差过大时,须调整底板尺寸或重划区格。

底板的厚度 t 一般取 20 ~40 mm,以使其具有足够的刚度,符合基础反力为均匀分布的假定。

底板各板块内,单位宽度上的最大弯矩可按下列公式计算:

四边支承区格

$$M_4 = \alpha q a^2 \tag{4-47}$$

三边支承区格

$$M_{3(2)} = \beta q a_1^2 \tag{4-48}$$

悬臂区格

$$M_1 = \frac{1}{2} q c^2 \tag{4-49}$$

式中　q——板底均布压应力,$q = \dfrac{N}{LB - A_0}$;

a——四边支承板的短边长度;

a_1——三边支承板的自由边长度或两相邻边支承板的对角线长度,如图 4-25 所示;

c——悬臂板的悬伸长度;

α、β——弯矩系数,按表 4-7 和表 4-8 查取。

由此可知,各板块中板单位宽度上的最大弯矩值 $M_{max} = (M_4, M_{3(2)}, M_1)$。

表 4-7　弯矩系数 α

b/a	1.0	1.1	1.2	1.3	1.4	1.5	1.6	1.7	1.8	1.9	2.0	3.0	≥4.0
α	0.048	0.055	0.063	0.069	0.075	0.081	0.086	0.091	0.095	0.099	0.101	0.119	0.125

表 4-8　弯矩系数 β

b_1/a_1	0.3	0.4	0.5	0.6	0.7	0.8	0.9	1.0	1.2	≥1.4
β	0.027	0.044	0.060	0.075	0.087	0.097	0.105	0.112	0.121	0.125

3)零件尺寸的确定

靴梁可近似地作为支承在柱身的双悬臂简支梁,其承受由底板连接焊缝传来的均匀反力作用。靴梁高度可按与柱身之间需要的竖向焊缝长度确定,其厚度取略小于柱翼缘,然后对其抗弯和抗剪强度进行验算。

隔板作为底板的支承边,应具有一定的刚度。隔板厚度不应小于宽度的 1/50,但可比靴梁略薄,其高度一般取决于与靴梁连接焊缝长度的需要。必要时(大型柱脚)还须按支承于靴梁的简支梁对其强度进行计算。隔板承受的底板反力可按图 4-25(c)中阴影面积计算。

肋板可按悬臂梁计算其强度和与靴梁的连接焊缝,肋板承受的底板反力可按图 4-25(b)中阴影面积计算。

4)受力焊缝的计算

柱身压力一部分通过竖向焊缝传给靴梁、隔板或肋板,然后由水平焊缝传给底板;另一部分则直接经柱端水平角焊缝传给底板。一般柱在制造过程中,柱端不一定齐平,且有时为调整柱的长度和垂直度,柱的端部还可能缩入靴梁里,从而和底板之间出现较大间隙,故焊缝质量不易保证。而靴梁、隔板和肋板等零件在拼装时可任意调整其下表面,使其与底板接触,焊缝质量可以得到保证。因此,在计算以上水平角焊缝时,通常都偏安全地假定柱端与底板间的焊缝不传力,而只考虑其他焊缝受力。值得注意的是,在进行连接焊缝承载力计算时,应考虑施焊的方便,对于不易保证焊接质量的焊缝,不应考虑其承载力。

【例 4-3】　试为例 4-2 中所选的焊接工字形截面柱设计柱脚。假设柱底轴心压力设计值 $N = 1\ 800$ kN,基础混凝土的抗压强度设计值 $f_c = 7.5$。钢材选用 Q235 钢,焊条 E43 型。

解　本例选用柱脚形式如图 4-26 所示,其具体设计过程如下。

1. 确定底板平面尺寸

混凝土的抗压强度设计值 $f_c = 7.5$,取混凝土局部受压强度提高系数 $\beta = 1.1$,则 $f_{cc} = 1.1 \times 7.5 = 8.25(\text{N/mm}^2)$。取 2 个 M20 锚栓,锚栓孔尺寸图 4-26 所示。

锚栓孔面积

$$A_0 = 2 \times \left(2 \times 5 + \frac{1}{2} \times \frac{\pi \times 5^2}{4}\right) = 39.6(\text{cm}^2)$$

底板所需面积

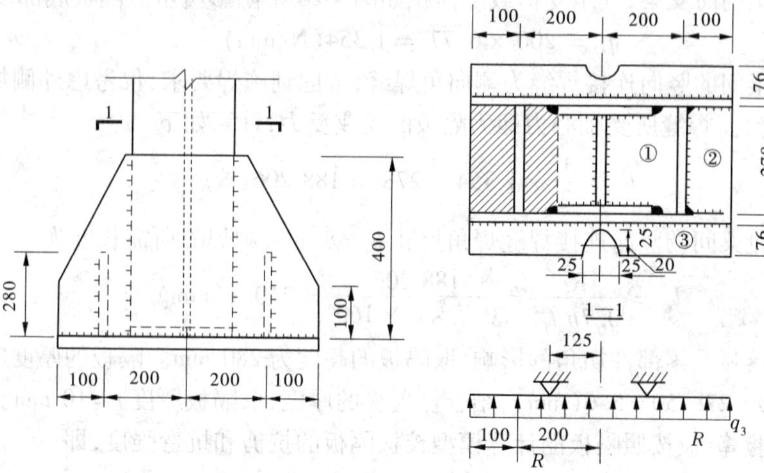

图 4-26 轴压柱铰接柱脚设计

$$A = L \times B = \frac{N}{f_{cc}} + A_0 = \frac{1\ 800 \times 10^3}{8.25 \times 10^2} + 39.6 = 2\ 221.4(\text{cm}^2)$$

取底板的宽度 $B = 27.8 + 2 \times 1 + 2 \times 7.6 = 45(\text{cm})$，则底板所需的长度为

$$L = \frac{A}{B} = \frac{2\ 221.4}{45} = 49.4(\text{cm})$$

若 L 取为 50 cm，板底的均布压力接近于混凝土的破坏强度。此处取 $L = 60$ cm，以降低板底的应力水平，则板底的压应力为

$$q = \frac{N}{LB - A_0} = \frac{1\ 800 \times 10^3}{(60 \times 45 - 39.6) \times 10^2} = 6.77(\text{N/mm}^2) < f_{cc} = 8.25\ \text{N/mm}^2$$

底板面积满足混凝土抗压强度要求。

2. 确定底板厚度

底板有三种区格形式，其单位宽度上的最大弯矩计算如下：

四边支承区格① 区格边长比 $b/a = 278/200 = 1.39$，查表 4-7 得 $\alpha = 0.074\ 4$，则

$$M_1 = \alpha q a^2 = 0.074\ 4 \times 6.77 \times 200^2 = 20\ 148(\text{N} \cdot \text{mm})$$

三边支承区格② 区格边长比 $b_1/a_1 = 100/278 = 0.36$，查表 4-8 得 $\beta = 0.035\ 6$，则

$$M_2 = \beta q a_1^2 = 0.035\ 6 \times 6.77 \times 278^2 = 18\ 626(\text{N} \cdot \text{mm})$$

悬臂区格③ 悬臂边长度为 76 mm，则

$$M_1 = \frac{1}{2} q c^2 = \frac{1}{2} \times 6.77 \times 76^2 = 19\ 552(\text{N} \cdot \text{mm})$$

按最大弯矩 $M_{max} = M_1 = 20\ 148$ N · mm 计算底板的厚度。因构造要求一般取厚度 $t = 20 \sim 40$ mm，故取 $f = 205$ N/mm²，则

$$t = \sqrt{\frac{6M_{max}}{f}} = \sqrt{\frac{6 \times 20\ 148}{205}} = 24.3(\text{mm})，取\ t = 25\ \text{mm}。$$

3. 隔板设计

隔板尺寸确定：隔板高度由靴梁与隔板间竖向连接焊缝的长度决定。将隔板简化为

两端简支于靴梁的简支梁,其承受荷载的面积如图 4-26 中阴影所示。隔板底部线荷载为

$$q_1 = 200 \times 6.77 = 1\ 354(\text{N/mm})$$

隔板与靴梁间的竖向连接焊缝为侧向角焊缝,考虑到施焊要求,仅考虑外侧焊缝参与受力(一条焊缝)。焊缝所受轴心力即为隔板的支座反力,计算如下

$$R = \frac{1}{2} \times 1\ 354 \times 278 = 188\ 206(\text{N})$$

设隔板与靴梁间的竖向连接焊缝焊角尺寸 $h_f = 8$ mm,则焊缝所需长度为

$$l_w = \frac{R}{0.7 h_f f_f^w} = \frac{188\ 206}{0.7 \times 8 \times 160} = 210.1(\text{mm})$$

考虑到起落弧及零部件切角的影响,取隔板的高度为 280 mm。隔板的厚度应满足构造要求 $t > b/50 = 278/50 = 5.6$(mm),结合柱翼缘的厚度,取隔板厚度 $t = 10$ mm。

隔板强度验算:应按照隔板的计算模型校核隔板的抗剪和抗弯强度,即

$$\tau = 1.5 \times \frac{R}{ht} = 1.5 \times \frac{188\ 206}{280 \times 10} = 100.8(\text{N/mm}^2) \approx f_v = 125\ \text{N/mm}^2$$

$$\sigma = \frac{M}{W} = \frac{\dfrac{1\ 354 \times 278^2}{8}}{\dfrac{10 \times 280^2}{6}} = \frac{1.31 \times 10^7}{1.31 \times 10^5} = 100(\text{N/mm}^2) < f = 215\ \text{N/mm}^2$$

4. 靴梁设计

靴梁尺寸确定:靴梁与柱身通过 4 条竖向焊缝连接,按承受压力 $N = 1\ 800$ kN 计算。此焊缝为侧向角焊缝,取 $h_f = 11$ mm,则竖向焊缝长度为

$$l_w = \frac{N}{4 \times 0.7 h_f f_f^w} = \frac{1\ 800 \times 10^3}{4 \times 0.7 \times 11 \times 160} = 365.3(\text{mm})$$

考虑起落弧影响,取靴梁高度为 400 mm。

靴梁的受力可以简化为支撑于柱边的双悬伸梁。结合柱翼缘的厚度,取靴梁厚度为 10 mm,其所承受的最大剪力和最大弯矩为

$$V_{max} = R + 86 \times (300 - 125) \times 6.77 = 290\ 094.5(\text{N})$$

$$M_{max} = 188\ 206 \times (200 - 125) + \frac{1}{2} \times 86 \times 6.77 \times (300 - 125)^2$$

$$= 23.03 \times 10^6(\text{N} \cdot \text{mm})$$

靴梁抗剪和抗弯强度验算如下

$$\tau = 1.5 \times \frac{V_{max}}{ht} = 1.5 \times \frac{290\ 094.5}{400 \times 10} = 108.8(\text{N/mm}^2) < f_v = 125\ \text{N/mm}^2$$

$$\sigma = \frac{M}{W} = \frac{23.03 \times 10^6}{\dfrac{10 \times 400^2}{6}} = 86.4(\text{N/mm}^2) < f = 215\ \text{N/mm}^2$$

所选靴梁尺寸满足强度要求。

5. 靴梁、隔板与底板间连接焊缝设计

靴梁、隔板与底板间连接焊缝承受全部压力,焊缝群按轴心受力计算。考虑到施焊要求,隔板与底板间的连接焊缝仅考虑外侧焊缝。取焊角尺寸均为 $h_f = 10$ mm,焊缝所需总

长度为

$$\sum l_w = \frac{1\ 800 \times 10^3}{1.22 \times 0.7 \times 10 \times 160} = 1\ 317.3(\text{mm})$$

靴梁、隔板与底板间连接焊缝布置如图 4-26 所示,焊缝实际长度远大于所需长度。

第六节 格构式轴心受压构件的设计

一、格构式轴心受压构件的常用截面形式

当轴心受压构件所承受的压力较大或构件的长度较大时,采用格构式截面形式可以在不增加材料的情况下获得较大的抗弯刚度,获得较好的经济效果,并可以很方便地做到截面对两主轴的等稳定。

格构式轴心受压柱,一般采用两槽钢或工字钢作为肢件的双轴对称截面,两肢件之间用缀条(角钢)或缀板(钢板)连成整体,即成为格构式双肢柱,如图 4-27(a)、(b)所示。这种柱只需调整两肢间的距离,即可实现对两主轴的等稳定性。

在格构式柱的横截面上,穿过肢件腹板的轴叫实轴(图 4-27 中的 y 轴),穿过两肢之间缀材面的轴称为虚轴(图 4-27 中的 x 轴)。

当格构式轴心受压柱承受的压力较小而长度较大时,其截面设计一般由刚度控制,此时可以采用角钢组成的双轴对称截面,如图 4-27(c)所示的四肢柱。这种截面形式可以充分利用小规格的型钢,具有较好的经济性。也可以采用圆管作为肢件的三肢柱(如图 4-27(d)所示),其受力性能较好。三肢柱和四肢柱两主轴均为虚轴,其缀材多用缀条而不用缀板。

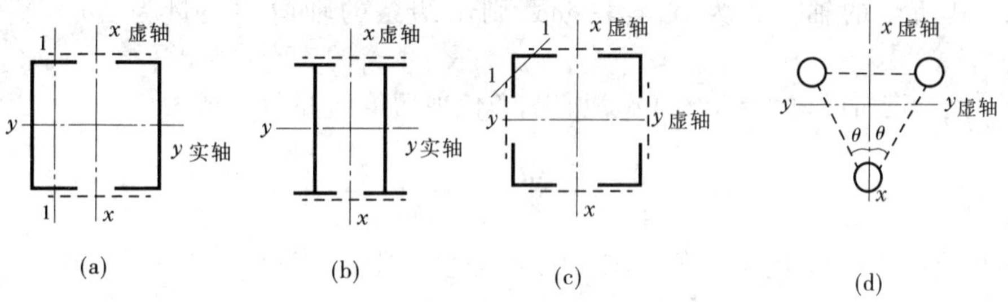

图 4-27 常用格构式轴心受压柱截面形式

二、格构式轴心受压构件的整体稳定

(一)对实轴的整体稳定计算

格构式轴心受压柱绕实轴的稳定计算与实腹式构件相同,计算过程参照本章第五节中的截面验算内容。

(二)对虚轴的整体稳定计算

格构式轴心受压柱绕虚轴的整体稳定临界力比长细比相同的实腹式构件低,主要原因是绕虚轴弯曲时构件将产生较大的剪切变形。

当轴心受压构件发生弯曲后，沿杆长各截面上将产生弯矩和剪力。对实腹式构件，剪力引起的附加变形很小，对临界力的影响只占3‰左右。因此，在确定实腹式轴心受压构件整体稳定的临界力时，仅仅考虑由弯矩作用所产生的变形，而忽略了剪力所产生的变形。对于格构式柱，当绕虚轴失稳时，由于肢件之间并不是连续的板，而是每隔一定距离通过缀条或缀板相连，柱的剪切变形较大，剪力造成的附加挠曲影响就不能忽略。在格构式柱的设计中，对虚轴失稳的计算，常以加大长细比的办法来考虑剪切变形的影响，加大后的长细比称为换算长细比。

1. 双肢缀条柱的换算长细比

根据弹性稳定理论，若考虑剪切变形的影响，格构式轴心受压柱对虚轴（x 轴）的临界力计算公式推导过程见式(4-10)，将其变形如下

$$N_{\mathrm{crx}} = \frac{\pi^2 EI_x}{l_{0x}^2}\frac{1}{1+\dfrac{\pi^2 EI_x}{l_{0x}^2}\gamma_1} = \frac{\pi^2 EA}{\lambda_x^2}\frac{1}{1+\dfrac{\pi^2 EA}{\lambda_x^2}\gamma_1} = \frac{\pi^2 EA}{\lambda_{0x}^2} \tag{4-50}$$

式中　γ_1——单位剪力作用下的轴线转角，即单位剪切角；

λ_{0x}——格构式轴心受压柱绕虚轴临界力换算为实腹柱临界力的换算长细比：

$$\lambda_{0x} = \sqrt{\lambda_x^2 + \pi^2 EA\gamma_1} \tag{4-51}$$

A——格构式轴压柱分肢的毛截面面积之和。

双肢缀条柱的受力状态接近于桁架体系。在推导单位剪切角 γ_1 的过程中，假设缀条与柱肢间连接节点均为铰接，并忽略横缀条的变形影响。取图4-28中双肢缀条柱长度为 l_1 的柱段作为研究对象，如图4-28(c)所示。斜缀条长度 $l_d = l_1/\cos\alpha$，在单位剪力 $V=1$ 的作用下，其所受的轴向力为 $N_d = 1/\sin\alpha$，则斜缀条的轴向伸长量为 $\Delta d = \dfrac{N_d l_d}{(EA_1)} = \dfrac{l_1}{\sin\alpha\cos\alpha EA_1}$，进而得到 $\Delta = \Delta d/\cos\alpha$。所以，单位剪切角 γ_1 的计算式为

$$\gamma_1 = \frac{\Delta}{l_1} = \frac{\Delta d}{l_1\cos\alpha} = \frac{1}{\sin\alpha\cos^2\alpha EA_1} \tag{4-52}$$

将单位剪切角 γ_1 代入换算长细比 λ_{0x} 的表达式，得到如下公式

$$\lambda_{0x} = \sqrt{\lambda_x^2 + \frac{\pi^2}{\sin\alpha\cos^2\alpha}\frac{A}{A_1}} \tag{4-53}$$

式中　A_1——双肢缀条柱一个节间内两侧斜缀条的横截面积之和；

α——斜缀条与柱肢件轴线间的夹角。

对于常用的双肢缀条柱，夹角 α 一般为40°～70°。在此范围内，$\dfrac{\pi^2}{\sin\alpha\cos^2\alpha}$ 变化不大，钢结构设计规范加以简化，将其取为常数27，由此得到钢结构设计规范规定的双肢缀条柱换算长细比

$$\lambda_{0x} = \sqrt{\lambda_x^2 + 27 \times \frac{A}{A_1}} \tag{4-54}$$

当 α 不为 40°～70°时，上式计算结果偏于不安全，应按照实际的 α 进行计算。

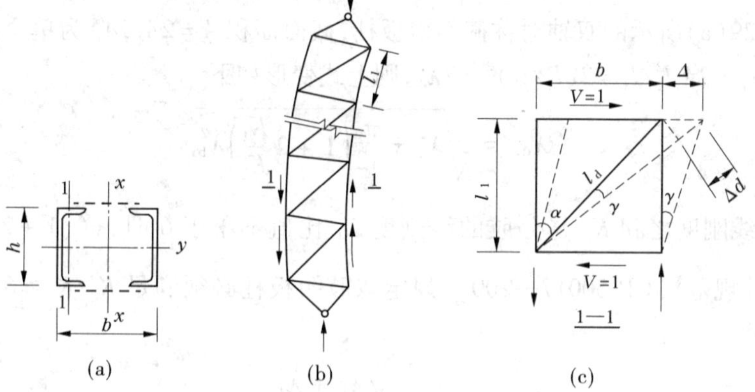

图 4-28　双肢缀条柱的剪切变形

2. 双肢缀板柱的换算长细比

双肢缀板柱的肢件与缀板间采用焊接连接或高强度螺栓连接，因此其受力状态接近于框架体系。假设双肢缀板柱变形时，其框架体系内反弯点在各杆件的中点，如图 4-29(b)所示。取如图 4-29(c)所示的隔离体进行分析，可以得到单位剪切角的计算公式如下

$$\gamma_1 = \frac{l_1^2}{24EI_1}\left(1 + 2\frac{K_1}{K_2}\right)$$

式中　I_1——分肢对最小刚度轴(1—1 轴)的惯性矩；

l_1——缀板轴线间的距离；

K_1——一个分肢的线刚度，$K_1 = I_1/l_1$；

K_2——两侧缀板线刚度之和，$K_2 = I_d/a$；

I_d——两侧缀板的惯性矩；

a——两分肢轴线间的距离。

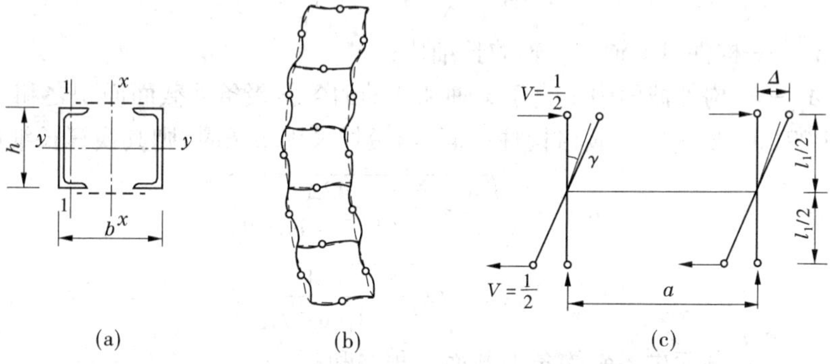

图 4-29　双肢缀板柱的剪切变形

将上式代入格构式轴心受压柱绕虚轴的换算长细比计算公式，得到缀板柱换算长细比 λ_{0x} 的计算公式

$$\lambda_{0x} = \sqrt{\lambda_x^2 + \frac{\pi^2 A l_1^2}{24 I_1}\left(1 + 2\frac{K_1}{K_2}\right)}$$

如图 4-29(a)所示的双轴对称截面缀板柱,截面面积 $A = 2A_1$,A_1 为单个肢件的面积。上式中 $Al_1^2/I_1 = 2A_1 l_1^2/I_1 = 2(l_1/i_1)^2 = 2\lambda_1^2$,则上式变形如下

$$\lambda_{0x} = \sqrt{\lambda_x^2 + \frac{\pi^2}{12}\left(1 + 2\frac{K_1}{K_2}\right)\lambda_1^2} \tag{4-55}$$

当缀板线刚度之和 K_2 与分肢的线刚度 K_1 比值不小于 6 时,$\pi^2(1 + 2\frac{K_1}{K_2})/12 \approx 1$。《钢结构设计规范》(GB 50017—2003)规定双肢缀板柱必须满足 $K_2/K_1 \geqslant 6$,则其换算长细比为

$$\lambda_{0x} = \sqrt{\lambda_x^2 + \lambda_1^2} \tag{4-56}$$

式(4-56)中,λ_1 为分肢对最小刚度轴(1—1 轴)的长细比,$\lambda_1 = l_{01}/i_1$。l_{01} 为分肢的计算长度,当缀板采用焊接时,取相邻缀板间的净距,当缀板采用螺栓连接时,取相邻缀板边缘螺栓之间的距离;i_1 为分肢对最小刚度轴的回转半径。

当存在特殊原因,使得 K_2 与 K_1 的比值小于 6 时,应按照 K_2、K_1 的实际值计算换算长细比。

3. 四肢和三肢格构柱的换算长细比

如图 4-27(c) 所示的四肢格构柱截面,其换算长细比如下:

当缀材为缀板时

$$\lambda_{0x} = \sqrt{\lambda_x^2 + \lambda_1^2} \tag{4-57}$$

$$\lambda_{0y} = \sqrt{\lambda_y^2 + \lambda_1^2} \tag{4-58}$$

当缀材为缀条时

$$\lambda_{0x} = \sqrt{\lambda_x^2 + 40\frac{A}{A_{1x}}} \tag{4-59}$$

$$\lambda_{0y} = \sqrt{\lambda_y^2 + 40\frac{A}{A_{1y}}} \tag{4-60}$$

式中　λ_x、λ_y——构件对 x 轴和 y 轴的长细比;

A_{1x}、A_{1y}——构件截面中垂直于 x 轴和 y 轴的各斜缀条毛截面面积之和。

如图 4-27(d) 所示的三肢格构柱截面,当缀材采用缀条时,则其换算长细比如下

$$\lambda_{0x} = \sqrt{\lambda_x^2 + \frac{42A}{A_1(1.5 - \cos^2\theta)}} \tag{4-61}$$

$$\lambda_{0y} = \sqrt{\lambda_y^2 + \frac{42A}{A_1\cos^2\theta}} \tag{4-62}$$

式中　A_1——构件截面中各斜缀条毛截面面积之和;

θ——构件截面内缀条所在平面与 x 轴的夹角。

(三)肢件的整体稳定计算

格构式轴心受压构件在轴心压力作用下,肢件不应先于构件丧失整体稳定。《钢结

构设计规范》(GB 50017—2003)通过控制肢件对最小刚度轴的长细比 λ_1,来保证肢件不先于构件发生失稳。规范规定,对于缀条柱,要求 $\lambda_1 \leqslant 0.7\lambda_{max}$;对于缀板柱,要求 $\lambda_1 \leqslant 0.5\lambda_{max}$,且 $\lambda_1 \leqslant 40$。λ_{max} 为构件两个方向长细比(对虚轴取换算长细比)的较大值,当 $\lambda_{max} < 50$ 时,取 50;计算缀条柱的 λ_1 时,l_{01} 取缀条柱的节间距离。

三、格构式轴心受压构件的缀材设计

(一)格构式轴压构件的横向剪力

格构式轴心受压构件绕虚轴弯曲时,缀材平面要承受横向剪力。若进行缀材的设计,须首先确定横向剪力的大小。假设两端铰接轴心受压柱,当绕虚轴弯曲时,其挠度曲线为正弦曲线,如图 4-30(a)所示。构件跨中最大挠度为 v_0,则其挠度方程为

$$y = v_0 \sin \frac{\pi z}{l}$$

构件任一点的弯矩为

$$M = Ny = Nv_0 \sin \frac{\pi z}{l}$$

则构件任一点的剪力为

$$V = \frac{\mathrm{d}M}{\mathrm{d}z} = \frac{N\pi}{l} v_0 \cos \frac{\pi z}{l}$$

可见,格构式轴压柱绕虚轴弯曲时,构件截面内产生的剪力按余弦曲线分布,如图 4-30(b)所示。由图可知剪力最大值在构件的两端,具体数值为

$$V_{max} = \frac{N\pi}{l} v_0$$

当构件绕虚轴弯曲达到稳定极限状态时,跨中最大挠度值 v_0 可由边缘屈服准则求得,此时构件截面边缘最大应力达到材料屈服强度,表达式如下

$$\frac{N_{crx}}{A} + \frac{N_{crx} v_0}{W_x} = \frac{N_{crx}}{A} + \frac{N_{crx} v_0}{I_x} \cdot \frac{b}{2} = f_y$$

式中　N_{crx}——构件绕虚轴(x 轴)的整体稳定临界力。

将上式变形有

$$\frac{N_{crx}}{Af_y}\left(1 + \frac{v_0}{i_x^2} \frac{b}{2}\right) = 1$$

令 $\frac{N_{crx}}{Af_y} = \varphi_x$,并根据截面轮廓尺寸与回转半径的近似关系取 $i_x = 0.44b$,由上式解得 v_0 如下

$$v_0 = \frac{0.88 i_x (1 - \varphi_x)}{\varphi_x}$$

将 v_0 表达式代入 V_{max} 表达式,并令 $\frac{\lambda_x}{0.88\pi(1-\varphi)} = \alpha$,则有

$$V_{max} = \frac{N\pi}{l} \cdot \frac{0.88 i_x (1 - \varphi_x)}{\varphi_x} = \frac{0.88\pi(1 - \varphi_x)}{\lambda_x} \frac{N}{\varphi_x} = \frac{1}{\alpha} \frac{N}{\varphi_x}$$

经过对双肢格构柱的分析,在常用长细比范围内,α 值变化不大,可取为常数。对采用 Q235 钢的构件,可取 $\alpha = 85$;对采用 Q345 钢、Q390 钢和 Q420 钢的构件,可取 $\alpha \approx 85\sqrt{235/f_y}$。因此,双肢格构式轴心受压柱平行于缀材面的最大剪力 V_{max} 可表达为

$$V_{max} = \frac{N}{85\varphi_x}\sqrt{\frac{f_y}{235}}$$

式中　φ_x——按虚轴换算长细比确定的构件整体稳定系数。

若令 $N = N_{crx} = \varphi_x Af$,即可得到《钢结构设计规范》(GB 50017—2003)规定的缀材设计时所需的最大剪力,计算公式如下

$$V = \frac{Af}{85}\sqrt{\frac{f_y}{235}} \tag{4-63}$$

在进行缀材的设计过程中,可以认为剪力 V 沿构件的长度方向不变,均为最大值,如图 4-30(c)所示。

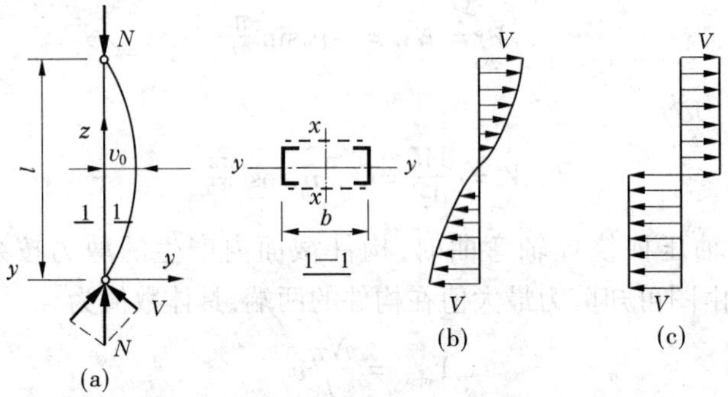

图 4-30　格构柱剪力计算

(二)缀条的设计

格构式缀条柱中,缀条布置方式包括单系缀条和交叉缀条两种,如图 4-31 所示。缀条的内力计算方法与桁架腹杆相同。在横向剪力 V 的作用下,双肢柱中每个缀材平面承受剪力 $V_1 = V/2$,则缀条的轴向压力为

$$N_t = \frac{V_1}{n\cos\alpha} = \frac{V}{2n\cos\alpha} \tag{4-64}$$

式中　V_1——分配到一个缀材面上的剪力;

n——承受剪力 V_1 的斜缀条数,单系缀条为 $n = 1$,交叉缀条 $n = 2$;

α——斜缀条与柱肢轴线间的夹角。

由于构件弯曲方向的偶然性,构件截面内横向剪力的方向也具有随机性,导致同一根斜缀条可能受拉也可能受压,因此应按照轴心受压构件选择截面。

缀条一般采用单角钢与肢件单面连接。从受力性质看,缀条实际上是偏心受压构件;从失稳形式看,缀条失稳属于弯扭失稳。为简化计算,《钢结构设计规范》(GB 50017—2003)规定,缀条的设计可以按轴心受压构件验算强度和稳定性,但是应将钢材强度进行折减。折减系数 γ 取值如下:

(1)按轴心受压计算构件的强度和连接时，$\gamma=0.85$；

(2)按轴心受压计算构件的稳定时：

等边角钢　　$\gamma=0.6+0.0015\lambda$，但不大于1.0

短边相连的不等边角钢　　$\gamma=0.5+0.0025\lambda$，但不大于1.0

长边相连的不等边角钢　　$\gamma=0.70$

上列式中的 λ 为缀条的长细比，对中间无联系的单角钢，按角钢最小回转半径确定。当 $\lambda<20$ 时，取 $\lambda=20$。为减小分肢的计算长度，单系缀条体系中可以设置横缀条，如图4-31(a)中虚线所示。单系缀条体系和交叉缀条体系中的横缀条截面尺寸可取与斜缀条相同。所有缀条均应满足容许长细比$[\lambda]\leqslant150$ 的刚度要求。

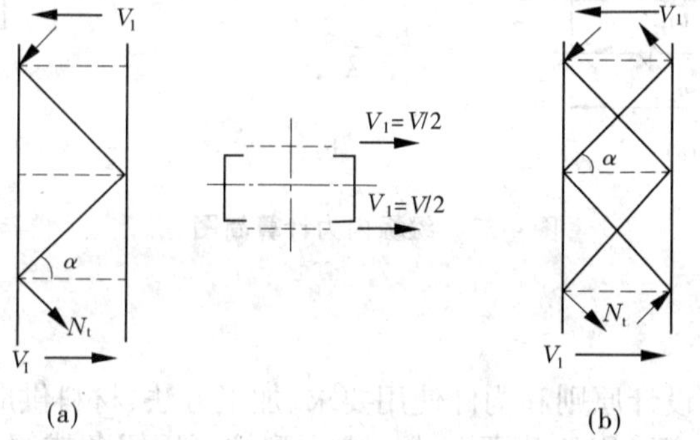

图4-31　缀条的内力

(三)缀板的设计

缀板柱在轴心压力作用下，其受力体系如同柱肢为立柱缀板为横梁的多层框架。当缀板柱绕虚轴整体挠曲时，假定各层分肢中点和缀板中点为反弯点，如图4-32(a)所示。在体系内截取隔离体如图4-32(b)所示，由此可得缀板中点剪力 T 及与肢件连接处的弯矩 M，计算公式如下

$$T=\frac{V_1 l_1}{a} \tag{4-65}$$

$$M=T\frac{a}{2}=\frac{V_1 l_1}{2} \tag{4-66}$$

式中　l_1——相邻缀板中心线间的距离；

a——两肢件轴线间的距离。

当缀板与肢件间用角焊缝相连时，角焊缝承受剪力 T 和弯矩 M 的共同作用，如图4-32(c)所示。因此，角焊缝只需按上述剪力 T 和弯矩 M 进行计算。

缀板的尺寸应满足一定的刚度要求。缀板的宽度 d 一般应满足 $d\geqslant2a/3$；厚度 t 应满足 $t\geqslant a/40$，且 $t\geqslant6$ mm；端缀板应适当加宽，一般取 $d=a$，a 为肢件轴线间的距离。

四、格构式轴心受压构件的截面设计

格构式轴心受压构件的设计包括初选截面、截面验算和缀材设计三部分内容。

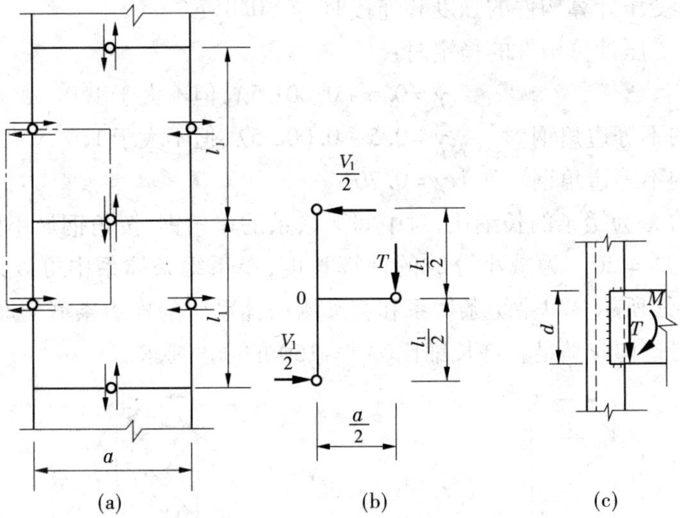

图 4-32　缀板内力计算简图

(一)初选截面

1. 确定截面形式

根据轴压构件截面设计原则和构件使用要求、加工方法、材料供应、轴心压力 N、计算长度 l_{0x} 和 l_{0y} 等条件，确定采用的截面形式。中小型柱可用缀条或缀板柱，对于大型柱易用缀条柱。

2. 选择柱肢

按实轴(y 轴)的整体稳定选择柱肢的截面，方法同实腹柱的计算。

3. 计算虚轴长细比

构件两主轴方向的稳定性能应尽可能相等，即构件应满足 $\lambda_{0x}=\lambda_y$。据此条件可以确定肢件间的距离。

对于双肢缀条柱

$$\lambda_{0x}=\sqrt{\lambda_x^2+27\frac{A}{A_1}}=\lambda_y$$

即构件应满足

$$\lambda_x=\sqrt{\lambda_y^2-27\frac{A}{A_1}} \tag{4-67}$$

对于双肢缀板柱

$$\lambda_{0x}=\sqrt{\lambda_x^2+\lambda_1^2}=\lambda_y$$

$$\lambda_x=\sqrt{\lambda_y^2-\lambda_1^2} \tag{4-68}$$

在利用以上公式确定构件对虚轴的长细比时，应根据经验预先选定斜缀条的规格，确定出斜缀条的截面面积之和 A_1，或根据分肢的稳定要求，假定 λ_1 的大小。

4. 确定分肢间距

计算出构件对虚轴的长细比 λ_x 后，得到构件对虚轴的回转半径 $i_x=\dfrac{l_{0x}}{\lambda_x}$，根据附录 9 中构件截面轮廓尺寸与回转半径的近似关系，可以得到构件在缀材方向的宽度 $b = i_x/\alpha_2$，此处应注意截面虚轴与实轴的对应关系。

当得到虚轴的回转半径 i_x 后，也可以按照已知截面的几何参数直接计算得出柱肢的间距。

一般柱肢的间距宜为 10 mm 的倍数，且应不小于 100 mm，以便于内部的防腐处理。

（二）截面验算

因柱肢截面是按照实轴的稳定条件确定的，所以只需按照选出的实际截面尺寸对虚轴的稳定和分肢的稳定进行验算，验算公式如前所述。如不满足要求，应进行相应的调整，直至满足要求。

（三）缀材设计

按照缀材的设计方法，进行缀条或缀板的设计，包括缀材与肢件间的连接焊缝。

五、格构式轴心受压构件的构造要求

（一）一般构造要求

（1）缀条不宜采用小于∟45×4 或∟56×36×4 的角钢。

（2）缀板应有一定的刚度。《钢结构设计规范》（GB 50017—2003）规定，同一截面处两侧缀板线刚度之和不得小于分肢线刚度的 6 倍。

（3）缀板与肢件间搭接长度一般可取 20～30 mm，可采用单面侧焊或三面围焊。缀条的轴线与分肢的轴线应尽可能汇交于一点。当有横缀条时，为便于杆件的汇交，可以采取加设节点板的连接形式，如图 4-33 所示。

（4）与大型实腹柱一样，为了增加构件的抗扭刚度，避免截面变形，格构式柱也应设置横隔，如图 4-34 所示。横隔可用钢板或角钢制作，其设置的间距和部位同大型实腹柱。

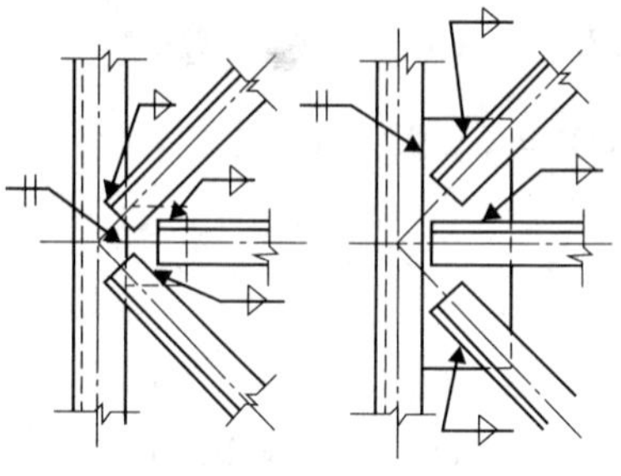

图 4-33　缀条与柱肢的连接

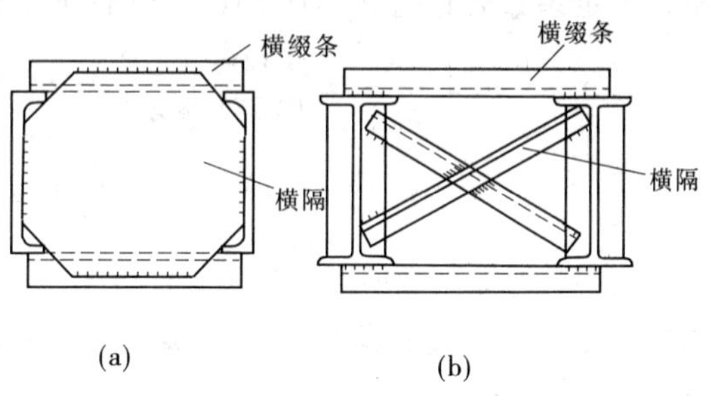

图 4-34　格构式柱的横隔

（二）柱头与柱脚的构造

格构式轴心受压柱的柱头和柱脚设计，同样遵循传力可靠、构造简单和便于安装的原则。格构式轴心受压柱典型的柱头和柱脚构造分别如图 4-35 和图 4-36 所示。

图 4-35 所示格构式轴压柱的柱头由顶板、竖向隔板和端缀板组成。顶板的构造与实腹柱相同，应具有一定的刚度，厚度不宜小于 16 mm。为保证顶板的刚度，柱顶必须设置端缀板，同时分肢间的顶板下面还须在中间设置竖向隔板。

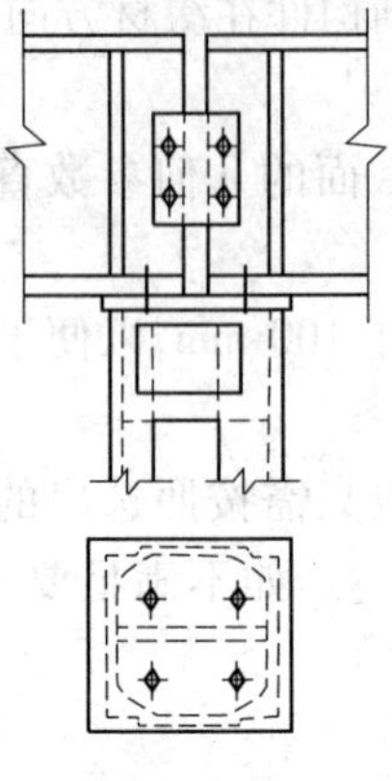

图 4-35　格构式轴压柱柱头

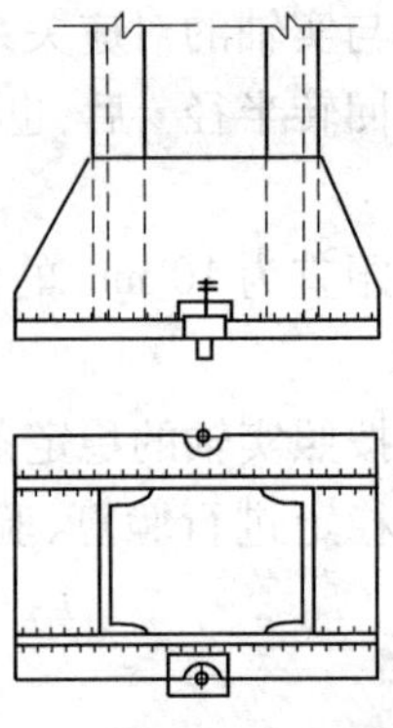

图 4-36　格构式轴压柱柱脚

图 4-36 所示的格构式轴压柱柱脚由底板、靴梁、抗剪件组成。当底板尺寸较大时，相应设置隔板和肋板，以减小板格的尺寸。各零件的计算同实腹式轴压柱，可参见本章相关内容。

【例 4-4】 某轴心受压柱承受轴心压力 $N=1\ 000$ kN，虚轴计算长度 $l_{0x}=6$ m，实轴计算长度 $l_{0y}=3$ m。轴心受压柱采用 Q235 钢，且截面无削弱。试将轴心受压柱设计成：

1. 缀条柱；
2. 缀板柱。

解　1. 缀条柱设计

(1) 试选截面。

①选择分肢截面。

分肢的截面按照实轴的稳定要求确定。假定长细比 $\lambda=70$，由附录 b 类截面轴心受压构件稳定系数表查得 $\varphi_y=0.751$，则分肢所需几何参数为

$$A=\frac{N}{\varphi_{\min}f}=\frac{1\ 000\times10^3}{0.751\times215}=6\ 193.3(\text{mm}^2)=61.93\ \text{cm}^2$$

$$i_y=\frac{l_{0y}}{\lambda}=\frac{300}{70}=4.29(\text{cm})$$

由表 4-6 可知截面所需高度 $h=4.29/0.38=11.29$(cm)，结合面积要求，在附录型钢表选取 2 [20a，对应的参数 $A=2\times28.84=57.68(\text{cm}^2)$，$i_y=7.86$ cm，$I_1=128\ \text{cm}^4$，$i_1=2.11$ cm，$Z_0=2.01$ cm。

②确定两肢件间的距离。

按照虚轴和实轴等稳定的要求确定肢件之间的距离。由选定的肢件截面可知：

$$\lambda_y=\frac{l_{0y}}{i_y}=\frac{300}{7.86}=38.2$$

按构造选取最小角钢∟45×4 作为缀材，$A_1=2\times3.49=6.98(\text{cm}^2)$，绕虚轴长细比为

$$\lambda_x=\sqrt{\lambda_y^2-27\frac{A}{A_1}}=\sqrt{38.2^2-27\times\frac{57.68}{6.98}}=35.2$$

截面所需回转半径 $i_x=\dfrac{l_{0x}}{\lambda_x}=\dfrac{600}{35.2}=17.0(\mathrm{cm})$，由附录 9 可知，截面所需宽度 $b=\dfrac{i_x}{0.44}=38.6(\mathrm{cm})$，取 $b=38\ \mathrm{cm}$。

（2）截面验算。

所选缀条柱截面尺寸如图 4-37 所示。因构件截面无削弱，可不验算强度。

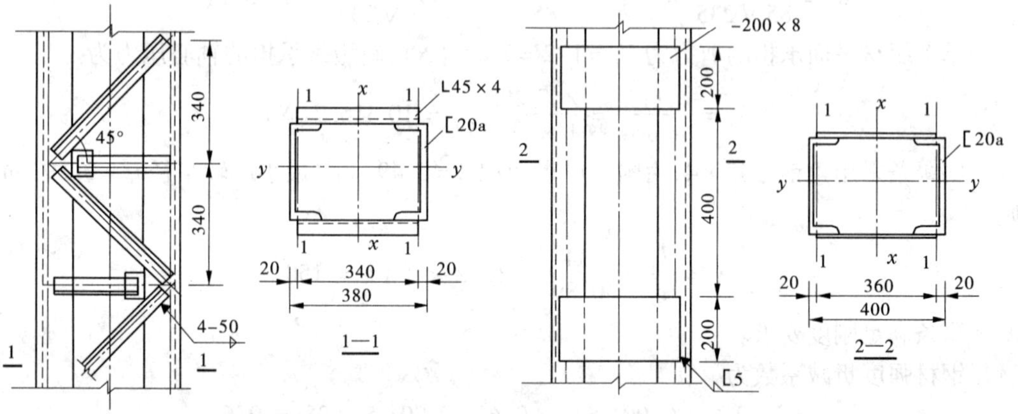

(a)缀条柱　　(b)缀板柱

图 4-37　格构式轴压柱设计

①参数计算。

构件截面对虚轴的惯性矩及回转半径计算如下

$$I_x=2\times(128+28.84\times17^2)=16\,926(\mathrm{cm}^4)$$

$$i_x=\sqrt{\frac{I_x}{A}}=\sqrt{\frac{16\,926}{57.68}}=17.1$$

②刚度验算。

$$\lambda_y=\frac{l_{0y}}{i_y}=\frac{300}{7.86}=38.2<[\lambda]=150$$

$$\lambda_x=\frac{l_{0x}}{i_x}=\frac{600}{17.1}=35.1$$

$$\lambda_{0x}=\sqrt{\lambda_x^2+27\frac{A}{A_1}}=\sqrt{35.1^2+27\times\frac{57.68}{6.98}}=38.15<[\lambda]=150$$

所选截面刚度满足要求。

③整体稳定验算。

$\lambda_{max}=\max(\lambda_y,\lambda_{0x})=38.2$，由附录 b 类截面轴心受压构件稳定系数表查得 $\varphi_{min}=0.908$。整体稳定计算如下

$$\frac{N}{\varphi_{min}A}=\frac{1\,000\times10^3}{0.908\times57.68\times10^2}=191(\mathrm{N/mm^2})<f=215\ \mathrm{N/mm^2}$$

构件所选截面整体稳定满足要求。

（3）肢件稳定验算。

将缀条按45°布置，采用不设置横缀条的方案，则肢件计算长度 $l_{01}=68\ \text{cm}$，$\lambda_1=l_{01}/i_1=68/2.11=32>0.7\lambda_{max}=0.7\times38.2=26.74$，不满足肢件稳定的要求。改为设置横缀条的方案，$\lambda_1=16<26.74$，满足肢件稳定的要求。

(4)缀条设计。

轴心受压柱缀材平面所承受的剪力为

$$V=\frac{Af}{85}\sqrt{\frac{f_y}{235}}=\frac{57.68\times10^2\times215}{85}\times\sqrt{\frac{235}{235}}=14\ 590(\text{N})$$

单个缀材平面承担的剪力为 $V_1=V/2=7\ 295(\text{N})$，斜缀条承担的轴心压力为

$$N_t=\frac{V_1}{n\cos\alpha}=\frac{7\ 295}{1\times\cos45°}=10\ 316.7(\text{N})$$

斜缀条采用角钢∟45×4，由附录可得面积 $A=3.49\ \text{cm}^2$，最小回转半径 $i_0=0.89\ \text{cm}$，则

$$\lambda=\frac{l_0}{i_0}=\frac{34}{0.89}=38.2<[\lambda]=150$$

所选缀条满足刚度要求。

钢材强度折减系数为

$$\gamma=0.6+0.001\ 5\lambda=0.6+0.001\ 5\times38=0.66$$

由表4-4可知，轧制等边单角钢对 x 轴和 y 轴均属于b类截面，按 $\lambda=38$ 由附录b类截面轴心受压构件稳定系数表查得 $\varphi=0.906$。斜缀条的整体稳定验算如下

$$\frac{N_t}{\varphi A}=\frac{10\ 316.7}{0.906\times3.49\times10^2}=32.6(\text{N/mm}^2)<\gamma\cdot f=0.66\times215=141.9(\text{N/mm}^2)$$

所选缀条截面满足整体稳定要求。

(5)连接焊缝计算。

缀条与肢件间的连接焊缝采用两面侧焊，取焊角尺寸 $h_f=4\ \text{mm}$，采用E43型焊条，手工焊接。斜缀条肢背和肢尖所需的焊缝长度计算如下

$$l_1=\frac{0.7\times N_t}{h_e\gamma f_f^w}+2h_f=\frac{0.7\times10\ 316.7}{0.7\times4\times0.85\times160}+2\times4=27(\text{mm})$$

$$l_2=\frac{0.3\times N_t}{h_e\gamma f_f^w}+2h_f=\frac{0.3\times10\ 316.7}{0.7\times4\times0.85\times160}+2\times4=16(\text{mm})$$

按构造要求取肢背和肢尖的焊缝长度均为50 mm。横缀条连接焊缝同斜缀条。

2. 缀板柱设计

(1)试选截面。

①选择分肢截面。

分肢截面按照实轴的稳定要求确定。计算过程同缀条柱，截面仍选取2［20a，对应的参数 $A=2\times28.84=57.68(\text{cm}^2)$，$i_y=7.86\ \text{cm}$，$I_1=128\ \text{cm}^4$，$i_1=2.11\ \text{cm}$，$Z_0=2.01\ \text{cm}$。

②确定两肢件间的距离。

按照虚轴和实轴等稳定的要求确定肢件之间的距离。由选定的肢件截面可知

$$\lambda_y=\frac{l_{0y}}{i_y}=\frac{300}{7.86}=38.2$$

假定分肢对最小刚度轴(1—1 轴)的长细比 $\lambda_1=19$,满足 $\lambda_1<0.5\lambda_y=19.1$,且 $\lambda_1\leqslant 40$ 的分肢稳定性要求。根据等稳定要求,轴压柱虚轴长细比应为

$$\lambda_x=\sqrt{\lambda_y^2-\lambda_1^2}=\sqrt{38.2^2-19^2}=33$$

截面所需回转半径 $i_x=\frac{l_{0x}}{\lambda_x}=\frac{600}{33}=18.2$ cm,由表 4-8 可知,截面所需宽度 $b=\frac{i_x}{0.44}=\frac{18.2}{0.44}=41.4$(cm),取 $b=40$ cm。

(2)截面验算。

①参数计算。

构件截面对虚轴的惯性矩及回转半径计算如下

$$I_x=2\times(128+28.84\times18^2)=18\,944(\text{cm}^4)$$

$$i_x=\sqrt{\frac{I_x}{A}}=\sqrt{\frac{18\,944}{57.68}}=18.12$$

②刚度验算。

$$\lambda_y=\frac{l_{0y}}{i_y}=\frac{300}{7.86}=38.2<[\lambda]=150$$

$$\lambda_x=\frac{l_{0x}}{i_x}=\frac{600}{18.12}=33.11$$

$$\lambda_{0x}=\sqrt{\lambda_x^2+\lambda_1^2}=\sqrt{33.11^2+19^2}=38.17<[\lambda]=150$$

所选截面刚度满足要求。

③整体稳定验算。

已知 $\lambda_{max}=\max(\lambda_y,\lambda_{0x})=38.2$,由附录 b 类截面轴心受压构件稳定系数表查得 $\varphi_{min}=0.905$。整体稳定计算如下

$$\frac{N}{\varphi_{min}A}=\frac{1\,000\times10^3}{0.905\times57.68\times10^2}=192(\text{N/mm}^2)<f=215\text{ N/mm}^2$$

构件所选截面整体稳定满足要求。

④缀板设计。

缀板与肢件间采用焊接连接,缀板之间的净距为

$$l_{01}=\lambda_1 i_1=19\times2.11=40.09(\text{cm})$$

缀板的宽度一般应满足 $d\geqslant\frac{2a}{3}=2\times\frac{36}{3}=24$(cm),取 $d=20$ cm;缀板的厚度一般应满足 $t\geqslant a/40=36/40=0.9$(cm),取 $t=8$ mm,则缀板轴线间的距离 $l_1=40.09+20=60.09$(cm),取 $l_1=60$ cm。

分肢的线刚度为 $K_1=I_1/l_1=128/60=2.13$,两侧缀板线刚度之和为

$$K_2=I_d/a=\frac{2\times\frac{1}{12}\times0.8\times20^3}{36}=29.6$$

刚度比 $\frac{K_2}{K_1}=\frac{29.6}{2.13}=13.9>6$,缀板满足刚度要求。

⑤连接焊缝计算。

格构式轴压柱的横向剪力为

$$V=\frac{Af}{85}\sqrt{\frac{f_y}{235}}=\frac{57.68\times10^2\times215}{85}\times\sqrt{\frac{235}{235}}=14\ 590(\mathrm{N})$$

缀板中点剪力 T 及与肢件连接处的弯矩 M 分别为

$$T=\frac{V_1l_1}{a}=\frac{Vl_1}{2a}=\frac{14\ 590\times60}{2\times36}=12\ 158(\mathrm{N})$$

$$M=T\cdot\frac{a}{2}=\frac{V_1l_1}{2}=\frac{14\ 590\times60}{4}=218\ 850(\mathrm{N\cdot cm})$$

采用三面围焊角焊缝，取焊角尺寸 $h_f=5$ mm，计算时偏安全地仅考虑竖向垂直焊缝，不考虑水平焊缝的承载力。此种情况下竖向垂直焊缝的计算长度 $l_w=200$ mm。

由剪力 T 产生的剪应力和弯矩 M 产生的正应力分别为

$$\tau_f=\frac{T}{h_el_wf_f^w}=\frac{12\ 158}{0.7\times5\times200}=17.4(\mathrm{N/mm^2})$$

$$\sigma_f=\frac{M}{W}=\frac{6\times218\ 850\times10}{0.7\times5\times200^2}=93.8(\mathrm{N/mm^2})$$

焊缝在剪力 T 和弯矩 M 的共同作用下，应满足下式要求

$$\sqrt{\left(\frac{\sigma_f}{1.22}\right)^2+\tau_f^2}=\sqrt{76.9^2+17.4^2}=78.8(\mathrm{N/mm^2})<f_f^w=160\ \mathrm{N/mm^2}$$

所选焊角尺寸满足承载力要求。

习　题

1. 某桁架下弦杆 AB 承受轴心拉力设计值 280 kN（静力作用），杆件长 4.5 m。该杆件拟采用 2∟75×5 角钢组成的 T 形截面，且在杆件端部的 T 形腹板上有直径 22 mm 的螺栓孔。钢材为 Q235 钢。试验算所选截面是否满足强度和刚度要求（不考虑自重）。

2. 如图 4-38 所示螺栓连接。螺栓直径 20 mm，孔径 22 mm，钢材均为 Q235 钢。分别按普通螺栓连接和摩擦型高强度螺栓连接计算钢板净截面承载力（应同时考虑拼接板和构件板）。

3. 某管道支架立柱高 3.0 m，无侧向支撑。结合该柱的构造状况，可以将其按两端铰接轴心受压柱考虑。已知轴心压力 $N=300$ kN。

（1）若该支柱采用 Ⅰ18 热轧型钢，钢材采用 Q235 钢，试验算其能否满足要求。

（2）若该支柱仍采用 Ⅰ18 热轧型钢，但是钢材采用 Q345 钢，验算其能否满足要求。

（3）若由于客观条件制约，该柱只能采用 Ⅰ18 热轧型钢，试问可以采取哪些措施使之满足要求。

4. 试设计某平台结构柱。已知该柱所承受的轴心压力设计值为 $N=5\ 000$ kN，柱的高度为 6 m，钢材为 235 钢。

（1）试选择工字钢截面。已知柱的跨中顺强轴方向存在侧向支撑，即 $l_{0y}=3$ m。

(2)试选择 H 型钢截面。已知柱的跨中无侧向支撑,即 $l_{0x}=l_{0y}=6$ m。

(3)试设计焊接工字形截面(翼缘为火焰切割边)。已知柱的跨中顺强轴方向存在侧向支撑,即 $l_{0y}=3$ m。

5. 某轴心受压柱截面尺寸如图 4-39 所示。在柱的侧向支撑截面处,同一截面的腹板有两个直径 21.5 mm 的螺栓孔。已知轴心压力设计值 $N=1\ 500$ kN,$l_{0x}=6$ m,$l_{0y}=3$ m,材料为 Q235 钢。试验算该柱是否满足使用要求。

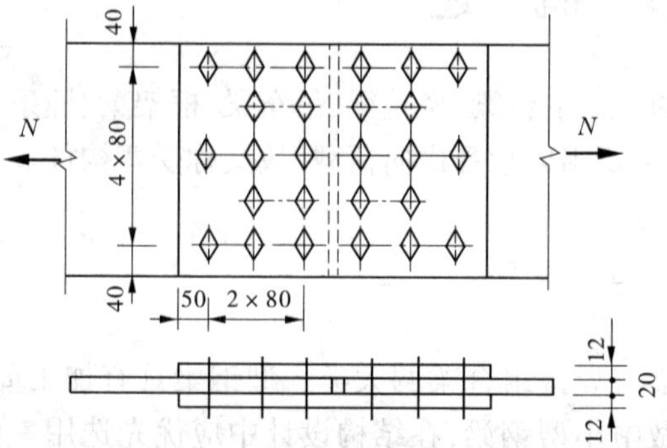

图 4-38　习题 2 图

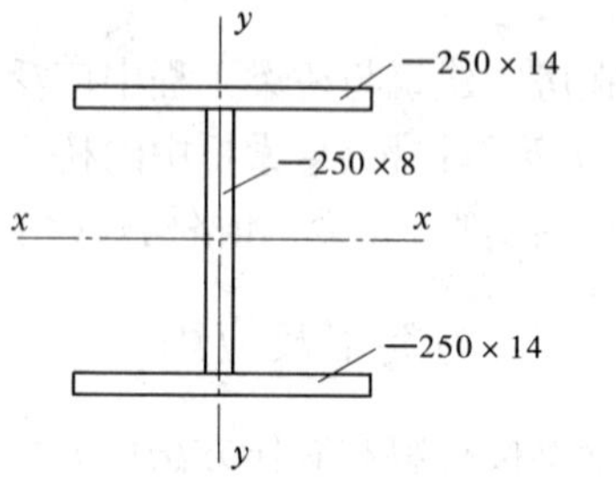

图 4-39　习题 5 图

6. 某格构式轴心受压柱如图 4-40 所示。已知轴心压力设计值为 $N=1\ 150$ kN,$l_{0x}=560$ cm,$l_{0y}=350$ cm,钢材采用 Q235 钢。试分别验算缀条柱和缀板柱是否满足使用要求。

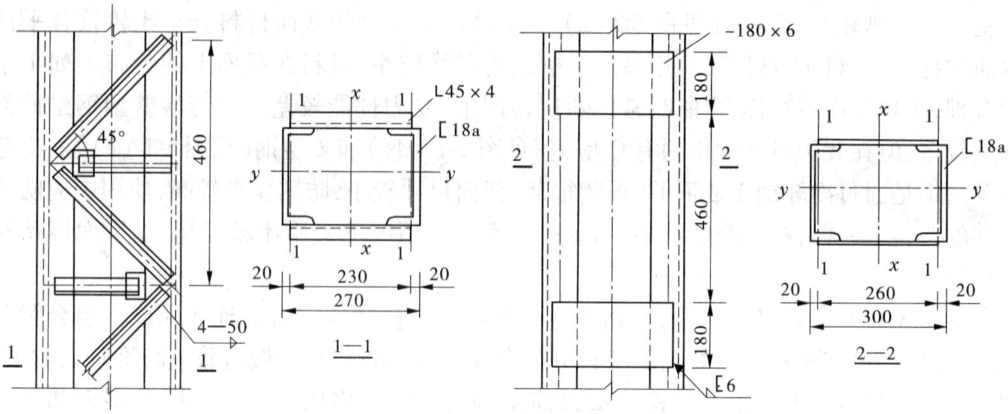

(a)缀条柱　(b)缀板柱

图 4-40　格构式轴心受压柱验算

7. 试为图 4-38 中的实腹式轴心受压柱设计柱脚。

8. 试为图 4-39 中的格构式轴心受压柱设计柱脚。

第五章　受弯构件设计

第一节　概　述

在房屋建筑与桥梁工程中广泛应用的工作平台梁、楼盖梁、吊车梁、框架梁、檩条及梁式桥、大跨斜拉桥、悬索桥中的桥面梁等，主要用以承受横向荷载，故又称受弯构件。受弯构件包括实腹式(梁)和格构式(桁架)两类。

一、梁的类型及应用

钢梁按材料和制作方法可分为型钢梁与焊接组合梁两大类。型钢梁具有加工简单、制造方便、成本低廉的优点，因而广泛用做中小型钢梁，在结构设计中应优先选用。但由于型钢规格型号所限，在大多情况下，用钢量要多于焊接组合梁。当荷载或跨度较大时，由于工厂轧制条件的限制，型钢梁的尺寸有限，不能满足构件承载能力和刚度的要求，因此必须采用组合梁。

型钢梁又分为热轧型钢梁和冷弯薄壁型钢梁两种。目前，常用的热轧型钢有普通工字钢、槽钢、热轧 H 型钢等(见图 5-1(a) ~ (c))。工字钢的截面材料分布比较符合平面弯曲的特点，用料比较经济，应用最广。槽钢的翼缘较小，材料在截面上的分布不如工字钢合理，而且截面不对称，弯曲时常伴随扭转产生，受力性能较差。冷弯薄壁型钢梁截面种类较多，但在我国目前常用的有 C 型钢(见图 5-1 (d))和 Z 型钢(见图 5-1 (e))。冷弯薄壁型钢是通过冷轧加工成形的，板壁很薄，截面尺寸较小，防锈要求较高，使用中应防止杆件的扭转和屈曲，在梁跨度较小、承受荷载不大的情况下采用比较经济，如屋面檩条和墙梁等。

如图 5-1(f)、(g)所示，组合梁由钢板、型钢用焊缝、螺栓或铆钉连接而成。组合梁截面组成灵活，可使材料在截面上的分布更为合理，节约用料，常用做荷载或跨度较大的梁。用三块钢板焊成的工字形组合梁构造最简单，制作方便，应用最广泛。用 T 型钢和钢板也可焊成工字形梁。当抗弯承载力不足时，可在翼缘加焊一层翼缘板。承受动力荷载的梁，当钢材质量不能满足焊接结构的要求时，可采用铆接或高强度螺栓连接。当梁承受的荷载较大而梁截面高度受到限制，或承受双向弯矩(M_x 和 M_y)，或承受较大扭矩时，可采用双腹板的箱形截面梁(见图 5-1(h))。

根据弯曲变形情况，梁可分为在一个主平面内弯曲的单向受弯梁和两个主平面内弯曲的双向受弯梁(或称斜弯曲梁)。按梁在结构中的作用不同可将梁分为主梁与次梁。按截面是否沿构件轴线方向变化可将梁分为等截面梁与变截面梁，改变梁的截面会增加一些制作成本，但可达到节省材料的目的。根据梁的支承情况，可分为简支梁、连续梁、悬臂梁等。钢梁常用简支梁，简支梁制造简单，安装方便，且可避免支座不均匀沉陷所产生的不利影响。

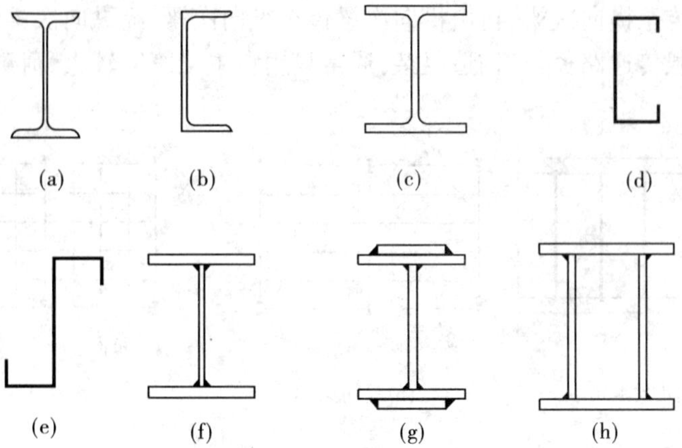

图 5-1　梁的截面形式

二、梁格布置

梁格通常是由若干梁平行或交叉排列而形成的平面体系，如楼盖和工作平台等。图 5-2即为工作平台梁格布置示例。梁格上的荷载一般先由铺板传给次梁，再由次梁传给主梁，然后传到柱或墙，最后传给基础和地基。

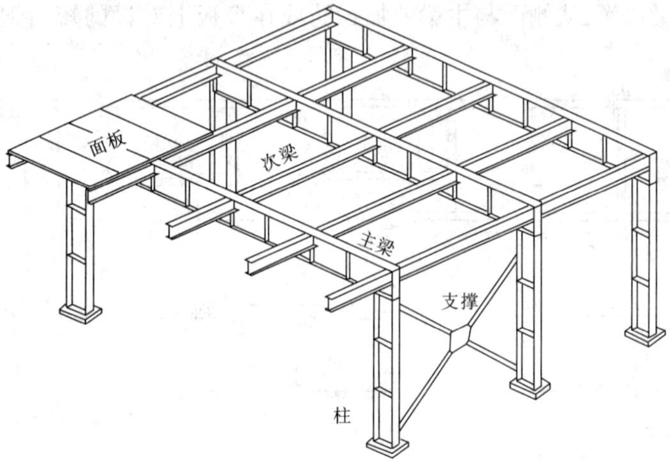

图 5-2　工作平台梁格布置示例

布置梁格时，应充分考虑平台的平面构造尺寸及铺板的允许跨距，合理布置梁格，做到安全经济、施工方便。根据主梁和次梁的排列情况，梁格布置有三种形式。

(1)单向梁格。仅在横向方向布置主梁(见图 5-3(a))，荷载由楼板传至主梁，并经主梁传至墙壁或柱等承重结构上。单向梁格多采用型钢梁，适用于梁跨较小的情况，由于板的承载力不大，梁布置较密，耗钢量较大。

(2)双向梁格。如图 5-3(b)所示布置中，荷载由楼板传至次梁，次梁再将荷载传至主梁，主梁支承在柱或墙等承重结构上。这是一种常用的梁格布置方式。

(3)复式梁格。如图 5-3(c)所示的复式梁格中,主梁间同时加设纵向次梁和横向次梁。荷载由楼板传至横向次梁,再由横向次梁传至纵向次梁,经纵向次梁传给主梁。

复式梁格荷载传递路径长,构造复杂,通常只用在主梁跨度较大、荷载较重的情况下。

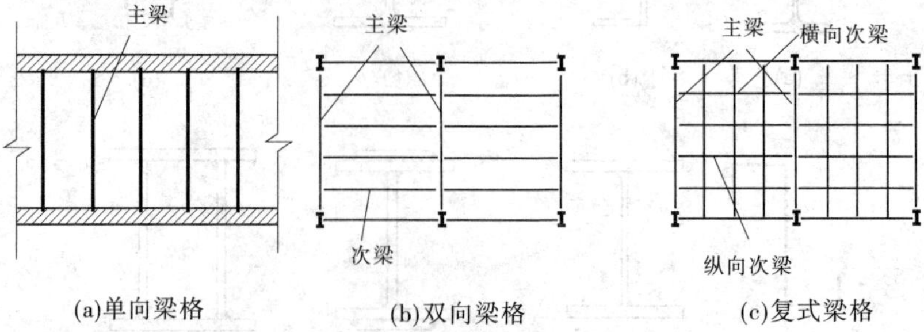

图 5-3　梁格布置形式

三、主次梁连接

主次梁间的连接可以是叠接、平接或降低连接。

(1)叠接:如图 5-4(a)所示,叠接是将次梁直接搁在主梁上面,用螺栓或焊缝连接,这是最简单最方便的连接方法,但需要的结构高度大,其使用常受到限制。

(2)平接:平接又称等高连接,如图 5-4 (b) ~ (i)所示,是使次梁顶面与主梁相平或略高、略低于主梁顶面,从侧面与主梁的加劲肋或在腹板上专设的短角钢或支托相连接,

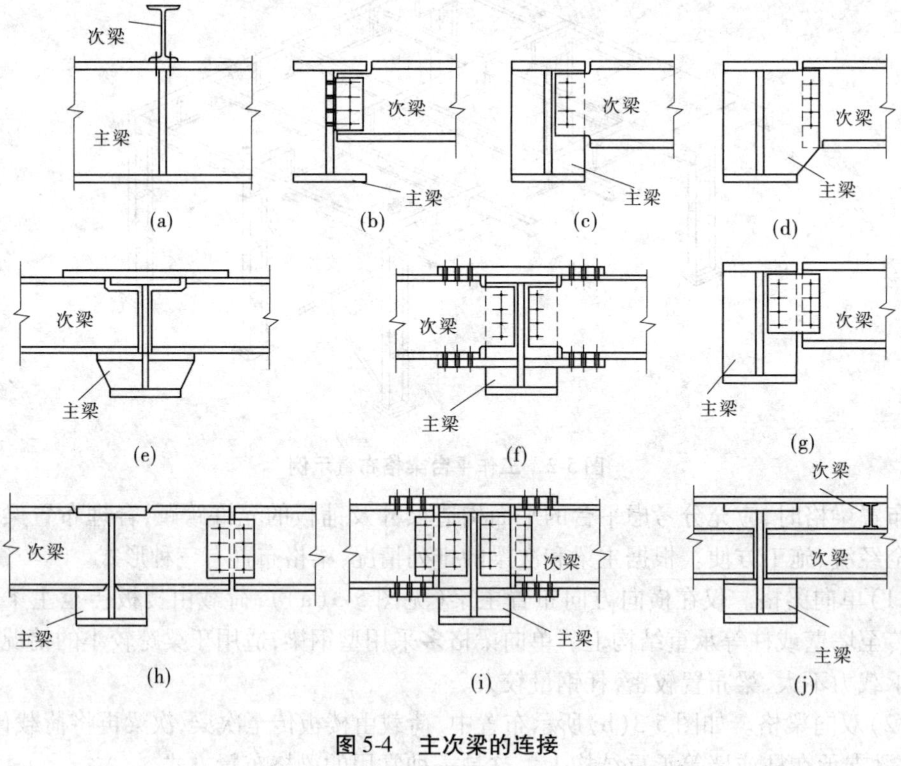

图 5-4　主次梁的连接

其上铺板。该方法允许在给定的楼板建筑高度内增大主梁的高度。

(3)降低连接：降低连接用于复式梁格中，如图 5-4 (j)所示，横向次梁在低于主梁上翼缘的水平处与主梁相连，横向次梁上叠放纵向次梁，铺板位于主梁之上。该法同样允许在给定的楼板建筑高度内增大主梁的高度。

每一种连接构造都要将次梁支座的压力传给主梁，实质上，这些支座压力就是梁的剪力。而梁腹板的主要作用是抗剪，所以应将次梁腹板连于主梁的腹板上，或连于与主梁腹板相连的铅垂方向抗剪刚度较大的加劲肋上或支托的竖直板上。

第二节　梁的强度和刚度

梁在横向荷载作用下将产生弯曲应力、剪切应力，在集中荷载作用处还有局部承压应力，故梁的强度应包括抗弯强度、抗剪强度、局部承压强度，在弯曲应力、剪切应力及局部压应力共同作用处还应验算折算应力。

一、抗弯强度

采用钢材是理想弹塑性体的假定，当梁截面承受弯矩 M_x 由零逐渐加大时，截面上的应变始终符合平截面假定(见图 5-5(a))。以双轴对称工字形截面为例，截面上、下边缘的应变最大，用 ε_{max} 表示，截面上的正应力发展过程可分为三个阶段。

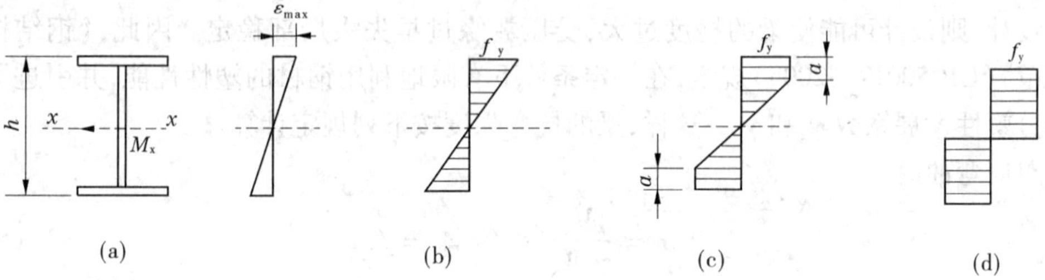

图 5-5　钢梁受弯时各阶段正应力的分布情况

(一)弹性工作阶段

当作用于梁上的弯矩 M_x 较小时，截面上最大应变 $\varepsilon_{max} \leqslant \dfrac{f_y}{E}$，梁全截面处于弹性工作状态，应力与应变成正比，此时截面上的应力呈直线分布。当 $\varepsilon_{max} = \dfrac{f_y}{E}$(见图 5-5(b))，即边缘纤维应力达到 f_y 时达到弹性工作的极限状态，相应的弯矩为梁弹性工作阶段的最大弯矩，其值为

$$M_{xe} = f_y W_x \tag{5-1}$$

式中　W_x——梁净截面对 x 轴的弯曲模量，对矩形截面 $W_x = bh^2/6$；

f_y——钢材屈服点。

(二)弹塑性工作阶段

当弯矩 M_x 继续增加,截面上、下边缘各有一个高为 a 的区域,其应变 $\varepsilon_{max} \geqslant \frac{f_y}{E}$。由于钢材为理想的弹塑性体,所以这个区域的正应力仍为屈服应力 f_y,该区域为塑性区。截面的中间部分区域应变 $\varepsilon_{max} < \frac{f_y}{E}$,仍保持为弹性,应力和应变成正比(见图 5-5(c))。此时梁处于弹塑性工作阶段。

(三)塑性工作阶段

弯矩 M_x 再继续增加,梁截面的塑性区不断向内发展,而弹性核心区不断减小。当弹性核心区完全消失(见图 5-5(d))时,弯矩 M_x 不再增加,但变形却继续发展,形成"塑性铰",此时,梁的承载能力达到极限。其最大弯矩为

$$M_{xp} = f_y(S_{1x} + S_{2x}) = f_y W_{px} \tag{5-2}$$

式中　S_{1x}、S_{2x}——中和轴以上、以下净截面对中和轴 x 的面积矩。

通常,定义截面绕 x 轴的截面形状系数 γ_F 为塑性铰弯矩 M_{xp} 与弹性最大弯矩 M_{xe} 之比:

$$\gamma_F = \frac{M_{xp}}{M_{xe}} = \frac{W_{px}}{W_x} \tag{5-3}$$

γ_F 值只取决于截面的几何形状,与材料的性质无关,称为截面形状系数。

在计算梁的抗弯强度时,不考虑截面塑性发展是浪费钢材的。但若按截面形成塑性铰来设计,则设计可能使梁的挠度过大,受压翼缘过早失去局部稳定。因此,《钢结构设计规范》(GB 50017—2003)规定,在一定条件下有限地利用钢材的塑性性能,并引进了截面部分塑性发展系数 γ_x 和 γ_y。这样,梁的抗弯强度按下列规定计算。

单向弯曲时

$$\sigma = \frac{M_x}{\gamma_x W_x} \leqslant f_y/\gamma_R = f \tag{5-4}$$

式中　γ_R——材料抗力分项系数,对 Q235 钢取 1.087,对 Q345、Q390、Q420 钢取 1.111;

f——钢材的抗弯强度设计值。

同理,对双向受弯的梁,其强度应满足

$$\sigma = \frac{M_x}{\gamma_x W_x} + \frac{M_y}{\gamma_y W_y} \leqslant f \tag{5-5}$$

式中　M_x、M_y——绕 x 轴和 y 轴的弯矩;

W_x、W_y——梁对 x 轴和 y 轴的净截面模量;

γ_x、γ_y——截面塑性发展系数,可按附录 3 采用。

当梁的抗弯强度不足时,增大梁截面任一尺寸均可,但以增大梁高最有效。

二、抗剪强度

一般情况下,梁既承受弯矩,又承受剪力。矩形、工字形和槽形截面梁上的剪应力分布如图 5-6 所示,剪应力的计算式为

$$\tau = \frac{VS}{It_w} \leqslant f_v \tag{5-6}$$

式中　V——梁的剪力设计值；

S——计算剪应力处以上截面对中和轴的面积矩；

I——毛截面惯性矩；

t_w——腹板厚度；

f_v——钢材的抗剪强度设计值。

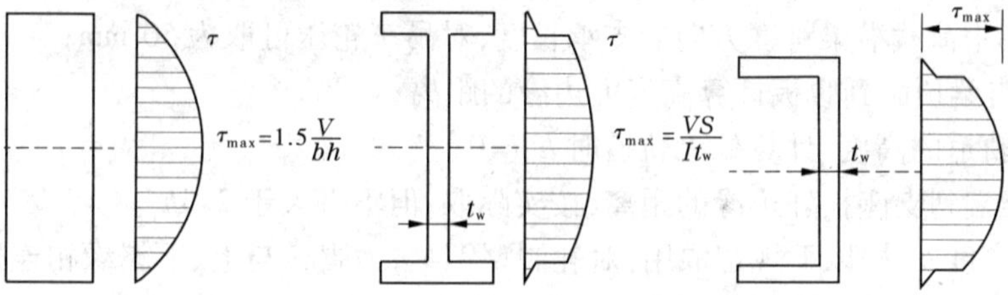

图 5-6　梁剪应力分布

型钢腹板较厚，一般能满足上式要求，因此只在剪力最大截面处有较大削弱时，才需进行剪应力的计算。

当梁的抗剪强度不足时，最有效的办法是增大腹板的面积，但腹板高度 h_w 一般由梁的刚度条件和构造要求确定，故设计时常采用加大腹板厚度 t_w 的办法来增大梁的抗剪强度。

三、局部压应力

如图 5-7 所示，在梁的固定集中荷载（包括支座反力）作用处无支承加劲肋，或有移动的集中荷载（如吊车轮压），这时梁的腹板将承受集中荷载产生的局部压应力。局部压应力在梁腹板与上翼缘交界处最大，到下翼缘处减小为零，如图 5-7（b）所示。

计算时，假定集中荷载从作用处以 1∶1（在 h_R 高度范围）和 1∶2.5（在 h_y 高度范围）扩散，传至腹板与翼缘交界处。实际上，局部压应力沿梁纵向分布并不均匀，但为简化计算，

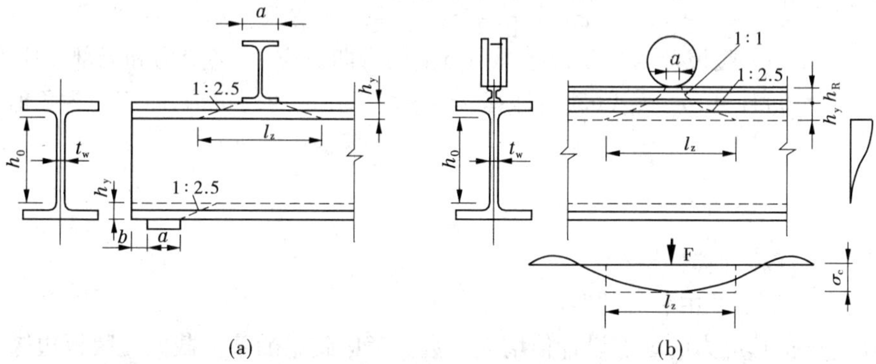

图 5-7　腹板边缘局部压应力分布

假设在 l_z 范围内局部压应力均匀分布。因此，梁的局部承压强度可按式(5-7)计算

$$\sigma_c = \frac{\psi F}{t_w l_z} \leqslant f \tag{5-7}$$

式中　F——集中荷载，对动力荷载应考虑动力系数；

ψ——集中荷载增大系数，对重级工作制吊车轮压 $\psi = 1.35$，对其他荷载 $\psi = 1.0$，在所有梁支座处 $\psi = 1.0$；

l_z——集中荷载在腹板计算高度边缘的假定分布长度，其计算方法如下：跨中集中荷载 $l_z = a + 5h_y + 2h_R$，梁端支反力 $l_z = a + 2.5h_y + b$；

a——集中荷载沿梁跨度方向的支承长度，对吊车轮压可取为 50 mm；

h_y——自梁顶面到腹板计算高度上边缘的距离；

h_R——轨道的高度，计算处无轨道时 $h_R = 0$；

b——梁端到支座板外边缘的距离，按实际取，但不得大于 $2.5h_y$。

腹板计算高度 h_0 按以下规定取用：对轧制型钢梁，为腹板与上、下翼缘相连处两内弧起点之间的距离；对焊接组合梁，为腹板高度；对铆接(或高强螺栓连接)组合梁，为上、下翼缘与腹板连接的铆钉(或高强螺栓)线间最近距离。

当计算不能满足式(5-7)时，在固定集中荷载处(包括支座处)，应设置支承加劲肋对腹板予以加强(见图5-8)，并对支承加劲肋进行计算(详见本章第五节)；对移动集中荷载，则应加大腹板厚度。

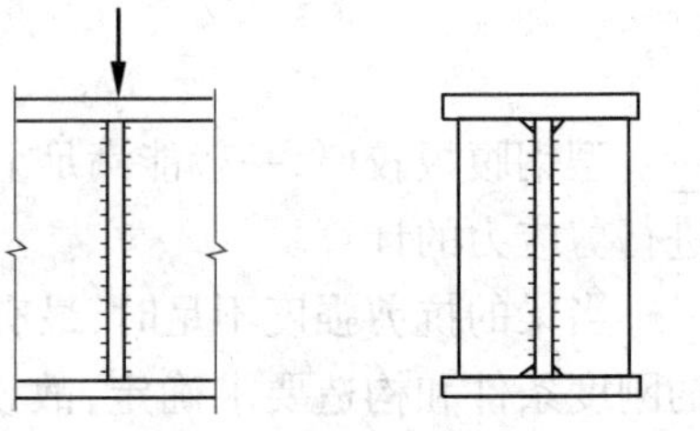

图 5-8　腹板的加强

四、折算应力

梁上一般同时作用有剪力和弯矩，有时还受到集中力作用。在进行梁的强度设计时，不仅最大剪应力、最大正应力和局部压应力要满足要求，如果在组合梁腹板计算高度边缘处同时受到较大的正应力 σ、剪应力 τ 和局部压应力 σ_c，或同时受到较大的正应力 σ 和剪应力 τ(如连续梁中支座处或梁的翼缘截面改变处)，这些部位尽管正应力、剪应力都不是最大，但在它们共同作用下该处可能更危险。在设计中，危险点处的折算应力应满足

$$\sqrt{\sigma^2 + \sigma_c^2 - \sigma\sigma_c + 3\tau^2} \leqslant \beta_1 f \tag{5-8}$$

式中　σ、τ、σ_c——腹板计算高度边缘同一点上的弯曲正应力、剪应力和局部压应力。

τ 按式(5-6)计算，σ_c 按式(5-7)计算，σ、σ_c 均以拉应力为正值，压应力为负值。σ 按下式计算

$$\sigma = \frac{My}{I_{nx}}$$

式中　I_{nx}——净截面惯性矩；

y——计算点至中和轴的距离；

β_1——折算应力的强度设计值增大系数。考虑到梁的某一截面处腹板边缘的折算应力达到屈服时，仅限于局部，故将强度设计值乘以 β_1 予以提高。当 σ、σ_c 异号时，取 $\beta_1 = 1.2$；当 σ、σ_c 同号或 $\sigma_c = 0$ 时，取 $\beta_1 = 1.1$(当 σ 与 σ_c 异号

时，其塑性变形能力比 σ 与 σ_c 同号时大，因此前者的 β_1 值大于后者）。

五、受弯构件的刚度

梁的刚度用标准荷载作用下的挠度大小来度量。梁的刚度不足将影响正常使用或外观。所谓正常使用，是指设备的正常运行、装饰物与非结构构件不受损坏及人的舒适感等。当楼盖梁的挠度超过正常使用的某一限值时，一方面给人们以不舒服和不安全的感觉，另一方面可能使其上部的楼面及下部的抹灰开裂，影响结构的功能；吊车梁挠度过大，会加剧吊车运行时的冲击和振动，甚至使吊车运行困难等。一般梁在动力影响下发生的振动亦可以通过限制梁的变形来控制。因此，梁的刚度可按下式验算，即

$$v \leqslant [v] \tag{5-9}$$

式中　v——荷载标准值作用下梁的最大挠度；

$[v]$——规范规定梁的容许挠度值。对平台梁，表 5-1 给出了梁的容许挠度 $[v]$ 与跨度 l 之比的容许挠度相对值 $[v]/l$。

表 5-1　平台梁的容许挠度相对值 $[v]/l$

梁的类型	永久荷载和可变荷载标准值作用	仅可变荷载标准值作用
主梁	1/400	1/500
次梁	1/250	1/300

【例 5-1】　一简支梁，梁跨 6 m，焊接组合工字形对称截面（见图 5-9），梁上作用有均布恒载（标准值，未含梁自重）18.7 kN/m，均布活载 7.5 kN /m，距梁端 2 m 处，尚有集中恒荷载标准值 65 kN，支承长度 200 mm，荷载作用面距钢梁顶面为 120 mm。钢材采用 Q235B，试验算钢梁截面是否满足强度要求（不考虑疲劳荷载）。

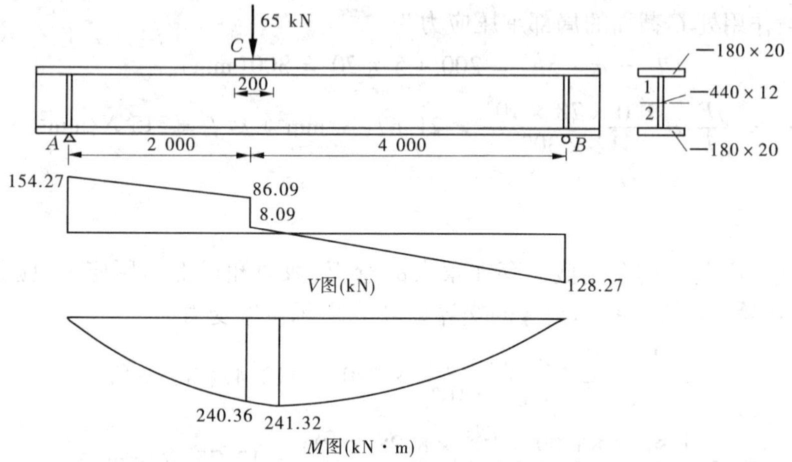

图 5-9　简支梁受力图

解　首先计算梁的截面特性，然后计算出梁在荷载作用下的弯矩和剪力，最后分别验

算梁的抗弯强度、抗剪强度、局部承压强度和折算应力强度等。

1. 截面特性

$$A = 440 \times 12 + (180 \times 20) \times 2 = 12\,480(\text{mm}^2)$$

$$I_x = 4.66 \times 10^8\ \text{mm}^4,\quad W_x = \frac{I_x}{480/2} = 1.94 \times 10^6(\text{mm}^3)$$

计算点 1 处的面积矩　$S_1 = 180 \times 20 \times 230 = 8.28 \times 10^5(\text{mm}^3)$

计算点 2 处的面积矩　$S_2 = 180 \times 20 \times 230 + \dfrac{12 \times 220^2}{2} = 11.18 \times 10^5(\text{mm}^3)$

2. 荷载与内力

钢梁的自重　$g = A\gamma = 0.012\,84 \times 7.85 \times 9.8 = 0.99(\text{kN/m})$

均布荷载设计值　$q = 1.2 \times (18.7 + 0.99) + 1.4 \times 7.5 = 34.128(\text{kN/m})$

集中荷载　$F = 1.2 \times 65 = 78(\text{kN})$

由此得到的弯矩和剪力分布如图 5-9 所示，$M_{xmax} = 241.32\ \text{kN} \cdot \text{m}$，$V_{max} = 154.27\ \text{kN}$。

3. 验算截面强度

1）抗弯强度

$\dfrac{M_{xmax}}{\gamma_x W_x} = \dfrac{241.32 \times 10^6}{1.05 \times 1.94 \times 10^6} = 118.47(\text{N/mm}^2) < f = 205\ \text{N/mm}^2$，满足要求。

2）抗剪强度

支座处剪应力最大，即

$\tau_{max} = \dfrac{V_{max} S_2}{I_x t_w} = \dfrac{154.27 \times 10^3 \times 11.18 \times 10^5}{4.66 \times 10^8 \times 12} = 30.84(\text{N/mm}^2) < f_v = 125\ \text{N/mm}^2$，满足要求。

3）局部承压强度

支座处虽有较大的支座反力，但因设置了加劲肋，可不计算局部承压应力。

集中荷载作用处 C 截面的局部承压应力为

$$l_z = a + 5h_y = 200 + 5 \times 20 = 300(\text{mm})$$

$$\sigma_c = \frac{\psi F}{t_w l_z} = \frac{1.0 \times 78 \times 10^3}{12 \times 300} = 21.67(\text{N/mm}^2) \leqslant f = 215\ \text{N/mm}^2$$

满足要求。

4）折算应力

集中荷载作用点 C 的左侧截面存在很大的弯矩、剪力和局部承压应力，应验算此处的折算应力，计算点取在腹板与翼缘的交界处，1 点所示位置受力为

正应力　$\sigma_1 = \dfrac{M_c y_1}{I_x} = \dfrac{240.36 \times 10^6}{4.66 \times 10^8} \times 220 = 113.47(\text{N/mm}^2)$

剪应力　$\tau_1 = \dfrac{V_c S_1}{I_x t_w} = \dfrac{86.09 \times 10^3 \times 8.28 \times 10^5}{4.66 \times 10^8 \times 12} = 12.75(\text{N/mm}^2)$

局部压应力　$\sigma_c = 21.67\ \text{N/mm}^2$

折算应力

$$\sqrt{\sigma_1^2+\sigma_c^2-\sigma_1\sigma_c+3\tau_1^2}=\sqrt{113.47^2+21.67^2-113.47\times21.67+3\times12.75^2}$$
$$=106.65(\mathrm{N/mm^2})<1.1\times215=236.5(\mathrm{N/mm^2})$$

满足要求。

第三节　梁的扭转

一、剪力中心

当外力产生的剪力作用在梁截面的某一点时，梁只产生线位移，不产生扭转，这一点称为剪力中心（简称剪心）。当横向荷载产生的剪力作用在其他位置而不是剪心上时，根据力的平移定理，可将其移到剪心上。这时剪心上不但作用剪力，还作用有平移剪力产生的附加扭矩，从而使整个截面产生平动的同时伴随绕剪心的转动。

对于有对称轴的截面，其剪力中心位于对称的轴线上，对于由几个狭长的矩形截面组成且其中心线交于一点的截面，其剪力中心即在这一点上。图5-10给出了常见截面剪力中心的位置。

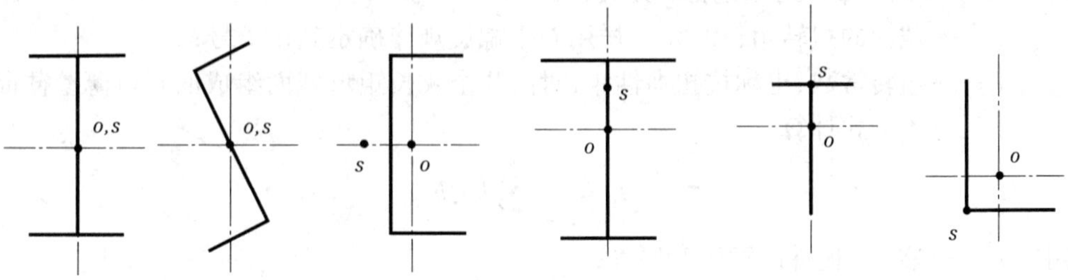

o 为截面形心，*s* 为截面剪心

图5-10　开口截面剪心位置示意图

二、自由扭转

当作用在梁上的剪力未通过剪力中心时，梁不仅产生弯曲变形，还将绕剪力中心扭转。当扭转发生时，除圆形截面仍保持平面外，其他截面形式的构件由于截面上的各纤维沿纵向伸长或缩短而使表面凹凸不平，截面不再保持为平面，产生翘曲变形。这里所说的翘曲变形是指杆件在扭矩作用下，截面上各点沿杆轴方向所产生的位移。自由扭转是截面不受任何约束，能够自由产生翘曲变形的扭转。

图5-11所示为等截面工字形构件两端作用有大小相等、方向相反的扭矩，端部并无任何构造措施，故截面上各点纤维在纵向均可自由伸缩，构件发生的是自由扭转。扭转后，原来的截面不再保持为平面，产生翘曲变形，但各截面的翘曲变形值相同，在截面上只产生剪应力，而且变形后杆件的纵向纤维仍保持为直线。

自由扭转在开口截面构件上产生的剪力流如图5-12所示，方向与壁厚中心线平行，沿壁厚方向线性变化，壁厚中部剪应力为零，两壁面处达到最大值 τ_t。τ_t 的大小与构件扭转角的变化率 θ（即扭转率）呈正比例关系。此剪力流形成抵抗外扭矩的合力矩为 $GI_t\theta$，

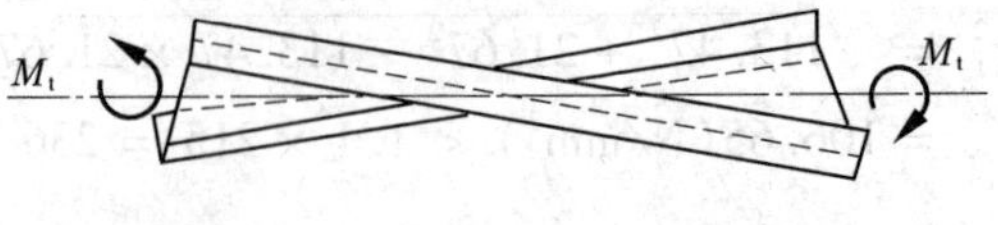

图 5-11　工字形截面构件自由扭转

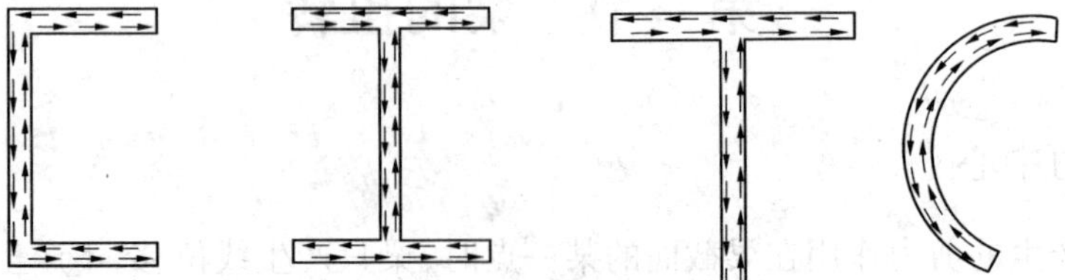

图 5-12　自由扭转剪应力分布

则作用在构件上的扭矩 M_t 可表示为

$$M_t = GI_t\theta = GI_t\varphi' \tag{5-10}$$

式中　G——材料的剪切模量；

θ——杆件单位长度的扭转角，常称为扭转率，$\theta = \mathrm{d}\varphi/\mathrm{d}z$，自由扭转中 θ 为一常量，即 $\theta = \varphi/l$ 与纵坐标 z 无关；

φ——截面的扭转角，和 M_t 一样用右手螺旋规律确定其正负号；

I_t——扭转常数，也称抗扭惯性矩，对由几个狭长矩形截面组成的开口薄壁截面，I_t 用下式计算

$$I_t = \frac{K}{3}\sum_{i=1}^{n} b_i t_i^3 b_i$$

其中　t_i——第 i 块板件的宽度和厚度；

K——考虑热轧型钢在板件交接处凸出部分的有利影响，其值由试验确定，角钢取 1.0，T 形截面取 1.15，槽形截面取 1.12，工字形截面取 1.29。

最大剪应力 τ_t 与 M_t 的关系为

$$\tau_t = \frac{M_t t}{I_t} \tag{5-11}$$

三、开口截面构件的约束扭转

约束扭转是指杆件在扭矩作用下由于支承条件或荷载条件的不同，截面不能完全自由地产生翘曲变形，即翘曲变形受到约束的扭转。

如图 5-13 所示，双轴对称悬臂工字形梁在扭矩 M_z 作用下发生扭转，自由端处不受约束，但固定端处截面完全不能翘曲，因此中间各截面受到不同程度的约束。截面纤维纵向伸缩受到约束后产生纵向翘曲正应力，并伴随产生翘曲剪应力，翘曲剪应力绕截面剪切中心形成翘曲扭矩 M_ω。发生约束扭转的构件不仅产生自由扭转，而且产生约束翘曲扭转，总扭矩由自由扭矩 M_t 与翘曲扭矩 M_ω 两部分组成。约束扭转构件的扭转平衡方程为

$$M_z = M_t + M_\omega \tag{5-12}$$

对开口截面 M_t 可采用式(5-10)计算，翘曲扭矩 M_ω 采用下式计算

$$M_\omega = -EI_\omega\varphi''' \quad (5\text{-}13)$$

将式(5-10)、式(5-13)代入式(5-12)得扭矩平衡方程

$$M_z = GI_t\varphi' - EI_\omega\varphi''' \quad (5\text{-}14)$$

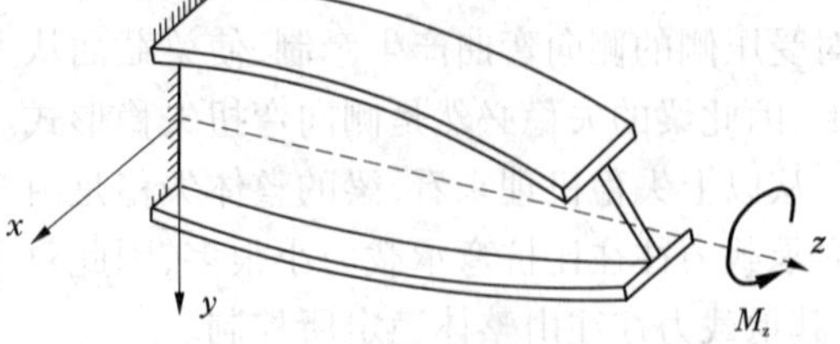

图 5-13　悬臂工字形梁约束扭转

式中　I_ω——截面翘曲扭转常数，又称翘曲惯性矩，单位为 m^6。对于双轴对称工字形截面，I_ω 可按 $I_\omega = I_f \dfrac{h^2}{2} \approx I_y h^2/4$ 近似计算，I_f 为翼缘绕 y 轴的惯性矩，$I_f = I_y/2$。

式(5-14)为开口薄壁杆件约束扭转计算的一般公式。GI_t 和 EI_ω 分别称为截面的扭转刚度和翘曲刚度。

由于开口截面的工字形梁和槽钢梁扭转刚度与翘曲刚度都比较小，在受扭设计中应尽量避免使用这类梁。遇到必须使梁受扭的场合，宜采用闭合箱形截面。

第四节　梁的整体稳定

一、梁整体稳定的概念

为提高梁的抗弯强度，节省钢材，梁截面通常设计成高而窄的形式，受荷方向刚度大而侧向刚度较小。如图 5-14 所示的工字形截面梁，荷载作用在最大刚度平面内，当荷载较小时，梁的弯曲平衡状态是稳定的，仅在弯矩作用平面内弯曲，即使外界各种因素会使梁产生微小的侧向弯曲和扭转变形，但外界影响消失后，梁仍能恢复原来的弯曲平衡状态。然而，当荷载增大到某一数值后，梁在弯矩作用平面内弯曲的同时，将突然发生侧向弯曲和扭转，并丧失继续承载的能力，这种现象称为梁的侧向弯扭屈曲或整体失稳。梁维持其稳定平衡状态所承担的最大荷载，称为临界荷载。梁整体稳定的临界荷载与梁的侧向抗弯刚度、抗扭刚度、荷载沿梁跨分布情况及其在截面上的作用点位置等有关。

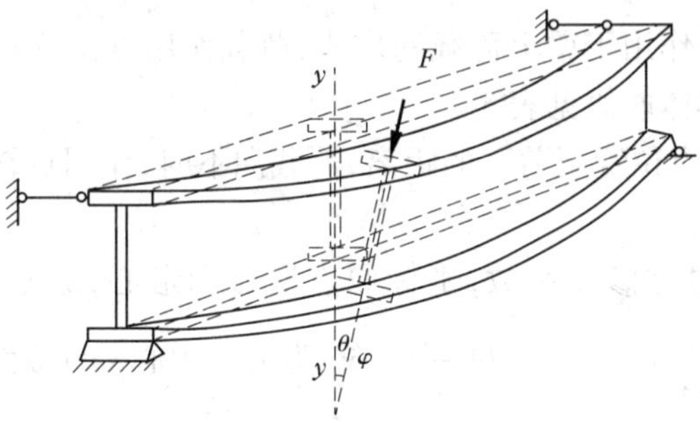

图 5-14　梁的整体失稳

梁之所以会发生侧向弯扭屈曲，可以这样理解：把梁的受压翼缘和部分与其相连的受压腹板看做轴心压杆，当梁侧向刚度不足且小于主平面刚度时，弯曲压应力增大到一定数

值时就会发生侧向弯曲失稳变形；又由于拉力的作用下受拉翼缘产生的侧向变形较小，因而对受压侧的侧向弯曲产生牵制，使梁截面从上至下侧向变形量不等，就形成截面的扭转变形，因此梁的失稳必然是侧向弯扭失稳形式。

从以上失稳机理来看，梁的整体失稳是由弯曲压应力引起的，而且梁丧失整体稳定的临界承载力往往比抗弯承载力小很多，因此对于侧向没有足够的支撑且侧向刚度较小的梁，其承载力往往由整体稳定所控制。

二、梁整体稳定的基本理论

根据弹性稳定理论，双轴对称工字形截面简支梁整体失稳时的临界弯矩为

$$M_{cr} = \pi\sqrt{1 + \frac{EI_\omega}{GI_t}\left(\frac{\pi}{l}\right)^2}\,\frac{\sqrt{EI_y GI_t}}{l} = k\,\frac{\sqrt{EI_y GI_t}}{l} \tag{5-15}$$

式中　k——梁的弯扭屈曲系数，对于双轴对称工字形截面 $I_\omega = \frac{h^2}{2}I_f \approx \frac{h^2}{4}I_y$，故

$$k = \pi\sqrt{1 + \frac{EI_\omega}{GI_t}\left(\frac{\pi}{l}\right)^2} = \pi\sqrt{1 + \pi^2\frac{EI_y}{GI_t}\left(\frac{h}{2l}\right)^2} = \pi\sqrt{1 + \pi^2\psi} \tag{5-16}$$

从 k 的表达式可以看出，其与梁的侧向抗弯刚度 EI_y、抗扭刚度 GI_t、梁的夹支跨度 l 及梁高 h 有关。

式(5-15)亦可通过变换采用下式表达

$$M_{cr} = \frac{\pi^2 EI_y}{l^2}\sqrt{\frac{I_\omega}{I_y}\left(1 + \frac{GI_t l^2}{\pi^2 EI_\omega}\right)} \tag{5-17}$$

式中　$\frac{\pi^2 EI_y}{l^2}$——将梁当做压杆时绕弱轴 y 的欧拉临界力。

对于单轴对称的工字形截面，由于单轴对称工字形截面的剪切中心与形心不重合，承受横向荷载时梁的平衡状态微分方程不是常系数，故只有数值解和近似解。采用能量法可求出在不同荷载种类和作用位置情况下的梁的临界弯矩为

$$M_{cr} = \beta_1\frac{\pi^2 EI_y}{l_y^2}\left[\beta_2 a + \beta_3\beta_y + \sqrt{(\beta_2 a + \beta_3\beta_y)^2 + \frac{I_\omega}{I_y}\left(1 + \frac{GI_t l_y^2}{\pi^2 EI_\omega}\right)}\right] \tag{5-18}$$

式中　β_1、β_2、β_3——与作用于梁上荷载的形式、荷载作用点位置及支座情况有关的系数，具体取值见表5-2；

a——荷载作用点位置至剪心的距离，荷载向下时，作用点在剪心以下时为正，以上为负；

β_y——截面不对称修正系数，坐标原点取截面形心，纵坐标指向受拉翼缘为正，$\beta_y = \frac{1}{2I_x}\int_A y(x^2 + y^2)\,dA - y_0$，$y_0$ 为剪力中心 s 与截面形心 o 的距离，双轴对称截面时 $y_0 = 0$，当为单轴工字形截面时，so 指向受拉翼缘为正，反之为负。

式(5-18)同样适用于双轴对称工字形截面，此时取 $I_1 = I_2 = I_y/2$，$y_0 = 0$，$\beta_y = 0$；当为简支梁受纯弯曲时，$\beta_1 = 1$，$\beta_2 = 0$，式(5-18)归结为式(5-17)。

表 5-2　工字形截面简支梁整体稳定的 β_1、β_2、β_3 取值

荷载类型	β_1	β_2	β_3
跨中集中荷载	1.35	0.55	0.40
满跨均布荷载	1.13	0.46	0.53
纯弯曲	1.00	0	1.00

三、影响梁整体稳定的因素

影响梁整体稳定承载力的因素主要有荷载种类、荷载作用位置、梁截面形式、侧向支撑和梁的约束条件。

(一)荷载种类

表 5-3 列出了双轴对称工字形截面梁在各种荷载条件下的临界弯矩表达式的 k 值。从表中可以看出,纯弯情况下 k 值最低,即整体稳定承载力最低。这是因为此时梁上受压翼缘的应力在全长范围内不变,因此纯弯显然是最不利荷载。均布荷载情况稍有利于纯弯荷载,其弯矩图较为饱满。集中力作用于跨中形心上时 k 值最高,此时只有在跨中上翼缘处压力最大,其后按线性折减。

表 5-3　双轴对称工字形截面简支梁的弯扭屈曲系数 k

荷载种类	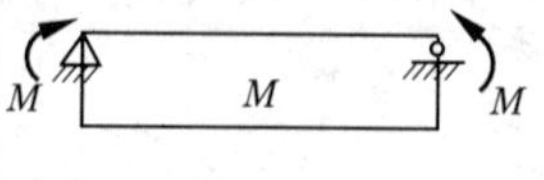 纯弯作用	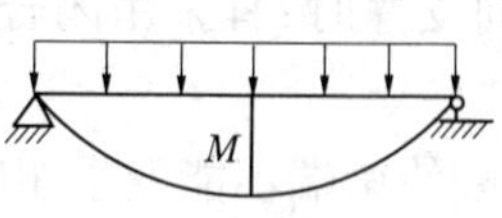 均布荷载作用于形心	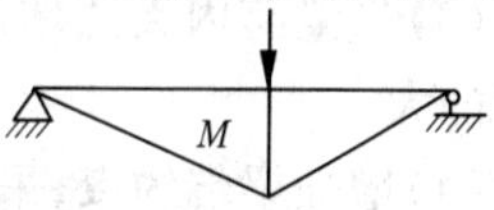 集中力作用于形心
k 值	$k=\pi\sqrt{1+\pi^2\psi}$	$k=1.13\pi\sqrt{1+10\psi}$	$k=1.35\pi\sqrt{1+10.2\psi}$

(二)荷载作用位置

如图 5-15 所示,当荷载作用于双轴对称工字形截面上翼缘时,梁一旦扭转,荷载会对剪心 s 产生不利的附加扭矩,加速屈曲。而当荷载位于下翼缘时,会产生减缓梁扭转的附加扭矩,延缓屈曲,从而提高了梁的整体稳定性能。

(三)梁截面形式

从以上分析可以看出,梁的侧向抗弯刚度 EI_y、抗扭刚度 GI_t 和翘曲刚度 EI_ω 越大,临界弯矩越高,整体稳定性越强。由于梁的整体失稳是由受压翼缘侧向失稳引起的,因此对于同一种截面形式,如图 5-16 所示,加强受压翼缘比加强受拉翼缘有利:加强受压翼缘时,截面的剪心 s 位于形心 o 之上,减小了截面上荷载作用点至剪心距离,即扭矩的力臂,从而减小了扭矩,提高了梁的整体稳定承载力。

(四)侧向支撑

沿梁的长度方向设置一定数量的侧向支撑可以有效地提高梁的整体稳定性。同时,侧向支撑点在梁截面的位置对整体稳定也有较大的影响。如果在梁的剪心处设置支撑,虽然可以阻止梁的剪心发生侧向移动,但不能有效地阻止截面扭转。若在梁的受压翼缘设置支撑,可以有效地阻止该翼缘发生侧移,这样,扭转也就不会发生,效果就好很多。如

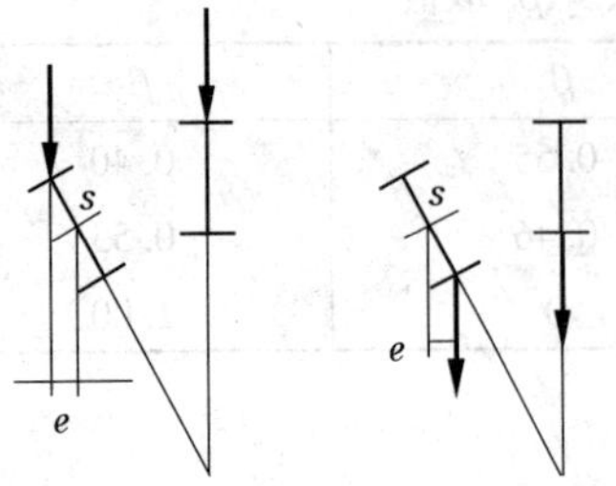

图 5-15 荷载作用位置的影响

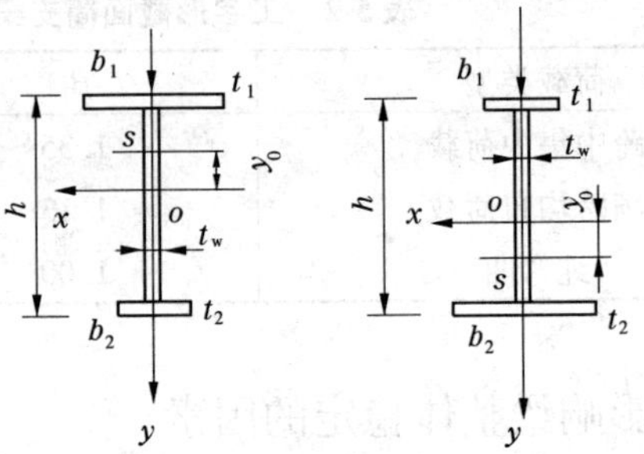

图 5-16 梁的截面形式对整体稳定的影响

果在梁的受拉翼缘设置支撑，效果最差，因为它既不能阻止侧移，也不能阻止扭转的发生。

(五)梁的约束条件

梁两端的支承条件对整体稳定也有不可忽视的影响，约束程度越高，则抵抗弯扭屈曲的能力越强，整体稳定承载力越高。

通过分析，从影响梁整体稳定的因素来看，可以采用以下办法增强梁的整体稳定性：

(1)增大梁截面尺寸，其中增大受压翼缘的宽度最为有效。

(2)增加侧向支撑数量，减小构件侧向支承点间距 l_1，侧向支撑应设在受压翼缘处。

(3)当梁跨内无法增设侧向支撑时，宜采用闭合箱形截面，因其 I_y、I_t 和 I_ω 均较开口截面的大。

(4)增强梁端约束，采取措施使梁端不能发生扭转。

四、梁整体稳定计算方法

由式(5-17)，可得出梁临界应力的计算式为

$$\sigma_{cr} = \frac{M_{cr}}{W_x} \tag{5-19}$$

对梁的整体稳定进行计算，要求

$$\sigma = \frac{M_x}{W_x} \leqslant \frac{\sigma_{cr}}{\gamma_R} = \frac{\sigma_{cr} f_y}{f_y \gamma_R} = \varphi_b f，即\frac{M_x}{\varphi_b W_x} \leqslant f$$

式中 M_x——绕强轴作用的最大弯矩；

W_x——按受压纤维确定的梁毛截面模量；

φ_b——梁的整体稳定系数，$\varphi_b = \sigma_{cr}/f_y$。

双轴对称工字形截面简支梁受纯弯曲时，根据式(5-17)有

$$\varphi_b = \frac{\sigma_{cr}}{f_y} = \frac{M_{cr}}{W_x f_y} = \frac{\pi^2 E I_y}{W_x f_y l^2}\sqrt{\frac{I_\omega}{I_y}\left(1 + \frac{l^2 G I_t}{\pi^2 E I \omega}\right)} \tag{5-20}$$

将 $E = 206 \times 10^3\ \text{N/mm}^2$，$E/G = 2.6$，$I_y/l^2 = Ai_y^2/l^2$，$I_\omega = I_y h^2/4$，$I_t \approx At_1^2/3$，$\sqrt{I_\omega/I_y} = h/2$，$l^2 GI_t/(\pi^2 EI_\omega) \approx (\lambda_y t_1/4.4h)^2$ 代入式(5-20)可得

$$\varphi_b = \frac{4\,320}{\lambda_y^2}\frac{Ah}{W_x}\sqrt{1 + \left(\frac{\lambda_y t_1}{4.4h}\right)^2}\,\frac{235}{f_y} \tag{5-21}$$

对其他情况的工字形简支梁，将式(5-21)加以修正就可采用。

上述稳定系数是按弹性稳定理论求得的。研究证明，当求得的 φ_b 大于 0.6 时，梁已进入非弹性工作阶段，部分截面应力达到 f_y 而进入塑性变形区，整体稳定承载能力有明显的降低，必须对 φ_b 进行修正。

当梁的整体稳定承载能力不足时，可采用加大梁的截面尺寸或增加侧向支撑的办法予以解决，前一种办法中尤以增大受压翼缘的宽度最为有效。必须指出的是，不论梁是否需要计算整体稳定性，梁的支撑处均应采取构造措施以阻止其端部截面扭转。

五、规范规定的梁整体稳定计算方法

（一）钢梁整体稳定的计算公式和要求

《钢结构设计规范》(GB 50017—2003)规定：在最大刚度主平面内单向受弯的钢梁，其整体稳定按下式计算

$$\frac{M_x}{\varphi_b W_x} \leqslant f \tag{5-22}$$

双向受弯的钢梁，其整体稳定性按下式计算

$$\frac{M_x}{\varphi_b W_x} + \frac{M_y}{\gamma_y W_y} \leqslant f \tag{5-23}$$

规范规定，当符合下列情况之一时，可不计算梁的整体稳定性：

(1)当有刚性铺板(各种钢筋混凝土板或钢板)密铺在梁的受压翼缘上并与其牢固相连，能阻止梁受压翼缘的侧向位移时。

(2)对于 H 型钢或等截面工字形简支梁受压翼缘的自由长度 l_1(梁受压翼缘的自由长度；对跨中无侧向支承点的梁，为其跨度；对跨中有侧向支承点的梁，为受压翼缘侧向支承点间的距离)与其宽度 b 之比，不超过表 5-4 所规定的数值时。

表 5-4　H 型钢或等截面工字形简支梁不需计算整体稳定性的最大 l_1/b 值

钢号	跨中无侧向支承点的梁		跨中有侧向支承点的梁，不论荷载作用于何处
	荷载作用于上翼缘	荷载作用于下翼缘	
Q235	13	20	16
Q345	10.5	16.5	13
Q390	10	15.5	12.5
Q420	9.5	15	12

(3)对于箱形截面简支梁，其截面尺寸(见图 5-17)满足 $h/b_0 \leqslant 6$，且 $l_1/b_0 \leqslant 95(235/f_y)$ 时，可不必验算整体稳定性。

（二）钢梁整体稳定系数 φ_b 的计算

《钢结构设计规范》(GB 50017—2003)规定：承受各种荷载的双轴和单轴对称工字形等截面简支梁及轧制 H 型钢简支梁的 φ_b 计算公式如下

$$\varphi_b = \beta_b \frac{4\,320}{\lambda_y^2} \frac{Ah}{W_x}\left[\sqrt{1 + \left(\frac{\lambda_y t_1}{4.4h}\right)^2} + \eta_b\right]\frac{235}{f_y} \tag{5-24}$$

式中　A——梁毛截面面积；

h、t_1——梁全高和受压翼缘厚度；

λ_y——梁在侧向支承点间对截面弱轴 $y—y$ 的长细比，$\lambda_y = l_1/i_y$，i_y 为梁毛截面对 y 轴的截面回转半径；

η_b——截面不对称修正系数，对于双轴对称截面，$\eta_b = 0$（见图 5-18(a)），对于单轴对称工字形截面，加强受压翼缘 $\eta_b = 0.8(2\alpha_b - 1)$（见图 5-18(b)），加强受拉翼缘 $\eta_b = 2\alpha_b - 1$（见图 5-18(c)），其中 $\alpha_b = I_1/(I_1 + I_2)$，$I_1$、$I_2$ 分别是受压翼缘和受拉翼缘对 y 轴的惯性矩；

β_b——梁整体稳定的等效弯矩系数，按表 5-5 采用。

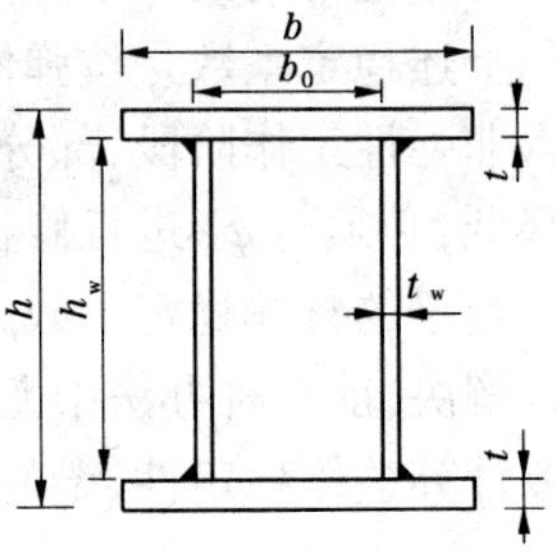

图 5-17　箱形截面

表 5-5　H 型钢和等截面工字钢简支梁系数 β_b

相次	侧向支承	荷载		$\xi = \frac{l_1 t_1}{b_1 h}$ $\xi \leq 2.0$	$\xi > 2.0$	适用范围
1	侧向无支承	均布载荷作用于	上翼缘	$0.69 + 0.13\xi$	0.95	图 5-18(a)、(b)中的截面
2			下翼缘	$1.73 - 0.20\xi$	1.33	
3		集中荷载作用于	上翼缘	$0.73 + 0.18\xi$	1.09	
4			下翼缘	$2.23 - 0.28\xi$	1.67	
5	跨中有一个侧向支承	均布载荷作用于	上翼缘	1.15		图 5-18
6			下翼缘	1.40		
7		集中荷载作用于截面高度上任意位置		1.75		
8	跨中有不少于两个等距离侧向支承点	均布荷载或侧向支承点间的集中荷载作用于	上翼缘	1.20		
9			下翼缘	1.40		
10	侧向支承点间无横向荷载			$1.75 - 1.05(M_1/M_2) + 0.3(M_1/M_2)^2$，但 ≤ 2.3		

注：(1) M_1 和 M_2 为梁的端弯矩，使梁产生同向曲率时，M_1 和 M_2 取同号，产生反向曲率时，取异号。

(2) 表中项次 3、4、7 的集中荷载是指一个或少数几个集中荷载位于跨度中央附近的情况，对其他情况的集中荷载，应按表中项次 1、2、5、6 内的数值采用。

(3) 表中项次 8、9 的 β_b，当集中荷载作用在侧向支承点处时，取 $\beta_b = 1.20$。

(4) 荷载作用在上翼缘是指荷载作用点在翼缘表面，方向指向截面形心；荷载作用在下翼缘是指荷载作用点在翼缘表面，方向背向截面形心。

(5) 对 $\alpha_b > 0.8$ 的加强受压翼缘工字形截面，下列情况的 β_b 值应乘以相应的系数：

项次 1：当 $\xi \leq 1.0$ 时，乘以 0.95；

项次 2：当 $\xi \leq 0.5$ 时，乘以 0.95，当 $0.5 < \xi \leq 1.0$ 时，乘以 0.5。

规范规定，当按式(5-24)计算确定的 $\varphi_b > 0.6$ 时，用下式求得的 φ'_b 代替 φ_b 进行梁的整体稳定计算

$$\varphi'_{\mathrm{b}} = 1.07 - \frac{0.282}{\varphi_{\mathrm{b}}} \leqslant 1.0 \tag{5-25}$$

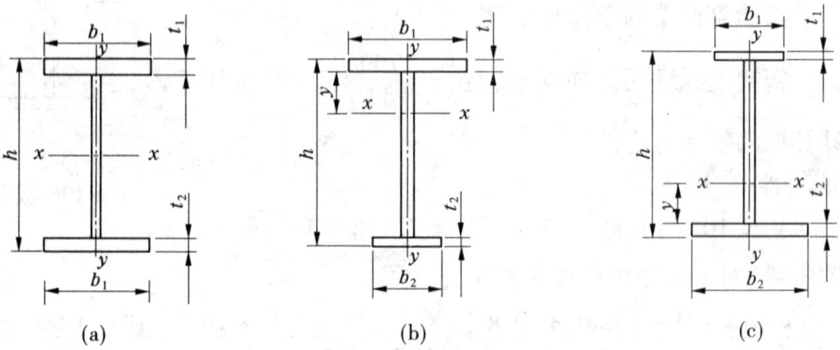

图 5-18　对称工字形截面

对轧制普通工字钢简支梁整体稳定系数 φ_{b}，应按表 5-6 采用，当所得的 $\varphi_{\mathrm{b}} > 0.6$ 时应按式(5-25)求得相应 φ'_{b} 代替 φ_{b} 值。

对于轧制槽钢，不论荷载形式和荷载作用点在截面高度上的位置，其稳定系数均可按下式计算

$$\varphi_{\mathrm{b}} = \frac{570bt}{l_1 h}\frac{235}{f_{\mathrm{y}}} \tag{5-26}$$

式中　h、b、t——槽钢截面的高度、翼缘宽度和平均厚度。

按式(5-26)算得的 φ_{b} 值大于 0.6 时，应按式(5-25)求得相应的 φ'_{b} 代替 φ_{b} 值。

表 5-6　轧制普通工字钢简支梁的 φ_{b}

项次	荷载情况			工字钢型号	自由长度 l_1(m)								
					2	3	4	5	6	7	8	9	10
1	跨中无侧向支承点的梁	集中荷载作用于	上翼缘	10～20	2.00	1.30	0.99	0.80	0.68	0.58	0.53	0.48	0.43
				22～32	2.40	1.48	1.09	0.86	0.72	0.62	0.54	0.49	0.45
				36～63	2.80	1.60	1.07	0.83	0.68	0.56	0.50	0.45	0.40
2			下翼缘	10～20	3.10	1.95	1.34	1.01	0.82	0.69	0.63	0.57	0.52
				22～40	5.50	2.80	1.84	1.37	1.07	0.86	0.73	0.64	0.56
				45～63	7.30	3.60	2.30	1.62	1.20	0.96	0.80	0.69	0.60
3		均布荷载作用于	上翼缘	10～20	1.70	1.12	0.84	0.68	0.57	0.50	0.45	0.41	0.37
				22～40	2.10	1.30	0.93	0.73	0.60	0.51	0.45	0.40	0.36
				45～63	2.60	1.45	0.97	0.73	0.59	0.50	0.44	0.38	0.35
4			下翼缘	10～20	2.50	1.55	1.08	0.83	0.68	0.56	0.52	0.47	0.42
				22～40	4.00	2.20	1.45	1.10	0.85	0.70	0.60	0.52	0.46
				45～63	5.60	2.80	1.80	1.25	0.95	0.78	0.65	0.55	0.49
5	跨中有侧向支承点的梁(不论荷载作用点在截面高度上的位置)			10～20	2.20	1.39	1.01	0.79	0.66	0.57	0.52	0.47	0.42
				22～40	3.00	1.80	1.24	0.96	0.76	0.65	0.56	0.49	0.43
				45～63	4.00	2.20	1.38	1.01	0.80	0.66	0.56	0.49	0.43

【例 5-2】 一简支钢梁,跨度 7 m,跨度中间无侧向支承。上翼缘承受满跨的均布荷载:永久荷载标准值 82 kN/m(包括梁自重),可变荷载标准值 159 kN/m。钢材为 Q345 钢,钢梁截面尺寸如图 5-19所示。试验算此梁的整体稳定性。

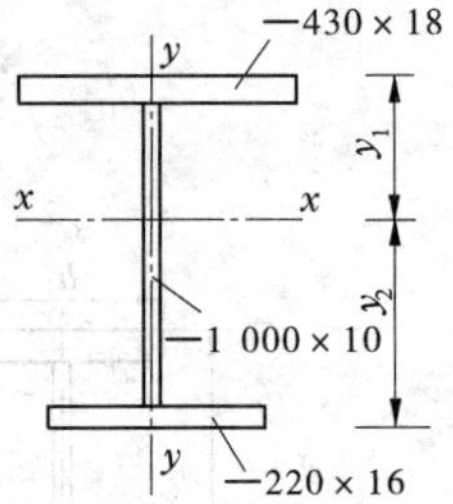

图 5-19　梁截面尺寸

解　由于钢梁上翼缘无侧向支承,且 $\frac{l_1}{b_1}=\frac{700}{43}=16.28>10.5$,所以需要计算梁的整体稳定性。

1. 截面特性

$$A = 18\times 430 + 10\times 1\,000 + 16\times 220 = 2.126\times 10^4(\text{mm}^2)$$

形心轴位置(对上翼缘边缘取面积矩)

$$y_1 = \frac{430\times 18\times 9 + 1\,000\times 10\times(500+18) + 220\times 16\times(18+1\,000+8)}{2.126\times 10^4} = 416.8(\text{mm})$$

$$y_2 = 1\,034 - 416.8 = 617.2(\text{mm})$$

$$I_x = \frac{10}{12}\times 1\,000^3 + 1\,000\times 10\times(518-416.8)^2 + 430\times 18\times(416.8-9)^2 + 220\times 16\times(617.2-8)^2 = 3.52\times 10^9(\text{mm}^4)$$

$$I_y \approx I_1 + I_2 = \frac{18}{12}\times 430^3 + \frac{16}{12}\times 220^3 = 13.35\times 10^7(\text{mm}^4)$$

$$W_x = \frac{I_x}{y_1} = \frac{3.52\times 10^9}{416.8} = 8.45\times 10^6(\text{mm}^3)$$

$$i_y = \sqrt{\frac{I_y}{A}} = \sqrt{\frac{13.35\times 10^7}{2.126\times 10^4}} = 79.2(\text{mm})$$

$$\lambda_y = \frac{l_1}{i_y} = \frac{7\,000}{79.2} = 88.4$$

2. 弯矩设计值

$$M_x = \frac{1}{8}ql^2 = \frac{1}{8}\times(1.2\times 82 + 1.4\times 159)\times 7^2 = 1\,966.1(\text{kN}\cdot\text{m})$$

3. 稳定系数

$$\alpha_b = \frac{I_1}{I_1 + I_2} = 0.894 > 0.8$$

截面不对称修正系数

$$\eta_b = 0.8(2\alpha_b - 1) = 0.8\times(2\times 0.894 - 1) = 0.63$$

$$\xi = \frac{l_1 t_1}{b_1 h} = \frac{7\,000\times 18}{430\times 1\,034} = 0.283 < 1.0$$

查表 5-5 可得　$\beta_b = 0.95\times(0.69 + 0.13\times 0.283) = 0.69$

代入式(5-24)可得梁整体稳定系数

$$\varphi_b = \beta_b \frac{4\ 320}{\lambda_y^2}\frac{Ah}{W_x}\left[\sqrt{1+\left(\frac{\lambda_y t_1}{4.4h}\right)^2}+\eta_b\right]\frac{235}{f_y}$$

$$= 0.69 \times \frac{4\ 320}{88.4^2} \times \frac{2.126 \times 10^4 \times 1\ 034}{8.45 \times 10^6}\left[\sqrt{1+\left(\frac{88.4 \times 18}{4.4 \times 1\ 034}\right)^2}+0.63\right] \times \frac{235}{345}$$

$$= 1.14 > 0.6$$

需换算成 φ'_b

$$\varphi'_b = 1.07 - \frac{0.282}{1.17} = 0.82$$

4. 验算整体稳定

$$\frac{M_x}{\varphi'_b W_x} = \frac{1\ 966.1 \times 10^6}{0.82 \times 8.45 \times 10^6} = 283.7(\text{N/mm}^2) < f = 310\ \text{N/mm}^2$$，满足要求。

第五节　梁的局部稳定和加劲肋布置

一、梁局部失稳

组合梁一般是由翼缘和腹板等板件组成的，考虑梁的整体稳定及强度要求时，希望板尽可能宽而薄，但过薄的板可能导致构件在整体失稳或强度破坏前，板中压应力或剪应力达到某一数值后，腹板或受压翼缘有可能偏离其平面位置，出现波形鼓曲，这种现象称为梁局部失稳（见图5-20）。梁的局部稳定问题就是保证这些板件在构件整体失稳前不发生局部失稳或者在设计中合理利用板件的屈曲后性能。

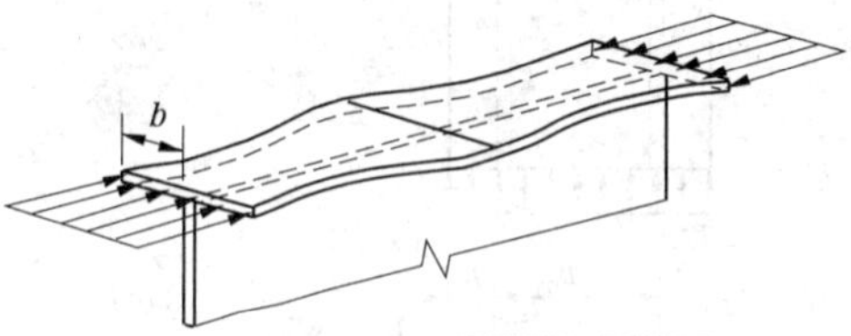

(a)翼缘

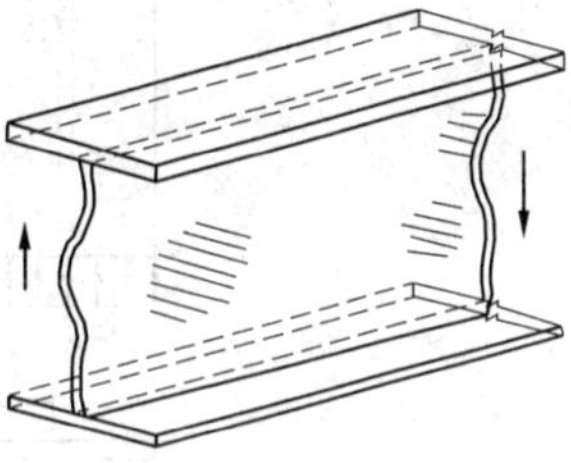

(b)腹板

图5-20　梁局部失稳

在钢梁设计中可以采用两种方法处理局部失稳问题：

(1)对普通钢梁构件，按《钢结构设计规范》(GB 50017—2003)设计，可通过设置加劲肋、限制板件宽厚比的方法，保证板件不发生局部失稳。对于承受非疲劳荷载的梁，可利用腹板屈曲后强度。

(2)对冷弯薄壁型钢梁的受压或受弯板件，宽厚比未超过规定限制时，认为板件全部有效；当超过此限制时，则只考虑一部分宽度有效(称为有效宽度)，应按现行《冷弯薄壁型钢结构技术规范》(GB 50018—2002)计算。

对于热轧型钢梁，由于轧制条件限制，其板件宽厚比较小，均能满足局部稳定要求，不需要计算。

二、梁受压翼缘板的局部稳定

梁的受压翼缘主要承受弯矩产生的均匀压应力作用（见图 5-21），为了充分发挥材料强度，使梁在发生强度破坏及整体失稳前不至于出现板件的局部失稳，翼缘的合理设计是采用一定厚度的钢板，使其临界应力 σ_{cr} 不低于钢材的屈服点 f_y，从而使翼缘不丧失稳定。一般采用限制宽厚比的办法来保证梁受压翼缘板的稳定性。

根据弹性稳定理论，单向均匀受压板的临界应力可用下式表达

$$\sigma_{cr} = \frac{k\pi^2 E}{12(1-\upsilon^2)}\left(\frac{t}{b}\right)^2 \tag{5-27}$$

式中　t——板的厚度；

b——板的宽度；

υ——钢材的泊松比；

k——板的屈曲系数，和荷载种类、分布状态、板的边长比例及边界条件有关。

考虑到梁受力时，并不是组成梁的所有板件同时屈曲，板件之间存在相互约束作用，在式(5-27)中引入约束系数 χ，得到

$$\sigma_{cr} = \frac{\chi k\pi^2 E}{12(1-\upsilon^2)}\left(\frac{t}{b}\right)^2 \tag{5-28}$$

将 $E = 206 \times 10^3\ \text{N/mm}^2$，$\upsilon = 0.3$ 代入式(5-28)，得

$$\sigma_{cr} = 18.6k\chi\left(\frac{t}{b}\right)^2 \times 10^4 \tag{5-29}$$

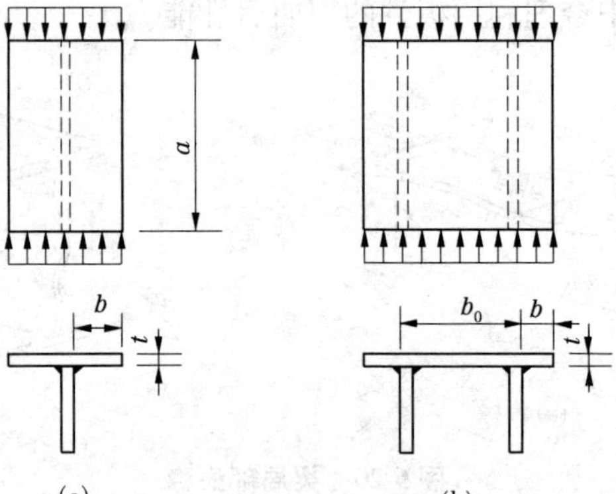

图 5-21　梁的受压翼缘板

对不需要验算疲劳强度的梁，按式(5-4)和式(5-5)计算其抗弯强度时，已考虑部分截面进入塑性，因而整个翼缘板已进入塑性，但在和压应力垂直的方向，材料仍然是弹性的。这种情况属正交异性板，其临界应力的精确计算比较复杂。一般可在式(5-28)中引入塑性系数 η（$\eta \leqslant 1$，为切线模量 E_t 与弹性模量 E 之比）来考虑这种弹塑性的影响。

为充分发挥材料的强度，翼缘的临界应力应不低于钢材屈服点。同理，得

$$\sigma_{cr} = 18.6k\sqrt{\eta}\chi\left(\frac{t}{b}\right)^2 \times 10^4 \geqslant f_y \tag{5-30}$$

对于箱形截面宽为 b_0 的翼缘(见图 5-21(b))相当于四边简支板,由于腹板比较薄,对翼缘没有约束作用,故取 $\chi=1.0$。对于均匀受压的四边简支板,$k=4.0$,如取 $\eta=0.25$,并令 $\sigma_{cr}\geqslant f_y$,可得翼缘达强度极限承载力时不会丧失局部稳定的宽厚比限值

$$\frac{b_0}{t}\leqslant 40\sqrt{\frac{235}{f_y}} \tag{5-31}$$

对工字形、T 形截面的翼缘及箱形截面悬伸部分的翼缘,属于一边自由其余三边简支的板,其 k 值为

$$k = 0.425 + (b/a)^2$$

式中　a——纵边长度;

b——翼缘板悬伸部分的长度,对焊接构件,取腹板边至翼缘板边缘的距离,对轧制构件,取内圆弧起点至翼缘板边缘的距离。

受压翼缘板的悬伸部分,为三边简支板而板长 a 趋于无穷大的情况,即 $a/b=\infty$,则 $k_{min}=0.425$,支承翼缘板的腹板一般较薄,对翼缘板没有约束作用,取 $\chi=1.0$、$\eta=0.25$ 代入式(5-30),得保证局部稳定的宽厚比限值为

$$\sigma_{cr} = 18.6\times 0.425\times 1.0\sqrt{0.25}\left(\frac{t}{b}\right)^2\times 10^4\geqslant f_y$$

则

$$\frac{b}{t}\leqslant 13\sqrt{\frac{235}{f_y}} \tag{5-32}$$

当梁在绕强轴的弯矩 M_x 作用下的强度按弹性设计(即取 $\gamma_x=1.0$)时,b/t 值可放宽为

$$\frac{b}{t}\leqslant 15\sqrt{\frac{235}{f_y}} \tag{5-33}$$

三、梁腹板的局部稳定

梁上一般同时受有弯曲正应力、剪应力及局部压应力。在弯曲正应力单独作用下,腹板的失稳形式如图 5-22(a)所示,凸凹波形的中心靠近其压应力合力的作用线。在剪应力单独作用下,腹板在 45°方向产生主应力,主拉应力和主压应力数值上都等于剪应力。在主压应力作用下,腹板失稳形式如图 5-22(b)所示,出现大约 45°方向倾斜的凸凹波形。在局部压应力单独作用下,腹板失稳形式如图 5-22(c)所示,产生一个靠近压应力作用边缘的鼓曲面。

对于承受静力荷载和间接承受动力荷载的组合梁,允许腹板在构件整体失稳之前屈曲,并利用其屈曲后强度。而直接承受动力荷载(例如吊车梁)或其他不考虑屈曲后强度的组合梁,以腹板屈曲为承载能力的极限状态,应按规定配置加劲肋,并计算各板段的稳定性。

(一)腹板加劲肋的类型和布置要求

组合梁腹板配置加劲肋的规定:

(1)当 $h_0/t_w\leqslant 80\sqrt{235/f_y}$ 时,对有局部压应力($\sigma_c\neq 0$)的梁,应按构造配置横向加劲

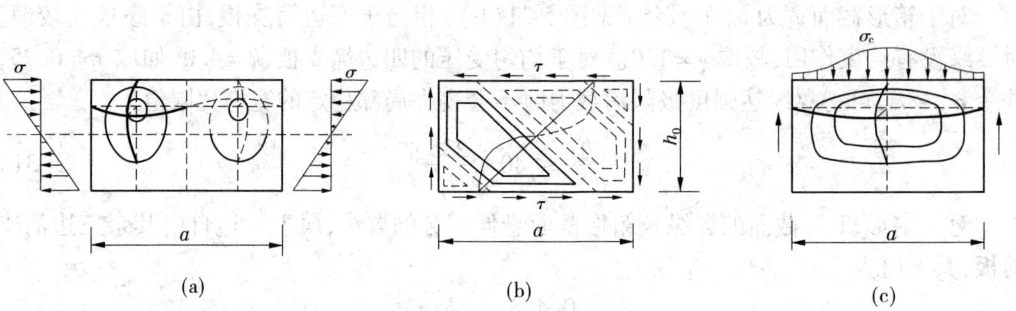

图 5-22　梁腹板的失稳

肋；对无局部压应力（$\sigma_c=0$）的梁，可不配置加劲肋（见图 5-23（a））。

（2）当 $h_0/t_w>80\sqrt{235/f_y}$ 时，应按计算配置横向加劲肋。其中，当 $h_0/t_w>170\sqrt{235/f_y}$（受压翼缘扭转受到约束，如连有刚性铺板或焊有铁轨时）或 $h_0/t_w>150\sqrt{235/f_y}$（受压翼缘扭转未受到约束时），或按计算需要时，除配置横向加劲肋外，还应在弯矩较大的受压区配置纵向加劲肋（见图 5-23（b）、（c））。局部压应力很大的梁，必要时尚应在受压区配置短加劲肋（见图 5-23（d））。

（3）任何情况下（包括考虑腹板屈曲后强度的设计），$\dfrac{h_0}{t_w}$均不宜超过 $250\sqrt{\dfrac{235}{f_y}}$，以免高厚比过大时产生焊接翘曲变形。

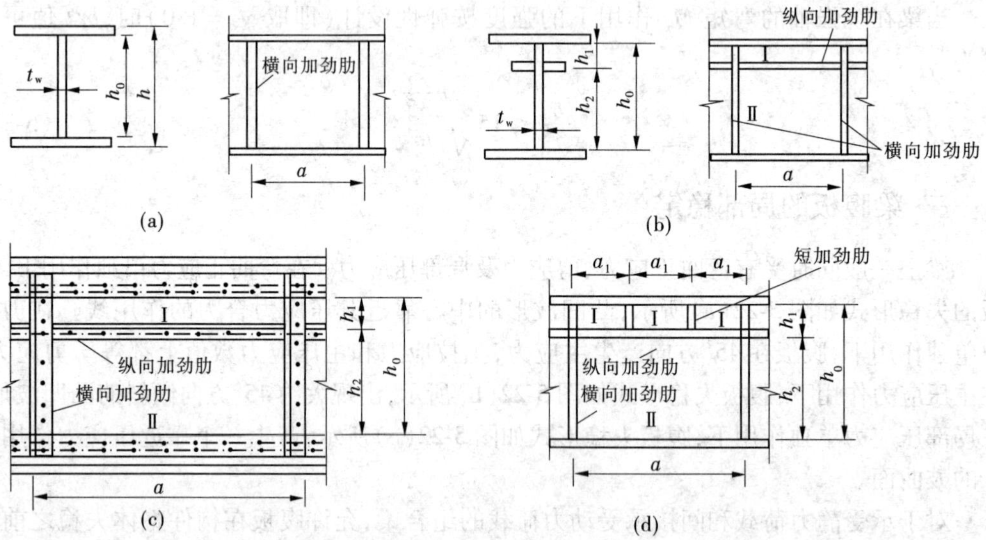

图 5-23　腹板加劲肋的配置

此处，h_0 为腹板的计算高度（对单轴对称梁，当确定是否要配置纵向加劲肋时，h_0 应取为腹板受压区高度 h_c 的 2 倍），t_w 为腹板的厚度。

（4）梁的支座处和上翼缘受到较大固定集中荷载处，宜设置支承加劲肋。

组合梁腹板设置横向加劲肋，主要防止由剪应力和局部压应力可能引起的腹板失稳，纵向加劲肋主要防止由弯曲压应力可能引起的腹板失稳，短加劲肋主要防止由局部压应力可能引起的腹板失稳。计算时，先布置加劲肋，再计算各区格板的平均作用应力和相应的临界应力，使其满足稳定条件。若不满足（不足或太富裕），再调整加劲肋间距，重新计算。以下介绍各种加劲肋配置时腹板局部稳定的计算方法。

（二）加劲肋的计算及构造要求

1. 配置横向加劲肋的腹板

如图 5-24 所示两横向加劲肋之间的腹板段，同时承受着弯曲正应力 σ，均布剪应力 τ 及局部压应力 σ_c 的作用。当这些内力达到某种组合值时，腹板将由平板转变为微微弯曲的平衡状态，这就是腹板失稳的临界状态。此时，可按下面规范提供的近似相关方程验算腹板的稳定

$$\left(\frac{\sigma}{\sigma_{cr}}\right)^2+\left(\frac{\tau}{\tau_{cr}}\right)^2+\frac{\sigma_c}{\sigma_{c,cr}}\leqslant 1.0 \tag{5-34}$$

式中 σ——计算腹板区格内，由平均弯矩产生的腹板计算高度边缘的弯曲正应力；

τ——计算腹板区格内，由平均剪力产生的腹板平均剪应力，$\tau=V/(h_w t_w)$，h_w 为腹板高度；

σ_c——腹板边缘的局部压应力，按式(5-7)计算，其中 $\psi=1.0$；

σ_{cr}、τ_{cr}、$\sigma_{c,cr}$——各种应力单独作用时的临界应力，计算方法如下。

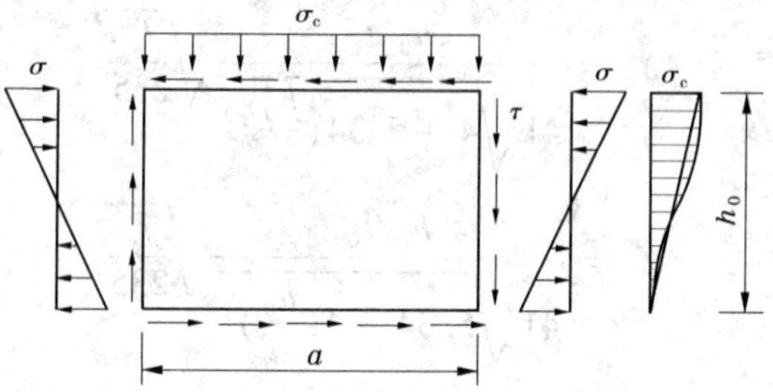

图 5-24　仅用横向加劲肋加强的腹板段

1) σ_{cr} 的计算

采用国际上通行的表达方法，以通用高厚比 $\lambda_b=\sqrt{f_y/\sigma_{cr}}$ 作为参数。根据通用高厚比 λ_b 的范围不同，弯曲临界应力 σ_{cr} 的计算公式如下：

当 $\lambda_b \leqslant 0.85$ 时

$$\sigma_{cr}=f \tag{5-35a}$$

当 $0.85<\lambda_b\leqslant 1.25$ 时

$$\sigma_{cr}=[1-0.75(\lambda_b-0.85)]f \tag{5-35b}$$

当 $\lambda_b>1.25$ 时

$$\sigma_{cr}=1.1f/\lambda_b^2 \tag{5-35c}$$

当梁受压翼缘扭转受到约束时

$$\lambda_b=\frac{2h_c/t_w}{177}\sqrt{\frac{f_y}{235}} \tag{5-35d}$$

当梁受压翼缘扭转未受到约束时

$$\lambda_b = \frac{2h_c/t_w}{153}\sqrt{\frac{f_y}{235}} \tag{5-35e}$$

式中　h_c——梁腹板弯曲受压区高度，对双轴对称截面 $h_c = h_0/2$。

2) τ_{cr}的计算

以腹板受剪时的通用高厚比 $\lambda_s = \sqrt{f_{vy}/\tau_{cr}}$ 作为参数(f_{vy}为钢材的剪切屈曲强度，其值为$f_y/\sqrt{3}$；τ_{cr}为临界剪应力)。根据通用高厚比 λ_s 的取值不同，剪切临界应力 τ_{cr}的计算公式如下：

当 $\lambda_s \leqslant 0.8$ 时

$$\tau_{cr} = f_v \tag{5-36a}$$

当 $0.8 < \lambda_s \leqslant 1.2$ 时

$$\tau_{cr} = [1 - 0.59(\lambda_s - 0.8)]f_v \tag{5-36b}$$

当 $\lambda_s > 1.2$ 时

$$\tau_{cr} = 1.1f_v/\lambda_s^2 \tag{5-36c}$$

式中　λ_s——腹板抗剪计算时的通用高厚比，根据横向加劲肋的间距 a 与腹板计算高度 h_0 的比值$\frac{a}{h_0}$，按下列公式计算：

当$\frac{a}{h_0} \leqslant 1.0$时

$$\lambda_s = \frac{h_0/t_w}{41\sqrt{4 + 5.34(\frac{h_0}{a})^2}}\sqrt{\frac{f_y}{235}} \tag{5-36d}$$

当$\frac{a}{h_0} > 1.0$时

$$\lambda_s = \frac{h_0/t_w}{41\sqrt{5.34 + 4(\frac{h_0}{a})^2}}\sqrt{\frac{f_y}{235}} \tag{5-36e}$$

3) $\sigma_{c,cr}$的计算

类似于 λ_s、λ_b，以通用高厚比 $\lambda_c = \sqrt{f_y/\sigma_{c,cr}}$ 作为参数，根据 λ_c 的范围不同，计算临界应力 $\sigma_{c,cr}$的公式如下：

当 $\lambda_c \leqslant 0.9$ 时

$$\sigma_{c,cr} = f \tag{5-37a}$$

当 $0.9 < \lambda_c \leqslant 1.2$ 时

$$\sigma_{c,cr} = [1 - 0.79(\lambda_c - 0.9)]f \tag{5-37b}$$

当 $\lambda_c > 1.2$ 时

$$\sigma_{c,cr} = 1.1f/\lambda_c^2 \tag{5-37c}$$

式中　λ_c——腹板抗局部压力作用时的通用高厚比，按下式计算：

当 $0.5 < a/h_0 \leqslant 1.5$ 时

$$\lambda_c = \frac{h_0/t_w}{28\sqrt{10.9 + 13.4(1.83 - a/h_0)^3}}\sqrt{\frac{f_y}{235}} \tag{5-37d}$$

当 $1.5 < a/h_0 \leqslant 2.0$ 时

$$\lambda_c = \frac{h_0/t_w}{28\sqrt{18.9-5a/h_0}}\sqrt{\frac{f_y}{235}} \tag{5-37e}$$

2. 同时配置横向加劲肋和纵向加劲肋的腹板

同时配置横向加劲肋和纵向加劲肋的腹板，一般纵向加劲肋设置在距离板上边缘1/5～1/4高度处，把腹板划分为上、下两个区格，应分别计算这两个区格的局部稳定性。

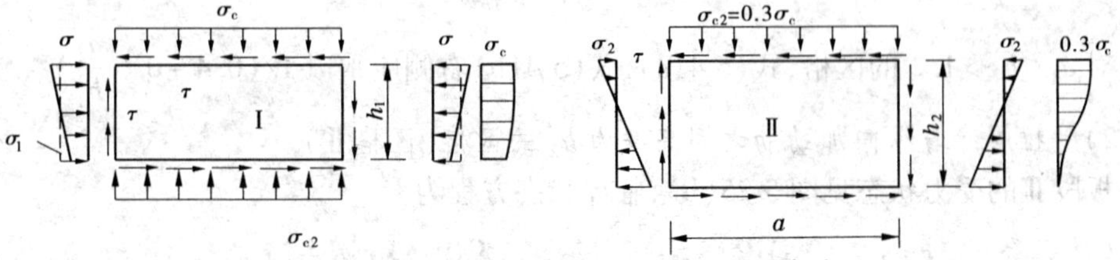

(a)上板段　　(b)下板段

图5-25　加劲肋受力状态

1)受压翼缘与纵向加劲肋之间高度为 h_1 的上区格

板段Ⅰ的受力状态见图5-25(a)，两侧受近乎均匀的压应力和剪应力，上下边也按受均匀压应力 σ_c 考虑。这时的临界方程为

$$\frac{\sigma}{\sigma_{cr1}} + \left(\frac{\sigma_c}{\sigma_{c,cr1}}\right)^2 + \left(\frac{\tau}{\tau_{cr1}}\right)^2 \leqslant 1.0 \tag{5-38}$$

式中　σ_{cr1}——按式(5-35)计算，但式中的 λ_b 改用下列 λ_{b1} 代替：

当梁受压翼缘扭转受到约束时

$$\lambda_{b1} = \frac{h_1/t_w}{75}\sqrt{\frac{f_y}{235}} \tag{5-39a}$$

当梁受压翼缘扭转未受到约束时

$$\lambda_{b1} = \frac{h_1/t_w}{64}\sqrt{\frac{f_y}{235}} \tag{5-39b}$$

式中　h_1——纵向加劲肋至腹板计算高度受压边缘的距离。

τ_{cr1} 按式(5-36)计算，但式中的 h_0 改为 h_1。$\sigma_{c,cr1}$ 亦按式(5-35)计算，但式中的 λ_b 改用下列 λ_{c1} 代替：

当梁受压翼缘扭转受到约束时

$$\lambda_{c1} = \frac{h_1/t_w}{56}\sqrt{\frac{f_y}{235}} \tag{5-40a}$$

当梁受压翼缘扭转未受到约束时

$$\lambda_{c1} = \frac{h_1/t_w}{40}\sqrt{\frac{f_y}{235}} \tag{5-40b}$$

在受压翼缘与纵向加劲肋之间设有短加劲肋的区格，其局部稳定性也按式(5-38)验算。计算 σ_{cr1} 和 τ_{cr1} 的方法不变，计算时以短加劲肋的间距 a_1 代替横向加劲肋的间距 a，以 h_1 代替 h_0。计算 $\sigma_{c,cr1}$ 也仍用式(5-35)，但式中 λ_b 改用下列 λ_{c1} 代替：

当梁受压翼缘扭转受到约束时

$$\lambda_{c1}=\frac{a_1/t_w}{87}\sqrt{\frac{f_y}{235}} \tag{5-41a}$$

当梁受压翼缘扭转未受到约束时

$$\lambda_{c1}=\frac{a_1/t_w}{73}\sqrt{\frac{f_y}{235}} \tag{5-41b}$$

对 $a_1/h_1>1.2$ 的区格，式(5-41a)、式(5-41b)右侧应乘以 $1/(0.4+0.5\frac{a_1}{h_1})^{\frac{1}{2}}$。

2)受拉翼缘与纵向加劲肋之间高度为 h_2 的区格(区格Ⅱ)

板段Ⅱ的受力状态见图5-25(b)，临界状态方程为

$$\left(\frac{\sigma_2}{\sigma_{cr2}}\right)^2+\left(\frac{\tau}{\tau_{cr2}}\right)^2+\frac{\sigma_{c2}}{\sigma_{c,cr2}}\leqslant 1.0 \tag{5-42}$$

式中 σ_2——所计算区格内，由平均弯矩产生的在纵向肋边缘的弯曲压应力；

σ_{c2}——腹板在纵向加劲肋处的横向压应力，取为 $0.3\sigma_c$；

σ_{cr2}——按式(5-35)计算，但式中的 λ_b 改用下列 λ_{b2} 代替

$$\lambda_{b2}=\frac{h_2/t_w}{194}\sqrt{\frac{f_y}{235}} \tag{5-43}$$

τ_{cr2}——按式(5-36)计算，但式中的 h_0 改为 $h_2(h_2=h_0-h_1)$；

$\sigma_{c,cr2}$——按式(5-37)计算，但式中的 h_0 改为 h_2，当 $a/h_2>2$ 时，取 $a/h_2=2$。

(三)加劲肋设计

加劲肋可用型钢及钢板制作，一般用钢板制作的较多。加劲肋宜在腹板两侧成对布置，对非吊车梁的中间加劲肋，为了节约钢材和制造工作量，也可单侧布置，但支承加劲肋、考虑腹板屈曲后强度的梁的中间横向加劲肋及重级工作制吊车梁的加劲肋不应单侧配置。

(1)提高腹板局部稳定的横向加劲肋。不考虑屈曲后强度的组合梁的横向加劲肋最小间距为 $0.5h_0$，最大间距为 $2h_0$，对无局部压应力的梁，当 $h_0/t_w\leqslant 100\sqrt{\frac{235}{f_y}}$ 时可采用 $2.5h_0$。短加劲肋的最小间距为 $0.75h_1$，h_1 为纵向加劲肋至腹板计算高度上边缘的距离，一般 $h_1\approx\frac{h_0}{5}\sim\frac{h_0}{4}$。

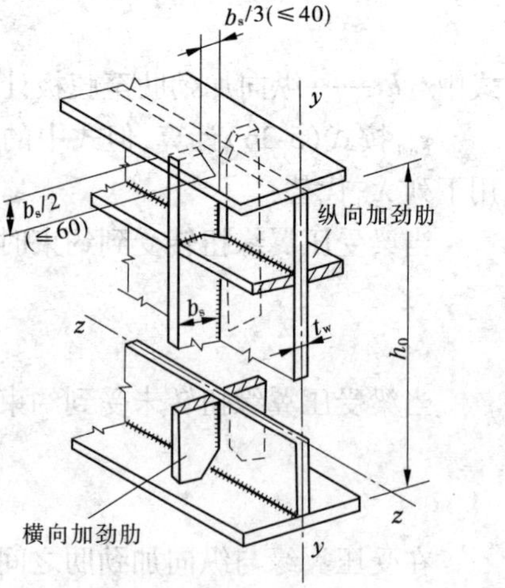

图5-26 腹板加劲肋

在腹板两侧成对配置的钢板横向加劲肋，如图5-26所示，其截面尺寸应符合下列公式要求：

外伸宽度

$$b_s\geqslant\frac{h_0}{30}+40\ \text{mm} \tag{5-44}$$

厚度

$$t_s \geqslant \frac{b_s}{15} \tag{5-45}$$

在腹板单侧配置横向加劲肋时，其外伸宽度应大于按式(5-44)算得的1.2倍，厚度不小于其外伸宽度的1/15。

为了避免焊缝交叉，组合梁的横向加劲肋与翼缘板相接处应切角(见图5-26)，当切成斜角时，其宽约为$b_s/3$(同时不大于40 mm)，高约为$b_s/2$(同时不大于60 mm)。对直接承受动力荷载的梁(如吊车梁)，中间横向加劲肋下端不应与受拉翼缘焊接，一般在距受拉翼缘50～100 mm处断开。

(2)在同时用横向加劲肋和纵向加劲肋加强的腹板中，横向加劲肋的截面尺寸除应符合上述规定外，其截面惯性矩(对z—z轴)尚应符合式(5-46)的要求。在腹板两侧成对配置的加劲肋(见图5-27)，其截面惯性矩应按梁腹板中心线为轴线计算。在腹板一侧配置的加劲肋，其截面惯性矩应按与加劲肋相连的腹板边缘为轴线进行计算

$$I_z \geqslant 3h_0t_w^3 \tag{5-46}$$

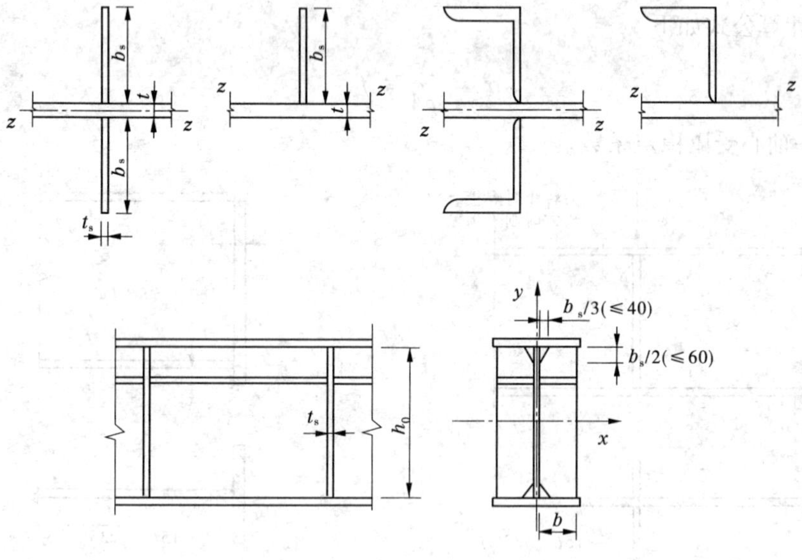

图5-27　计算腹板加劲肋惯性矩时的轴线位置

纵向加劲肋的截面惯性矩I_y应符合下列公式要求：

当$a/h_0 \leqslant 0.85$时

$$I_y \geqslant 1.5h_0t_w^3 \tag{5-47}$$

当$a/h_0 > 0.85$时

$$I_y \geqslant \left(2.5 - 0.45\frac{a}{h_0}\right)\left(\frac{a}{h_0}\right)^2 h_0t_w^3 \tag{5-48}$$

短加劲肋最小间距为$0.75h_1$，外伸宽度应取为横向加劲肋外伸宽度的0.7～1.0倍，厚度同样不小于短加劲肋外伸宽度的1/15。

用型钢(如H型钢、工字钢、槽钢、肢尖焊于腹板的角钢)制成的加劲肋，其截面惯性矩不应小于相应钢板加劲肋的惯性矩。

(四)支承加劲肋的计算

支承加劲肋是指承受固定集中荷载或支座反力的横向加劲肋。支承加劲肋的作用是把集中力或支座反力通过加劲肋传给梁腹板。目的是使集中力间接传给腹板,从而避免使腹板局部压屈。支承加劲肋在梁腹板两侧成对设置,其受力如同轴心受压柱。设计时应进行腹板平面外的整体稳定和端面承压计算,其截面往往比中间横向加劲肋大。

支承加劲肋在工程实际中主要有两种形式:①平板式支承肋(见图 5-28)应与上下翼缘刨平顶紧。梁端剪力通过焊缝传给翼缘,再传给柱顶板。②凸缘式支承肋(见图 5-29)向下伸出下翼缘,且不超过其厚度的两倍($2t$),梁的最大剪力通过焊缝传给凸缘支承肋,再通过水平焊缝传到柱顶板上去。

(1)梁的支承加劲肋,应按承受梁支座反力或固定集中荷载的轴心受压构件计算其在腹板平面外的稳定性。此受压构件的截面应包括加劲肋和加劲肋每侧 $15t_w\sqrt{235/f_y}$ 范围内的腹板面积(支座处长度不足 $15t_w\sqrt{235/f_y}$ 时,取实际长度),计算长度取 h_0(见图 5-28);当其截面对称时,截面类型为 b 类,当截面不对称时为 c 类,平板式按 b 类,凸缘式按 c 类。计算公式如下

$$\sigma = \frac{N}{\varphi A} \leqslant f \tag{5-49}$$

式中　φ——轴心受压稳定系数。

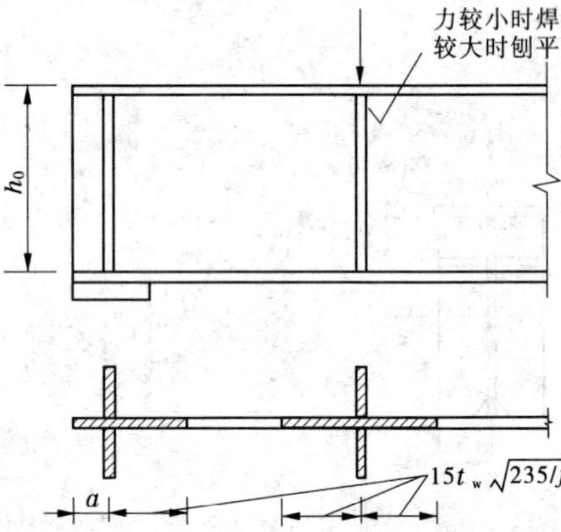

图 5-28　加劲肋受力计算

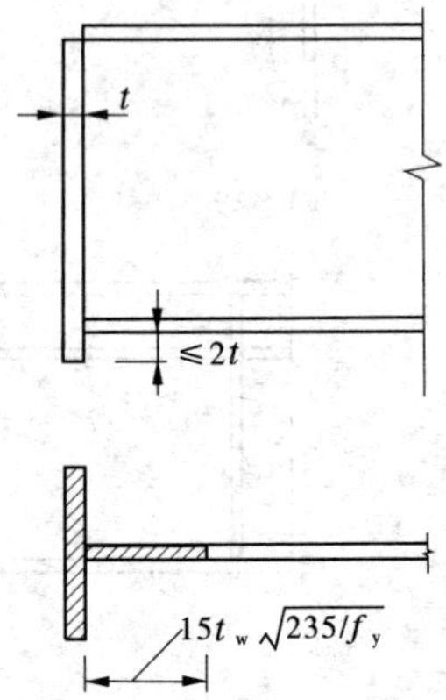

图 5-29　凸缘支座

(2)梁支承加劲肋的端部应按其所承受的支座反力或固定集中荷载进行计算,当端部为刨平顶紧时,端面承压强度按式(5-50)计算;当端部为焊接时,计算其焊缝应力。

$$\sigma_{ce} \leqslant \frac{N}{A_{ce}} \leqslant f_{ce} \tag{5-50}$$

式中　N——集中荷载或支座反力;

A_{ce}——端面承压面积;

f_{ce}——钢材端面承压强度设计值。

(3)支承加劲肋与腹板的连接焊缝,应按承受全部集中力或支反力进行计算。计算公式为

$$\frac{N}{0.7h_f\sum l_w}\leqslant f_f^w$$

确定每条焊缝计算长度 l_w 时，应扣除加劲肋端部的切角长度，且由于计算时假定应力沿焊缝长度方向均匀分布，故不必考虑 l_w 是否大于 $60h_f$。

【例 5-3】 钢梁的受力如图 5-30(a)所示(设计值)，梁截面尺寸和加劲肋布置分别如图 5-30(c)、(d)所示，在离支座 1.5 m 处梁翼缘的宽度改变一次(280 mm 变为 140 mm)，钢材为 Q235 钢。试进行梁腹板稳定性计算。

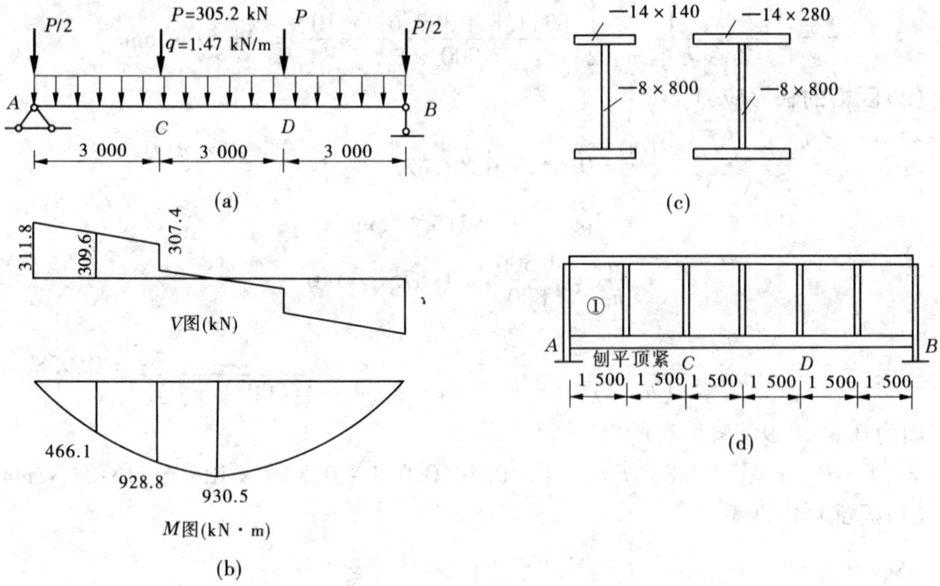

图 5-30　钢梁的受力示意图

解　1. 梁的内力和截面特性的计算

经计算，梁所受的弯矩 M 和剪力 V 如图 5-30(b)所示。

支座附近截面的惯性矩　　　$I_{x1}=9.91\times10^8\ \text{mm}^4$

跨中附近截面的惯性矩　　　$I_{x2}=1.64\times10^9\ \text{mm}^4$

2. 加劲肋的布置

由于腹板高厚比满足 $80\sqrt{235/f_y}<\dfrac{h_0}{t_w}=\dfrac{800}{8}=100<150\sqrt{235/f_y}$，故仅需设置横向加劲肋。

因为梁 1/3 跨处有集中荷载，所以该处应设置支承加劲肋，又因为横向加劲肋的最大间距为 $2.5h_0=2.5\times800=2\ 000$(mm)，故取横向加劲肋的间距为 1 500 mm，布置如图 5-30(d)所示。

3. 区格①的局部稳定验算

(1) 区格所受应力。

区格两边的弯矩

$$M_1 = 0,\quad M_2 = 311.8 \times 1.5 - \frac{1}{2} \times 1.47 \times 1.5^2 = 466.1(\mathrm{kN \cdot m})$$

区格所受平均正应力

$$\sigma = \frac{M_1 + M_2}{2}\frac{y_1}{I_x} = \frac{1}{2} \times (0 + 466.1 \times 10^6) \times \frac{400}{9.91 \times 10^8} = 94.1(\mathrm{N/mm^2})$$

区格两边的剪力

$$V_1 = 311.8\ \mathrm{kN},\quad V_2 = 311.8 - 1.47 \times 1.5 = 309.6(\mathrm{kN})$$

区格所受平均剪应力

$$\tau = \frac{V_1 + V_2}{2}\frac{1}{h_w t_w} = \frac{1}{2}\frac{(311.8 + 309.6) \times 10^3}{800 \times 8} = 48.5(\mathrm{N/mm^2})$$

(2)区格的临界应力。

由于 $\lambda_b = \dfrac{h_0/t_w}{153}\sqrt{\dfrac{f_y}{235}} = \dfrac{100}{153} = 0.653 < 0.85$，故

$$\sigma_{cr} = f = 215\ \mathrm{N/mm^2}$$

$$\frac{a}{h_0} = \frac{1\ 500}{800} = 1.875 > 1.0$$

$$\lambda_s = \frac{h_0/t_w}{41\sqrt{5.34 + 4(h_0/a)^2}}\sqrt{\frac{f_y}{235}} = \frac{100}{41\sqrt{5.34 + 4(800/1\ 500)^2}} = 0.958$$

因为 $0.8 < 0.958 < 1.2$，所以

$$\tau_{cr} = [1 - 0.59(\lambda_s - 0.8)]f_v = [1 - 0.59(0.958 - 0.8)] \times 125 = 113.3(\mathrm{N/mm^2})$$

(3)局部稳定计算。

验算条件为

$$\left(\frac{\sigma}{\sigma_{cr}}\right)^2 + \left(\frac{\tau}{\tau_{cr}}\right)^2 + \frac{\sigma_c}{\sigma_{c,cr}} \leqslant 1.0$$

即

$$\left(\frac{94.1}{215}\right)^2 + \left(\frac{48.5}{113.3}\right)^2 + 0 = 0.374 < 1.0$$，满足要求。

4. 其他区格的局部稳定验算与区格①的类似，详细过程略。

第六节　梁腹板的屈曲后强度

一、腹板屈曲后强度

腹板受压屈曲和受剪屈曲后都存在继续承载的能力，称为屈曲后强度。

承受静力荷载和间接承受动力荷载的组合梁，其腹板宜考虑屈曲后强度，则可仅在支座处和固定集中荷载处设置支承加劲肋，或尚有中间横向加劲肋，其高厚比达到 250 时也可不必设置纵向加劲肋。这里介绍我国规范规定的实用计算方法，此计算方法不适用于直接承受动力荷载的吊车梁，因为腹板反复屈曲可能导致其边缘出现裂纹。

二、梁腹板受剪屈曲后的剪切承载力 V_u

如图 5-31 所示，梁腹板在剪力作用下，尽管发生了 45°方向的局部屈曲，但由于薄膜

效应在腹板中形成了张力场，因此梁可以继续承载。关于张力场理论有多种模型和假定，其中 Basler 模型计算结果与试验结果吻合得较好。在 Basler 模型中将腹板屈曲后的梁视为一个桁架，上、下翼缘相当于桁架的上、下弦杆，腹板变为宽度为 S 的拉杆（张拉带），横向加劲肋为受压竖杆。腹板屈曲后的剪切承载力 V_u 是屈曲剪力 V_{cr} 和张力场剪力 V_t 之和，即

$$V_u = V_{cr} + V_t \tag{5-51}$$

式中
$$V_{cr} = h_0 t_w \tau_{cr} = A_w \tau_{cr}$$

$$V_t = \frac{\sqrt{3}}{2} A_w \frac{f_{vy} - \tau_{cr}}{\sqrt{1 + (a/h_0)^2}} \tag{5-52}$$

将式(5-51)代入式(5-52)得

$$V_u = \tau_{cr} A_w + \frac{\sqrt{3}}{2} A_w \frac{f_{vy} - \tau_{cr}}{\sqrt{1 + (a/h_0)^2}} = A_w \left(\tau_{cr} + \frac{f_{vy} - \tau_{cr}}{1.15\sqrt{1 + (a/h_0)^2}}\right) \tag{5-53}$$

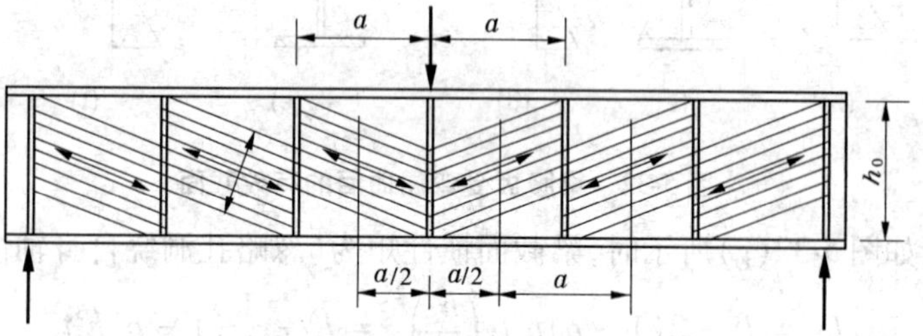

图 5-31　梁腹板中形成的张力场

式(5-53)即为腹板的极限抗剪承载力。为简化计算，我国规范采用下面的近似公式计算 V_u 的设计值。

当 $\lambda_s \leqslant 0.8$ 时

$$V_u = h_0 t_w f_v \tag{5-54a}$$

当 $0.8 < \lambda_s \leqslant 1.2$ 时

$$V_u = h_0 t_w f_v [1 - 0.5(\lambda_s - 0.8)] \tag{5-54b}$$

当 $\lambda_s > 1.2$ 时

$$V_u = h_0 t_w f_v / \lambda_s^{1.2} \tag{5-54c}$$

式中　λ_s——用于抗剪计算的腹板通用高厚比，按式(5-36d)和式(5-36e)计算，当组合梁仅配置支座加劲肋时，取式(5-36e)中的 $h_0/a = 0$。

三、腹板受弯屈曲后梁的极限弯矩 M_u

腹板高厚比较大而不设纵向加劲肋时，在弯矩作用下腹板的受压区可能屈曲。屈曲前，梁截面应力分布呈线性分布（见图 5-32(b)），此时板边缘的压应力 σ_{cr} 尚未达到钢材屈服点 f_y。腹板屈曲后，因薄膜效应，梁还可继续承载，但受压区的应力分布不再是线性（见图 5-32(d)），中和轴位置下移，直到板边缘纤维达到钢材屈服点 f_y 时即认为达到承载力的极限。研究表明，对于 Q235 钢来说，受压翼缘受到扭转约束的梁，当腹板高厚比达

到200时(或受压翼缘扭转未受到约束的梁,腹板高厚比达到175时),腹板屈曲后梁的抗弯承载力与全截面有效的梁相比,仅下降5%。这说明腹板局部屈曲对梁的抗弯强度影响不大。

设计中采用有效截面的概念,认为受压区上下两部分有效,中间部分退出工作,受拉区全部有效。假定腹板受压区有效高度为ρh_c,等分在受压区的两端,中部则扣去$(1-\rho)h_c$的高度(见图5-32(e)),梁的中和轴也有下降。现假定腹板受拉区与受压区同样扣除此高度(见图5-32(g)),这样中和轴可不变动,计算较为简便。我国规范采用近似公式计算腹板受弯屈曲后梁的抗弯承载力设计值M_{eu}。

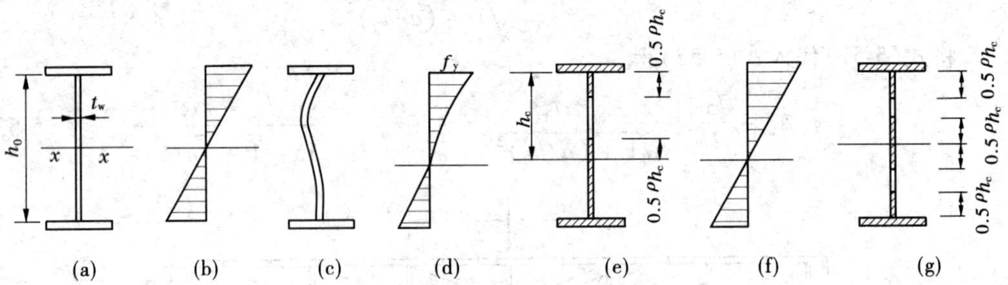

图5-32　梁腹板受弯屈曲后的有效截面

腹板截面如图5-32(g)所示时,梁截面惯性矩为(忽略孔洞绕自身轴惯性矩)

$$I_{xe}=I_x-2(1-\rho)h_c t_w\left(\frac{h_c}{2}\right)^2=I_x-\frac{1}{2}(1-\rho)h_c^3 t_w$$

式中　I_x——按梁截面全部有效算得的绕x轴的惯性矩。

梁截面模量折减系数为

$$\alpha_e=\frac{W_{xe}}{W_x}=\frac{I_{xe}}{I_x}=1-\frac{(1-\rho)h_c^3 t_w}{2I_x}\tag{5-55}$$

式中　ρ——腹板受压区有效高度系数,与计算局部稳定中临界应力σ_{cr}一样,以通用高厚比$\lambda_b=\sqrt{f_y/\sigma_{cr}}$作为参数,按下列原则确定:

当$\lambda_b\leqslant 0.85$时

$$\rho=1.0\tag{5-56a}$$

当$0.85<\lambda_b\leqslant 1.25$时

$$\rho=1-0.82(\lambda_b-0.85)\tag{5-56b}$$

当$\lambda_b>1.25$时

$$\rho=(1-0.2/\lambda_b)/\lambda_b\tag{5-56c}$$

通用高厚比仍按局部稳定计算中式(5-35d)、式(5-35e)计算。

因此,梁的抗弯承载力设计值为

$$M_{eu}=\gamma_x\alpha_e W_x f\tag{5-57}$$

以上式中的梁截面模量W_x和截面惯性矩I_x及腹板受压区高度h_c均按截面全部有效计算。

四、同时受弯和受剪的梁考虑腹板屈曲后的强度

梁腹板同时承受弯矩和剪力的作用，承载力采用弯矩 M 和剪力 V 的相关关系曲线（见图 5-33）确定。①当剪力 $V \leqslant 0.5V_u$ 时，梁的极限弯矩仍可取为 M_{eu}；②当梁所受的弯矩不超过两个翼缘的抗弯能力 M_f 时，可以认为腹板不参与承担弯矩，故梁的抗剪能力为 V_u；③当 $V > 0.5V_u$ 且 $M > M_f$ 时，规范采用类似欧洲钢结构试行规范（EC3）的相关公式验算梁的抗弯和抗剪承载能力

$$\left(\frac{V}{0.5V_u}-1\right)^2+\frac{M-M_f}{M_{eu}-M_f}\leqslant 1$$

这样，在横向加劲肋之间的腹板各区段，我国规范采用的在弯矩和剪力共同作用下梁的承载力为

当 $M/M_f \leqslant 1.0$ 时

$$V \leqslant V_u \tag{5-58a}$$

当 $V/V_u \leqslant 0.5$ 时

$$M \leqslant M_{eu} \tag{5-58b}$$

其他情况下

$$\left(\frac{V}{0.5V_u}-1\right)^2+\frac{M-M_f}{M_{eu}-M_f}\leqslant 1.0 \tag{5-58c}$$

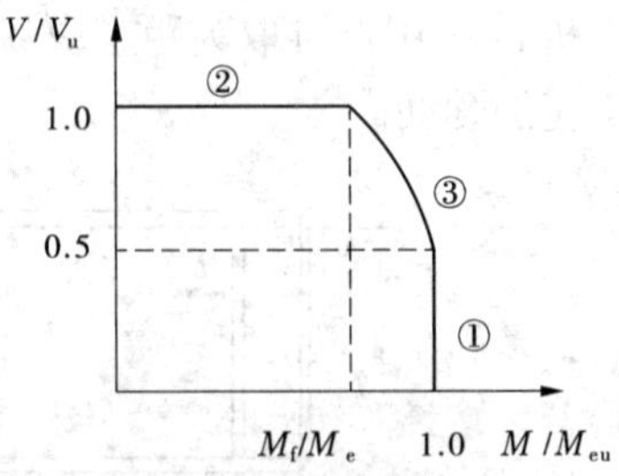

图 5-33　利用腹板屈曲后强度的梁的剪力和弯矩相关曲线

式中　M、V——所计算区格内同一截面处梁的弯矩和剪力设计值，计算时，当 $V<0.5V_u$ 时取 $V=0.5V_u$，当 $M<M_f$ 时取 $M=M_f$；

M_{eu}、V_u——M 或 V 单独作用时梁抗弯和抗剪承载力设计值；

M_f——梁两翼缘所承担的弯矩设计值，对双轴对称截面梁，$M_f=A_f h_f f$（此处，A_f 为一个翼缘截面积，h_f 为上、下翼缘轴线间距离），对单轴对称截面梁，$M_f=\left(A_{f1}\frac{h_1^2}{h_2}+A_{f2}\right)f$（此处，$A_{f1}$、$h_1$ 为较大翼缘截面面积及其形心至梁中和轴的距离，A_{f2}、h_2 为较小翼缘截面面积及其形心至梁中和轴的距离）。

五、利用腹板屈曲后强度的梁的加劲肋设计

（1）规范规定：当梁仅配置支承加劲肋不能满足式（5-58）的要求时，应在两侧成对布置中间横向加劲肋，其间距一般为 $a=(1.0\sim1.5)h_0$，截面尺寸应满足构造要求。

（2）中间横向加劲肋。梁腹板在剪力作用下屈曲后以斜向张力场的形式继续承受剪力，张力场的水平分力在相邻区格腹板之间传递和平衡，而竖向分力则由加劲肋承担，因此应对横向加劲肋按轴心受压构件验算其平面外的稳定性，竖向分力 N_s 可用下式计算

$$N_s = V_u - h_0 t_w \tau_{cr} \tag{5-59a}$$

式中　V_u——按式（5-54）计算；

τ_{cr}——按式（5-36）计算；

h_0——腹板高度。

若中间横向加劲肋还承受固定集中荷载 F,则应按下式计算其轴心力

$$N_s = V_u - h_0 t_w \tau_{cr} + F \tag{5-59b}$$

(3)支座加劲肋。支座加劲肋承担的竖向力按支座反力 R 考虑,当腹板在支座旁的区格利用屈曲后强度,即 $\lambda_s > 0.8$ 时,支座加劲肋还要承受张力场产生的水平分力 H_t 的作用。因此,应按压弯构件计算其强度和腹板平面外的稳定。张力场水平分力 H_t 按下式计算

$$H_t = (V_u - h_0 t_w \tau_{cr}) \sqrt{1 + (a/h_0)^2} \tag{5-60}$$

对设中间横向加劲肋的梁,a 取支座端区格的加劲肋间距;对不设中间加劲肋的腹板,a 取梁支座至跨内剪力为零点的距离。

H_t 的作用点可取为距上翼缘 $h_0/4$ 处(见图 5-34(a))。此压弯构件的计算长度同一般支座加劲肋。

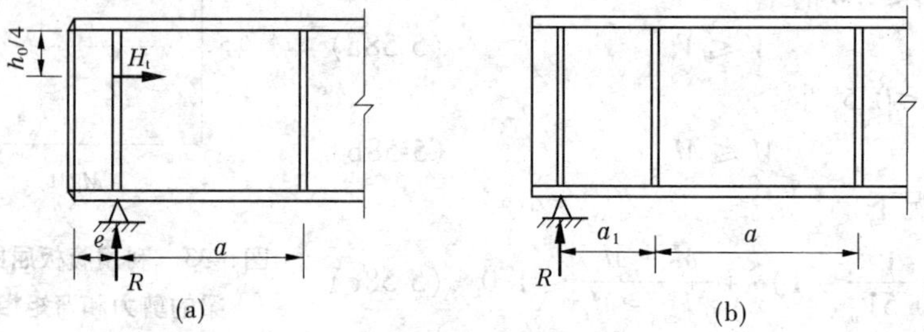

图 5-34　利用腹板屈曲后强度的梁端构造

为增强梁的抗弯能力,可在梁外延的端部采用如图 5-34(a)所示的加封头肋板的构造形式。通常采用下列方法之一进行计算:

(1)将封头板与支座加劲肋之间视为竖向压弯构件,简支于梁上下翼缘,计算其强度和稳定。

(2)将支座加劲肋按承受支座反力 R 的轴心压杆计算,封头肋板截面面积不应小于 A_c

$$A_c = \frac{3h_0 H}{16ef} \tag{5-61}$$

式中　e——支座加劲肋与封头肋板之间的距离。

图 5-34(b)给出了另一种梁端构造方法,即在梁端处减小支座加劲肋和第一道中间加劲肋的距离 a_1,使该区格腹板的通用高厚比 $\lambda_s \leq 0.8$,从而使其不会发生局部屈曲。此种情况的支座加劲肋就不会受到 H_t 的作用,只按承受支座反力 R 的轴心压杆验算其平面外的稳定性即可。

第七节　梁截面设计

为了确保安全适用、经济合理,梁的设计必须同时考虑两种极限状态。对于承载力极限状态,梁的设计中包括强度、整体稳定和局部稳定三个方面。设计时,要求在荷载设计值作用下,梁的弯曲正应力、剪应力、局部压应力和折算应力均不超过相应的强度设计值;

保证梁不会发生侧向弯扭屈曲;组成梁的板件不会出现波状的局部屈曲。进行正常使用极限状态设计时,要求梁有足够的抗弯刚度,即在荷载标准值作用下,梁的最大挠度不应超过规范规定的容许挠度。

一、型钢梁设计

(一)单向弯曲型钢梁

单向弯曲型钢梁的设计比较简单,通常先按抗弯强度(当梁的整体稳定有保证时)或整体稳定(当需要计算整体稳定时)求出需要的截面模量

$$W_{nx} = M_{max}/(\gamma_x f) \text{ 或 } W_x = M_{max}/(\varphi_b f)$$

式中　φ_b——整体稳定系数,可根据经验估计假定。

根据求出的截面模量选择合适的型钢(一般为 H 型钢或普通工字钢),然后进行验算。

由于型钢截面的翼缘和腹板厚度较大,不必验算局部稳定;当端部腹板无大的削弱时,也不必验算剪应力。而局部压应力也只在有较大集中载荷或支座反力处才验算。

(二)双向弯曲型钢梁

双向弯曲型钢梁承受两个主平面方向的荷载,设计方法与单向受弯型钢梁相同,应考虑抗弯强度、整体稳定、挠度等的计算,而剪应力和局部稳定一般不必计算,局部压应力只在有较大集中荷载或支座反力的情况下,必要时才验算。

双向受弯梁的抗弯强度按式(5-5)计算。

双向受弯的 H 型钢或工字钢截面梁应按经验近似公式(5-23)计算其整体稳定性。

设计时,应尽量通过构造满足不需计算整体稳定的条件,这样可按抗弯强度条件选择型钢截面,由式(5-5)可得

$$W_{nx} = \left(M_x + \frac{\gamma_x}{\gamma_y}\frac{W_x}{W_y}M_y\right)\frac{1}{\gamma_x f} = \frac{M_x + \alpha M_y}{\gamma_x f} \tag{5-62}$$

对小型号的型钢,可近似取 $\alpha=6$(窄翼缘 H 型钢和工字钢)或 $\alpha=5$(槽钢)。

双向受弯型钢梁常用于檩条,其截面一般为 H 型钢(檩条跨度较大时)、槽钢(跨度较小时)或冷弯薄壁 Z 型钢、C 型钢(跨度不大且为轻型屋面时)等。这些型钢的腹板垂直于屋面放置,因而竖向线荷载 q 可分解为垂直于截面两个主轴 x—x 和 y—y 的分荷载,从而引起双向弯曲。

二、组合梁设计

组合梁的设计原则:既要保证梁的承载力、刚度、稳定性等要求,又要使钢材用量经济合理。其设计分为截面选择和截面验算两步骤。

(一)截面选择

焊接组合梁一般用两块翼缘板和一块腹板焊接成双轴对称工字形截面(见图 5-35),需要根据已知设计条件,选择经济合理的翼缘板和腹板尺寸。

1. 截面高度

确定组合梁的截面高度应考虑如下因素:建筑高度、刚度条件和经济高度。

1）建筑高度

建筑高度是指梁的底面到铺板顶面之间的高度，它往往由生产工艺和使用要求决定。梁的高度不能使净空超过建筑设计或工艺设备需要的净空允许限值，以此条件决定的梁截面高度实际上是梁截面可能的最大高度 $h_{\max}$。

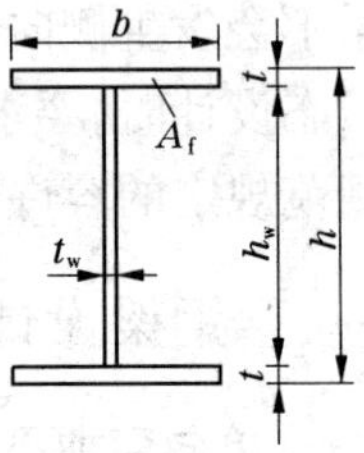

图 5-35　焊接工字形截面

2）刚度条件

刚度条件是梁的允许挠度所要求的梁高，它决定了梁的最小高度 $h_{\min}$。以均布荷载作用下的简支梁为例，其挠度最大值为

$$\nu_{\max}=\frac{5q_kl^4}{384EI_x}=\frac{5l^2}{48EI_x}\frac{q_kl^2}{8}=\frac{5M_kl^2}{48EI_x}=\frac{5}{48}\frac{M_kl^2}{EW_x(h/2)}=\frac{5\sigma_kl^2}{24Eh}\leqslant[\nu]$$

若此梁的抗弯强度基本满足，令 $\sigma_k=f/1.3$，这里的 1.3 为假定的平均荷载分项系数，由此得到梁的最小高跨比的计算公式为

$$h_{\min}\geqslant\frac{5\sigma_kl}{24E}\frac{l}{[\nu]}\tag{5-63}$$

3）经济高度

一般来说，梁的高度大，腹板用钢量增多，而梁翼缘板用钢量相对减少；梁的高度小，则情况相反。最经济的截面高度应使梁的总用钢量最小。梁的经济高度是指满足强度、刚度、整体和局部稳定，且用钢量最小的高度。下面介绍一种确定经济高度 h_e 的简单方法。

对图 5-35 所示截面，有

$$I_x\approx\frac{1}{12}t_wh_w^3+2A_f\left(\frac{h}{2}\right)^2=W_x\frac{h}{2}\tag{5-64}$$

近似取 $h_w\approx h$，可得截面模量

$$W_x=\frac{2I_x}{h}\approx\frac{1}{6}t_wh^2+A_fh\tag{5-65}$$

由此可得每个翼缘的面积

$$A_f=\frac{W_x}{h}-\frac{t_wh}{6}\tag{5-66}$$

考虑腹板处可能设置横向加劲肋，腹板加劲肋的用钢量一般约为腹板用钢量的 20%，因此梁截面面积为

$$A\approx2A_f+1.2t_wh_w\tag{5-67}$$

将式(5-66)代入式(5-67)，并根据工程经验近似取 $t_w=\frac{\sqrt{h_w}}{11}$(cm)，由此可得

$$A=\frac{2W_x}{h}+0.0788h^{\frac{3}{2}}\tag{5-68}$$

总截面面积最小的条件为

$$\frac{dA}{dh}=-\frac{2W_x}{h^2}+0.1182h^{\frac{1}{2}}=0\tag{5-69}$$

由此可得用钢量最小的经济高度 h_e 为

$$h_e \approx 3W_x^{0.4} \tag{5-70}$$

其中，W_x 单位是 mm^3，可按下式计算

$$W_x = \frac{M_x}{\alpha f} \tag{5-71}$$

式中　α——系数，对一般单向弯曲梁，当最大弯矩处无孔洞时，$\alpha = \gamma_x = 1.05$，有孔洞时，$\alpha = 0.85 \sim 0.9$；对吊车梁，考虑水平荷载作用时，$\alpha = 0.7 \sim 0.9$。

经济高度还可以采用以下经验公式计算

$$h_e = 7\sqrt[3]{W_x} - 30(\text{cm}) \tag{5-72}$$

实际采用的梁高应满足 $h_{min} \leqslant h \approx h_e \leqslant h_{max}$，并且通常取 50 mm 的倍数。

2. 腹板厚度

腹板厚度应满足抗剪强度要求。抗剪需要的厚度可根据梁端最大剪力按下式计算

$$t_w \geqslant \frac{\alpha V_{max}}{h_w f_v} \tag{5-73}$$

式中　V_{max}——梁截面最大剪力设计值；

f_v——梁腹板钢材抗剪承载力设计值；

α——系数，当梁端翼缘截面无削弱时 α 宜取 1.2，当梁端翼缘截面有削弱时 α 宜取 1.5。

由式(5-73)计算所得的 t_w 往往偏小，考虑腹板局部稳定和构造等因素，腹板厚度常用前文提及的经验公式估算

$$t_w = \frac{\sqrt{h_w}}{11} \tag{5-74}$$

其中，t_w、h_w 都取 cm 为单位。实际采用的腹板厚度应考虑钢板的现有规格，一般为 2 mm 的倍数。对于非吊车梁，腹板厚度取值宜比式(5-74)的计算值略小；对考虑腹板屈曲后强度的梁，腹板厚度可取得小些，但不得小于 6 mm，同时满足 $\frac{h_w}{t_w} \leqslant 250\sqrt{\frac{235}{f_y}}$。

3. 翼缘尺寸

由式(5-71)求得需要的净截面模量，则整个截面需要的惯性矩为

$$I_x = W_x \frac{h}{2}$$

由于腹板尺寸已确定，其惯性矩为

$$I_w = \frac{1}{12} t_w h_w^3$$

则翼缘需要的惯性矩为

$$I_f = I_x - I_w \approx 2bt(h/2)^2$$

由此可得每个翼缘面积

$$A_f = bt = \frac{2(I_x - I_w)}{h^2} \tag{5-75}$$

翼缘宽度 b 或厚度 t 只要定出一个，就能确定另一个。b 通常取$(1/5 \sim 1/3)h$，同时为保证局部稳定，应满足 $b/t \leqslant 30\sqrt{235/f_y}$，如果考虑部分截面进入塑性，则应满足 $b/t \leqslant 26\sqrt{\dfrac{235}{f_y}}$。选择 b 和 t 时要符合钢板规格尺寸，一般 b 取 10 mm 的倍数，t 取 2 mm 的倍数，且不小于 8 mm。

（二）截面验算

根据试选的截面尺寸，求出截面的各种几何数据，如惯性矩、截面模量等，然后进行验算。梁的截面验算包括强度、刚度、整体稳定和局部稳定几个方面。其中，腹板的局部稳定通常是采用配置加劲肋来保证的。

【例 5-4】 某工作平台的布置如图 5-36 所示，平台板为预制钢筋混凝土板，已知平台永久荷载标准值 $q_{GK}=5\ \text{kN/m}^2$，可变荷载标准值 $q_{QK}=12\ \text{kN/m}^2$（为静力荷载），钢材 Q235B。试按焊接组合截面工字形梁设计次梁并计算支座的支承加劲肋。

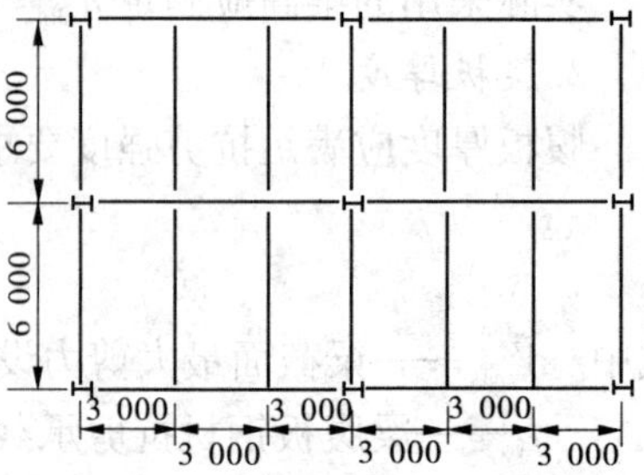

图 5-36 厂房平台布置图

解 1. 荷载及内力

荷载设计值

$$q=(1.2\times5+1.3\times12)\times3=64.8(\text{kN/m})$$

最大弯矩设计值

$$M_x=\frac{1}{8}ql^2=\frac{1}{8}\times64.8\times6^2=291.6(\text{kN}\cdot\text{m})$$

2. 截面初选

由式(5-63)，这里取 $\sigma_k=f/1.3$，查表 5-1 得$[\nu]=l/250$，梁的最小高度为

$$h_{\min}=\frac{5\sigma_k l}{24E}\frac{l}{[\nu]}=\frac{5fl}{31.2E}\frac{l}{[\nu]}=\frac{5\times215\times6\times10^3}{31.2\times2.06\times10^5}\times250=250.9(\text{mm})$$

由抗弯强度确定的截面模量为

$$W_x=\frac{M_x}{\gamma_x f}=\frac{1.1\times291.6\times10^6}{1.05\times215}\times10^{-3}=1\ 420.9(\text{cm}^3)$$

其中系数 1.1 是考虑梁自重的附加系数。

由式(5-70)得梁的经济高度为

$$h_e\approx3W_x^{0.4}=3\times1\ 420.9^{0.4}=54.7(\text{cm})$$

由式(5-72)得梁的经济高度为

$$h_e=7\sqrt[3]{W_x}-30=7\times1\ 420.9^{1/3}-30=48.7(\text{cm})$$

因此，取梁截面高度为 550 mm。

支座处最大剪力为 $V_{\max}=64.8\times6/2=194.4(\text{kN})$

由式(5-74)计算腹板初选厚度

$$t_w=\frac{\sqrt{h_w}}{11}=\frac{\sqrt{55}}{11}=0.67(\text{cm})$$

式中近似取 $h_w\approx h$。

由式(5-73)得腹板初选厚度

$$t_w \geqslant \frac{1.2V_{max}}{h_w f_v} = \frac{1.2 \times 194.4 \times 10^3}{520 \times 125} = 3.6(\text{mm})$$

其中考虑翼缘板可能厚度后，取 $h_w = 520$ mm。腹板厚度 $t_w = 8$ mm。因此，腹板采用—520×8的钢板。

梁截面需要的净截面惯性矩

$$I_x = W_x \frac{h}{2} = 1\,420.9 \times (55/2) = 39\,074.8(\text{cm}^4)$$

腹板惯性矩为　$I_w = t_w h_w^3/12 = 0.8 \times 52^3/12 = 9\,373.9(\text{cm}^4)$

翼缘面积　$A_f = bt = \dfrac{2(I_x - I_w)}{h^2} = \dfrac{2 \times (39\,074.8 - 9\,373.9)}{55^2} = 19.6(\text{cm}^2)$

取翼缘宽度为550/5～550/3，即110～183 mm，初选 $b = 150$ mm，$t = 19.6/15 = 1.31$(cm)，取 $t = 14$ mm。翼缘选用—150×14的钢板。所选截面尺寸如图5-37所示。

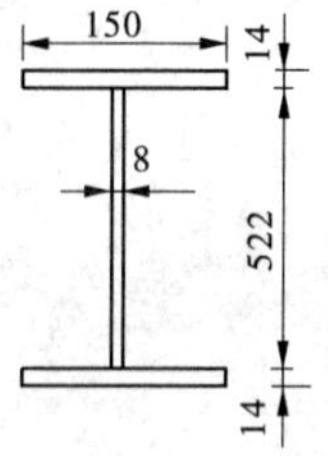

图5-37　梁截面尺寸

3. 截面几何性质计算

截面惯性矩为

$$I_x = t_w h_w^3/12 + 2bt\left[\frac{1}{2}(h_w + t)\right]^2$$
$$= 0.8 \times 52.2^3/12 + 2 \times 15 \times 1.4 \times \left[\frac{1}{2}(52.2 + 1.4)\right]^2$$
$$= 39\,648.5(\text{cm}^4)$$

截面模量　$W_x = \dfrac{I_x}{h/2} = \dfrac{39\,648.5}{55/2} = 1\,441.8(\text{cm}^3)$

截面面积　$A = 2bt + t_w h_w = 2 \times 15 \times 1.4 + 0.8 \times 52.2 = 83.76(\text{cm}^2)$

4. 强度验算

单位长度梁自重　$g = A\gamma = 0.008\,376 \times 7.85 \times 9.8 = 0.64(\text{kN/m})$

设计荷载　$q = 1.2 \times 0.64 + 64.8 = 65.57(\text{kN/m})$

$$M_{max} = ql^2/8 = 65.57 \times 6^2/8 = 295.1(\text{kN·m})$$

$$\sigma = \frac{M_{max}}{\gamma_x W_x} = \frac{295.1 \times 10^6}{1.05 \times 1\,441.8 \times 10^3} = 194.9(\text{N/mm}^2) < f = 215\ \text{N/mm}^2$$

剪应力、刚度不需验算，因为选腹板尺寸和梁高时已得到满足。

5. 局部稳定验算

缘板　$b/t = 10.7 < 26$

腹板　$h_0/t_w = \dfrac{522}{8} = 65.3 < 80$，满足局部稳定要求。

6. 支座处加劲肋设计

按构造要求　$b_s \geqslant \dfrac{h_0}{30} + 40 = 57.4(\text{mm})$

厚度　$t_s = \dfrac{b_s}{15} = \dfrac{57.4}{15} = 3.8(\text{mm})$

取 $b_s=60$ mm，$t_s=6$ mm。

支座反力 $R=65.57\times6/2=196.7(\text{kN})$

肋板为一 60×6 的钢板。

验算平面外稳定：如图 5-38 所示，$l_0=h_0=522$ mm，十字形截面。

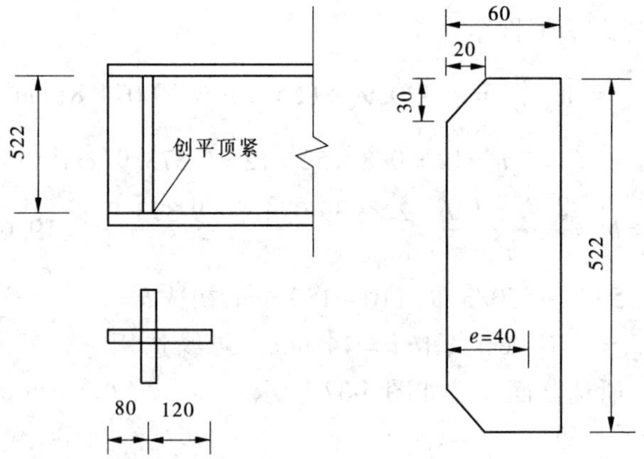

图 5-38 支座加劲肋

截面积 $A=2\times0.6\times6+0.8\times(8+12)=23.2(\text{cm}^2)$

惯性矩 $I\approx0.6\times12.8^3/12=104.9(\text{cm}^4)$

回转半径 $i=\sqrt{\dfrac{I}{A}}=\sqrt{\dfrac{104.9}{23.2}}=2.13(\text{cm})$

长细比 $\lambda=l_0/i=52.2/2.13=24.5$

按 b 类截面，查附表 4-2，得轴心受压稳定系数 $\varphi=0.955$

$\dfrac{N}{\varphi A}=\dfrac{196.7\times10^3}{0.955\times23.2\times10^2}=88.8(\text{N/mm}^2)<f=215\ \text{N/mm}^2$，满足要求。

验算端面承压强度：肋板为一 60×6 的钢板，实际承压面积 480 mm²，则

$\sigma_{ce}=\dfrac{N}{A_{ce}}=\dfrac{196.7\times10^3}{480}=409.8(\text{N/mm}^2)>f_{ce}=325\ \text{N/mm}^2$，不满足要求。

肋板改为一 60×8 的钢板，实际承压面积 640 mm²，则

$\sigma_{ce}=\dfrac{N}{A_{ce}}=\dfrac{196.7\times10^3}{640}=307.3(\text{N/mm}^2)<f_{ce}=325\ \text{N/mm}^2$，满足要求。

加劲肋与腹板间的角焊缝计算

$$\sum l_w\approx4\times(522-30\times2-10)=1\ 808\ (\text{mm})$$

则需要

$$h_f\geqslant\frac{N}{0.7f_f^w\sum l_w}=\frac{196.7\times10^3}{0.7\times160\times1\ 808}=1.0(\text{mm})$$

构造要求

$$h_{f\min}=1.5\sqrt{t}=1.5\sqrt{8}=4.2(\text{mm})，采用\ h_f=5(\text{mm})$$

这里介绍另外一种验算方法：

$$\sigma_f=\frac{Re}{\sum W_f}=\frac{196.7\times10^3\times40}{2\times\frac{2\times0.7\times5\times452^2}{6}}=16.5(\mathrm{N/mm^2})$$

$$\tau_f=\frac{R}{0.7h_f\sum l_f}=\frac{196.7\times10^3}{0.7\times5\times4\times452}=31.1(\mathrm{N/mm^2})$$

$$\sqrt{(\frac{\sigma_f}{\beta_f})^2+\tau_f^2}=\sqrt{(\frac{16.5}{1.22})^2+31.1^2}=33.9(\mathrm{N/mm^2})<f=160\ \mathrm{N/mm^2}$$，满足要求。

第八节　梁的构造设计

一、翼缘与腹板连接焊缝设计

如图 5-39 所示，焊接组合工字形截面，翼缘与腹板常以角焊缝相连，当梁弯曲时，由于相邻截面中作用在翼缘截面的弯曲正应力有差值，因此焊缝单位长度所受的纵向水平剪力为

$$\nu_1=\tau_1 t_w=\frac{VS_1}{I_x t_w}t_w=\frac{VS_1}{I_x} \tag{5-76}$$

式中　τ_1——腹板与翼缘交界处的水平剪应力（与竖向剪应力相等），$\tau_1=\frac{VS_1}{I_x t_w}$；

S_1——翼缘截面对梁中和轴的面积矩。

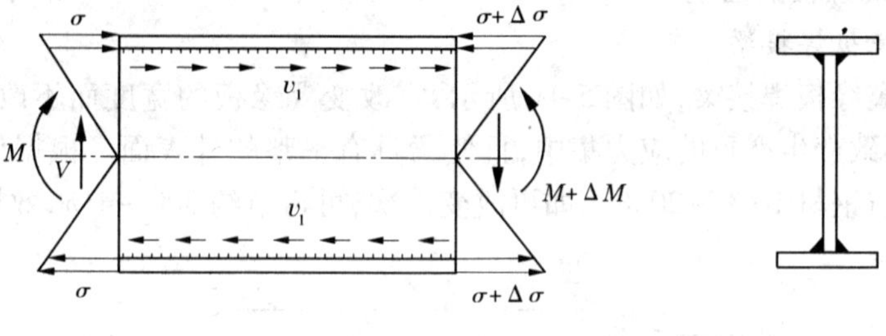

图 5-39　翼缘焊缝的水平剪力

在此剪力作用下，采用双面角焊缝时，角焊缝有效截面上承受的剪应力 τ_f 不应超过角焊缝强度设计值 f_f^w

$$\tau_f=\frac{\nu_1}{2\times0.7h_f}=\frac{VS_1}{1.4h_f I_x}\leqslant f_f^w$$

则需要的焊脚尺寸为

$$h_f\geqslant\frac{1}{1.4f_f^w}\frac{V_{max}S_1}{I_x} \tag{5-77}$$

如果梁的翼缘上受有固定集中荷载，而荷载作用处又未设置支承加劲肋，或梁上有移动的集中荷载（如吊车梁轮压），则上翼缘与腹板之间的焊缝不仅受沿焊缝长度方向的水

平剪应力 τ_f，还承受竖向荷载引起的垂直于焊缝长度方向的局部压应力

$$\sigma_f = \frac{\psi F}{2h_e l_z} = \frac{\psi F}{1.4h_f l_z} \tag{5-78}$$

因此，受有局部应力的上翼缘与腹板之间的连接焊缝应按下式计算强度

$$\frac{1}{1.4h_f}\sqrt{\left(\frac{\psi F}{\beta_f l_z}\right)^2 + \left(\frac{VS}{I_x}\right)^2} \leqslant f_f^w$$

从而

$$h_f \geqslant \frac{1}{1.4f_f^w}\sqrt{\left(\frac{\psi F}{\beta_f l_z}\right)^2 + \left(\frac{VS}{I_x}\right)^2} \tag{5-79}$$

式中　β_f——系数，对直接承受动力荷载的梁（如吊车梁）$\beta_f = 1.0$，对其他梁 $\beta_f = 1.22$。

对承受动力荷载的梁（如重级工作制梁和大吨位中级工作制吊车梁），腹板与上翼缘的连接焊缝常采用焊透的T形接头对接与角接组合焊缝，如图5-40所示，此种焊缝与主体金属等强，不用计算。

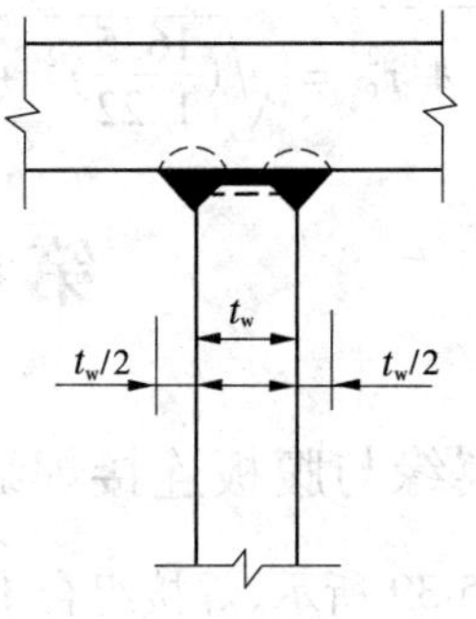

图5-40　K形焊缝

二、梁截面沿长度的改变

梁承受的弯矩沿长度而改变，为了节约钢材可将组合梁截面随弯矩变化而改变。对跨度较小的梁，截面改变经济效果不大，或者改变截面节约的钢材不能抵消构造复杂带来的加工困难时，则不宜改变截面。变截面梁可以改变梁宽，也可改变梁高。焊接梁截面沿长度的改变常采用以下两种方式。

（一）改变翼缘板的面积

1. *单层翼缘板焊接梁*

对于单层翼缘板焊接梁，如图5-41所示，宜改变翼缘板的宽度而不改变其厚度。因改变宽度时，不致产生严重的应力集中，且使梁具有平整的外表面。根据设计经验，改变一次截面可节省钢材10%～20%。如再改变一次，可再节约3%～4%，效果不显著，反而

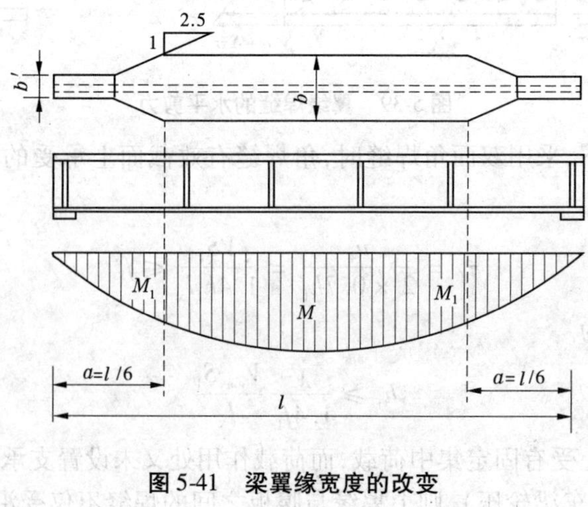

图5-41　梁翼缘宽度的改变

增加制造工作量。为了便于制造，一般只改变一次截面。

对于承受均布荷载或多个集中荷载作用的简支梁，约在距两端支座 $l/6$ 处改变截面比较经济。较窄翼缘板宽度 b' 应由截面开始改变处的弯矩 M_1 确定。为减少应力集中，宽板应从截面开始改变处向弯矩减小的一方以不大于 1∶2.5 的斜度切斜延长，然后与窄板对接。当正对接焊缝强度不能满足要求时，可以考虑用斜焊缝对接。

2. *多层翼缘板焊接梁*

对于多层翼缘板的梁，可以采用切断外层翼缘板的方法来改变梁的截面（见图 5-42），理论切断点的位置可依计算确定。为保证被切断的外层翼缘板在理论切断点处能正常参加工作，实际切断点位置应向弯矩较小一侧延长长度 l_1，其外伸长度，应满足下列要求。

端部有正面角焊缝

当 $h_f \geqslant 0.75t_1$ 时

$$l_1 \geqslant b_1 \tag{5-80a}$$

当 $h_f < 0.75t_1$ 时

$$l_1 \geqslant 1.5b_1 \tag{5-80b}$$

端部无正面角焊缝

$$l_1 \geqslant 2b_1 \tag{5-80c}$$

式中　b_1、t_1——被切断翼缘板的宽度和厚度。

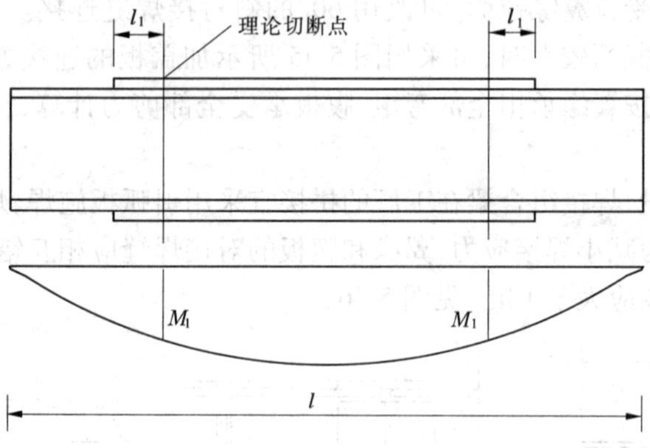

图 5-42　切断外层翼缘板的梁

（二）改变梁的高度

如图 5-43 所示，有时为了降低建筑物的高度或简化连接构造，可以将梁的下翼缘做成折线形，翼缘板的截面保持不变，仅在靠近梁端处改变腹板的高度，这样可使梁的支座处高度显著减小。梁端部的高度应满足抗剪强度的要求，且不宜小于跨中高度的 1/2。下翼缘板的弯折点一般取在距梁端（$l/6 \sim l/5$）处，在翼缘由水平转为倾斜的两处均需设置腹板加劲肋，从而使梁本身的构造较为复杂。

上述有关梁截面变化的分析是仅从梁的强度需要来考虑的，适合于有刚性铺板而无须考虑整体失稳的梁。由整体稳定控制的梁，如果它的截面向两端逐渐变小，特别是受压

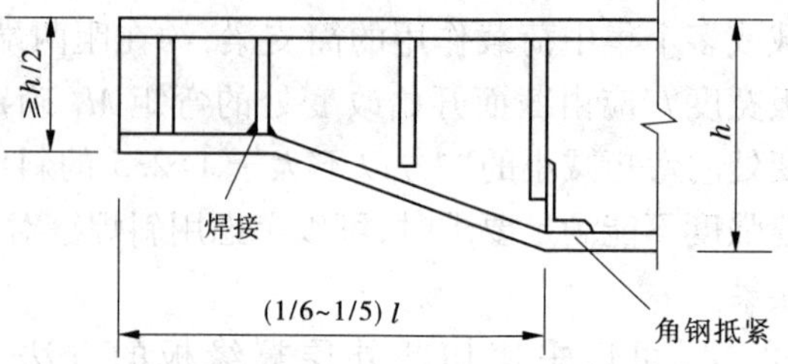

图 5-43　变高度梁

翼缘变窄，梁整体稳定承载力将受到较大削弱。因此，由整体稳定控制设计的梁，不宜沿长度改变截面。

三、梁的拼接

梁的拼接分工厂拼接和工地拼接两种。当梁的跨度较大时，由于运输条件限制，可将梁在工厂中分段制造，运至现场后进行拼接，称为工地拼接；若钢材的供应长度不够或者为利用短材，可进行工厂拼接。

通常情况下，拼接部位应设在内力较小处，一般设在 $l/4$ 或 $l/3$ 的位置，考虑其受力特点，应按该截面上的弯矩和剪力共同作用设计。图 5-44 所示的拼接采用对接焊缝直接相连，省工省料，是一种较常采用的方法，但翼缘与腹板连接处不易焊透。如果对接焊缝质量是三级，无法承担受拉翼缘拉力，可改用 60°的斜对接焊缝连接。当施工条件较差，质量不易保证，或型钢截面较大时，可采用图 5-45 所示加盖板的连接方法。采用加盖板的对接连接方式时，可按翼缘承担全部弯矩，腹板承受全部剪力计算，它们分别通过各自的盖板传力。

为保证焊接质量，焊接组合梁在工厂的拼接宜采用引弧板施焊，焊后还应进行对接焊缝表面加工齐平。为减小焊接应力，翼缘和腹板的对接焊缝应相互错开，同时腹板的对接焊缝距加劲肋的距离应大于 $10t_w$（见图 5-46）。

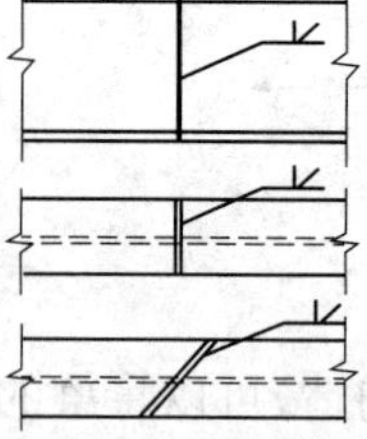

图 5-44　对接焊缝连接

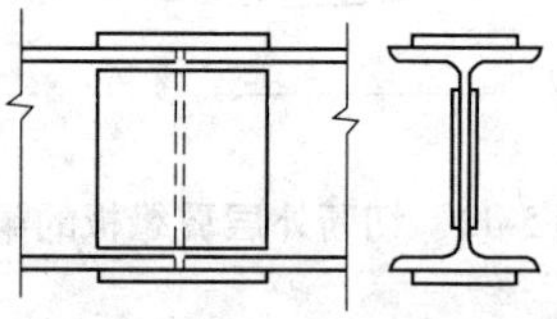

图 5-45　拼接盖板连接

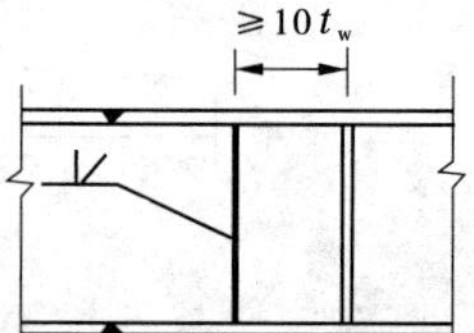

图 5-46　组合梁工厂拼接

梁的工地拼接应使翼缘和腹板基本上在同一截面处断开，以便分段运输。高大的梁在工地施焊时不便翻身，应将上、下翼缘的拼接边缘均做成向上开口的 V 形坡口，以便俯焊（见图 5-47）。为减小接头处的焊接残余应力，通常预留一段翼缘与腹板间的焊缝不焊，在工地按图 5-47 所示顺序施焊。

由于现场施焊条件较差，焊缝质量难以保证，所以较重要或受动力荷载的大型梁，其工地拼接宜采用高强度螺栓，如图 5-48 所示。

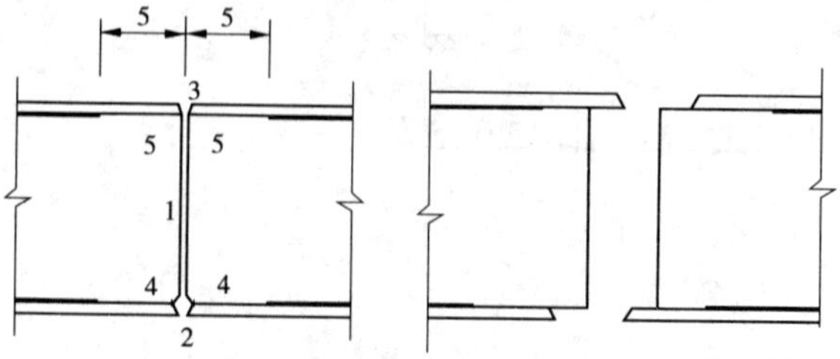

图 5-47　组合梁的工地拼接

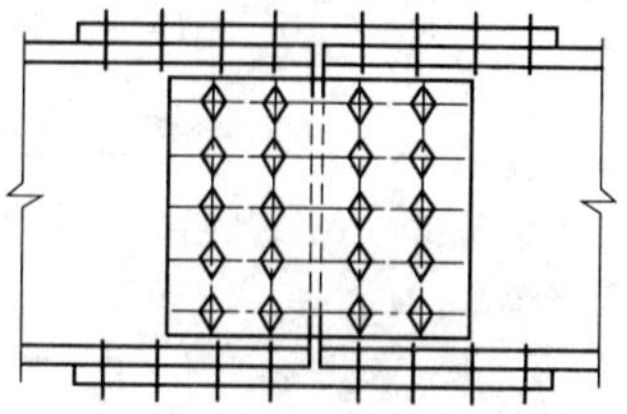

图 5-48　采用高强度螺栓的工地拼接

对采用拼接板的接头（见图 5-45、图 5-48），应按下列规定进行内力计算。翼缘拼接板及其连接所承受的内力 N_1 为翼缘板的最大承载力

$$N_1 = A_{fn}f \tag{5-81}$$

式中　A_{fn}——被拼接的翼缘板净截面面积。

腹板拼接板及其连接，主要承受梁截面上的全部剪力 V，以及按刚度分配到腹板上的弯矩

$$M_w = MI_w/I$$

式中　I_w——腹板截面惯性矩；

I——整个梁截面的惯性矩。

【例 5-6】　某焊接工字形截面简支梁，跨度为 12 m，钢材为 Q235B 钢。中间次梁传来的集中荷载标准值为 400 kN，设计值为 520 kN，边部次梁传来的集中荷载为中间的一半。已知梁的上翼缘扭转变形不受约束，梁截面尺寸如图 5-49 所示。试验算考虑屈曲后强度的腹板承载力要求，并设置加劲肋。

解　1. 梁截面尺寸几何特性

由设计荷载产生的梁支座反力

$$R = 520 \times 3/2 + 260 = 1\ 040(\mathrm{kN})$$

由设计荷载产生的梁跨中最大弯矩

$$M_{max} = (1\ 040 - 260) \times 6 - 520 \times 3 = 3\ 120(\mathrm{kN \cdot m})$$

支座处最大剪力

$$V_{max} = R - 260 = 780(\mathrm{kN})$$

截面惯性矩

$$I_x = t_w h_w^3/12 + 2bt\left[\frac{1}{2}(h_w + t)\right]^2$$

$$= 0.8 \times 140^3/12 + 2 \times 43 \times 2 \times \left[\frac{1}{2} \times (140 + 2)\right]^2$$

$$= 1.05 \times 10^6(\mathrm{cm}^4)$$

截面模量

$$W_x = \frac{I_x}{h/2} = \frac{1.05 \times 10^6}{(140 + 4)/2} = 1.46 \times 10^4(\mathrm{cm}^3)$$

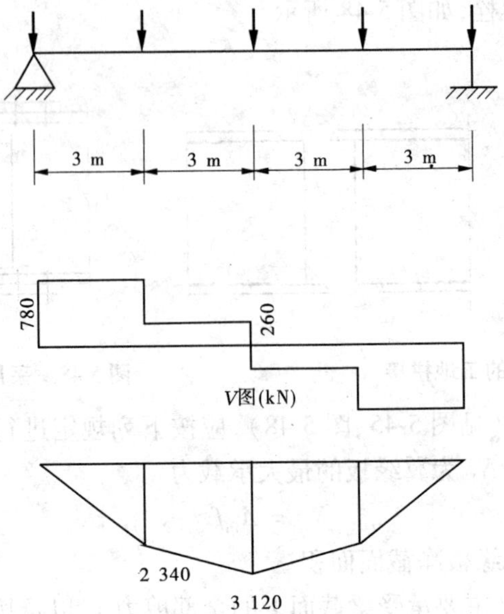

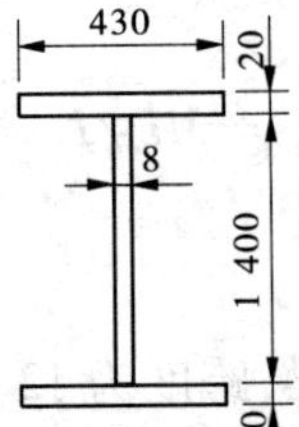

图 5-49　梁截面尺寸

截面面积　$A = 2bt + t_w h_w = 2 \times 43 \times 2 + 0.8 \times 140 = 284(\text{cm}^2)$

梁自重　$g = A\gamma = 0.028\,4 \times 7.85 \times 9.8 = 2.18(\text{kN/m})$

设计荷载　$q = 1.2 \times 2.18 = 2.62(\text{kN/m})$

$$M_{\max} = 3\,120 + ql^2/8 = 3\,120 + 2.62 \times 12^2/8 = 3\,167(\text{kN} \cdot \text{m})$$

次梁可视为主梁受压翼缘的侧向支撑，故 $l_1/b = 300/43 = 7.0 < 16$，按表 5-4 的规定，该梁的整体稳定可以保证。

该梁截面若按常规设计，腹板厚度应取

$$t_w = \frac{\sqrt{h_w}}{11} = \frac{\sqrt{140}}{11} = 1.08(\text{cm}) = 10.8\ \text{mm}$$

现采用 $t_w = 8$ mm，且$\dfrac{h_0}{t_w} = \dfrac{1\,400}{8} = 175$，需设置加劲肋。考虑腹板屈曲后强度，可不设置纵向加劲肋。

2. 加劲肋设计

(1)假设不设中间横向加劲肋，验算腹板抗剪承载力是否满足要求。

梁端截面 $V_{\max} = 780 + 2.62 \times 12/2 = 795.7(\text{kN})$

仅设置支承加劲肋时剪切通用高厚比为

$$\lambda_s = \frac{h_0/t_w}{41\sqrt{5.34}}\sqrt{\frac{f_y}{235}} = \frac{175}{41\sqrt{5.34}} \times 1 = 1.85$$

则抗剪承载力为

$$V_u = h_0 t_w f_v / \lambda_s^{1.2} = \frac{1\,400 \times 8 \times 125}{1.85^{1.2}} = 669.1(\text{kN}) < V = 795.7\ \text{kN}$$

所以,应该设置中间横向加劲肋。

该梁利用腹板屈曲后强度,应在支座处及每个次梁处设置支承加劲肋。此外,梁端采取图 5-34(b)所示的构造措施,减小支座加劲肋与其相邻加劲肋的间距 a_1,使该处板段的 $\tau_{cr} = f_v$,即图 5-50 的板段Ⅰ不会屈曲。

(2)腹板各板段承载力验算。

①对于板段Ⅰ:

取 $a_1 = 600$ mm,$a_1/h_0 = 600/1\,400 = 0.429 < 1.0$,由式(5-36d)得

$$\lambda_s = \frac{h_0/t_w}{41\sqrt{4 + 5.34\left(\frac{h_0}{a}\right)^2}}\sqrt{\frac{f_y}{235}} = \frac{1\,400/8}{41\sqrt{4 + 5.34\left(\frac{1\,400}{600}\right)^2}} = 0.74 < 0.8$$

由式(5-36a)知 $\tau_{cr} = f_v$,故板段Ⅰ不会屈曲。

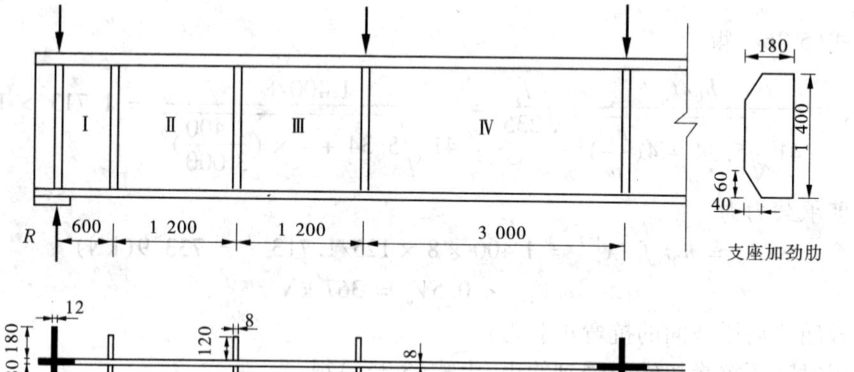

图 5-50　加劲肋布置图

②对于板段Ⅱ:

左侧截面剪力　$V_{2左} = 795.7 - 2.62 \times 0.6 = 794.1(\text{kN})$

相应弯矩　$M_{2左} = 795.7 \times 0.6 - 2.62 \times 0.6^2/2 = 476.9(\text{kN·m})$

梁翼缘能承受的弯矩

$$M_f = 2A_{f1}h_1 f = 2 \times 430 \times 20 \times 710 \times 205 \times 10^{-6} = 2\,503.46(\text{kN·m})$$

区格的抗剪承载力和屈曲临界应力:

剪切通用高厚比($a/h_0 = 1\,200/1\,400 = 0.857 < 1.0$)

$$\lambda_s = \frac{h_0/t_w}{41\sqrt{4 + 5.34(h_0/a)^2}}\sqrt{\frac{f_y}{235}} = \frac{1\,400/8}{41\sqrt{4 + 5.34 \times (1\,400/1\,200)^2}} = 1.27 > 1.2$$

由式(5-54c)得抗剪承载力为

$$V_u = h_0 t_w f_v / \lambda_s^{1.2} = 1\,400 \times 8 \times 125/1.27^{1.2} = 1\,050.9(\text{kN})$$

由于 $M_{2左} < M_f$ 且 $V_{2左} < V_u$，故满足要求。

右侧截面剪力　$V_{2右} = 795.7 - 2.62 \times (0.6 + 1.2) = 791.0(\text{kN})$

相应弯矩　$M_{2右} = 795.7 \times 1.8 - 2.62 \times 1.8^2/2 = 1\,428.0(\text{kN} \cdot \text{m})$

$M_{2右} < M_f$，$V_{2右} < V_u$，满足要求。

③对于板段Ⅲ：

其 M_f、V_u 与板段Ⅱ相同。

其右侧截面　$V_{3右} = 795.7 - 2.62 \times (0.6 + 1.2 + 1.2) = 787.8(\text{kN})$

$$M_{3右} = 795.7 \times 3 - 2.62 \times 3^2/2 = 2\,375.3(\text{kN} \cdot \text{m})$$

$$M_{3右} < M_f, V_{3右} < V_u，满足要求。$$

④对于板段Ⅳ：

右侧截面剪力为

$$V_{4右} = 795.7 - 2.62 \times 6 - 520 = 260.0(\text{kN})$$

相应弯矩为

$$M_{4右} = M_{max} = 3\,167\ \text{kN} \cdot \text{m}$$

区格的抗剪承载力和屈曲临界应力为剪切通用高厚比（$a/h_0 = 3\,000/1\,400 = 2.143 > 1.0$）：

由式(5-36e)得

$$\lambda_s = \frac{h_0/t_w}{41\sqrt{5.34 + 4\left(\frac{h_0}{a}\right)^2}}\sqrt{\frac{f_y}{235}} = \frac{1\,400/8}{41\sqrt{5.34 + 4 \times \left(\frac{1\,400}{3\,000}\right)^2}} = 1.713 > 1.2$$

抗剪承载力为

$$V_u = h_0 t_w f_v / \lambda_s^{1.2} = 1\,400 \times 8 \times 125/1.713^{1.2} = 733.9(\text{kN})$$

$$V_{4右} < 0.5V_u = 367\ \text{kN}$$

腹板屈曲后梁截面的抗弯承载力：

考虑梁受压翼缘扭转未受到约束，由式(5-35e)得

$$\lambda_b = \frac{2h_c/t_w}{153}\sqrt{\frac{f_y}{235}} = \frac{2 \times 700/8}{153} = 1.144$$

由于 $0.85 < \lambda_b < 1.25$，由式(5-56b)得

$$\rho = 1 - 0.82 \times (1.144 - 0.85) = 0.759$$

由式(5-55)得

$$\alpha_e = 1 - \frac{(1-\rho)h_c^3 t_w}{2I_x} = 1 - \frac{(1 - 0.759) \times 700^3 \times 8}{2 \times 1.05 \times 10^{10}} = 0.97$$

由式(5-57)得

$$M_{eu} = \gamma_x \alpha_e W_x f = 1.05 \times 0.97 \times 1.46 \times 10^7 \times 205 \times 10^{-6} = 3\,048.4(\text{kN} \cdot \text{m})$$

M_{max} 略大于 M_{eu}，且 $\frac{M_{max} - M_{eu}}{M_{eu}} \times 100\% = 3.9\% < 5\%$，故满足要求。

(3)中间横向加劲肋设计。

加劲肋截面尺寸：

$$b_s \geqslant \frac{h_0}{30} + 40 = \frac{1\ 400}{30} + 40 = 87(\text{mm}),取\ b_s = 120\ \text{mm}$$

$$t_s \geqslant \frac{b_s}{15} = \frac{120}{15} = 8(\text{mm}),取\ t_s = 8\ \text{mm}$$

板段Ⅳ承受次梁传来的集中荷载的平面外稳定验算：

$\lambda_s = 1.713 > 1.2$，由式(5-36c)有

$$\tau_{cr} = 1.1 f_v / \lambda_s^2 = 1.1 \times 125 / 1.713^2 = 46.9(\text{N/mm}^2)$$

由式(5-59b)得加劲肋所承受的轴心力为

$N_s = V_u - \tau_{cr} h_0 t_w + F = 733.9 - 46.9 \times 1\ 400 \times 8 \times 10^{-3} + 520 = 728.6(\text{kN})$

按规定，加劲肋的面积应加上每侧一定范围的腹板面积，如图 5-50 所示。

十字形截面面积　$A = 2 \times 0.8 \times 12 + 2 \times 0.8 \times 15 \times 0.8 = 38.4(\text{cm}^2)$

惯性矩　$I_z = \dfrac{0.8 \times (12 + 12 + 0.8)^3}{12} = 1\ 016.9(\text{cm}^4)$

回转半径　$i_z = \sqrt{\dfrac{I_z}{A}} = \sqrt{\dfrac{1\ 016.9}{38.4}} = 5.15(\text{cm})$

长细比　$\lambda_z = \dfrac{h_0}{i_z} = \dfrac{140}{5.15} = 27.2$

查表得 $\varphi = 0.946$，则 $\dfrac{N_s}{\varphi A} = \dfrac{728.6 \times 10^3}{0.946 \times 38.4 \times 10^2} = 200.6(\text{N/mm}^2) < f = 215\ \text{N/mm}^2$，满足稳定条件。

次梁与主梁采用如图 5-4(b)所示次梁连与主梁加劲肋上的构造措施，所以不必验算加劲肋端部的承压强度。

除支座外，其他加劲肋仍采用 2 — 120 × 8 的钢板，不必验算。

(4)支座处支承加劲肋设计。

支座加劲肋验算：支座加劲肋承受的力 N 为支座反力 $R = 795.7 + 260 = 1\ 055.7$ (kN)。

采用 2 — 180 × 12 的钢板。

十字形截面面积　$A = 2 \times 1.2 \times 18 + (8 + 12) \times 0.8 = 59.2(\text{cm}^2)$

惯性矩　$I_z = \dfrac{1.2 \times (18 + 18 + 0.8)^3}{12} = 4\ 983.6(\text{cm}^4)$

回转半径　$i_z = \sqrt{\dfrac{I_z}{A}} = \sqrt{\dfrac{4\ 983.6}{59.2}} = 9.18(\text{cm})$

长细比　$\lambda_z = \dfrac{h_0}{i_z} = \dfrac{140}{9.18} = 15.3$

查表得 $\varphi = 0.982$

稳定条件　$\dfrac{N_s}{\varphi A} = \dfrac{1\ 055.7 \times 10^3}{0.982 \times 59.2 \times 10^2} = 181.6(\text{N/mm}^2) < f = 215\ \text{N/mm}^2$

满足要求。

端部承压强度，由式(5-50)得

$$\sigma_{ce} \leqslant \frac{N}{A_{ce}} = \frac{1\ 055.7\times10^3}{2\times(180-40)\times12} = 314.2(\text{N/mm}^2) \leqslant f_{ce} = 325\ \text{N/mm}^2$$

3. 构造设计

(1)翼缘和腹板连接焊缝计算。

梁最大剪力为　$V_{max} = 795.7\ \text{kN}$

$$S_1 = 43\times2\times(140+2)/2 = 6\ 106(\text{cm}^3)$$

按式(5-77)有

$$h_f \geqslant \frac{1}{1.4f_f^w}\frac{V_{max}S_1}{I_x} = \frac{1}{1.4\times160}\times\frac{795.7\times10^3\times6\ 106\times10^3}{1.05\times10^{10}} = 2.1(\text{mm})$$

$h_{fmin} = 1.5\sqrt{t_{max}} = 1.5\sqrt{20} = 6.71(\text{mm})$，故取 $h_f = 8$ mm。

(2)支座加劲肋与腹板连接的焊缝。

此焊缝属侧焊缝　$h_{fmin} = 1.5\sqrt{t_{max}} = 1.5\sqrt{12} = 5.2(\text{mm})$

$$h_{fmax} = 1.2t_{min} = 1.2\times8 = 9.6(\text{mm})，取\ h_f = 6\ \text{mm}$$

$$\tau_f = \frac{N}{0.7h_f\sum l_w} = \frac{1\ 055.7\times10^3}{0.7\times6\times4\times(1\ 400-60\times2-2\times6)}$$

$$= 49.6(\text{N/mm}^2) < f_f^w = 160\ \text{N/mm}^2$$

习　题

1. 一简支焊接工字梁的截面尺寸如图 5-51 所示(截面沿梁的全长不变)，梁的跨度 $L=12$ m，有钢筋混凝土板密铺在梁上并与上翼缘牢固相连，竖向均布荷载作用于腹板平面内，其中永久荷载(包括梁自重)为 15 kN/m，可变荷载为 34 kN/m，梁的容许挠度 $[\nu]=L/400$，试对此截面进行验算(不含腹板局部的稳定验算)。

2. 试按抗弯强度和刚度要求确定图 5-52 所示简支梁(工作平台次梁)能够承受的最大活荷载标准值 q。已知恒荷载标准值为 10 kN/m。钢材 Q235－BF，截面无削弱(截面几何特性：$I_x = 7.11\times10^7\ \text{mm}^4$，$W_x = 5.08\times10^5\ \text{mm}^3$)。

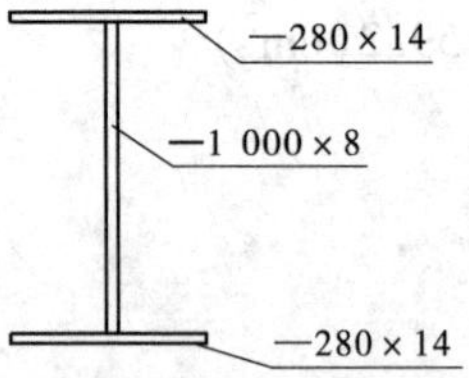

图 5-51　习题 1 图

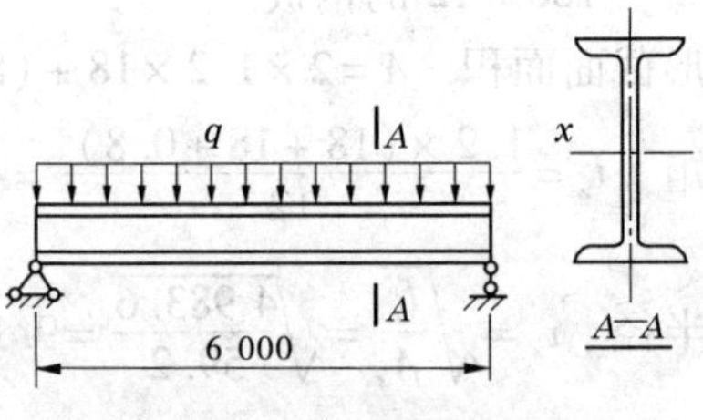

图 5-52　习题 2 图

3. 试验算图 5-53 所示简支梁的整体稳定性。已知作用在梁上均布荷载设计值 $q=30$ kN/m，忽略梁自重产生的内力，采用 Q235 钢材，跨中有一侧向支撑。

4. 如图 5-54 所示一支承加劲肋，所受支反力 900 kN，加劲肋截面尺寸为 2 —10×180，十字形截面的 y 轴属 b 类截面，Q235 钢材，已知 $f=215\ \text{N/mm}^2$，$f_{ce}=325\ \text{N/mm}^2$。试

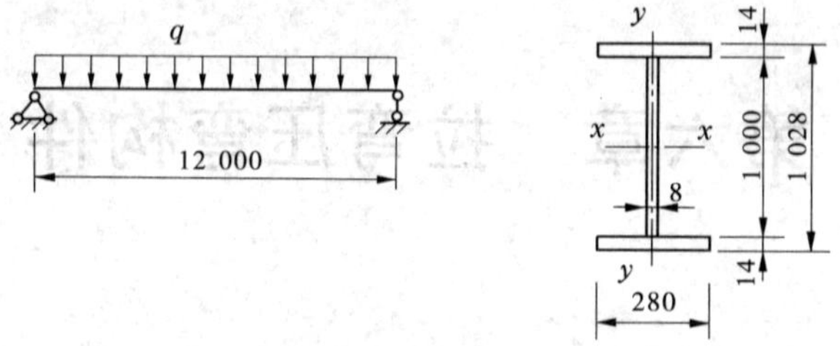

图 5-53　习题 3 图

验算加劲肋的端面承压强度及平面外的稳定。

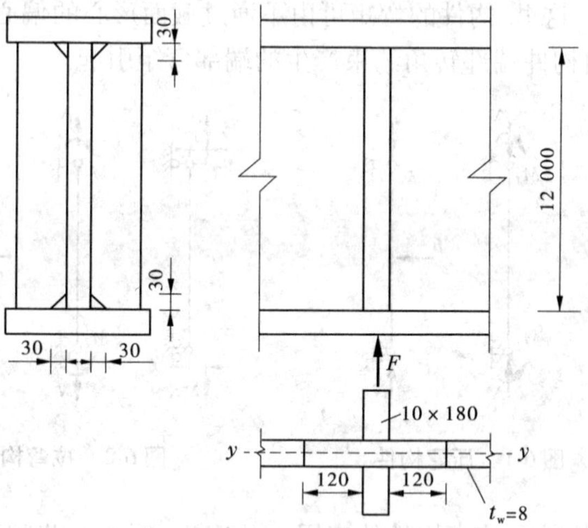

图 5-54　习题 4 图

5. 由图 5-55 所示简支梁支座支撑加劲肋的承载能力来确定该梁的最大承受的均布荷载设计值 q，Q235 钢材，已知 $f=215\ \text{N/mm}^2$，$f_{ce}=325\ \text{N/mm}^2$。

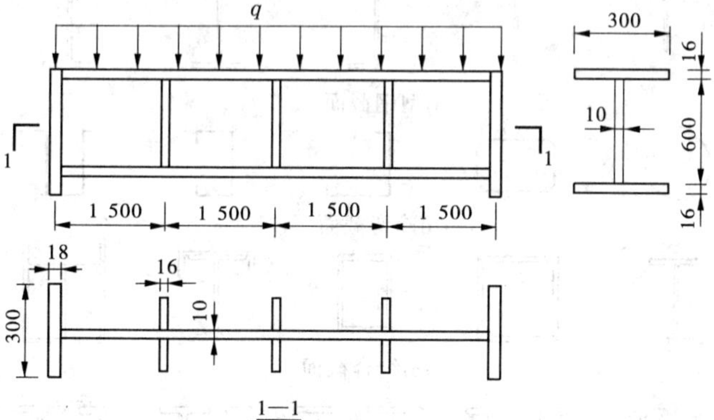

图 5-55　习题 5 图

第六章　拉弯压弯构件

第一节　概　述

构件同时承受轴心压(或拉)力和绕截面形心主轴的弯矩作用,称为压弯(或拉弯)构件(见图6-1、图6-2)。这里,构件的弯矩可由不通过截面形心的偏心纵向荷载引起,也可由横向荷载引起,或由构件端部转角约束产生的端部弯矩引起。

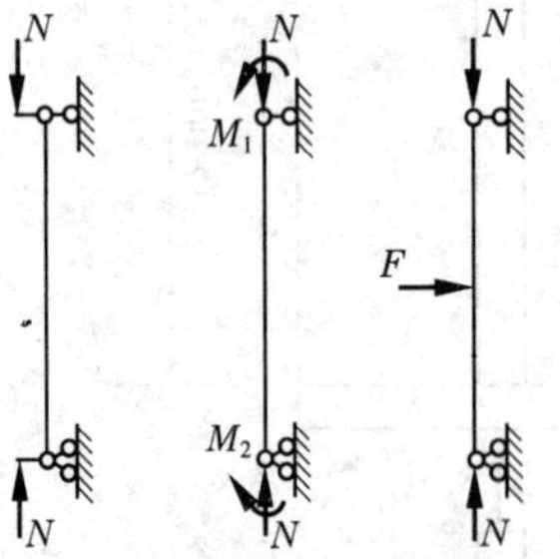

图6-1　压弯构件

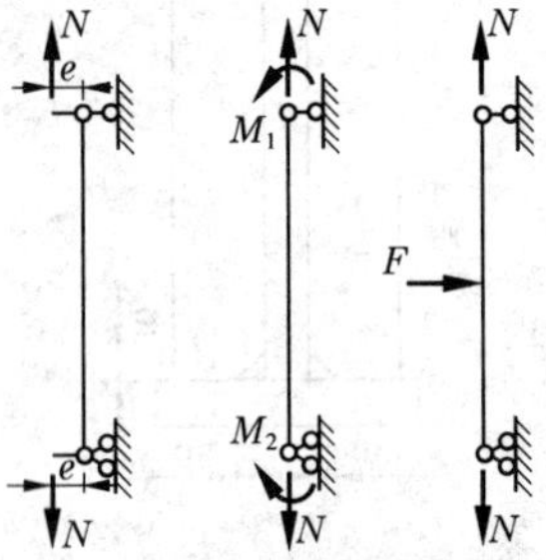

图6-2　拉弯构件

在钢结构中压弯构件和拉弯构件的应用十分广泛,例如有节间荷载作用的桁架上下弦杆、受风荷载作用的墙架柱以及天窗架的侧立柱等。

拉弯构件和压弯构件也可按其截面形式分为实腹式构件和格构式构件两种。常用的截面形式有热轧型钢截面、冷弯薄壁型钢截面和组合截面,如图6-3、图6-4所示。

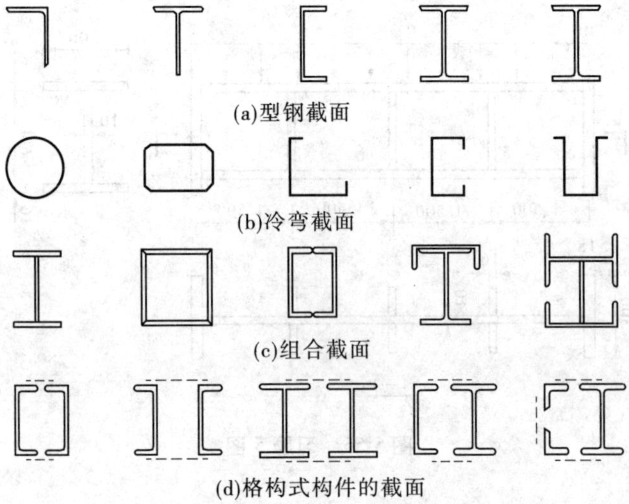

图6-3　拉弯构件和压弯构件截面形式

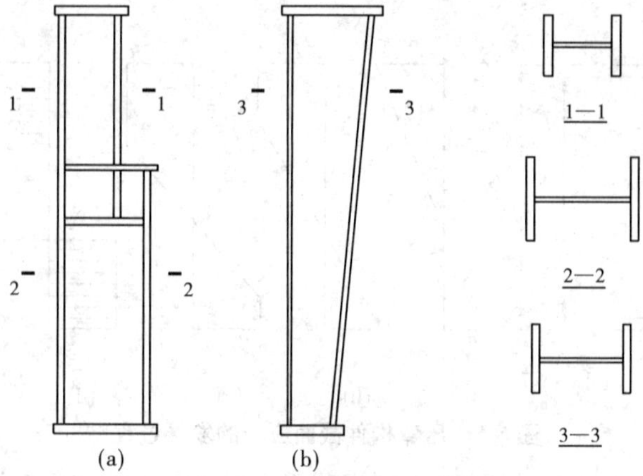

图 6-4　变截面压弯构件

在设计拉弯、压弯构件时，应同时满足承载能力极限状态和正常使用极限状态的要求。

拉弯构件承载力极限状态的计算内容类似于轴心受拉构件，通常仅需要计算其强度，但是，对于轴心拉力很小而弯矩很大的拉弯构件，需注意有可能和梁一样产生侧扭屈曲，应按受弯构件进行整体稳定和局部稳定计算。

压弯构件承载力极限状态的计算内容类似于轴心受压构件，则需要计算强度、整体稳定（弯矩作用平面内稳定和弯矩作用平面外稳定）、局部稳定。

在满足正常使用极限状态方面，与轴心受力构件一样，拉弯构件和压弯构件也是通过限制构件长细比来保证构件的刚度要求，其容许长细比与轴心受力构件相同。

第二节　拉弯压弯构件的强度和刚度

对拉弯构件、截面有削弱或构件端部弯矩大于跨间弯矩的压弯构件，需要进行强度计算。

拉弯、压弯构件的强度承载能力极限状态是截面上出现塑性铰。现以弯矩 M_x 仅作用于一个主平面内的双轴对称工字形截面压弯构件为例，轴心力 N 与弯矩 M_x 按比例增加。构件在轴心力 N 和弯矩 M_x 的共同作用下，截面上应力的发展过程如图 6-5 所示（拉弯构件与此类似），截面应力发展分为四个阶段：①边缘纤维最大应力达屈服点（见图 6-5(a)）；②最大应力一侧部分发展塑性（见图 6-5(b)）；③两侧均部分发展塑性（见图 6-5(c)）；④全截面进入塑性，形成塑性铰，达到承载能力的极限状态（见图 6-5(d)）。

上述全截面塑性分析中没有计入轴心力对变形引起的附加弯矩及剪力的不利影响，为了考虑这种不利影响和便于计算，规范偏于安全采用直线式相关公式，即用一条斜直线代替曲线，其表达式为

$$\frac{N}{N_p}+\frac{M_x}{M_{px}}=1 \tag{6-1}$$

为了不使构件产生过大的变形，考虑截面只是部分发展塑性，把 $N_p=A_nf_y$，$M_x=W_xf_y$

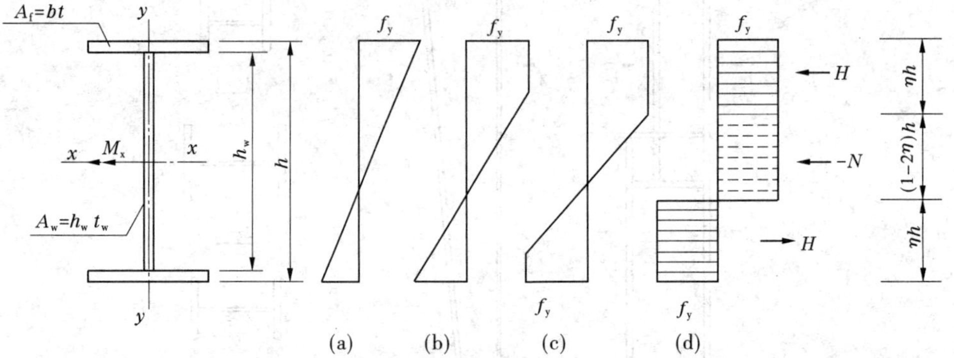

图 6-5　压弯构件截面应力的发展过程

代入式(6-1),并引入抗力分项系数,得到规范规定的拉弯构件和压弯构件的强度计算式

$$\frac{N}{A_n} \pm \frac{M_x}{\gamma_x W_x} \leqslant f \tag{6-2}$$

式(6-2)也适用于单轴对称截面,弯曲正应力一项带有正负号,计算时应使两项应力的代数和的绝对值最大。

对弯矩作用在两个主平面内的拉弯、压弯构件,规范采用与轴心受力构件、受弯构件、单向弯曲拉弯压弯构件的强度计算相衔接的相关公式来计算截面强度,即

$$\frac{N}{A_n} \pm \frac{M_x}{\gamma_x W_x} \pm \frac{M_y}{\gamma_y W_y} \leqslant f \tag{6-3}$$

式中　A_n——净截面面积;

N——轴心拉力或轴心压力;

M_x、M_y——同一截面处绕 x 轴和 y 轴的弯矩(对工字形截面:x 轴为强轴,y 轴为弱轴);

W_x、W_y——对 x 轴和 y 轴的净截面模量;

γ_x、γ_y——与截面模量相应的截面塑性发展系数,其取值按附录 3 采用。

当受压翼缘的自由外伸宽度与其厚度之比大于 $13\sqrt{235/f_y}$ 而不超过 $15\sqrt{235/f_y}$ 时,为了保证受压翼缘在截面发展塑性时不丧失局部稳定,应取 $\gamma_x = 1.0$。

对于需要计算疲劳的压弯、拉弯构件,宜取 $\gamma_x = \gamma_y = 1.0$。

对拉弯、压弯构件,都应满足正常使用极限状态,即构件的长细比不超过规范规定的容许长细比

$$\lambda_{max} = (l_0/i)_{max} \leqslant [\lambda] \tag{6-4}$$

【例 6-1】　如图 6-6 所示的拉弯构件,间接承受动力荷载。横向均布荷载的设计值为 8 kN/m,采用普通 I22a,无削弱,试确定杆能承受的最大轴心拉力(设计值),钢材 Q235B。

解　构件截面部分几何特性参数:$A = 42.1\ cm^2$,自重为 0.33 kN/m,$W_x = 310\ cm^3$,$i_x = 8.99$ cm,$i_y = 2.32$cm。

(1)验算强度:

$$最大弯矩\ M_x = \frac{1}{8} \times (8 + 0.33 \times 1.2) \times 6^2 = 37.78\ (kN \cdot m)$$

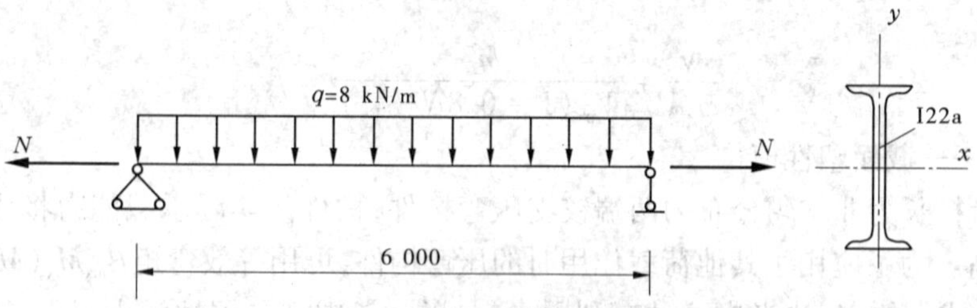

图 6-6　拉弯构件示意图

$$\frac{N}{A_n}+\frac{M_x}{\gamma_x W_x}=\frac{N}{42.1\times10^2}+\frac{37.78\times10^6}{1.05\times310\times10^3}\leqslant f=215\ (\mathrm{N/mm^2})$$

$$N\leqslant 416\,505\ \mathrm{N}=416.5\ \mathrm{kN}$$

(2)验算刚度：

$$\lambda_x=\frac{l_x}{i_x}=\frac{600}{8.99}=66.7<[\lambda]=350$$

$$\lambda_y=\frac{l_y}{i_y}=\frac{600}{2.32}=259<[\lambda]=350$$

验算结果符合要求，故该构件能承受的最大轴心拉力(设计值)为 416.5 kN。

第三节　实腹式压弯构件的稳定

压弯构件的整体失稳破坏有多种形式。单向压弯构件的整体失稳分为弯矩作用平面内和弯矩作用平面外两种情况，弯矩作用平面内失稳为弯曲屈曲，弯矩作用平面外失稳为弯扭屈曲。双向压弯构件则只有弯扭失稳一种可能。

一、单向压弯构件弯矩作用平面内的整体稳定

目前确定压弯构件弯矩作用平面内极限承载力的方法很多，可分为两大类，一类是边缘屈服准则的计算方法，另一类是精度较高的数值计算方法。

对弯矩沿杆长均匀分布的两端铰支压弯构件，按边缘屈服准则推导的相关公式为

$$\frac{N}{\varphi_x A}+\frac{M_x}{W_{1x}\left(1-\varphi_x\frac{N}{N_{Ex}}\right)}=f_y \tag{6-5}$$

式中　φ_x——在弯矩作用平面内的轴心受压构件整体稳定系数。

边缘纤维屈服准则认为，当构件截面最大受压纤维刚刚屈服时构件即失去承载能力而发生破坏，更适用于格构式构件。实腹式压弯构件当受压最大边缘刚开始屈服时尚有较大的强度储备，即容许截面塑性深入。因此，若要反映构件的实际受力情况，宜采用最大强度准则，即以具有各种初始缺陷的构件为计算模型，求解其极限承载力。

规范采用数值计算方法，考虑构件存在 $l/1\,000$ 的初弯曲和实测的残余应力分布，算出了近 200 条压弯构件极限承载力曲线。然后规范借用了弹性压弯构件边缘纤维屈服时计算公式的形式，经过数值运算，得出比较符合实际又能满足工程精度要求的实用相关

公式

$$\frac{N}{\varphi_x A}+\frac{M_x}{W_{px}(1-0.8N/N_{Ex})}=f_y \tag{6-6}$$

式中　W_{px}——截面塑性模量。

弯矩沿杆长为非均匀分布的两端铰支压弯构件，构件的实际承载能力将比由公式计算得的值高。为了应用于其他荷载作用时的压弯构件，可用等效弯矩$\beta_{mx}M_x$（M_x为最大弯矩）代替公式中的M_x来考虑这种有利因素。另外，考虑部分塑性深入截面，采用$W_{px}=\gamma_x W_{1x}$，并引入抗力分项系数，即得到规范所采用的实腹式压弯构件弯矩作用平面内的稳定计算式

$$\frac{N}{\varphi_x A}+\frac{\beta_{mx}M_x}{\gamma_x W_{1x}(1-0.8N/N'_{Ex})}\leqslant f \tag{6-7}$$

式中　N——所计算构件段范围内的轴心压力；

φ_x——弯矩作用平面内的轴心受压构件的稳定系数；

M_x——所计算构件段范围内的最大弯矩；

W_{1x}——弯矩作用平面内的对较大受压纤维的毛截面模量；

N'_{Ex}——参数，$N'_{Ex}=\pi^2 EA/(1.1\lambda_x^2)$；

β_{mx}——等效弯矩系数。

对于β_{mx}，规范按下列情况取值：

（1）框架柱和两端支承的构件。

①无横向荷载作用时：$\beta_{mx}=0.65+0.35M_2/M_1$，$M_1$和$M_2$为端弯矩，使构件产生同向曲率（无反弯点）时取同号，使构件产生反向曲率（有反弯点）时取异号，$|M_1|>|M_2|$。

②有端弯矩和横向荷载同时作用时：使构件产生同向曲率时，$\beta_{mx}=1.0$；使构件产生反向曲率时，$\beta_{mx}=0.85$。

③无端弯矩但有横向荷载作用时：$\beta_{mx}=1.0$。

（2）悬臂构件和分析内力未考虑二阶效应的无支撑纯框架和弱支撑框架柱，$\beta_{mx}=1.0$。

对于T形截面等单轴对称压弯构件，当弯矩作用于对称轴平面且使较大翼缘受压时，构件失稳时除存在受压区屈服和受压、受拉区同时屈服两种情况外，还可能在受拉区首先出现屈服而导致构件失去承载能力，故除按式(6-7)计算外，还应按下式计算

$$\left|\frac{N}{A}-\frac{\beta_{mx}M_x}{\gamma_x W_{2x}(1-1.25N/N'_{Ex})}\right|\leqslant f \tag{6-8}$$

式中　W_{2x}——受拉侧最外纤维的毛截面模量；

γ_x——与W_{2x}相应的截面塑性发展系数。

其余符号同式(6-7)、式(6-8)，第二项分母中的1.25是经过与理论计算结果比较后引进的修正系数。

二、单向压弯构件弯矩作用平面外的整体稳定

开口薄壁截面压弯构件的抗扭刚度及弯矩作用平面外的抗弯刚度通常较小，当构件

在弯矩作用平面外没有足够的支承以阻止其产生侧向位移和扭转时，构件可能因弯扭屈曲而破坏。这种现象称压弯构件在弯矩作用平面外丧失整体稳定。

考虑初始缺陷的压弯构件侧扭屈曲弹塑性分析过于复杂，难以直接用于设计计算，因此提出了可供设计使用的计算方法。

对于理想的实腹式压弯构件，根据弹性稳定理论，其在弯矩作用平面外丧失整体稳定的临界条件是

$$\left(1-\frac{N}{N_{Ey}}\right)\left(1-\frac{N}{N_z}\right)-\left(\frac{M_x}{M_{crx}}\right)^2=0 \tag{6-9}$$

式中　N_{Ey}——构件轴心受压时绕 y 轴弯曲屈曲的临界力；

N_z——构件绕纵轴 z 轴扭转屈曲的临界力；

M_{crx}——构件受绕 x 轴均匀弯矩作用时的弯扭屈曲临界弯矩。

以 N_z/N_{Ey} 的不同比值代入式(6-9)，可以绘出 N/N_{Ey} 和 M_x/M_{crx} 之间的相关曲线如图 6-7 所示。

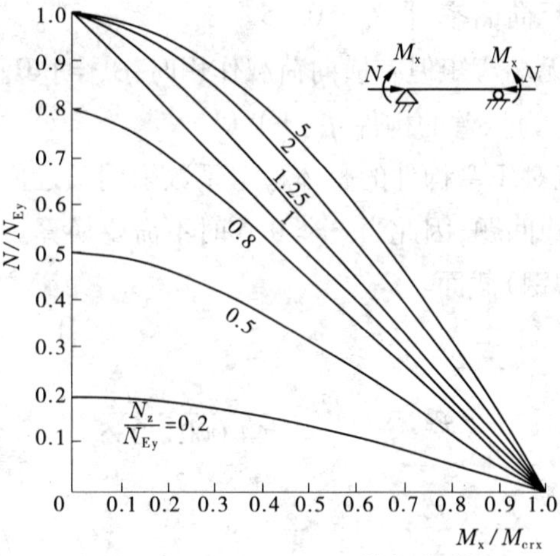

图 6-7　N/N_{Ey} 和 M_x/M_{crx} 的相关曲线

图 6-7 中的曲线与 N_z/N_{Ey} 的比值有关，N_z/N_{Ey} 值越大，曲线越外凸。对于钢结构中常用的双轴对称工字形截面，其 N_z/N_{Ey} 总是大于 1.0，若偏安全地取 $N_z/N_{Ey}=1.0$，则式(6-9)简化为

$$\frac{N}{N_{Ey}}+\frac{M_x}{M_{crx}}=1 \tag{6-10}$$

经理论分析和试验研究表明，式(6-10)同样适用于弹塑性压弯构件的弯扭屈曲计算，而且对于单轴对称截面的压弯构件，只要用该单轴对称截面轴心压杆的弯扭屈曲临界力 N_{cr} 代替 N_{Ey}，该式仍然使用。

在式(6-10)中，用 $N_{Ey}=\varphi_y A f_y$、$M_{crx}=\varphi_b W_{1x} f_y$ 代入，并引入等效弯矩系数 β_{tx}、截面影响系数 η 及抗力分项系数 γ_R，就得到规范规定的压弯构件在弯矩作用平面外稳定计算的相关公式

$$\frac{N}{\varphi_y A}+\eta\frac{\beta_{tx}M_x}{\varphi_b W_{1x}}\leqslant f \tag{6-11}$$

式中　φ_y——弯矩作用平面外的轴心受压构件稳定系数；

φ_b——均匀弯曲受弯构件的整体稳定系数，采用近似计算公式，闭口截面$\varphi_b = 1.0$；

M_x——所计算构件段范围内（构件侧向支承点间）的最大弯矩；

η——截面影响系数，闭口截面 $\eta = 0.7$，其他截面 $\eta = 1.0$；

β_{tx}——等效弯矩系数。

对于 β_{tx}，规范按下列情况取值：

（1）在弯矩作用平面外有支承的构件，应根据两相邻支承点间构件段内的荷载和内力情况确定。

①所考虑构件段无横向荷载作用时：$\beta_{tx} = 0.65 + 0.35M_1/M_2$，$M_1$ 和 M_2 是在弯矩作用平面内端弯矩，使构件段产生同向曲率（无反弯点）时取同号，使构件产生反向曲率（有反弯点时）取异号，$|M_1| \geqslant |M_2|$。

②所考虑构件段内有端弯矩和横向荷载同时作用时：使构件段产生同向曲率时，$\beta_{tx} = 1.0$；使构件段产生反向曲率时，$\beta_{tx} = 0.85$。

③所考虑构件段内无端弯矩但有横向荷载作用时：$\beta_{tx} = 1.0$。

（2）弯矩作用平面外为悬臂的构件：$\beta_{tx} = 1.0$。

为了设计方便，规范对压弯构件的整体稳定系数采用了近似计算公式，这些公式已经考虑了构件的弹塑性失稳问题，因此当 $\varphi_b > 0.6$ 时不需要换算。

（1）工字形（含 H 型钢）截面。

双轴对称时

$$\varphi_b = 1.07 - \frac{\lambda_y^2}{44\,000} \cdot \frac{f_y}{235} \tag{6-12a}$$

单轴对称时

$$\varphi_b = 1.07 - \frac{W_{1x}}{(2\alpha_b + 0.1)Ah} \cdot \frac{\lambda_y^2}{14\,000} \cdot \frac{f_y}{235} \tag{6-12b}$$

式中，$\alpha_b = I_1/(I_1 + I_2)$，$I_1$、$I_2$ 分别为受压翼缘和受拉翼缘对 y 轴的惯性矩。

（2）T 形截面（弯矩作用在对称轴平面，绕 x 轴）。

①弯矩使翼缘受压时

双角钢 T 形截面

$$\varphi_b = 1.0 - 0.001\,7\lambda_y \cdot \sqrt{f_y/235} \tag{6-13a}$$

剖分 T 型钢和两板组合 T 形截面

$$\varphi_b = 1.0 - 0.002\,2\lambda_y \cdot \sqrt{f_y/235} \tag{6-13b}$$

②弯矩使翼缘受拉且腹板宽厚比不大于 $18\sqrt{235/f_y}$ 时

$$\varphi_b = 1.0 - 0.000\,5\lambda_y \cdot \sqrt{f_y/235} \tag{6-13c}$$

（3）闭口截面：$\varphi_b = 1.0$。

应当注意的是，用以上公式求得的 φ_b 应不大于 1.0。

三、双向压弯构件的整体稳定

弯矩作用在两个主轴平面内为双向弯曲压弯构件，双向压弯构件的整体失稳一定伴随着构件的扭转变形，其稳定承载力与 N、M_x、M_y 三者的比例有关，无法给出解析解，只能采用数值解。为了设计方便，并与轴心受压构件、单向弯曲压弯构件及双向弯曲构件的稳定计算互相衔接，采用线性相关公式来计算。弯矩作用在两个主平面内为双向压弯构件，在实际工程中很少见，规范仅规定了双轴对称截面构件的计算方法。

规范规定，弯矩作用在两个主平面内的双轴对称实腹式工字形截面（含 H 形）和箱形（闭口）截面的压弯构件，其稳定按下列公式计算：

$$\frac{N}{\varphi_x A}+\frac{\beta_{mx}M_x}{\gamma_x W_x(1-0.8N/N'_{Ex})}+\eta\frac{\beta_{ty}M_y}{\varphi_{by}W_y}\leqslant f \tag{6-14a}$$

$$\frac{N}{\varphi_y A}+\eta\frac{\beta_{tx}M_x}{\varphi_{bx}W_x}+\frac{\beta_{my}M_y}{\gamma_y W_y(1-0.8N/N'_{Ey})}\leqslant f \tag{6-14b}$$

式中　φ_x、φ_y——对强轴 x—x 和弱轴 y—y 的轴心受压构件稳定系数；

φ_{bx}、φ_{by}——均匀弯曲的受弯构件整体稳定系数，对工字形截面（含 H 型钢）的非悬臂（悬伸）构件 φ_{bx} 可按受弯构件整体稳定系数近似公式计算，$\varphi_{by}=1.0$，对闭口截面，取 $\varphi_{bx}=\varphi_{by}=1.0$；

M_x、M_y——所计算构件段范围内对强轴和弱轴的最大弯矩；

N'_{Ex}、N'_{Ey}——参数，$N'_{Ex}=\pi^2EA/(1.1\lambda_x^2)$，$N'_{Ey}=\pi^2EA/(1.1\lambda_y^2)$；

W_x、W_y——对强轴和弱轴的毛截面模量；

β_{mx}、β_{my}——等效弯矩系数，应按弯矩平面内稳定计算的有关规定采用；

β_{tx}、β_{ty}——等效弯矩系数，应按弯矩平面外稳定计算的有关规定采用；

η——调整系数，应按弯矩平面外稳定计算的有关规定采用。

【例 6-2】　如图 6-8 所示的由工字钢 I36a（Q235B）制作的压弯构件，两端铰接 10 m 长，承受轴心压力设计值 $N=650$ kN。在腹板平面承受均布荷载设计值 $q=6.24$ kN/m。试计算此压弯构件在弯矩作用平面内的稳定性有无保证？为保证弯矩作用平面外的稳定性须设置几个侧向中间支撑点？

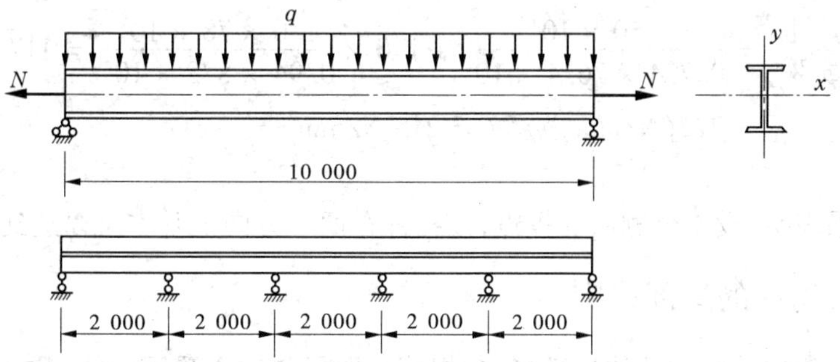

图 6-8　例 6-2 图

解　(1) 计算截面特性。

查型钢表得：$A=76.4\ \text{cm}^2$，$W_x=878\ \text{cm}^3$，$i_x=14.4$ cm，$i_y=2.69$ cm。

(2)验算弯矩作用平面内的稳定性。

$$\lambda_x = \frac{l_{0x}}{i_x} = \frac{1\,000}{14.4} = 69.4 < [\lambda] = 350$$

查稳定系数表(属 a 类截面),得

$$\varphi_x = 0.842$$

$$N'_{Ex} = \pi^2 EA/(1.1\lambda_x^2) = \pi^2 \times 206 \times 10^3 \times 76.4 \times 10^2/(1.1 \times 69.4^2) = 2\,928.9(\text{kN})$$

$\beta_{mx} = 1.0$(按无端弯矩但有均布横向荷载作用时)

$$M_x = \frac{ql^2}{8} = \frac{6.24 \times 10^2}{8} = 78(\text{kN}\cdot\text{m})$$

$$\frac{N}{\varphi_x A} + \frac{\beta_{mx} M_x}{\gamma_x W_{1x}(1 - 0.8N/N'_{Ex})}$$

$$= \frac{650 \times 10^3}{0.842 \times 76.4 \times 10^3} + \frac{1.0 \times 78 \times 10^6}{1.05 \times 878 \times 10^3 \times \left(1 - 0.8 \times \dfrac{650 \times 10^3}{2\,928.9 \times 10^3}\right)}$$

$$= 10.10 + 102.9 = 113(\text{N/mm}^2) < f = 215\ \text{N/mm}^2$$

满足要求。

(3)验算弯矩作用平面外的稳定性。

如果不设支撑点:$\lambda_y = \dfrac{l_{0y}}{i_y} = \dfrac{1\,000}{2.69} = 372 > [\lambda] = 150$

刚度不满足要求。

现增设四个侧向支撑点:$\lambda_y = \dfrac{l_{0y}}{i_y} = \dfrac{1\,000/5}{2.69} = 74.3 < [\lambda] = 150$

刚度满足要求。

查稳定系数表(属 b 类截面),得

$$\varphi_y = 0.724$$

$$\varphi_b = 1.07 - \frac{\lambda_y^2}{44\,000} \times \frac{f_y}{235} = 1.07 - \frac{74.3^2}{44\,000} \times \frac{235}{235} = 0.94$$

$\beta_{tx} = 1.0$(按所考虑的构件段内有端弯矩和均布横向荷载作用时)

$$\frac{N}{\varphi_y A} + \eta \frac{\beta_{tx} M_x}{\varphi_b W_{1x}} = \frac{650 \times 10^3}{0.724 \times 76.4 \times 10^2} + 1.0 \times \frac{1.0 \times 78 \times 10^6}{0.94 \times 878 \times 10^3} = 117.5 + 94.5$$

$$= 212(\text{N/mm}^2) < f = 215\ \text{N/mm}^2$$

满足要求。

计算结果表明,设 4 个侧向支撑点,该构件在两个方向上基本可以达到等稳定性。

四、压弯构件的局部稳定

为保证压弯构件中板件的局部稳定,规范采取了与轴心受压构件相同的方法,限制翼缘和腹板的宽厚比及高厚比。

(一)翼缘的宽厚比

压弯构件的受压翼缘板,其应力情况与受弯构件的受压翼缘基本相同,因此其外伸宽度与厚度之比及箱形截面翼缘在腹板之间的宽厚比均与受弯构件的宽厚比限值相同。

(二)腹板的宽厚比

压弯构件腹板的稳定计算比较复杂。考虑塑性区的深度,规范规定的腹板计算高度 h_0 与厚度 t_w 之比的限值与弯矩作用平面内的长细比有关。

1. 工字形截面的腹板

腹板高厚比 h_0/t_w 的限值是根据四边简支板在不均匀压应力和剪应力的联合作用下屈曲的相关公式确定的。腹板高厚比 h_0/t_w 与应力梯度 α_0 之间的关系可近似地用直线式表示:

当 $0 \leqslant \alpha_0 \leqslant 1.6$ 时

$$\frac{h_0}{t_w} \leqslant (16\alpha_0 + 0.5\lambda + 25)\sqrt{235/f_y} \tag{6-15a}$$

当 $1.6 < \alpha_0 \leqslant 2.0$ 时

$$\frac{h_0}{t_w} \leqslant (48\alpha_0 + 0.5\lambda - 26.2)\sqrt{235/f_y} \tag{6-15b}$$

式中　λ——构件在弯矩作用平面内的长细比,当 $\lambda < 30$ 时,取 $\lambda = 30$,当 $\lambda > 100$ 时,取 $\lambda = 100$。

$$\alpha_0 = \frac{\sigma_{max} - \sigma_{min}}{\sigma_{max}}$$

式中　σ_{max}——腹板计算高度边缘的最大压应力,计算时不考虑构件的稳定系数和截面塑性发展系数;

σ_{min}——腹板计算高度另一边缘相应的应力,压应力取正值,拉应力取负值。

当 $\alpha_0 = 0$ 时,式(6-15)与轴心受压构件腹板高厚比的要求相一致;当 $\alpha_0 = 2$ 时,式(6-15)与受弯构件中考虑了弯矩和剪力联合作用的腹板高厚比的要求相一致。

2. T 形截面的腹板

T 形截面压弯构件腹板的受力情况为,当弯矩作用在 T 形截面对称轴使腹板自由边受拉时,腹板处于比轴心受压构件更有利的地位,为了方便,规范规定采用与轴心受压构件相同的宽厚比限制,即采用式(6-16)计算;当弯矩使腹板自由边受拉时,腹板处于较不利的地位,规范为便于使用,对其宽厚比近似采用两种定值限值:当 $\alpha_0 \leqslant 1.0$(以均匀压应力为主)时,T 形截面腹板中压应力分布不均匀影响较小,其限值和翼缘相同;当 $\alpha_0 > 1.0$(以弯曲应力为主)时,此不利影响较大,故限值提高 20%,即采用式(6-17)计算。

(1)弯矩使腹板自由边受拉:

热轧剖分 T 型钢

$$\frac{h_0}{t_w} \leqslant (15 + 0.2\lambda)\sqrt{235/f_y} \tag{6-16a}$$

焊接 T 型钢

$$\frac{h_0}{t_w} \leqslant (13 + 0.17\lambda)\sqrt{235/f_y} \tag{6-16b}$$

(2)弯矩使腹板自由边受压:

当 $\alpha_0 \leqslant 1.0$ 时

$$\frac{h_0}{t_w} \leqslant 15\sqrt{235/f_y} \tag{6-17a}$$

当 $\alpha_0 > 1.0$ 时 $$\frac{h_0}{t_w} \leqslant 18\sqrt{235/f_y} \quad (6\text{-}17b)$$

3. 箱形截面的腹板

箱形截面压弯构件腹板的屈服应力计算方法与工字形截面的腹板相同。但考虑两腹板受力可能不完全一致，且通常翼缘与腹板的连接采用单侧角焊缝，翼缘与腹板的约束也不如工字形截面，因而箱形截面的宽厚比限值取为工字形截面腹板的 0.8 倍，即

当 $0 \leqslant \alpha_0 \leqslant 1.6$ 时 $$\frac{h_0}{t_w} \leqslant 0.8(16\alpha_0 + 0.5\lambda + 25)\sqrt{235/f_y} \quad (6\text{-}18a)$$

当 $1.6 < \alpha_0 \leqslant 2.0$ 时 $$\frac{h_0}{t_w} \leqslant 0.8(48\alpha_0 + 0.5\lambda - 26.2)\sqrt{235/f_y} \quad (6\text{-}18b)$$

当式(6-18)右侧计算值小于 $40\sqrt{235/f_y}$ 时，取 $40\sqrt{235/f_y}$。

4. 圆管截面

一般圆管截面构件的弯矩不大，故其外径与壁厚之比的限值与轴心受压构件的规定相同，即不应超过 $100(235/f_y)$。

对于 H 形、工字形和箱形截面的压弯构件，当腹板的高厚比不符合上述要求时，可采用与轴心压杆相同的解决方法。但在受压较大翼缘与纵向加劲肋之间的腹板应符合本节的要求。

【例 6-3】 图 6-9 所示 Q235 钢焊接工字形截面压弯构件，翼缘为火焰切割边，承受的设计轴心压力为 800 kN，在构件的中央有一横向集中荷载 160 kN(设计值)。构件的两端铰接并在中央有一侧向支承点，试验算构件的局部稳定。

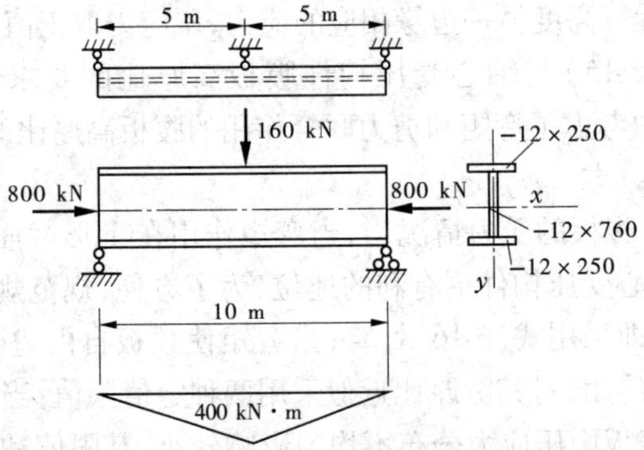

图 6-9 例 6-3 图

解 (1)截面几何特性。

$A = 2 \times 25 \times 1.2 + 76 \times 1.2 = 151.2(\text{cm}^2)$

$I_x = 2 \times 25 \times 1.2 \times 38.6^2 + 1.2 \times 76^3 \times (1/12) = 133\ 295.2(\text{cm}^4)$

$i_x = \sqrt{I_x/A} = 29.69(\text{cm})$

$\lambda_x = l_{0x}/i_x = 1\ 000/29.69 = 33.68$

(2)内力设计值。

轴心压力 $N = 800$ kN

跨中最大弯矩 $M_x = Pl/4 = 160 \times 10/4 = 400(\text{kN} \cdot \text{m})$

(3)验算翼缘的宽厚比。

$$b_1/t = 119/12 = 9.92 < 15\sqrt{235/f_y} = 15$$

满足要求。

(4)验算腹板的高厚比。

在腹板的上边缘

$$\sigma_{max} = \frac{N}{A_n} + \frac{M_x}{I_x} \cdot \frac{h_w}{2} = \frac{800 \times 10^3}{151.2 \times 10^2} + \frac{400 \times 10^6 \times 380}{133\ 295.2 \times 10^4}$$

$$= 52.9 + 114.0 = 166.9(\text{N/mm}^2)$$

下边缘　$\sigma_{min} = \dfrac{N}{A_n} - \dfrac{M_x}{I_x} \cdot \dfrac{h_w}{2} = 52.9 - 114.0 = -61.1(\text{N/mm}^2)$

应力梯度　$\alpha_0 = \dfrac{\sigma_{max} - \sigma_{min}}{\sigma_{max}} = \dfrac{166.9 - (-61.1)}{166.9} = 1.366 < 1.6$

腹板高厚比的容许值

$$h_0/t_w = 16\alpha_0 + 0.5\lambda_x + 25 = 16 \times 1.366 + 0.5 \times 33.68 + 25 = 63.7$$

截面实际高厚比

$$h_0/t_w = 76/1.2 = 63.3 < 63.7$$

满足要求。

综上所述,构件的局部稳定满足要求。

第四节　实腹式压弯构件的设计

一、框架柱的计算长度

(一)单层等截面框架柱在框架平面内的计算长度

在进行框架的整体稳定分析时,一般取平面框架作为计算模型,不考虑空间作用。框架分为无支撑的纯框架和有支撑框架,其中有支撑框架根据抗侧移刚度的大小,分为强支撑框架和弱支撑框架。

当支撑结构(支撑桁架、剪力墙、电梯井等)的侧移刚度(产生单位侧倾角的水平力)S_b 满足下式的要求时,为强支撑框架。

$$S_b \geqslant 3 \times (1.2\sum N_{bi} - \sum N_{0i}) \tag{6-19}$$

式中　$\sum N_{bi}$、$\sum N_{0i}$——第 i 层层间所有框架柱用无侧移框架柱和有侧移框架柱计算长度系数算得的轴压杆稳定承载力之和。

强支撑框架,其失稳形式一般为无侧移的(见图 6-10(a))。

当支撑结构的侧移刚度 S_b 不满足式(6-19)的要求时,为弱支撑框架。弱无支撑的框架,其失稳形式为有侧移的。

有侧移失稳的框架(见图 6-10(b)),其临界力比无侧移失稳的框架低得多。因此,除非有阻止框架侧移的支撑体系(包括支撑架、剪力墙等),框架的承载能力一般以有侧移失稳时的临界力确定。

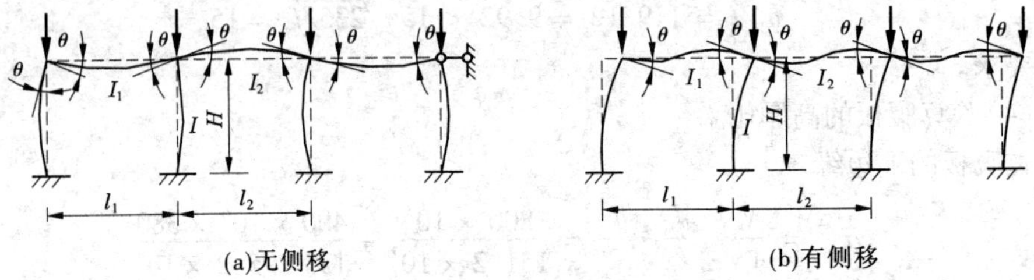

图 6-10　单层框架失稳形式

框架柱在框架平面内的计算长度 H_0 可用下式表达

$$H_0 = \mu H \tag{6-20}$$

式中　H——柱的几何长度；

μ——计算长度系数，按附录 5 采用。

确定框架柱的计算长度通常是根据弹性稳定理论，并作如下假定：

(1) 材料是线弹性的。

(2) 框架只承受作用在节点上的竖向荷载。

(3) 框架中所有的柱子是同时丧失稳定的，即各柱同时达到其临界荷载。

(4) 在无侧移失稳时，横梁两端的转角大小相等、方向相反；在有侧移失稳时，横梁两端的转角不但大小相等且方向相同。

根据以上假定，并为简化计算，只考虑直接与所研究的柱子相连的横梁约束作用，略去不直接与柱子相连的横梁约束影响，将框架按其侧向支撑情况用位移法进行稳定分析来求得计算长度系数 μ。柱的计算长度系数 μ 取决于柱相邻的两根横梁的线刚度之和 $I_1/l_1 + I_2/l_2$ 与柱的线刚度 I/H 的比值 K_1，即

$$K_1 = \frac{I_1/l_1 + I_2/l_2}{I/H} \tag{6-21}$$

1. 无支撑纯框架

1) 一阶弹性分析方法

当采用一阶弹性分析方法计算内力时，框架柱的计算长度系数 μ 按附录 5 附表 5-1 有侧移框架柱的计算长度系数确定。

2) 二阶弹性分析方法

当采用二阶弹性分析方法计算内力且在每层柱顶施加按式(6-22)计算的假想水平力 H_{ni} 时，框架柱的计算长度系数 $\mu = 1.0$。

$$H_{ni} = \frac{\alpha_y Q_i}{250}\sqrt{0.2 + \frac{1}{n_s}} \tag{6-22}$$

式中　Q_i——第 i 楼层的总重力荷载设计值；

n_s——框架总层数，当 $\sqrt{0.2 + 1/n_s} > 1$ 时，取此根号值为 1.0；

α_y——钢材强度影响系数，其值如下：Q235 钢为 1.0，Q345 钢为 1.1，Q390 钢为 1.2，Q420 钢为 1.25。

2. 有支撑框架

1）强支撑框架

对于强支撑的无侧移框架柱，柱子的计算长度系数 μ 按附录 5 附表 5-2 无侧移框架柱的计算长度系数确定。

2）弱支撑框架

弱支撑框架柱的轴压杆稳定系数 φ 直接按下式计算

$$\varphi = \varphi_0 + (\varphi_1 - \varphi_0)\frac{S_b}{3 \times (1.2\sum N_{bi} - \sum N_{0i})} \tag{6-23}$$

式中 φ_1、φ_0——按无侧移框架柱和有侧移框架柱计算长度系数算得的轴心压杆稳定系数。

（二）多层等截面框架柱在框架平面内的计算长度

多层多跨框架的失稳形式也分为无侧移失稳（见图 6-11（a））和有侧移失稳（见图 6-11（b））两种情况。计算采用的基本假定同单层多跨框架，但同时还假设柱子开始失稳时，相交于上下两端节点的横梁对于柱子提供的约束弯矩，按其与上下两端节点柱的线刚度之和的比值 K_1 和 K_2 分配给柱子。这里，K_1 为相交于柱上端节点的横梁线刚度之和与柱线刚度之和的比值；K_2 为相交于柱下端节点的横梁线刚度之和与柱线刚度之和的比值。以图 6-11 中的 1、2 杆为例

$$K_1 = \frac{I_1/l_1 + I_2/l_2}{I'''/H_3 + I''/H_2}, \quad K_2 = \frac{I_3/l_1 + I_4/l_2}{I''/H_2 + I'/H_1}$$

柱子的计算长度系数见附录 5，有侧移框架柱的计算长度系数按附表 5-1 确定，无侧移框架柱的计算长度系数按附表 5-2 确定。

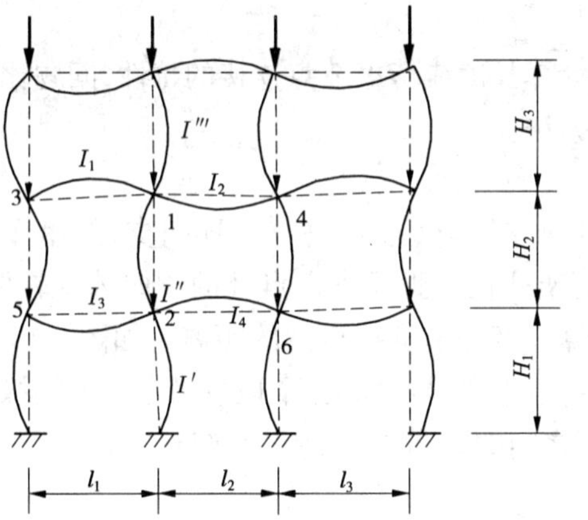

(a)无侧移

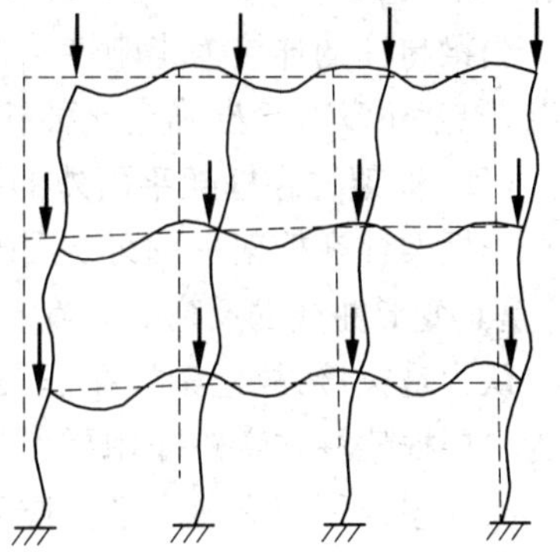

(b)有侧移

图 6-11 多层多跨框架失稳形式

（三）框架平面内的其他问题

实际工程中的框架多种多样，并非都是横梁端部和柱子刚接。有时，为了把抗侧力集中在一部分结构上，可以把少数柱子做成摇摆柱；对于抗侧移要求不高的框架，则可以简化梁柱连接的构造，做成半刚性连接的框架。

图 6-12 的框架把一部分柱和梁组成框架体系来抵抗侧力，而把其他的柱子做成两端铰接，这些不参与承受侧力的柱称为摇摆柱，它们截面较小，连接构造简单，从而降低造价。当框架在柱顶荷载作用下有侧移失稳时，摇摆柱不能和框架柱一起抵抗侧移的发生，但是它们承受的荷载却有使侧移增大的趋势。因此，附有摇摆柱的无支撑纯框架柱和弱支撑框架柱的计算长度系数应乘以增大系数 η

$$\eta = \sqrt{1 + \frac{\sum (N_1/H_1)}{\sum (N_f/H_f)}} \tag{6-24}$$

式中 $\sum (N_f/H_f)$ ——各框架柱轴心压力设计值与柱子高度比值之和；

$\sum (N_1/H_1)$ ——各摇摆框架柱轴心压力设计值与柱子高度比值之和。

摇摆柱的计算长度取其几何长度，即 $\mu = 1$。

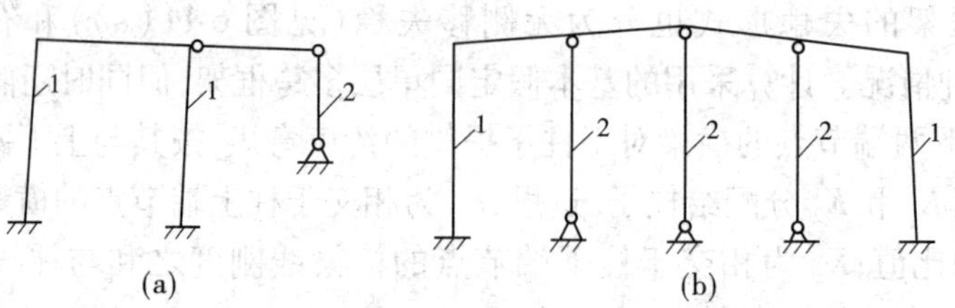

1—框架柱；2—摇摆柱

图 6-12 附有摇摆柱的有侧移框架

当与计算柱同层的其他柱或计算柱连续的上下层柱的稳定承载力有潜力时，可利用这些柱的支持作用，对计算柱的长度系数进行折减，提供支持作用的柱的计算长度系数则应相应增大。

当梁与柱的连接为半刚性构造时，确定柱计算长度应考虑节点连接的特性，问题比较复杂，规范还没有给出确定此种柱计算长度的方法。

（四）框架柱在框架平面外的计算长度

当框架柱在框架平面外失稳时，可假定侧向支撑点（柱顶、柱底、柱间支撑、吊车梁等）是其变形曲线的反弯点。在一般情况下，框架柱在柱脚及支撑点处的侧向约束较弱，可以认为是铰接，故框架柱在框架平面外的计算长度等于支撑点间的距离。如图 6-13 所示为单层框架柱在弯矩作用平面外的计算长度，上下段是不同的，上段取吊车梁上翼缘的制动梁和屋架下弦纵向水平支撑或托架的弦杆之间的距离 H_1，下端应取自柱脚底面至吊车梁下翼缘处之间的距离 H_2。

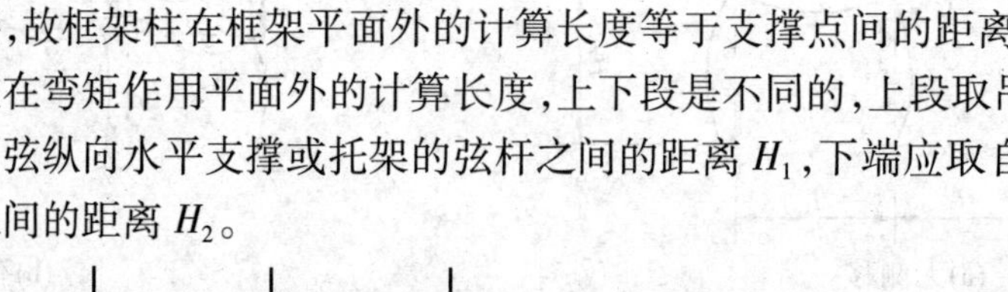

图 6-13 单层框架柱在弯矩作用平面外的计算长度

【例 6-4】　如图 6-14 所示为一有侧移多层框架，图中圆圈内数字为横梁或柱的线刚度值。试确定各柱在框架平面内的计算长度系数。

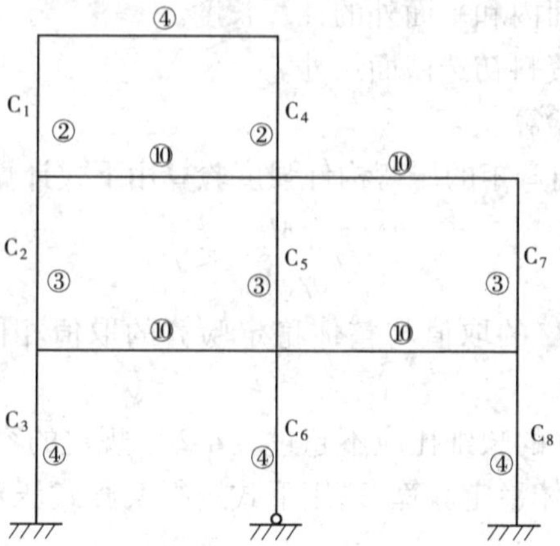

图 6-14　例 6-4 图

解

柱子 C_1　$K_1=\dfrac{4}{2}=2$，　$K_2=\dfrac{10}{2+3}=2$，　$\mu=1.16$

柱子 C_2　$K_1=\dfrac{10}{2+3}=2$，　$K_2=\dfrac{10}{3+4}=1.43$，　$\mu=1.21$

柱子 C_3　$K_1=\dfrac{10}{3+4}=1.43$，　$K_2=\infty$，　$\mu=1.14$

柱子 C_4　$K_1=\dfrac{4}{2}=2$，　$K_2=\dfrac{10+10}{2+3}=4$，　$\mu=1.12$

柱子 C_5　$K_1=\dfrac{10+10}{2+3}=4$，　$K_2=\dfrac{10+10}{3+4}=2.86$，　$\mu=1.10$

柱子 C_6　$K_1=\dfrac{10+10}{3+4}=2.86$，　$K_2=0$，　$\mu=2.12$

柱子 C_7　$K_1=\dfrac{10}{3}=3.33$，　$K_2=\dfrac{10}{3+4}=1.43$，　$\mu=1.18$

柱子 C_8　$K_1=\dfrac{10}{3+4}=1.43$，　$K_2=\infty$，　$\mu=1.14$

二、截面选择及验算

实腹式压弯构件的截面选择与验算的具体步骤如下：

(1)确定构件承受的内力设计值，即弯矩设计值 M、轴心压力设计值 N 和剪力设计值 V。

(2)选择截面形式。对于实腹式压弯构件，要按受力大小、使用要求和构造要求选择合适的截面形式。当承受的弯矩较小时，其截面形式与一般的轴心受压构件相同，可采用对称截面；当弯矩较大时，宜采用在弯矩作用平面内截面高度较大的双轴对称截面，或采用截面一侧翼缘加大的单轴对称截面。设计的截面还应使构造简单，便于施工，易于与其他构件连接。

(3)确定钢材及强度设计值。所采用的钢材和规格应是容易得到的。

(4)确定弯矩作用平面内和平面外的计算长度。

(5)根据经验或已有资料初选截面尺寸。

(6)对初选截面进行验算。

①强度验算:承受单向弯矩的压弯构件强度验算用下式计算

$$\frac{N}{A_n} \pm \frac{M_x}{\gamma_x W_{nx}} \leqslant f$$

当截面无削弱且 N、M_x 的取值与整体稳定验算的取值相同而等效弯矩系数为 1.0 时,不必进行强度验算。

②刚度验算:压弯构件的长细比应不超过表 4-2 中规定的容许长细比限值。

③弯矩作用平面内整体稳定验算:采用下式进行实腹式压弯构件弯矩作用平面内的稳定计算

$$\frac{N}{\varphi_x A} + \frac{\beta_{mx} M_x}{\gamma_x W_{1x}(1 - 0.8N/N'_{Ex})} \leqslant f$$

对于 T 形截面等单轴对称压弯构件,还应按下式进行计算

$$\left| \frac{N}{A} - \frac{\beta_{mx} M_x}{\gamma_x W_{2x}(1 - 1.25N/N'_{Ex})} \right| \leqslant f$$

④弯矩作用平面外整体稳定验算:采用下式进行压弯构件在弯矩作用平面外稳定计算

$$\frac{N}{\varphi_y A} + \eta \frac{\beta_{tx} M_x}{\varphi_b W_{1x}} \leqslant f$$

⑤局部稳定验算:组合截面压弯构件的翼缘和腹板的宽厚比应满足压弯构件的局部稳定的要求。

由于压弯构件的验算式中所牵涉的未知量较多,根据估计所初选出来的截面尺寸不一定合适,因而初选的截面尺寸往往需要进行多次修改、重新计算直至满意为止。

三、构造要求

压弯构件的翼缘宽厚比必须满足局部稳定的要求,否则翼缘屈曲必然导致构件整体失稳。当工字形截面和箱形截面的腹板的高厚比不满足要求时,可假设腹板中间部分由于失稳退出工作,计算时腹板截面面积仅考虑两侧宽度各为 $20\, t_w \sqrt{235/f_y}$ 的部分(计算构件的稳定系数时仍用全截面)。也可在腹板中部设置纵向加劲肋,此时腹板的受压较大翼缘与纵向加劲肋之间的高厚比应满足要求。

当腹板的 $h_0/t_w > 80$ 时,为防止腹板在施工和运输中发生变形,应设置间距不大于 $3\,h_0$ 的横向加劲肋。另外,设有纵向加劲肋的同时也应设置横向加劲肋。加劲肋截面的选择同第五章第五节。

为保持截面形状不变,提高构件抗扭刚度,防止施工和运输过程中发生变形,实腹式柱在受有较大水平力处和运输单元的端部应设置横隔;构件较长时应设置中间横隔,其间

距不大于构件截面较大宽度的 9 倍和 8 m。横隔的设置方法同第四章轴心受压构件。

在设置构件的侧向支承点时，对截面高度较小的构件，可仅在腹板（或加劲肋和横隔）中央部位支承；对截面高度较大或受力较大的构件，则应在两个翼缘面内同时支承。

【例 6-5】　如图 6-15 所示压弯构件采用焊接工字形截面，荷载设计值 $N=1\ 300$ kN，$F=200$ kN，钢材 Q235，截面无削弱。翼缘板为火焰切割边，试设计截面尺寸。

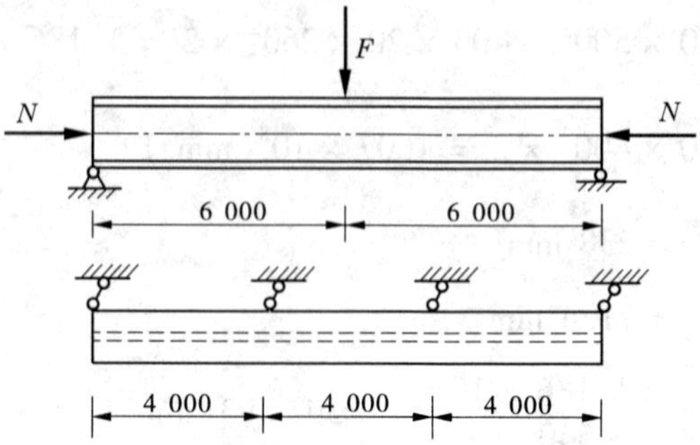

图 6-15　例 6-5 图

解　(1)初选截面尺寸。

假定 $\lambda_x=55$，查表可得该截面关于 x 轴和 y 轴都属 b 类，查表可得 $\varphi_x=0.833$；Q235 钢，$f=215\ \text{N/mm}^2$，$i_x=\dfrac{l_{0x}}{\lambda_x}=\dfrac{12\ 000}{55}=218(\text{mm})$。

根据截面回转半径的近似值得截面高：

$$h=\frac{i_x}{\alpha_1}=\frac{218}{0.43}=507(\text{mm})$$

$$\frac{A}{W}=\frac{h}{2\cdot i_x^2}=\frac{507}{2\times 218^2}=5.334\times 10^{-3}(\text{mm}^{-1})$$

近似取

$$\frac{\beta_{mx}}{\gamma_x(1-0.8N/N'_{Ex})}=0.9$$

$$\frac{N}{\varphi_x A}+\frac{\beta_{mx}M_x}{\gamma_x W_{1x}(1-0.8N/N'_{Ex})}\leqslant f$$

$$M_x=\frac{1}{4}Fl=\frac{1}{4}\times 200\times 10^3\times 12\ 000=6\times 10^8(\text{N}\cdot\text{mm})$$

$$A=\frac{N}{f\varphi_x}+\frac{M_x}{f}\cdot\frac{A}{W_{1x}}\cdot\frac{\beta_{mx}}{\gamma_x(1-0.8N/N'_{Ex})}$$

$$=\frac{1\ 300\times 10^3}{215\times 0.833}+\frac{6\times 10^8}{215}\times 5.334\times 10^{-3}\times 0.9=20\ 656(\text{mm}^2)$$

假设

$$\lambda_y=\lambda_x=55$$

$$i_y=\frac{l_{0y}}{\lambda_y}=\frac{4\ 000}{55}=72.7(\text{mm})$$

则截面宽

$$b = \frac{i_y}{\alpha_2} = \frac{72.7}{0.24} = 303(\text{mm})$$

初选翼缘:2 —20 ×400,腹板:1 —10 ×500

则截面面积 $A = 2\times400\times20 + 10\times500 = 21\ 000(\text{mm}^2)$,与前面计算值很接近。

(2)截面几何特性。

$$I_x = \frac{1}{12}\times10\times500^3 + 400\times20\times260^2\times2 = 1.186\times10^9(\text{mm}^4)$$

$$I_y = \frac{1}{12}\times10\times400^3\times2 = 1.07\times10^8(\text{mm}^4)$$

$$i_x = \sqrt{I_x/A} = 238\ \text{mm}$$

$$i_y = \sqrt{I_y/A} = 71.4\ \text{mm}$$

$$W_x = \frac{2I_x}{h} = \frac{2\times1.186\times10^9}{540} = 4\ 392\ 593(\text{mm}^3)$$

$$\lambda_x = l_{0x}/i_x = 12\ 000/238 = 50.4$$

$$\lambda_y = l_{0y}/i_y = 4\ 000/71.4 = 56$$

查附表得 $\varphi_x = 0.854\ 4$,$\varphi_y = 0.900\ 6$。

(3)弯矩作用平面内稳定验算。

$$N'_{Ex} = \pi^2EA/(1.1\lambda_x^2) = \pi^2\times206\times10^3\times21\ 000/(1.1\times50.4^2) = 15\ 264\ 833(\text{N})$$

$\beta_{mx} = 1.0$(按无端弯矩但有横向荷载作用时)

则

$$\frac{N}{\varphi_xA} + \frac{\beta_{mx}M_x}{\gamma_xW_{1x}(1-0.8N/N'_{Ex})}$$

$$= \frac{1\ 300\times10^3}{0.854\ 4\times21\ 000} + \frac{1.0\times6\times10^8}{1.05\times4\ 392\ 593\times\left(1-0.8\times\dfrac{1\ 300\times10^3}{15\ 264\ 833}\right)}$$

$$= 72.5 + 134.8 = 207.3(\text{N/mm}^2) < f = 215\ \text{N/mm}^2$$

满足要求。

(4)弯矩作用平面外稳定验算。

$$\varphi_b = 1.07 - \frac{\lambda_y^2}{44\ 000}\cdot\frac{f_y}{235} = 1.07 - \frac{56^2}{44\ 000}\times\frac{235}{235} = 0.999$$

取 $\varphi_b = 1$。

取柱中央 1/3 柱段进行验算,该段内既有端弯矩又有横向荷载作用,且使构件段产生同向曲率,则 $\beta_{tx} = 1.0$,令 $\eta = 1.0$,则

$$\frac{N}{\varphi_yA} + \eta\frac{\beta_{tx}M_x}{\varphi_bW_{1x}} = \frac{1\ 300\times10^3}{0.900\ 6\times21\ 000} + 1.0\times\frac{1.0\times6\times10^8}{1.0\times4\ 392\ 593}$$

$$= 68.7 + 136.6 = 205.3(\text{N/mm}^2) < f = 215\ \text{N/mm}^2$$

满足要求。

(5)局部稳定验算。

翼缘：

$b_1/t = 195/20 = 9.75 < 13\sqrt{235/f_y} = 13$　（构件计算时可取 $\gamma_x = 1.05$）

$$\sigma_{max} = \frac{N}{A_n} + \frac{M_x}{I_x} \cdot \frac{h_0}{2} = \frac{1\ 300 \times 10^3}{21\ 000} + \frac{600 \times 10^6}{1.186 \times 10^9} \times 250 = 61.9 + 126.5 = 188.4(\mathrm{N/mm^2})$$

$$\sigma_{min} = \frac{N}{A_n} - \frac{M_x}{I_x} \cdot \frac{h_0}{2} = 61.9 - 126.5 = -64.6(\mathrm{N/mm^2})(\text{拉应力})$$

$$\alpha_0 = \frac{\sigma_{max} - \sigma_{min}}{\sigma_{max}} = \frac{188.4 - (-64.6)}{188.4} = 1.34 < 1.6$$

翼缘：

$$\frac{h_0}{t_w} = \frac{500}{10} = 50 \leqslant (16\alpha_0 + 0.5\lambda + 25) \times \sqrt{\frac{235}{f_y}} = 16 \times 1.34 + 0.5 \times 50.4 + 25 = 71.6$$

满足要求。

(6)强度验算。

因截面无削弱，且弯矩平面外稳定计算时 $\beta_{tx} = 1.0$，弯矩取为全柱的最大弯矩，所以不必作强度验算。

(7)刚度验算。

$$\lambda_{max} = \max\{\lambda_x, \lambda_y\} = \lambda_y = 56 < [\lambda] = 150$$

满足要求。

因此，初选截面可作为设计采用的截面。

第五节　格构式压弯构件

格构式压弯构件广泛应用于厂房框架柱和最大的独立支柱。根据作用于构件的弯矩和压力及使用要求，压弯构件可以设计成双轴对称或单轴对称截面（见图 6-3(d)）。构件肢件间常用缀条连接，缀条多采用单角钢。缀板连接的格构式压弯构件较少采用。

一、弯矩绕虚轴作用的格构式压弯构件

格构式压弯构件当弯矩绕虚轴（x 轴）作用时（见图 6-17），应进行下列计算。

（一）弯矩作用平面内稳定计算

弯矩绕虚轴作用的格构式压弯构件，因截面中空，不考虑塑性发展系数，故规范采用以截面边缘屈服准则作为设计准则，在根据此准则推导的公式中，引入等效弯矩系数 β_{mx}，并考虑抗力分项系数后，得其稳定计算公式：

$$\frac{N}{\varphi_x A} + \frac{\beta_{mx} M_{max}}{W_{1x}(1 - \varphi_x N/N'_{Ex})} \leqslant f \tag{6-25}$$

式中　φ_x——由 λ_{0x} 确定的轴压构件稳定系数；

M_{max}——计算区段的最大弯矩；

W_{1x}——$W_{1x} = \dfrac{I_x}{y_0}$，$I_x$ 为对 x 轴的毛截面惯性矩；

y_0—— 由 x 轴到压力较大分肢的轴线距离或压力较大分肢外边缘的距离，二者取大值（见图 6-16）；

其余符号意义同前。

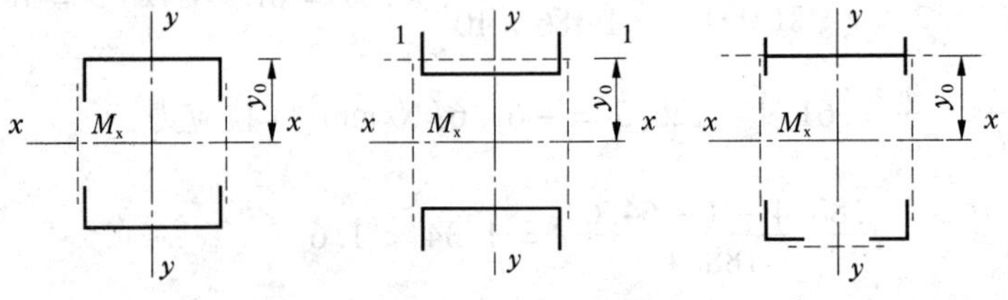

图 6-16　弯矩绕虚轴作用的格构式压弯构件截面及 y_0 的取值

（二）弯矩作用平面外稳定计算

当弯矩绕格构式压弯构件的虚轴作用时，要保证构件在弯矩作用平面外（即垂直于缀件平面）的整体稳定，主要是要求两个分肢在弯矩作用平面外的稳定都得到保证，即可用验算每个分肢的稳定来代替验算整个构件在弯矩作用平面外的整体稳定。

（三）分肢稳定计算

将整个构件视为一平行弦桁架，分肢为弦杆，缀材为腹杆，两分肢的轴心力则由内力平衡得（见图 6-17）

$$N_1 = \frac{Ny_2}{a} + \frac{M_x}{a} \tag{6-26a}$$

$$N_2 = N - N_1 \tag{6-26b}$$

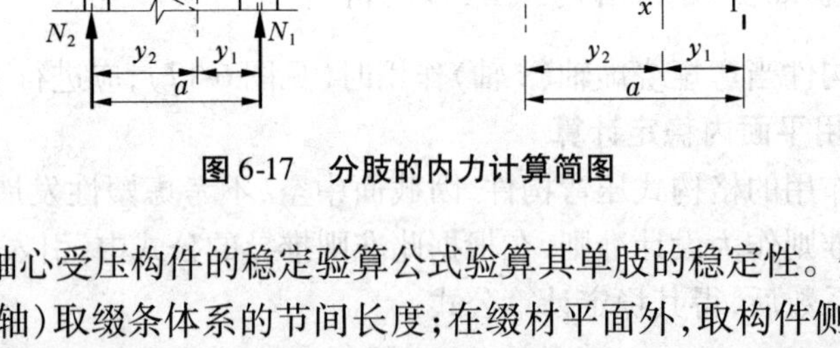

图 6-17　分肢的内力计算简图

对缀条柱，按轴心受压构件的稳定验算公式验算其单肢的稳定性。分肢计算长度，在缀材平面内（1—1 轴）取缀条体系的节间长度；在缀材平面外，取构件侧向支撑点间的距离，不设支承时取柱子全高。

对缀板柱在分肢计算时，除轴心力 N_1（或 N_2）外，还应考虑由缀板的剪力作用引起的局部弯矩。在弯矩作用平面内，按压弯构件验算单肢的稳定性。对焊接缀板，计算长度取两缀板间的单肢净长。对螺栓连接的缀板，则取相邻两缀板边缘螺栓的最近距离。弯矩作用平面外，仍按轴心压杆计算单肢的稳定性，计算长度取两侧向支撑点间的距离。

（四）缀材的计算

格构式压弯构件的缀材的计算方法与格构式轴心受压构件相同，但缀材承担的剪力取构件的实际剪力和按轴心受力构件确定的剪力两者的较大者。

二、弯矩绕实轴作用的格构式压弯构件

当弯矩作用在与缀材面相垂直的主平面内时，构件绕实轴产生弯曲失稳（见图6-18），它的受力性能与实腹式压弯构件相同，故其弯矩作用平面内、平面外的整体稳定计算均与实腹式压弯构件相同，但在计算弯矩作用平面外的整体稳定时，长细比应取换算长细比，整体稳定系数 φ_b 应取1.0。

分肢稳定按实腹式压弯构件计算，内力按以下原则分配（见图6-18（b））：轴心压力 N 在两分肢间的分配与分肢轴线至虚轴 x 轴的距离成反比；弯矩 M_y 在两分肢间的分配与分肢对实轴 y 轴的惯性矩成正比、与分肢轴线至虚轴 x 轴的距离成反比。

分肢1：

$$N_1 = \frac{N \cdot y_2}{a} \tag{6-27a}$$

$$M_{y1} = \frac{I_{y1}/y_1}{I_{y1}/y_1 + I_{y2}/y_2} \cdot M_y \tag{6-27b}$$

分肢2：

$$N_2 = N - N_1 \tag{6-27c}$$

$$M_{y2} = M_y - M_{y1} \tag{6-27d}$$

式中　I_{y1}、I_{y2}——分肢1和分肢2对 y 轴的惯性矩；

y_1、y_2——M_y 作用的主轴平面到分肢1和分肢2轴线的距离。

式（6-27）适用于当 M_y 作用在构件的主平面时的情形，当 M_y 不是作用在构件的主轴平面，而是作用在一个分肢的轴线平面（如图6-18（b）中分肢1的1—1轴线平面），则 M_y 视为全部由该分肢承受。

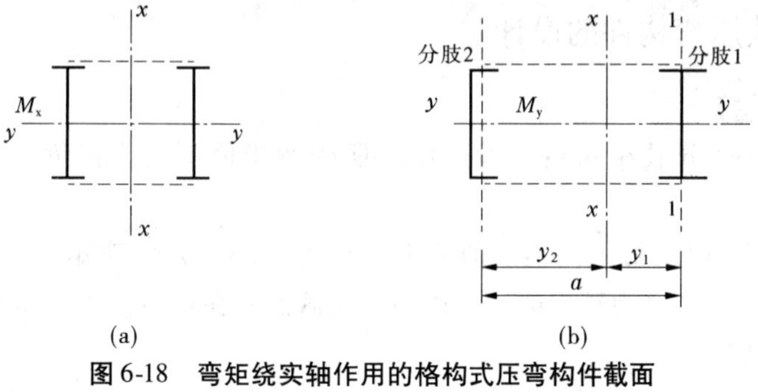

图6-18　弯矩绕实轴作用的格构式压弯构件截面

三、双向受弯的格构式压弯构件

弯矩作用在两个主平面内的双肢格构式压弯构件（见图6-19），其稳定性按下列规定计算。

（一）整体稳定计算

规范采用与边缘屈服准则导出的弯矩绕虚轴作用的格构式压弯构件弯矩作用平面内

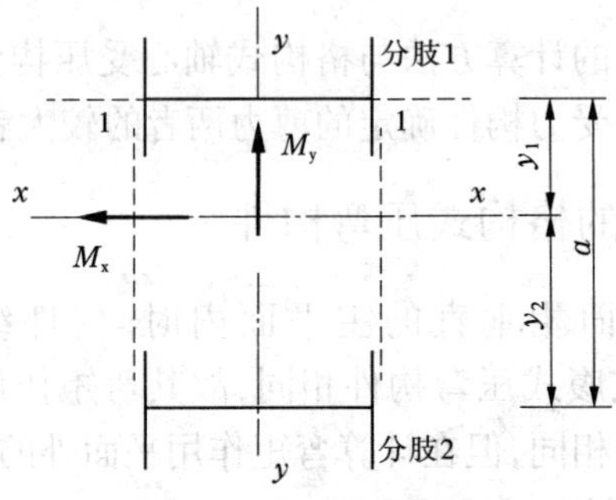

图 6-19　双向受弯格构柱

整体稳定计算式(6-25)相衔接的直线式进行计算:

$$\frac{N}{\varphi_x A}+\frac{\beta_{mx}M_x}{W_{1x}(1-\varphi_x N/N'_{Ex})}+\frac{\beta_{ty}M_y}{W_{1y}}\leqslant f \tag{6-28}$$

式中　W_{1y}——在 M_y 作用下对较大受压纤维的毛截面模量,其他系数与实腹式压弯构件相同,但对虚轴的系数应取换算长细比确定。

(二)分肢的稳定计算

分肢按单向弯矩的实腹式压弯构件计算其稳定性,在轴力和弯矩共同作用下产生的内力按以下原则分配:N 和 M_x 在两分肢产生的轴心力 N_1 和 N_2 按式(6-26)计算;M_y 在两肢间的分配按式(6-27b)和(6-27d)计算。

四、格构式柱的横隔和分肢的局部稳定

对格构式柱,无论截面大小,均应设横隔,横隔的设置方法与轴心受压格构式柱相同。格构式柱分肢的稳定同实腹式柱。

五、格构式压弯构件的设计

(一)截面选择

(1)对称截面(分肢相同):一般适用于所受弯矩值不大或正负弯矩值相差不大的情况。

(2)非对称截面(分肢不同):一般适用于所受弯矩值较大、弯矩不变号或正负弯矩值相差较大的情况,即在受力较大的一侧适当加大截面和在弯矩作用平面内加大截面高度。

(二)截面验算

(1)强度验算:同实腹式压弯构件。

(2)整体稳定验算(含分肢稳定)。

(3)局部稳定验算—组合截面:同实腹式压弯构件。

(4)刚度验算:同实腹式压弯构件,其中当弯矩绕虚轴作用时,应取换算长细比验算。

(5)缀材设计:同格构式轴心受压构件。

(三)构造要求

横隔的做法同轴心受压格构式柱,分肢局部稳定同实腹式柱。

第六节 框架梁与柱的连接、柱的拼接

一、框架梁与柱的连接节点

框架梁与柱的连接按照梁端与柱节点连接处相对转动约束作用大小一般可分为三类:①铰接连接。这种连接柱身只承受梁端的竖向剪力,梁与柱轴线间的夹角可以自由改变,节点的转动不受约束。②刚性连接。这种连接柱身在承受梁端竖向剪力的同时,还将承受梁端传递的弯矩,梁与柱轴线间的夹角在节点转动时保持不变。③半刚性连接。这种连接介于铰接连接和刚性连接之间,它除承受梁端传来的竖向剪力外,还可以承受一定数量的弯矩,梁与柱轴线间的夹角在节点转动时将有所改变,但又受到一定程度的约束。

在实际工程中,上述理想的刚性连接是很少存在的。通常,按梁端弯矩与梁柱曲线相对转角之间的关系,确定梁与柱连接节点的类型。当梁与柱的连接节点只能传递理想刚性连接弯矩的20%以下时,即可认为是铰接连接。当梁与柱的连接节点能够承受理想刚性连接弯矩的90%以上时,即可认为是刚性连接。半刚性连接的弯矩—转角关系较为复杂,它随连接形式、构造细节的不同而异,进行结构设计时,必须通过试验或其他方法提供较为准确的节点弯矩—转角关系,设计部门很难办到,因此目前较少采用半刚性连接节点。

框架结构中,梁与柱连接节点一般用刚接,少数情况用铰接。梁与柱的铰接连接在第四章已叙述,本节不再赘述。

(一)梁与柱的刚性连接

框架梁与柱的连接节点做成刚性连接,可以增强框架的抗侧移刚度,减小框架横梁的跨中弯矩。在多、高层框架中梁与柱的连接节点一般采用刚性连接。梁与柱节点的刚性连接就是要保证将梁端的弯矩和剪力有效地传给柱子。图6-20是梁与柱的刚性连接构造图。

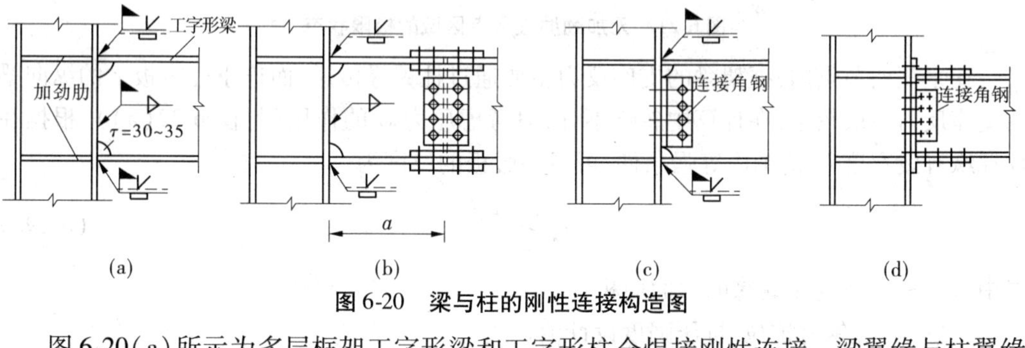

图6-20 梁与柱的刚性连接构造图

图6-20(a)所示为多层框架工字形梁和工字形柱全焊接刚性连接。梁翼缘与柱翼缘采用坡口对接焊缝连接。为了便于梁翼缘处坡口焊缝的施焊和设置衬板,在梁腹板两端上、下角处各开 $r = 30 \sim 35$ mm 的半圆孔。梁翼缘焊缝承受由梁端弯矩产生的拉力和压力,梁腹板与柱翼缘采用角焊缝连接以传递梁端剪力。这种全焊接节点的优点是构造简

单、省工省料；缺点是构件尺寸要求加工精确，梁需要现场定位、工地高空施焊，不便于施工。为了消除上述缺点，可以将框架横梁在跨间内力较小处分成两段，并把短梁段在工厂制造时先焊在柱子上，如图 6-20(b)所示，在施工现场再采用连接盖板高强度螺栓摩擦型连接将横梁的中间段拼接起来。这种连接节点的优点是连接处内力较小、利于高强度螺栓的连接的设计，安装时对中就位比较方便，同时不需要高空施焊。由于其施工方便，目前在高层框架钢结构中应用普遍。图 6-20(c)为梁腹板与柱翼缘采用连接角钢和高强度螺栓连接，并利用高强度螺栓兼作安装螺栓。横梁安装就位后再将梁的上、下翼缘与柱的翼缘用坡口对接焊缝连接。这种节点连接包括高强度螺栓和焊缝两种连接形式，要求它们联合或分别承受梁端的弯矩和剪力，常称为混合连接。图 6-20(d)为梁腹板与柱翼缘采用连接角钢和高强度螺栓连接，梁的上、下翼缘由 T 型钢和高强度螺栓连接于柱的翼缘，此节点转动刚度受 T 型钢和高强度螺栓性能影响较大，有时达不到刚性连接要求，可视为半刚性连接。

图 6-21 表示工字形梁与柱刚性连接(柱腹板不设置加劲肋)时柱腹板压屈和翼缘弯曲的情况。当工字形梁翼缘采用焊透的 T 形对接焊缝，而腹板采用摩擦型连接高强度螺栓或焊缝与 H 形柱的翼缘相连时，在梁上翼缘的连接范围内，柱的翼缘可能在水平拉力的作用下向外弯曲，致使连接焊缝受力不均，在梁下翼缘附近，柱腹板又可能因水平压力的作用而局部失稳。此外，梁翼缘传来的力还使腹板受剪，这些都需要验算。

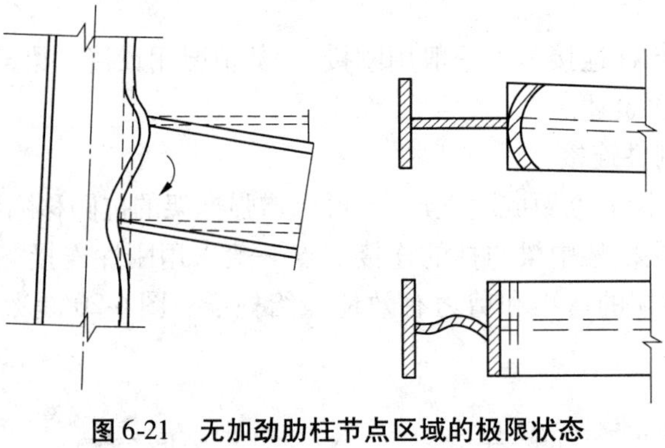

图 6-21　无加劲肋柱节点区域的极限状态

在主框架节点内，框架梁的支座反力主要通过柱翼缘传递，而连于柱腹板上的纵向梁的支座反力一般较小，在计算中忽略不计，只考虑压力 C 的作用(见图 6-22(a))，根据在柱翼缘有效宽度 b_e 范围内等强条件，可得柱腹板的厚度为

$$t_w \geqslant \frac{A_{fc}f_b}{b_e f_c} \tag{6-29a}$$

式中 A_{fc}——梁受压翼缘的截面面积；

f_c——柱钢材抗拉、抗压强度设计值；

f_b——梁钢材抗拉、抗压强度设计值；

b_e——在垂直于柱翼缘的集中压力作用下，柱腹板计算高度边缘处压应力的假定分布长度，$b_e = t_b + 5(t_c + r_c)$，其中 t_b 为梁下翼缘厚度，$t_c + r_c$ 为自柱边缘到腹板计算高度边缘的距离。

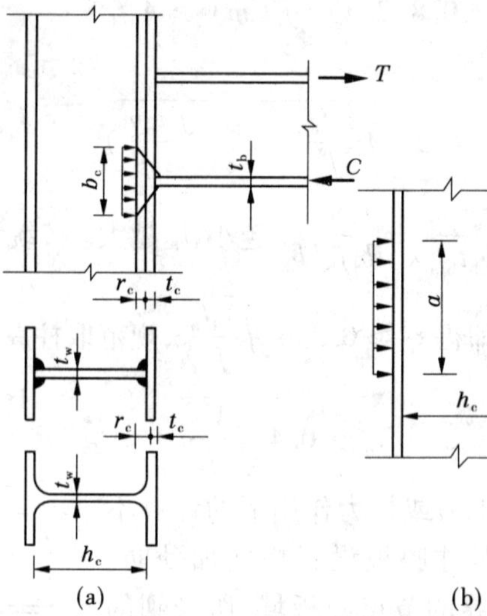

图 6-22　柱腹板受压区计算

当柱宽度较大时,柱腹板受压区可能先于边缘屈曲,此时的临界应力按单向受压四边简支板计算,计算时取板长度 $a=\infty$(见图 6-22(b))。规范偏安全地采用了柱腹板宽厚比的限值,即柱腹板的厚度为

$$t_w \geqslant \frac{h_c}{30}\sqrt{\frac{f_{yc}}{235}} \tag{6-29b}$$

式中　h_c——柱腹板的宽度;

f_{yc}——柱钢材屈服点。

如果在柱腹板受压区不会出现屈服,则在受拉区也不会出现屈服现象,所以柱受拉区只需验算翼缘(见图 6-23)。

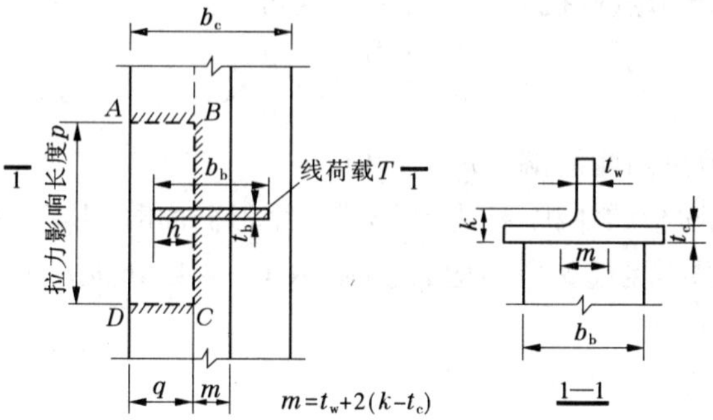

图 6-23　柱翼缘在拉力下的受力情况

在梁受拉翼缘处,柱翼缘板受到梁翼缘传来的拉力为 $T=A_{ft}f_b$(A_{ft} 为梁受拉翼缘的截面面积)。T 由柱翼缘板的三个组成部分承担,中间部分(分布长度为 m)直接传给柱腹板的力为 $f_c t_b m$,其余各由两侧 $ABCD$ 部分的板件承担。$ABCD$ 板所能承受的拉力近似取 $3.5f_c t_c^2$。这样柱翼缘板受拉时的总承载力为 $2\times3.5f_c t_c^2+f_c t_b m$。考虑到翼缘板中间和两侧部分的抗拉刚度不同,难以充分发挥共同工作,故乘以 0.8 的折减系数。

由力的平衡条件得

$$0.8(7f_c t_c^2 + f_c t_b m) \geqslant A_{ft} f_b$$

推出

$$t_c \geqslant \sqrt{\frac{A_{ft} f_b}{7f_c}\left(1.25 - \frac{f_c t_b m}{A_{ft} f_b}\right)} \tag{6-30a}$$

在式(6-30a)中$\frac{f_c t_b m}{A_{ft} f_b} = \frac{f_c t_b m}{b_b t_b f_b} = \frac{f_c m}{b_b f_b}$，$\frac{m}{b_b}$越小，$t_c$越大。按统计分析，$\frac{f_c m}{b_b f_b}$的最小值约为0.15，以此代入式(6-30)，即得$t_c \geqslant 0.396\sqrt{\frac{A_{ft} f_b}{f_c}}$，规范取柱翼缘厚度的限值为

$$t_c \geqslant 0.4\sqrt{\frac{A_{ft} f_b}{f_c}} \tag{6-30b}$$

当梁柱刚性连接处关于压力或拉力作用下的计算不能满足式(6-30)时，就需要对柱腹板设置横向加劲肋。以柱翼缘和横向加劲肋为边界的节点腹板域，所受到的剪力为(见图6-24)

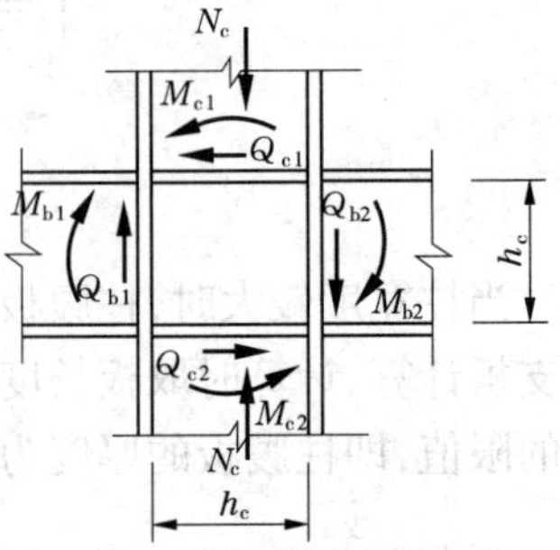

图6-24　节点腹板域受力状态

$$V = \frac{M_{b1} + M_{b2}}{h_b} - \frac{Q_{c1} + Q_{c2}}{2}$$

则剪应力应满足

$$\tau = \frac{M_{b1} + M_{b2}}{h_b h_c t_w} - \frac{Q_{c1} + Q_{c2}}{2h_c t_w} \leqslant f_v \tag{6-31}$$

实际上，节点腹板域周边有柱翼缘和加劲肋提供的约束，使抗剪承载力大大提高。试验证明，可将节点域的抗剪强度提高到$\frac{4}{3}f_v$。工程设计中为了简化计算，略去式(6-31)剪力项的有利影响，这样节点域抗剪强度计算公式可写为

$$\frac{M_{b1} + M_{b2}}{V_p} \leqslant \frac{4}{3}f_v \tag{6-32a}$$

式中　M_{b1}、M_{b2}——节点两侧两端弯矩设计值；

V_p——节点域腹板的体积，柱为H形或工字形截面时，$V_p = h_b h_c t_w$，柱为箱形截面时，考虑两腹板受力不均的影响，取$V_p = 1.8h_b h_c t_w$；

t_w——柱腹板厚度；

h_b——梁腹板高度。

当柱腹板节点域不满足式(6-32a)的要求时，对H形或工字形组合柱宜将腹板在节点域加厚，腹板加厚的范围应伸出梁上、下翼缘外不小于150 mm处(见图6-25(a))。对轧制H型钢或工字钢柱，也可以贴焊补强板加强。补强板上下边可伸过加劲肋之外各150 mm(见图6-25(b))或不伸过柱腹板的横向加劲肋(见图6-25(c))。补强板与加劲板连接的角焊缝应能传递补强板所分担的剪力，焊缝的计算厚度不宜小于5 mm。当补强板伸过加劲肋时，加劲肋仅与补强焊接板焊接，此焊缝应能将加劲肋传来的剪力全部传给补强板，补强板的厚度及其连接强度应按所承受的力进行设计。补强板侧边应用角焊缝与

柱翼相连，其板面尚应采用塞焊与柱腹连成整体，塞焊点之间的距离不应大于较薄焊件的 $21\sqrt{235/f_y}$ 倍。对轻型结构亦可采用斜向加劲肋加强。

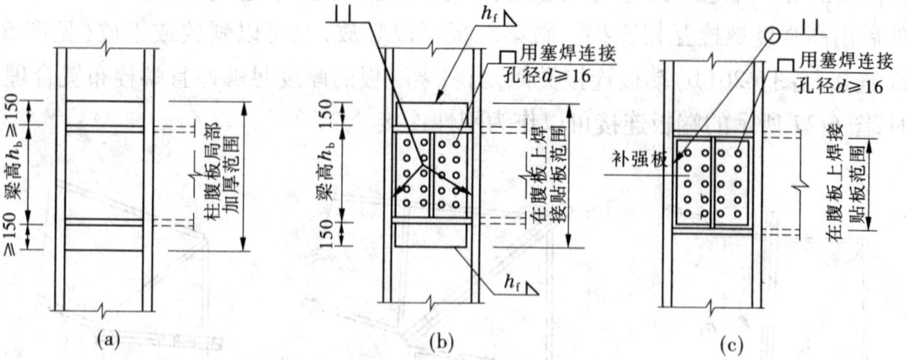

图 6-25　柱腹板在节点域的补强措施

为了防止节点腹板域受剪时发生局部失稳，节点腹板域除按照式(6-32a)计算强度外，还应按下式验算局部稳定

$$t_w \geqslant \frac{h_c + h_b}{90} \tag{6-32b}$$

梁柱连接点处柱腹板横向加劲肋应能传递梁翼缘传来的集中力，其厚度应为梁翼缘厚度的0.5～1.0倍，其宽度应符合传力、构造和板件宽厚比限值要求。横向加劲肋的中心线应与梁翼缘的中心线对准，并用焊透的T形对接焊缝与柱翼缘连接。当梁与H形或工字形截面柱的腹板垂直相连形成刚接时，横向加劲肋与柱腹板的连接也宜采用焊透对接焊缝。箱形柱中的横向加劲隔板与柱翼缘的连接，宜采用焊透的T形对接焊缝，对无法进行电弧焊的焊缝，可采用熔化嘴电渣焊。当采用斜向加劲肋来提高节点域的抗剪承载力时，斜向加劲肋及其连接应能传递柱腹板所能承担剪力以外的剪力。

(二)梁与柱的半刚性连接

图6-26为多层框架梁与柱的半刚性连接节点。在图6-26(a)中，梁端上、下翼缘处各用一个角钢作为连接件，并采用高强度螺栓摩擦型连接将角钢的两肢分别与梁和柱连接，这种连接属于半刚性连接。图6-26(b)为梁端焊一端板，端板用高强度螺栓与柱翼缘连接，常称为端板连接。试验结果表明，图6-26(b)比图6-26(a)的转动刚度大，当图6-26(b)中的连接端板足够厚且螺栓布置合理、数量足够时，端板连接对梁端的约束可以达到

图 6-26　梁与柱的半刚性连接

刚性连接的要求。

图 6-27 为轻型单层框架梁与柱连接的常见节点形式，属于半刚性连接节点，一般采用在构件端部焊一端板（翼缘与端板应采用全焊接对接焊缝，腹板与端板可采用角焊缝），然后用高强度螺栓互相连接。斜梁端板可以竖放，也可以斜放或平放（见图 6-27）。图 6-27 连接与图 6-26（b）端板连接类似，当斜梁端板的厚度足够厚且螺栓布置合理、数量足够时，图 6-27 所示的端板连接可以作为刚性连接。

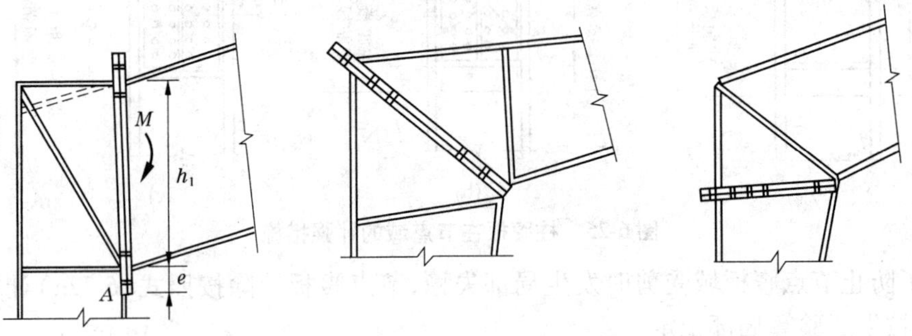

(a)端板竖放　　(b)端板斜放　　(c)端板平放

图 6-27　刚架斜梁与柱的连接

半刚性连接的框架计算比较复杂，需要通过试验确定节点连接的 $M—\theta$ 关系曲线。目前，关于半刚性连接已取得许多研究成果，但尚未达到实用化程度。

二、框架柱的拼接节点

工地拼接设在横梁以上 1.0～1.3 m 处，拼接可用坡口焊缝或高强度螺栓（加设拼接板）连接，或翼缘用焊缝而腹板用高强度连接，为了保证拼接质量和施工安全，应设置安装耳板（厚度≥10 mm）临时固定。耳板做法有两种方案：单侧夹板或双侧夹板（刚度较好）。

图 6-28（a）、（b）中翼缘采用全熔透的坡口对接焊缝连接，腹板采用摩擦型高强度螺栓连接；图 6-28（c）箱壁采用全熔透的坡口对接焊缝连接。连接板在拼前安装定位上节柱，上节柱矫正后再进行焊接，拼接柱冷却后去除耳板及连接板，并清除焊迹。采用焊缝连接时，上下段构件要事先在工厂做好坡口，并带有定位零件（如连接板）来保证施焊的位置，其次还要求接触面平整，并和轴线垂直，因此制造时必须保证应有的精度。

拼接不仅要保证断开截面的强度，也要保证构件的整体刚度，包括绕截面两个主轴的弯曲刚度和绕纵轴的扭转刚度。

图 6-29（a）、（c）为变截面工字形边柱的工厂拼接，图 6-29（b）、（d）为变截面工字形中柱的工厂拼接。沿腹板宽度方向从一侧或者两侧做成坡度不大于 1∶6的斜角，以使截面过度平缓，减少应力集中。拼接段用焊接工字钢，拼接位置至梁上下翼缘边缘处的距离大于 150 mm。

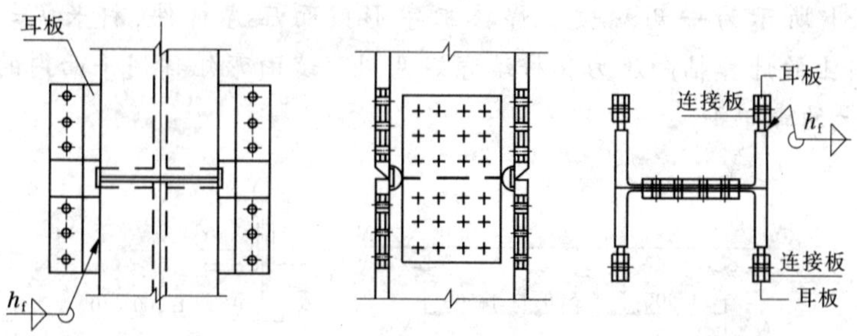

(a)工字形截面柱

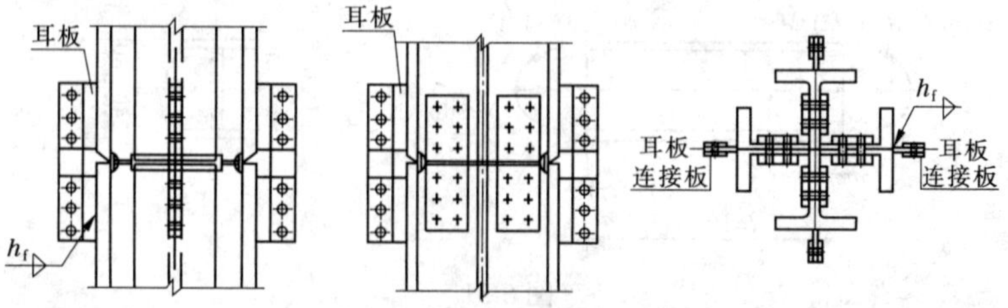

(b)十字形截面柱

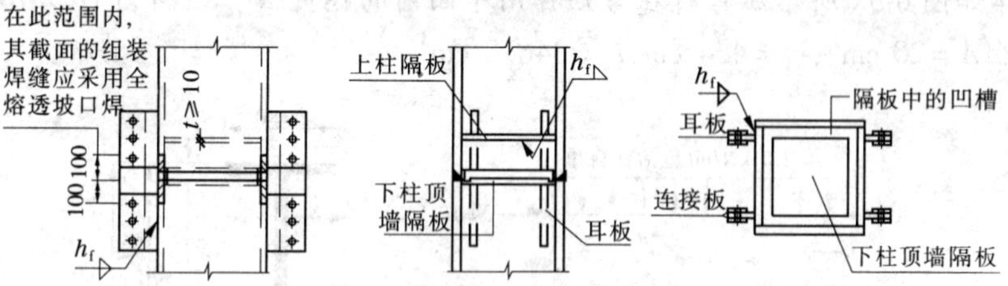

(c)箱形截面柱

图 6-28　框架柱的工地拼接节点

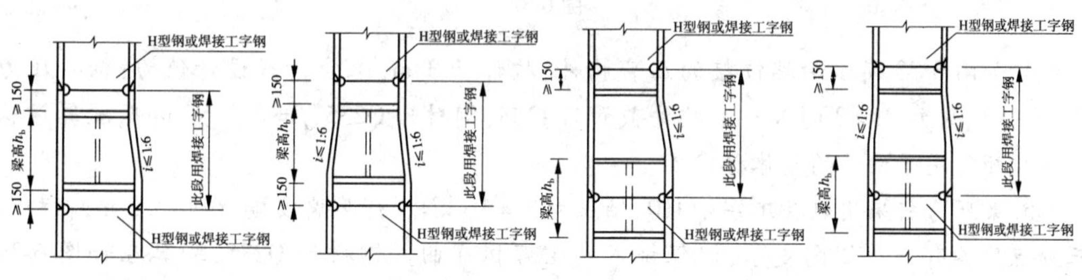

(a)　(b)　(c)　(d)

图 6-29　变截面工字形框架柱的工厂拼接

习　题

1. 验算如图 6-30 所示拉弯构件的强度和刚度。轴心拉力设计值 $N = 100$ kN，横向集中荷载设计值为 $F = 8$ kN。构件截面为 2 ∟100 × 10，钢材为 Q235，$f = 215$ N/mm²，$[\lambda] = 350$。不计构件自重。

2. 如图 6-31 所示为一两端铰支焊接工字形截面压弯杆件，杆长 $l = 10$ m。钢材 Q235，作用于杆上的计算轴向压力和杆端弯矩见图。试由弯矩作用平面内的稳定性确定该杆能承受多大的弯矩 M。

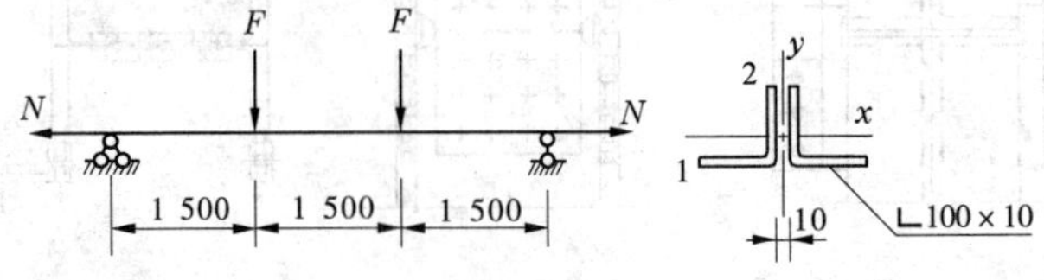

图 6-30

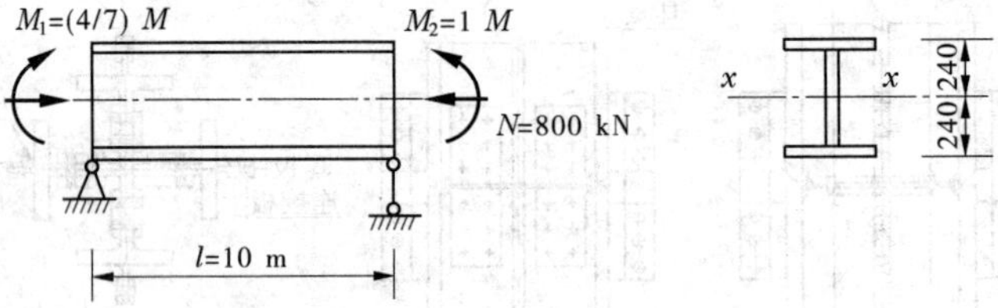

图 6-31

3. 验算如图 6-32 所示压弯杆在弯矩作用平面内的稳定性。钢材为 Q235BF。已知截面几何特性 $A = 20\ \text{cm}^2$，$y_1 = 4.4$ cm，$I_x = 346.8\ \text{cm}^4$。

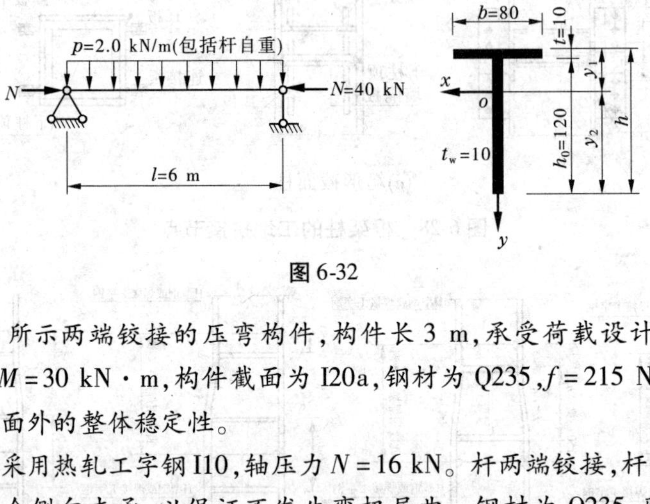

图 6-32

4. 如图 6-33 所示两端铰接的压弯构件，构件长 3 m，承受荷载设计值为：轴心压力 $N = 80$ kN，弯矩 $M = 30$ kN · m，构件截面为 I20a，钢材为 Q235，$f = 215\ \text{N/mm}^2$，验算该构件在弯矩作用平面外的整体稳定性。

5. 某压弯杆采用热轧工字钢 I10，轴压力 $N = 16$ kN。杆两端铰接，杆长 3.3 m，在杆长三分点处各有一个侧向支承，以保证不发生弯扭屈曲。钢材为 Q235，验算在如图 6-34(a)、(b)所示两端弯矩作用下的杆的承载能力是否满足要求。

6. 验算如图 6-35 所示构件的整体稳定性。材料为 Q235F，$f = 215\ \text{N/mm}^2$，梁中间有一侧向支撑点。

7. 已知焊接 H 形截面 H540 × 250 × 8 × 20 压弯构件，翼缘为火焰切割边，承受的轴心压力设计值为 $N = 500$ kN，弯矩设计值 $M = 300$ kN · m，$\lambda_x = 40$，材料为 Q345 钢。试验算构件的局部稳定性。

8. 图 6-36 所示为一铰接柱脚的双跨等截面柱框架。要求确定边柱和中柱在框架平面内的计算长度。

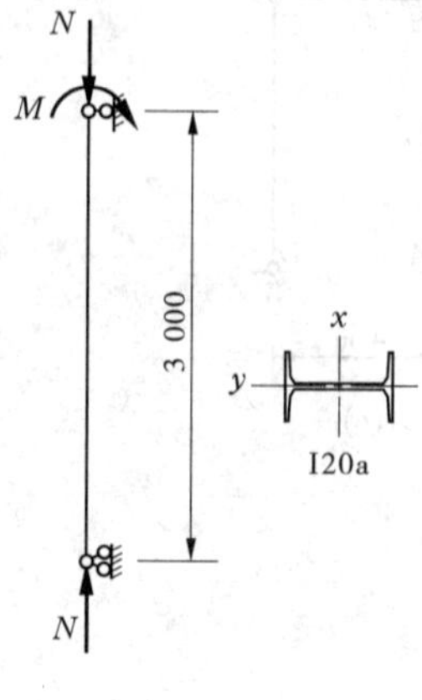

图 6-33

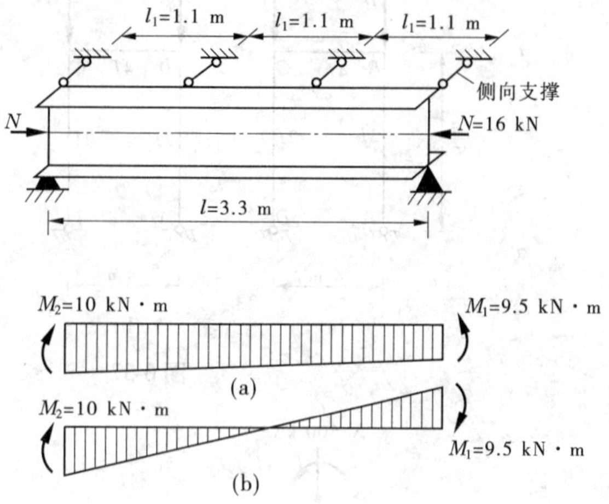

图 6-34

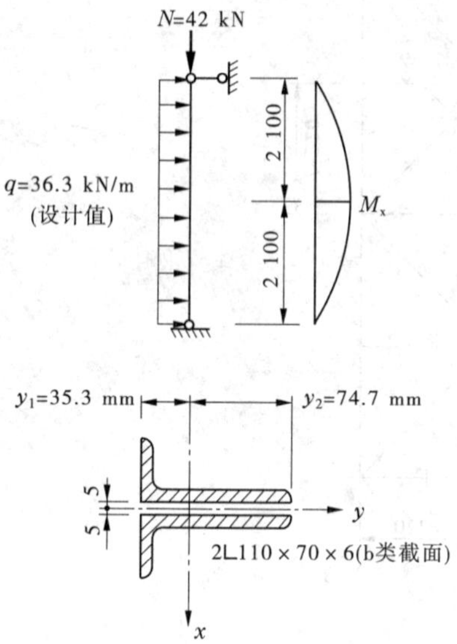

图 6-35

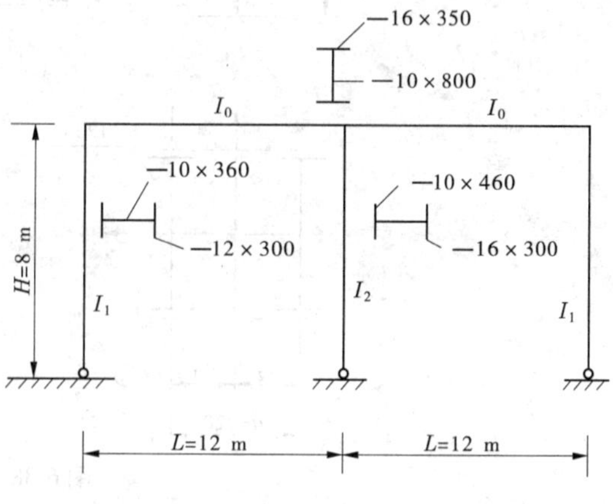

图 6-36

9. 求如图 6-37 所示各单层单跨对称框架的柱的计算长度。

10. 某压弯构件(Q235)在 y 方向的上端自由,下端固定,如图 6-38 所示。在 x 方向的上、下端均有不动铰支承。缀条布置见图。试按稳定条件确定该压弯构件能承受的 M_x。

11. 设计一偏心受压整体式柱脚。该柱脚为一工字形截面偏心受压柱的整体式柱脚。已知柱截面为翼缘板— 360 × 16,腹板为— 600 × 10 。钢材为 16Mn,焊条用 E50XX 型手工焊。柱脚和锚栓的最不利荷载组合的内力设计值 $N = 100$ kN,$M = 1\ 000$ kN · m,基础用 C30 混凝土。

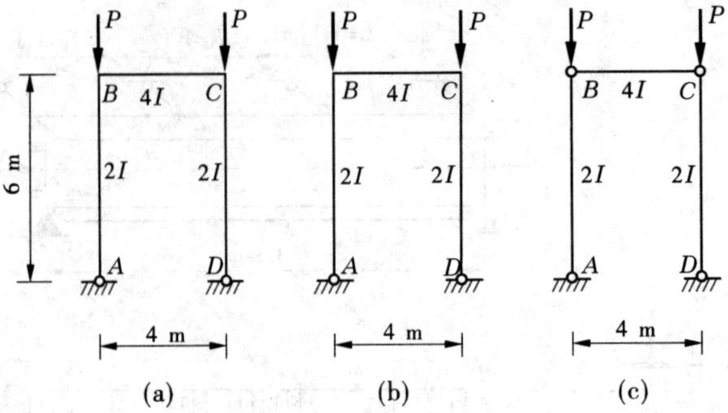
P
P
B
4I
C
2I
2I
6 m
A
D
4 m
(a)
(b)
(c)

图 6-37

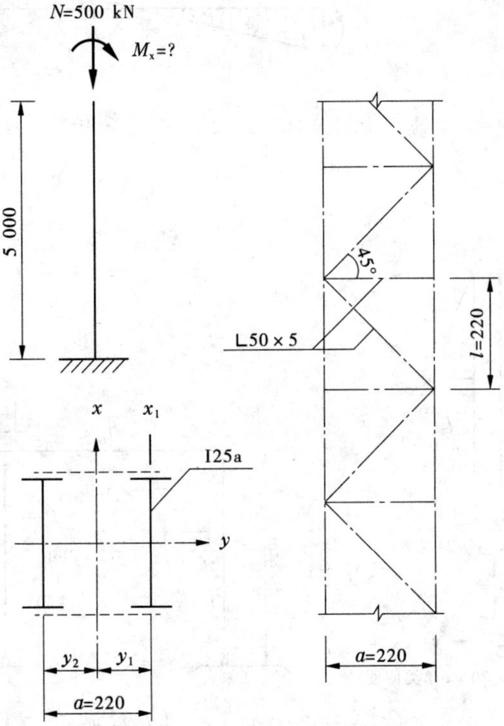
N=500 kN
Mx=?
5 000
x
x1
I25a
y
y2
y1
a=220
45°
L50×5
l=220
a=220

图 6-38

第 7 章　钢结构最新技术

第一节　钢结构体系的发展

大跨度空间结构体系是结构方面近 50 年来最活跃的研究领域，其结构形式经历了由传统的梁肋体系、拱结构体系、桁架体系、薄壳空间结构体系，到现代的网架、悬索、悬挂（斜拉）、充气结构、索膜结构、各种杂交结构、可伸展结构、可折叠结构及张拉集成结构等。瑞士苏黎世某机场机库（125 m×128 m 网架）、美国新奥尔良的超级穹顶体育馆（213 m 直径联方型双层球面网壳）、俄罗斯列宁格勒体育馆（160 m 悬索结构）、美国亚特兰大奥运会主体育馆（240 m×193 m 张拉集成结构）、美国旧金山体育馆（235 m 索穹顶）、美国庞蒂亚可银色穹顶（235 m×183 m 充气膜）、日本福冈穹顶（220 m 直径可开合网壳）等都是当今世界大跨结构的杰出代表。已有的大跨度空间结构基本上可分为三大分支，即刚性体系（折板、薄壳、网架、网壳、空间桁架等）、柔性体系（索结构、膜结构、索膜结构、张拉集成体系等）和杂交体系（拉索－网架、拉索－网壳、拱－索、索－桁架等）。本节主要介绍刚性体系中的空间网架结构和网壳结构，以及柔性体系中的悬索结构和膜结构。

一、空间网架结构

（一）网架结构的形式

网架结构是由许多杆件从两个或几个方向有规律地组成的高次超静定结构，属于空间结构体系，也是近 30 年来在国内外得到普遍推广应用的一种空间结构。

网架的空间刚度大，整体性好，具有良好的抗震性能，易于适应不同建筑造型的要求；同时，可节省钢材，重量轻，制造和安装方便。人们常常将平板型的空间网格结构简称为网架，将曲面型的空间网格结构简称为网壳。网架一般是双层的（以保证必要的刚度），在某些情况下也可做成三层，而网壳有单层和双层两种。平板网架（以下简称网架）在设计、计算、构造和施工制作等方面都比曲面网架简便，它的应用远比曲面网架应用范围广阔，一般适用于大、中跨度各种类型的房屋屋盖。

世界各国，包括法国、意大利、加拿大、美国、英国、墨西哥和日本等国，在大、中型屋盖结构中，都已成功地建造了许多网架和网壳结构。1967 年在加拿大蒙特利尔及 1970 年日本大阪的国际博览会中就有许多建筑物采用了平板网架。美国芝加哥国会大厅屋盖采用了两向正交正放交叉桁架网架，410 m×180 m，网架高 4.7 m，覆盖面积 73 800 m^2，支撑在 36 根十字形钢板柱上，网架上弦标高 20 m，于 1970 年建成。总用钢量 9 500 t，耗钢量 128 kg/m^2。此外，美国建造了不少正放四角锥网架，如加州大学体育馆 91 m×122 m，哈佛市中心大厅 91.4 m×109.68 m 等。

我国采用平板网架结构最早的是上海师范学院球类房（1964 年建成），采用了 31.4

m×40.5 m 的正放四角锥网架。接着，1966 年天津市科学宫采用了斜放四角锥网架，平面尺寸 14.84 m×23.32 m，网架高度 1 m，网格为 7×11，采用 3 号钢（相当于目前的 Q235 钢），由高频焊接管组成，周边简支于钢筋混凝土圈梁上，耗钢量只有 6.26 kg/m^2。使用前，对 6.36 m×10.6 m 的 3×5 个网格的 1/5 模型进行了试验。在第一根压杆失稳时，荷载为设计荷载的 7.1 倍，证明结构安全可靠。此后，平板网架结构以其固有的特点在全国各地得到了极为广泛的应用。

网架结构的形式较多，通常分为双层网架和三层网架；按支撑情况分，有周边支承、点支承、周边支承与点支承混合、三边支承一边开口等形式；按网架组成情况，可分为两向或三向平面桁架组成的交叉桁架体系、三角锥体或四角锥体组成的空间桁架角锥体系等。这里介绍最常用的几种。

1. 按结构组成分类

1）双层网架

双层网架由上、下两个平放桁架作表层，上、下两个表层之间设有层间杆件相互联系。上、下表层的杆件称为网架的上弦杆、下弦杆，位于两层之间的杆件称为腹杆。网架通常采用双层，如图 7-1 所示。

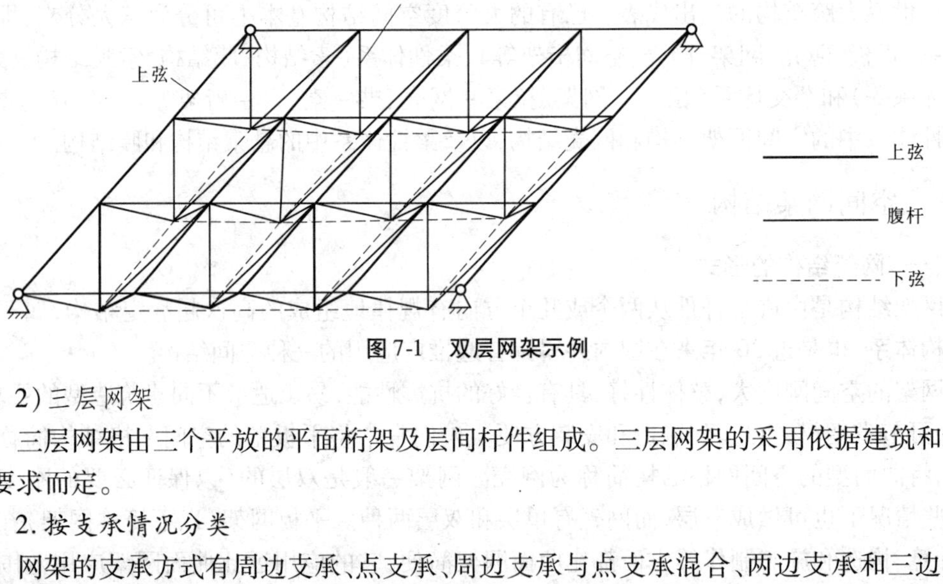

图 7-1　双层网架示例

2）三层网架

三层网架由三个平放的平面桁架及层间杆件组成。三层网架的采用依据建筑和结构的要求而定。

2. 按支承情况分类

网架的支承方式有周边支承、点支承、周边支承与点支承混合、两边支承和三边支承等，如图 7-2 所示。

1）周边支承网架

周边支承网架的所有节点均搁置在柱或梁上。因传力直接、受力均匀，是采用较多的一种形式。

2）点支承网架

点支承网架可置于四个或多个支承上。前者称为四点支承网架，后者称为多点支承网架。点支承网架主要用于大柱距工业厂房、仓库及展览厅等大型公共建筑。

3）周边支承与点支承混合网架

在点支承网架中，当周边设有维护结构和抗风柱时，可采用周边支承与点支承混合的

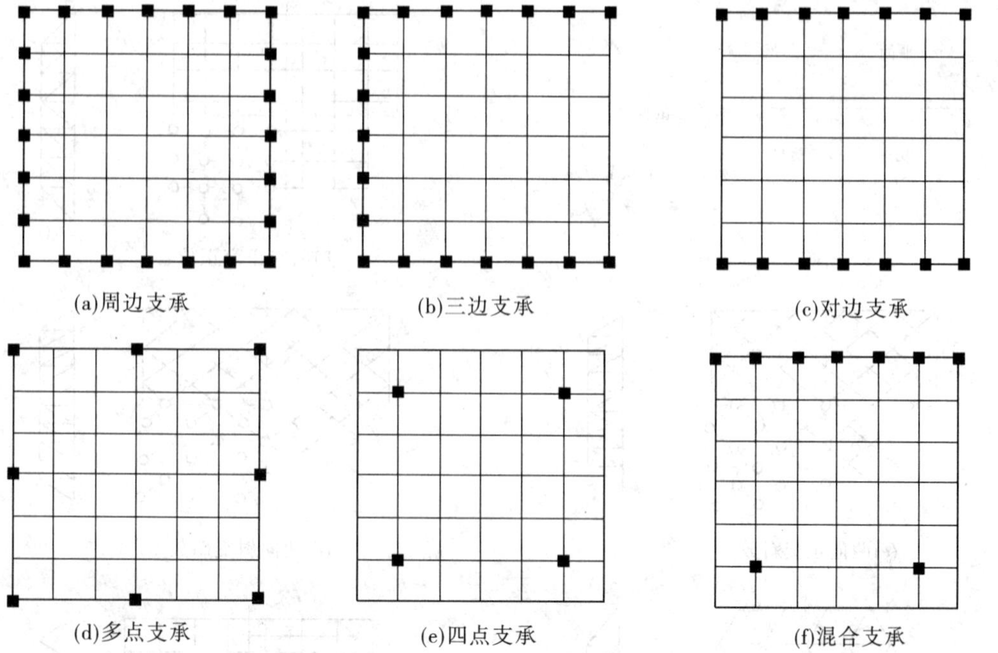

图 7-2　网架支承方式

形式。这种支承方式适用于工业厂房和展览厅等公共建筑。

3. 按网格组成分类

1) 交叉桁架体系

这类网架由若干相互交叉的竖向平面桁架所组成。竖向平面桁架的形式与一般平面桁架相似:腹杆的布置一般应使斜腹杆受拉、竖腹杆受压,斜腹杆与弦杆的夹角宜在40°~60°。桁架的节间长度即为网格尺寸。这些平面桁架可沿两个方向或三个方向布置,当为两向交叉时其夹角为90°(正交)或任意角度(斜交);当为三向交叉时其夹角为60°。这些相互交叉的竖向平面桁架与边界方向平行(或垂直)时称为正放,与边界方向斜交时称为斜放。因此,随着这些桁架之间夹角的变化和边界相对位置的不同,构成了一些不同的各具特点的网架形式,如图 7-3 所示。

2) 四角锥体系

四角锥体系以四角锥为其组成单元,如图 7-4 所示。网架的上、下弦平面均为正方形网格,上、下弦网格相互错开半格使下弦平面正方形的四个顶点对应于上弦平面正方形的形心,并以腹杆连接上、下弦节点,即形成若干四角锥体。若改变上、下弦错开的平行移动量或相对地旋转上、下弦(一般旋转 45°)并适当地抽去一些弦杆和腹杆,即可获得各种形式的四角锥网架。这类网架的腹杆一般不设竖杆,只有斜杆。仅当部分上、下弦节点在同一竖直直线上时,才需要设置竖腹杆。

3) 三角锥体系网架(大跨空间结构)

三角锥体系网架的构成特点是一倒置的三角锥体。锥底正三角形的三边为网架的上

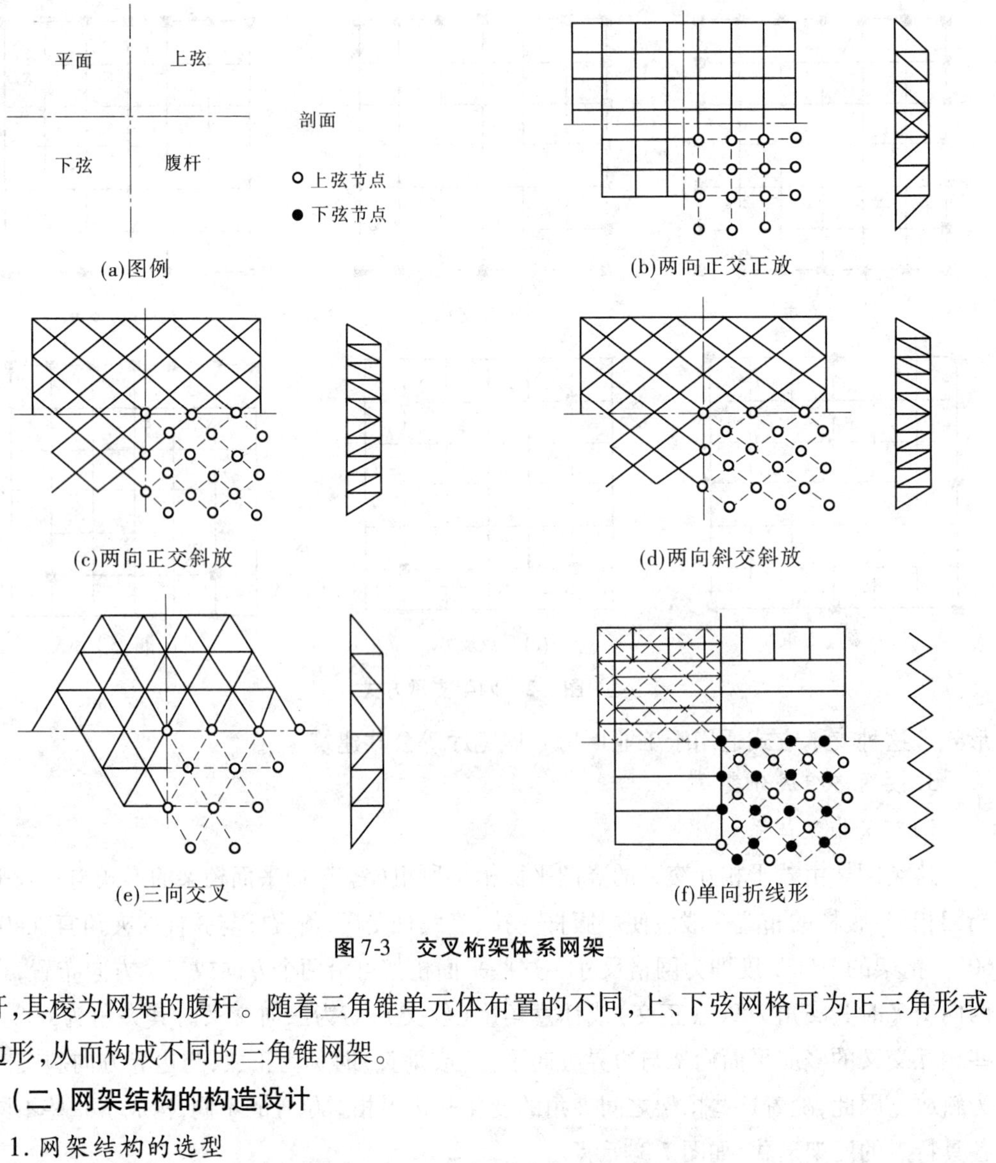

图 7-3 交叉桁架体系网架

弦杆，其棱为网架的腹杆。随着三角锥单元体布置的不同，上、下弦网格可为正三角形或六边形，从而构成不同的三角锥网架。

(二) 网架结构的构造设计

1. 网架结构的选型

选择网架结构的形式时，应考虑以下因素：建筑的平面形状和尺寸、网架的支承方式、荷载大小、屋面构造、建筑构造和要求、制作安装方法及材料供应情况等。

从用钢量多少来看，当平面接近正方形时，斜放四角锥网架最经济，其次是正方四角锥网架和两向正交交叉梁系网架（正放或斜放），最不经济的是三向交叉梁系网架。但当跨度及荷载都较大时，三向交叉梁系网架就显得经济合理些，而且刚度也较大。当平面为矩形时，则以两向正交斜放网架荷斜放四角锥网架较为经济。

2. 网架的高度与网格尺寸

网格结构的主要尺寸有网格尺寸（指上弦网格尺寸）和网格高度。确定这些尺寸时应考虑跨度大小、柱网尺寸、屋面材料及构造要求和建筑功能等因素。

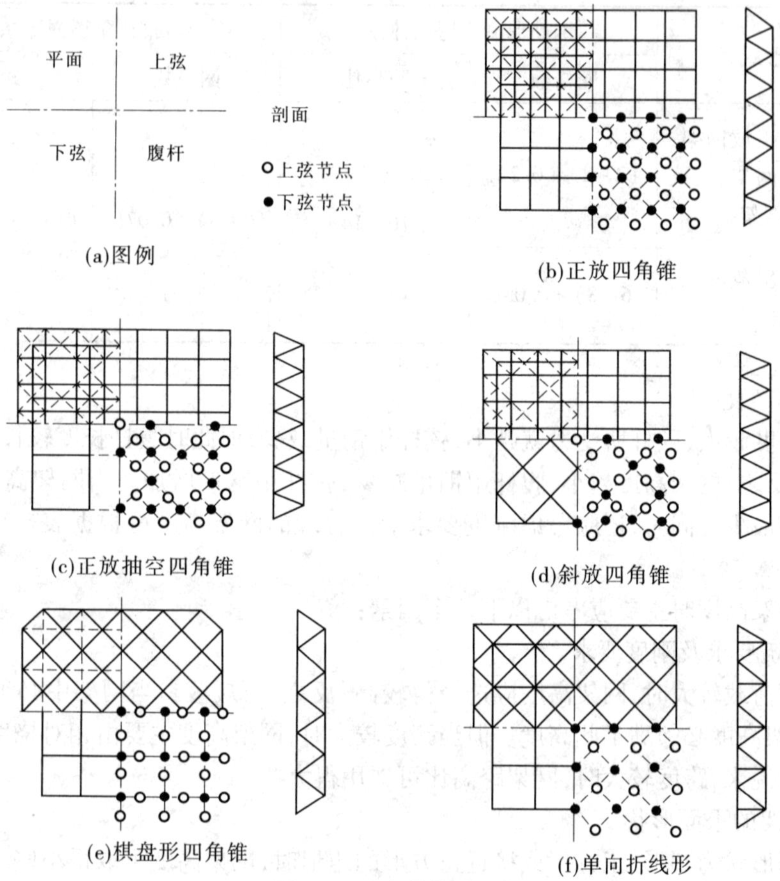

(a)图例　(b)正放四角锥　(c)正放抽空四角锥　(d)斜放四角锥　(e)棋盘形四角锥　(f)单向折线形

图 7-4　四角锥体系网架

1）网格尺寸

网格尺寸的大小直接影响网架的经济性。确定网格尺寸时，与以下条件有关：

（1）屋面材料。当屋面采用无檩体系（钢筋混凝土屋面板，钢丝网水泥板）时，网格尺寸一般为 2 ~4 m，若网格尺寸过大，屋面板重量大，不但增加了网架所受的荷载，还使屋面板的吊装困难。当采用钢檩条屋面体系时，檩条长度不宜超过 6 m。网格尺寸应与上述屋面材料相适应。当网格尺寸大于 6 m 时，斜腹杆应再分，此时应注意保证杆件的稳定性。

（2）网格尺寸与网架高度成合适的比例关系。通常应使斜腹杆与弦杆的夹角为 45° ~60°，这样节点构造不发生困难。

（3）钢材规格。采用合理的钢管做网架杆件时，网架尺寸可以大些；采用角钢杆件或只有较小规格钢材时，网格尺寸应小些。

（4）通风管道的尺寸。网格尺寸应考虑通风管道等设备的设置。

对于周边支承的各类网架，可按表 7-1 确定网架沿短跨方向的网格数，进而确定网格尺寸。表中：L_2 为网架短向跨度，单位为 m。当跨度在 18 m 以下时，网格数可适当减少。

表 7-1　网架的上弦网格数和跨高比

网架形式	钢筋混凝土屋面体系		钢檩条屋面体系	
	网格数	跨高比	网格数	跨高比
两向正交正放网架、正放四角锥网架、正放抽空四角锥网架	$(2 \sim 4) + 0.2L_2$	10 ~ 14	$(6 \sim 8) + 0.07L_2$	$(13 \sim 17) - 0.03L_2$
两向正交斜放网架、斜放四角锥网架	$(6 \sim 8) + 0.08L_2$			

2）网架高度

网架高度越大，弦杆所受力就越小，弦杆用钢量减少，但此时腹杆长度较长，腹杆用钢量就增加；反之，网架高度越小，腹杆用钢量减少，弦杆用钢量增加。当网架高度适当时，总用钢量会最少。同时，还应考虑刚度要求等。合理的网架高度可根据表 7-1 的跨高比来确定。

确定网架高度时主要应考虑以下几个因素：

（1）建筑要求及刚度要求。

当屋面荷载较大时，网架高度应选择得较高；反之，可矮些。当网架中必须穿行通风管道时，网架高度必须满足此高度。但当跨度较大时，网架高度主要由相对挠度的要求来决定。一般说来，跨度较大时，网架跨高比可选用得大些。

（2）网架的平面形状。

当平面形状为圆形、正方形或接近正方形的矩形时，网架高度可取得小些。当矩形平面网架越斜长时，单向作用就越明显，其刚度就越小些，故此时网架高度应取得大些。

（3）网架的支承条件。

周边支承时，网架高度可取得小些；点支承时，网架应取得大些。

（4）节点构造形式。

网架的节点构造形式很多，国内常用的有焊接空心球节点和螺栓球节点。二者相比，前者的安装变形小于后者。因此，采用焊接空心球节点时，网架高度可取得小些；采用螺栓球节点时，网架高度可取得大些。

此外，当有起拱时，网架的高度可取得小些。

3. 网架的整体构造

1）屋面材料及屋面构造

要使网架结构经济省钢的优点得以实现，选择适当的屋面材料是一个关键。在网架结构的设计中，应尽量采用轻质、高强，具有良好保温隔热、防水性能的轻型屋面材料。

根据所选用屋面材料性能的不同，网架结构的屋面分为有檩体系屋面和无檩体系屋面。

（1）有檩体系屋面。

当采用木板、加筋石棉水泥波形瓦、纤维水泥板等轻型屋面材料时，由于此类屋面材料的最大支点距离较小,故多采用有檩体系屋面构造。

通常的做法是在屋架支托上设钢檩条(如槽钢、角钢、Z 型钢、冷弯槽钢、桁架式檩条等),上面铺设木板作为屋面结构层,上面再做柔性防水层和铝合金板保护层。当需要保温时,可在木板下面做隔热层。这种做法的屋面自重较轻,一般在 1.0 ~ 1.3 kN/m^2 范围内,但防火性能较差。

压型金属板是近年发展起来的新型屋面材料。它是用厚度为 0.6 ~ 1.6 mm 的镀锌钢板、冷轧钢板、彩色钢板或铝板等原料,经辊压成各种波形的压型板。

压型钢板的钢材一般采用 Q235 钢,压型铝板一般采用铝锰合金 LF21。压型钢板有单层的,也有双层中间夹隔热材料的夹芯板。这种屋面材料具有轻质高强、美观耐用、施工简便、抗震防火的特点,它的加工和安装已经达到标准化、工厂化、装配化,但价格较贵。压型钢板可直接铺设在钢檩条上。这种屋面的重量为 1.0 ~ 1.8 kN/m^2。

(2)无檩体系屋面。

当采用带肋钢丝网水泥板、预应力混凝土屋面板等作屋面材料时,由于它们所要求的最大支点距离均较大,故多采用无檩体系屋面。

通常屋面板的尺寸与网架上弦网格尺寸相同,屋面板直接搁在屋架上弦网格节点的支托上。应保证每块屋面板有三点与网架上弦节点的支托焊牢。然后在屋面板上做找平层、保温层及二毡三油防水层。

无檩体系屋面的优点是施工、安装速度快,零配件少。但屋面重量大,一般自重大于 1.5 kN/m^2。屋盖自重大会导致网架用钢量的增大,还会引起柱、基础等下部结构造价增加,对屋盖结构的抗震性能也有较大影响。

2)网架起拱和屋面排水

(1)网架起拱。

网架起拱主要作用是为了消除网架在使用阶段的挠度影响,称为施工起拱。一般情况下,网架的刚度大,中小跨度网架不需要起拱。对于大跨度(大于 60 m)网架或建筑上有起拱要求的网架,起拱高度可取大于 300 m。

网架起拱的方法,按线形分有折线形起拱和弧线形起拱两种,按方向分有单向起拱和双向起拱两种。狭长平面的网架可单向起拱,接近正方形平面的网架应双向起拱。

网架起拱后,会使杆件的种类、节点的种类大为增加,从而会造成网架设计、制造和安装时的麻烦。

(2)屋面排水。

为了屋面排水,屋架结构的屋面坡度一般取 1% ~4%,多雨地区宜选用大值。当屋面结构采用有檩体系时,还应考虑檩条挠度对泄水的影响。对于荷载、跨度较大的网架结构,还应考虑网架竖向挠度对排水的影响。

屋面坡度的做法有如下几种。

①上弦节点上加小立柱找坡:当小立柱较高时,应注意小立柱自身的稳定性,此法构造比较简单。

②网架变高度:当网架跨度较大时,会造成受压腹杆太长的缺点。

③支承柱变高度:采用点支承方案的网架可用此法找坡。

④整个网架起拱:一般用于大跨度网架。

网架起拱后,杆件、节点的规格明显增多,使网架的设计、制造、安装复杂化。当起拱高度小于网架短向跨度的1/150时,由起拱引起的杆件内力变化一般不超过5%～10%,因此仍可按不起拱的网架计算内力。

3)网架结构的容许挠度

网架结构的容许挠度不应超过下列数值:用做屋盖为$L_2/150$,用做楼盖为$L_2/250$,L_2为网架的短向跨度。

二、网壳结构

网壳结构是大跨度空间结构中一种举足轻重的主要结构形式,与其他空间结构相比,网壳结构具有极大的优越性,它的优点和特点大致归纳如下:

(1)网壳结构造型丰富多彩,不论是建筑平面,还是空间曲面外形,都可以根据创作要求任意选取,因此网壳结构在各种大跨度建筑中得到了极为广泛的应用。

(2)网壳结构的刚度大,跨越能力强,综合受力优越,特别是当跨度超过100 m时,更显示网壳结构的优越性。

(3)网壳结构兼有杆系结构和薄壳结构的主要特性,杆件比较单一,受力比较合理。

(4)网壳结构可以用小型构件组装成大型空间,小型构件和连接节点可以在工厂预制,现场安装简便,不需要大型的机具设备,因而综合技术经济指标较好。

(5)网壳结构的分析计算借助于通用程序和计算机辅助设计,现已相当成熟,特别是双层网壳,通常可采用在我国已推广应用的网架结构计算软件,便能完成网壳结构的施工图设计。

(一)网壳结构的常用形式

网壳结构可根据不同的原则来进行分类,一般采用下列几种方法。

1.按曲面外形分类

按曲面外形分类主要有球面网壳(包括椭球面网壳)、双曲扁网壳、圆柱面网壳(包括其他曲线的柱面网壳)、双曲抛物面网壳(包括鞍形网壳、单块扭网壳、四块组合型扭网壳)等四类,如图7-5所示。

2.按曲面的曲率半径分类

按曲面的曲率半径分类有正高斯曲率($K>0$)网壳、零高斯曲率($K=0$)网壳和负高斯曲率($K<0$)网壳等三类,如图7-5所示。

3.按网壳的层数分类

按网壳的层数分类可分为单层网壳、双层网壳、局部双层网壳、多层网壳。其中单层网壳和双层网壳最为常用。

网壳结构可通过切割与组合手段构成新的网壳外形。如采用图7-6的切割方法,可构成三角形、四边形或多边形平面上的球面网壳。

网壳结构的选型要考虑跨度大小、刚度要求、平面形状、支承条件、制作安装和技术经济指标等因素才能综合决定,一般可按照如下方法进行:

(1)双层网壳可采用铰接节点,单层网壳应采用刚接节点,一般来说,大中跨度网壳

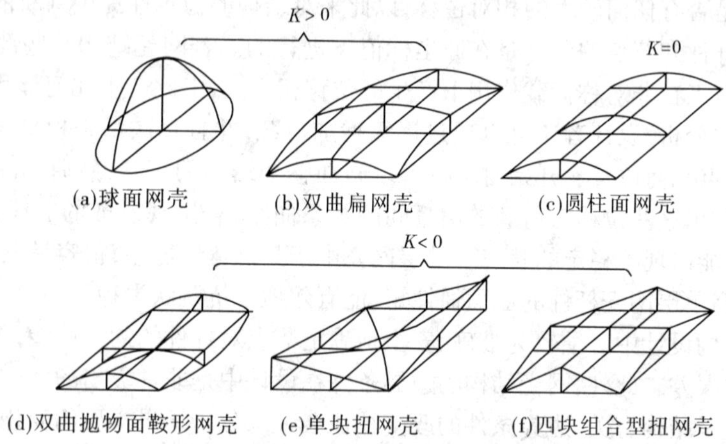

图 7-5　网壳结构按曲率半径、外形分类

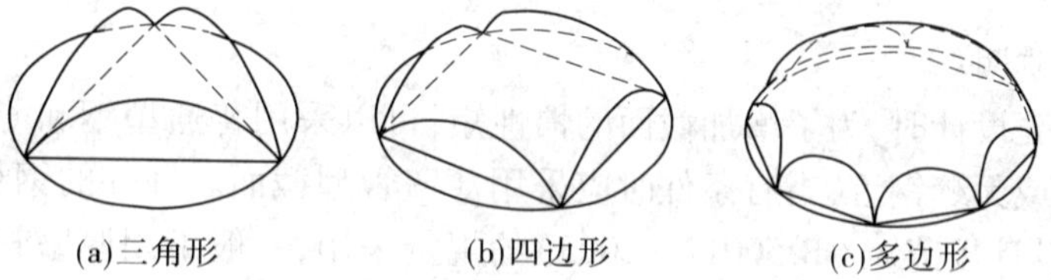

图 7-6　球面网壳的切割方式

宜采用双层网壳,中小跨度可采用单层网壳(对网壳来说,80 m 以上可称为大跨度,40 m 以下为小跨度,之间为中等跨度)。

(2)对于大中跨度的球面网壳和双曲扁网壳,其中部区域可采用单层网壳,而边沿区域可采用双层网壳,从而形成一种局部单层、局部双层的网壳结构。

(3)平面形状为圆形、正六边形和接近圆形的多边形时,宜采用球面网壳;平面形状为正方形和矩形时,宜采用圆柱面网壳、双曲扁网壳、单块扭网壳和四块组合型扭网壳。

(4)小跨度的球面网壳的网格布置可采用肋环型,大中跨度的球面网壳宜采用能形成三角形网格的各种网格类型。为不使球面网壳的顶部构件太密集,造成应力集中和制作安装的困难,宜采用三向网格型、扇形三向网格型及短程线型网壳;也可采用中部为扇形三向网格型、外围为葵花形三向网格型组合形式的网壳。

(5)小跨度的圆柱面网壳的网格布置可采用联方网格型,大中跨度的圆柱面网壳采用能形成三角形网格的各种网格类型。双曲扁网壳和扭网壳的网格选型可参照柱面网壳的网格选型。网壳选型是一个比较复杂的问题,通常应进行多方案综合分析比较后才能确定。

(二)网壳结构的设计与构造

1. 概述

网壳结构的设计,除应遵守一般设计要求和执行现行的规范与规程外,还特别要注意特殊性。网壳结构除要进行强度计算外,大多应进行结构的稳定分析,保证不发生结构的局部失稳或整体失稳。结构的局部跳跃失稳是分析的重点,它会引起结构整体更严重的后果。在设计中,可以对恒载、非对称活载及在非对称加载区域的任何集中荷载作出分析，确定节点是否有任何较大的相对位移，以此来对结构的稳定性提供判断依据。通常在结构计算中，杆件和节点的坐标是在原坐标值下进行的。若网壳结构某些部分是不稳定的，则杆件和节点在非对称荷载作用下产生的位移相当大，由此产生几何形状的变化。因此，更进一步的分析，设计者还可以通过逐级增加荷载，并且每次都是根据坐标 x、y、z 的变化来修改节点几何位置。开始时增量可以施加整个结构的荷载，然后不断地施加非对称荷载，并绘制出这些位移与荷载的增量间的关系曲线，若出现发散的非线性的挠曲线，则表明结构可能出现不稳定的状态。单层网壳由于其抗弯性能差，很容易发生跳跃失稳，在设计中，提高单层网壳杆件的截面惯性矩，能有效地抵抗跳跃失稳。

在网壳结构设计中必须较为准确、安全地确定节点对杆件的约束性能，否则会带来杆件计算长度的误差。此外，网壳结构的边界条件在设计中是非常突出的，它与支座节点的构造和下部支承结构有关，边界条件的改变往往会带来分析结果本质的变化，这与平面结构有很大的不同，设计者必须加以重视。

2. 杆件设计

1）管材的选用

在单层网壳设计时，为了增加截面的惯性矩，可以采用普通型钢和薄壁型钢；管材应采用高频焊管或无缝钢管，当有条件时应采用薄壁管型截面。杆件的钢材应按现行国家标准《钢结构设计规范》（GB 50017—2003）的规定采用，一般不用厚壁管材，这是因为网壳结构杆件主要不是由强度控制的。应尽量采用有利于减小杆件长细比的薄壁管材。网壳杆件的截面不仅根据强度确定，更多地是根据稳定性来确定的。网壳杆件截面的最小尺寸必须与网壳的跨度及网格大小相匹配，但钢管不宜小于 $\phi 45 \times 3$，普通型钢不宜小于 $\llcorner 50 \times 3$。

网壳杆件在构造设计时，宜避免造成难以检查、清刷、油漆及积留湿气或灰尘的死角，钢管端部应进行封闭。

2）杆件计算长度

双层网壳的计算长度与平板网架的取值有所不同，这是因为双层网壳中大多数上、下弦杆均受压，它们对腹杆的转动约束要比网架小，因此对焊接空心球节点和板节点的双层网壳的腹杆计算长度作了调整，取 $0.9L$，见表 7-2。

表 7-2　双层网壳的计算长度 L_0

杆件	节点		
	螺栓球	焊接空心球	板节点
弦杆及支座腹杆	L	$0.9L$	L
腹杆	L	$0.9L$	$0.9L$

注：L 为杆件几何长度（节点中心距离）。

单层网壳节点是刚接的，在壳体曲面内、外的屈曲模态不同，因此其杆件在壳体曲面内、外的计算长度也不同。在壳体曲面内，壳体屈曲模态类似于无侧移的平面刚架。由于空间汇交的杆件较少，因此相邻杆件对压杆约束作用不大，这样其计算长度主要取决于节点对杆件的约束作用。根据我国的试验研究，考虑焊接空心球节点对杆件的约束作用时

单层网壳曲面内杆件计算长度可取

$$L_0 = 0.9L \tag{7-1}$$

在壳体曲面外，壳体有整体屈曲和局部凹陷两种屈曲模态，在规定杆件计算长度时，仅考虑了局部凹陷一种屈曲模态（当然是偏安全的）。由于网壳环内（纵向）杆件可能受压、受拉或内力为零，因此其横向压杆的支承作用不确定，在考虑压杆计算长度时，可以不计其影响，而仅考虑压杆远端的横向杆件给予的弹性转动约束，经简化计算，并适当考虑节点的约束作用，单层网壳曲面外计算长度为

$$L_0 = 1.6L \tag{7-2}$$

3）网壳杆件的长细比

统计已建成的单层网壳的压杆的计算长细比一般在 60 ~ 150。考虑到网壳结构主要由受压杆件组成，压杆太柔会造成杆件初弯曲等几何初始缺陷，对网壳的整体稳定形成不利影响，另外，杆件的初始弯曲会引起二阶力的作用。因此，单层网壳杆件长细比按照《钢结构设计规范》（GB 50017—2003）的有关规定取 $\lambda \leqslant 150$。网壳结构的受拉杆件比较少，这些较少的拉杆除要保证自身强度外，还要为压杆提供一定的约束。因此，要求拉杆截面不能太小，取 $\lambda \leqslant 300$。网壳杆件的长细比不宜超过表 7-3 中的规定数值。

表 7-3　网壳杆件的容许长细比[λ]

网壳类别	受压杆件和压弯杆件	受拉杆件和拉弯杆件	
		承载静力荷载	直接承载动力荷载
双层网壳	180	300	250
单层网壳	150	300	

3. 节点设计

1）焊接空心球节点

（1）焊接空心球节点承载力的计算。

焊接空心球节点在我国广泛应用于网架结构工程，设计、制作和安装技术都比较成熟。这种节点在构造上比较接近于刚接计算模型。

对单层网壳结构，由于节点设计按刚接考虑，故其杆端除承受轴向力外，尚有弯矩、扭矩及剪力作用。在单层球面及柱面网壳中，由于弯矩作用在杆与球面接触面产生的附加正应力一般可增加 20% ~50%，而且单层网壳多为稳定控制，由于稳定性要求，往往会增大杆件的钢管直径，这将导致空心球承载力提高，使空心球壁厚减小，这对节点设计为刚接是不利的。因此，在设计时需考虑受弯的影响。节点承载力相应折减。空心球承压弯和拉弯的承载力设计值可分别按下列公式计算：

受压弯空心球

$$N_{Cm} \leqslant \eta_c \eta_{Cm}(400td - 13.3t^2d^2/D) \tag{7-3}$$

受拉弯空心球

$$N_{Cm} \leqslant 0.55\eta_t \eta_{tm} td\pi f \tag{7-4}$$

式中　D——空心球外径，mm；

d——空心球内径，mm；

η_{Cm}——考虑空心球受压弯作用影响系数，可采用0.7；

η_{tm}——考虑空心球受拉弯作用影响系数，可采用0.8；

f——钢材的抗拉强度设计值，N mm^2；

η_t——受拉空心球的承载力提高系数，可采用1.1。

(2)焊接空心球构造要求。

为了可靠地传递杆件内力，以及使空心球能有效地布置所连接的圆管杆件，焊接空心球满足以下构造要求：

①单层网壳空心球的壁厚与外径之比宜≥1/35，双层网壳空心球的壁厚与外径之比宜取1/45～1/25。钢管壁厚宜取球壁厚的1/2～1/1.2。空心球壁厚不宜小于4 mm。

②无肋空心球和有肋空心球的成型对接焊缝，应分别满足规范的要求。加肋空心球的肋板可用平台或凸台，采用凸台时，其高度不得大于1 mm。

③钢管杆件与空心球连接，钢管应开坡口。在钢管与空心球之间应留有一定缝隙予以焊透，以实现焊缝与钢管等强，否则应按角焊缝计算。为保证焊缝质量，钢管端头可加套管与空心球焊接。

角焊缝的焊脚尺寸 h_f 应符合以下要求：当钢管壁厚 $d \leqslant 4$ mm 时，$h_f \leqslant 1.5$d；当钢管壁厚 $d > 4$ mm 时，$h_f \leqslant 1.2$d。

对双层网壳，当节点汇交杆件较多时，容许部分杆件相贯连接，但必须满足以下要求：一是汇交杆件的轴线必须通过球体中心线；二是相贯连接的两杆中，截面面积大的主杆件必须全截面焊在球上（当两杆截面相等时，取拉杆为主杆件），另一杆件则坡口焊在主杆上，但必须保证有3、4截面焊在球上，并以加劲肋板补足削弱的面积。

当空心球外径≥300 mm且杆件内力较大时，可设加劲环肋，以提高其承载力，环肋的厚度不应小于球壁的厚度。加劲环肋应设置在内力较大杆件的轴线平面内。

2)螺栓球节点

利用高强度螺栓将钢管杆件与螺球连接而成的螺栓球节点，在构造上比较接近于铰接计算模型，因此它适用于双层网壳中钢管杆件的连接，不宜直接应用于单层网壳。

用于制造螺栓球节点钢球、封板、套筒、销子或螺钉的材料及构造要求见《网架结构设计与施工规程》(JGJ 7—91)。

(1)钢球直径。

一般仍采用规范公式来选择钢球直径，但在网壳结构中，由于其曲面特征，杆件相交角度很小，当相邻杆件角 $\theta > 30°$ 时，为保证相邻两根杆件（采用封板连接的钢管）不相碰，选取钢球直径 D 尚需满足下列要求：

$$D \geqslant \sqrt{\left(\frac{d_2}{\sin\theta} + D_1 \arctan\theta\right)^2 + D_1^2} - \sqrt{l_s^2 + \left(\frac{D_1 - \eta d_1}{2}\right)^2} \tag{7-5}$$

式中　l_s——套筒长度。

其余尺寸参见图7-10。

(2)高强度螺栓。

根据我国高强度螺栓生产的实际情况，国家标准《钢网架螺栓球节点用高强度螺栓》

(GB/T 16939—1997)将高强度螺栓等级按照其直径大小分为10.9S与8.8S两个等级。当螺栓直径较小(M12～M36)时,其截面芯部能淬透,因此在此直径范围内的高强度螺栓性能等级定为10.9S。对大直径高强度螺栓(M39～M64×4),由于芯部不能淬透,从稳妥、可靠、安全出发将其性能等级定为8.8S。

每个高强度螺栓的抗拉设计承载力N_{Rt}^{b}应按下式计算

$$N_{Rt}^{b} = A_{eff}f_{t}^{b} \tag{7-6}$$

式中 f_{t}^{b}——高强度螺栓经热处理后的抗拉设计强度,对10.9S,取430 N/mm²,对8.8S,取375 N/mm²;

A_{eff}—高强度螺栓的有效截面面积,可按表7-4选取。当螺栓上钻有键槽或钻孔时,A_{eff}值取螺栓处或键槽、钻孔处两者中的较小值。

受压杆件的螺栓主要起连接作用,杆件的轴向压力主要是通过套筒端面承压来传递的,因此可按设计内力绝对值求得螺栓后,按表7-4的螺栓直径系列减少1～3个级差,但必须保证套筒任何截面均具有足够的抗压强度。

表7-4 常用螺栓在螺纹处的有效截面面积A_{eff}

d(mm)	M12	M14	M16	M18	M20	M22	M24	M27	M30
A_{eff}(mm²)	84.3	15	157	192	245	303	353	459	561
d(mm)	M33	M36	M39	M42	M45	M48	M52	M56×4	M60×4
A_{eff}(mm²)	694	817	967	1 120	1 310	1 470	1 760	2 144	2 485

(3)封板与锥头。

封板与锥头的计算宜考虑塑性的影响,其底板厚度都不应太薄,否则在较小荷载作用下即可能使塑性区在底板处贯通,降低承载力,表7-5推荐的底部厚度是根据一些生产厂家的试验结果与实践经验而确定的。

表7-5 封板与锥头底部厚度

螺纹规格	封板与锥底厚度(mm)	螺纹规格	封板与锥底厚度(mm)
M12、M14	14	M36～M42	35
M16	16	M45～M52	38
M20～M24	18	M56～M60	45
M27～M33	23	M64	48

3)支座节点

支座节点应采用传力可靠、连接简单的构造形式,并应符合计算假定,使网壳结构支座节点的构造与结构分析所取的边界条件相等,否则将使结构的实际内力与计算内力出现较大差异,并可能因此而危及网壳结构的整体安全。网壳支座节点可根据计算假定选用固定铰支座、弹性支座、刚性支座及沿指定方向产生线位移的滚轴支座。

由于网壳结构的下部支承结构(如框架、砖墙等)在垂直于平面投影方向常具有较大的支承刚度,同时支座本身也具有较大的竖向刚度,因此一般可认为沿边界的竖向为固定约束。而在边界的水平方向,随着支承结构水平刚度的不同,可能存在各种水平约束条件。如下部支承结构具有较强的抗侧刚度,边界取为法向约束,则可使网壳的边界条件与网壳支座的工作状态相吻合。如果放松边界的法向约束,结构的支座节点会沿边界法向产生较大的水平位移,杆件内力可能由上、下弦均受压转变为上弦受压、下弦受拉,网壳也就改变了受力特性。因此,网壳结构支座节点的形式必须根据结构分析所假定的边界条件合理地选择,见表 7-6。

表 7-6　网壳边界水平约束条件

下部结构支承条件	直接落地			支承于框架或砖墙		
支座水平刚度条件	固定铰	弹性支承	滚轴支座	固定铰	弹性支承	滚轴支座
边界水平刚度条件	二向固定	二向弹性	法向自由	法向弹性	二向弹性	法向自由

(1)固定铰支座。

固定铰支座允许节点转动但不能产生位移,适用于仅要求传递轴向力与剪力的单层或双层网壳的支座节点。

①球铰支座(见图 7-7(a))。球铰支座是将一个固定在过渡板上的实心半球与一个连接于支座底板上的半球凹槽相嵌合,并用四根锚栓固定(锚栓螺母下加设弹簧)而形成的一种典型的固定铰支座。这种节点与固定铰计算模型较吻合,但构造较复杂,适用于大跨度或点支承的网壳结构。

②弧形铰支座(见图 7-7(b))。弧形铰支座是将单面弧形垫板倒置,放在设置于过渡板上的弧形浅槽内,节点可沿边界法向自由转动,并基本上不产生位移,适用于较小跨度的网壳结构。为使底板平面垂直于支座反力的合力方向,以减小支座转动而引起的附加弯矩,一般可将弧形铰支座和球铰支座的底板斜置。

③双向弧形铰支座(见图 7-7(c))。对于较大跨度、落地的网壳结构,可以采用双向弧形铰支座。

双向弧形铰支座,实际上是由两个类似于图 7-7(b)所示的支座组合而成的。它可以使支座节点不产生任何线位移,而有效地传递支座水平反力。为使节点能转动,两块弧形垫板应位于以节点为圆心的同心圆上。

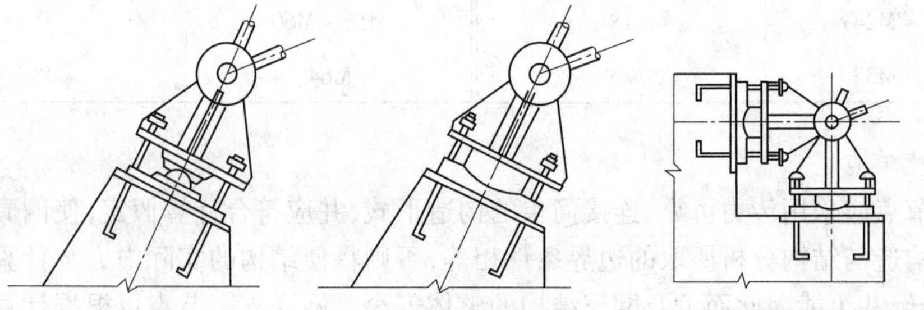

(a)球铰支座　(b)弧形铰支座　(c)双向弧形铰支座

图 7-7　固定铰支座

(2)弹性支座。

弹性支座一般用于对水平推力有限制或需释放温度应力的网壳结构中。图7-8所示弹性支座是通过在支座底板与过渡钢板间加设橡胶垫板而实现的。由于橡胶垫板具有良好的弹性和较大的剪切变位能力,因而支座既可转动,又可在水平方向产生一定的弹性变位。

为防止橡胶垫板产生过大的水平变位,可将支座底板与过渡钢板加工成"盆"形,或在节点周边设置其他限位装置。支座底板与过渡钢板由贯穿橡胶垫板的锚栓连成整体,锚栓的螺母下也应设置压力弹簧以适应支座的转动。为适应支座的水平变位,支座底板与弹性支座橡胶垫板上应开设相应的圆形或椭圆形锚孔,以防锚栓阻止支座的水平变位。

采用橡胶垫板的板式橡胶支座在我国网架结构中已得到了普遍的应用,效果良好,适用于节点需在水平方向产生一定弹性变位且能转动的网壳支座节点。

(3)刚性支座。

刚性支座节点既能传递轴向力,又能传递弯矩、剪力和扭矩。因此,这种支座节点除本身具有足够刚度外,支座的下部支承结构也应具有较大刚度,使下部结构在支座反力作用下所产生的位移和转动都能控制在设计允许范围内。

图7-9(a)、(b)分别表示空心球刚性支座和螺栓球刚性支座。其中图7-9(a)是将刚度较大的支座节点板直接焊于支承顶面的预埋钢板上,图7-9(b)是利用刚度较大的节点连接件直接置于支座底板上。

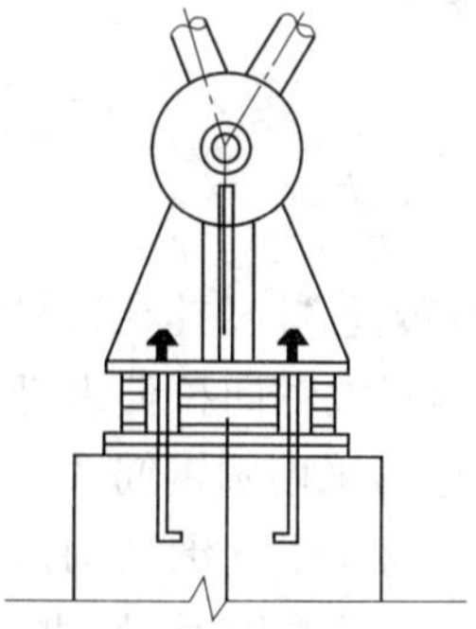

图7-8 弹性支座

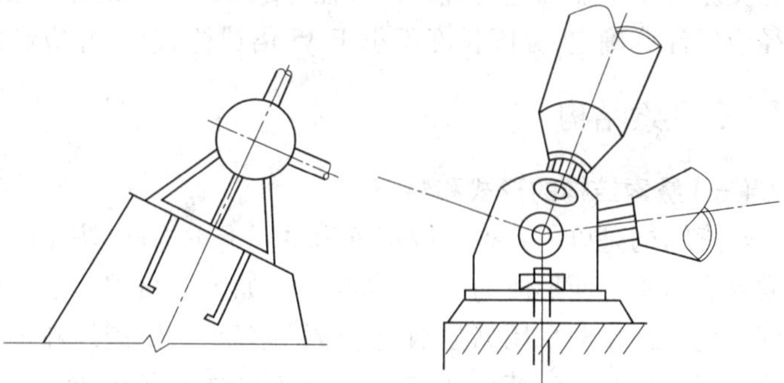

(a)空心球刚性支座　(b)螺栓球刚性支座

图7-9 刚性支座

(4)滚轴支座。

滚轴支座在网壳结构中应用较少,一般仅用于扁平曲面的网壳结构中,当采用滚轴支座时,边界在水平方向不受约束,支座将不承受水平推力。图7-10(a)是网架结构中常见的单面弧形支座,由于底板与弧形垫块间为线接触,摩擦力很小,因此它在水平方向有移动的可能。图7-10(b)所示橡胶垫板滑动支座,在支座底板与橡胶垫板间加设了不锈钢板或聚四氟乙烯板,力求减小摩擦力,以便支座与橡胶垫板间产生相对滑动。

(5)支座节点的构造。

支座节点十字节点板竖向中心线应与支座竖向反力作用线一致,并宜与节点连接杆

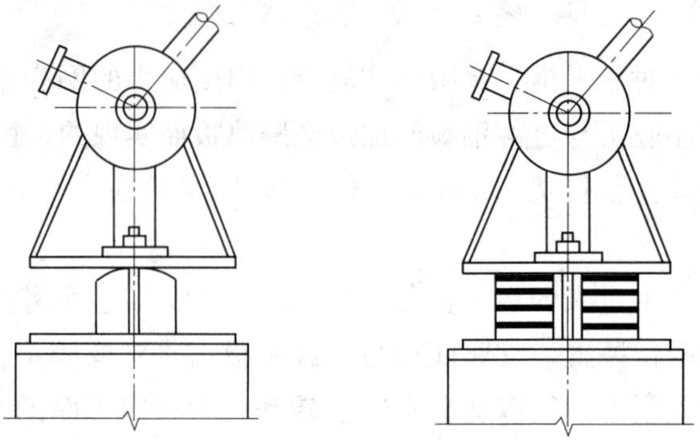

(a)平板弧形铰支座　　(b)橡胶垫板滑动支座

图 7-10　滚动支座

件中心线汇交于支座球节点中心。

由于网壳结构的支座节点常存在水平反力,因此支座球节点中心至支座底板间的距离宜尽量减小,以减小由此产生的附加弯矩。其构造高度视支座节点球大小可取 250 ~ 500 mm,并应考虑网壳边缘杆件与支座节点竖向中心线间的交角,防止斜杆与支承柱边相碰。支座十字节点板厚应根据支座反力进行验算,确保其强度与稳定性满足设计要求,保证其自由边不发生侧向屈曲,宜取不小于 10 mm。

支座节点底板的净面积应满足支承结构材料的局部受压要求,其厚度应满足底板在支承竖向反力作用下的抗弯要求,不宜小于 12 mm。

支座节点锚栓构造设置时其直径可取 20 ~ 25 mm,数量 2 ~ 4 个。对于拉力锚栓,其直径应经计算确定,锚固长度不小于 35 倍锚栓直径,并应设置双螺母。

三、悬索结构

(一)悬索结构的形式和特点

悬索结构是以一系列受拉钢索为主要承重构件,按照一定规律布置,并悬挂在边缘构件或支承结构上而形成的一种空间结构,如图 7-11 所示。它通过钢索大轴向拉伸来抵抗外部作用。钢索多采用高强钢丝组成的钢丝束、钢绞线和钢丝绳,也可采用圆钢筋或带状的薄钢板,根据跨度、荷载、施工方法和设计要求等因素而定。边缘构件或支承结构用于锚固钢索,并承受悬索的拉力。根据建筑物的平面和结构类型不同,可采用圈梁、拱、桁架、框架等,也可采用柔性拉索作为边缘构件。

1. 悬索结构的形式

悬索结构根据几何形状、组成方式、受力特点等不同因素有多种划分。

按钢索的竖向布置方式可分成单层悬索结构、双层悬索结构。

按几何形态可分为单曲悬索结构、正曲面双曲悬索结构和负曲面双曲悬索结构。

按钢索的平面布置和索力传递方向可分为单层悬索体系、双层悬索体系和交叉索网体系(也称碟形悬索体系)。

1)单层悬索体系

单层悬索体系的优点是传力明确,构造简单;缺点是屋面稳定性差,抗风(上吸力)能

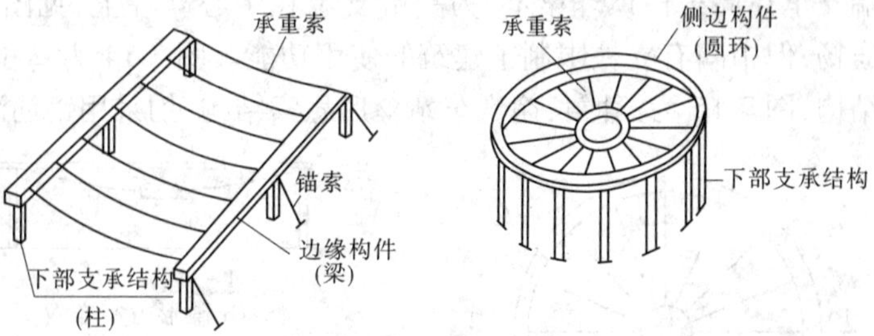

图 7-11　悬索结构的组成

力小。为此,常采用重屋面,适用于中小跨度建筑的屋盖。单层悬索结构有单曲面单层拉索体系和双曲面单层拉索体系。

(1)单曲面单层拉索体系。

单曲面单层拉索体系也称单层平行索系,它由许多平行的单根拉索组成。屋盖表面为筒状凹面,需从两端山墙排水,如图 7-12 所示。拉索两端的节点可以是等高的,也可以是不等高的;拉索可以是单跨的,也可以是多跨连续的。单曲面单层拉索体系的优点是传力明确,构造简单;缺点是屋面稳定性差,抗风能力小,索的水平力不能在上部结构实现自平衡,必须通过适当的形式传至基础。拉索水平力的传递,一般有三种方式:①拉索水平力通过竖向承重结构传至基础(见图 7-12(a));②拉索水平力通过拉锚传至基础(见图 7-12(b));③拉锚水平力通过刚性水平构件集中传至抗侧力墙(见图 7-12(c))。

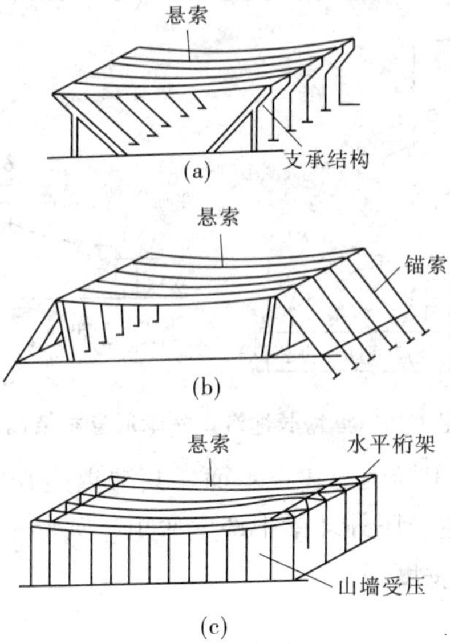

图 7-12　单曲面单层拉索体系

(2)双曲面单层拉索体系。

双曲面单层拉索体系也称单层辐射索网。这种索网常见于圆形的建筑平面。其各拉索按辐射状布置,整个屋面形成一个旋转曲面(见图 7-13)。双曲面单层拉索体系有碟形和伞形两种。碟形悬索结构的拉索一端支承在周边柱顶环梁上,另一端支承在中心内环梁上,见图 7-13(b),其特点是雨水集中于屋盖中部,屋面排水处理较为复杂。伞形悬索结构的拉索一端支承在周边柱顶环梁上，另一端支承在中心立柱上，见图 7-13(c)，其圆锥状屋顶排水通畅，但中间有立柱限制了建筑的使用功能。图 7-14 为乌拉圭蒙特维多体育馆碟形悬索结构，图 7-15 为淄博长途汽车站伞形悬索结构，均采用钢筋混凝土屋面板。

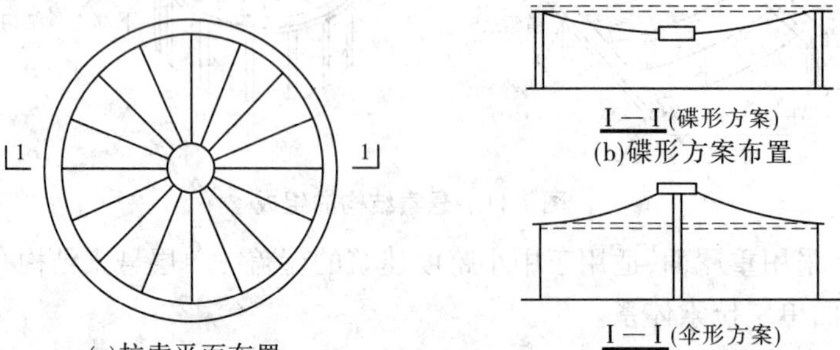

(a)拉索平面布置　(b)碟形方案布置　(c)伞形方案布置

图 7-13　双曲面单层拉索体系

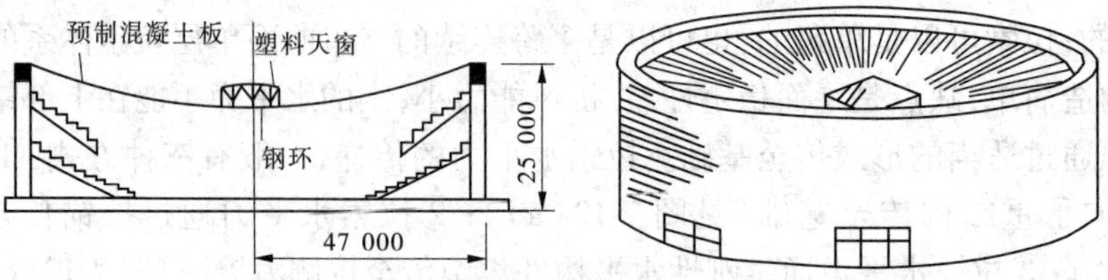

图 7-14　乌拉圭蒙特维多体育馆碟形悬索结构

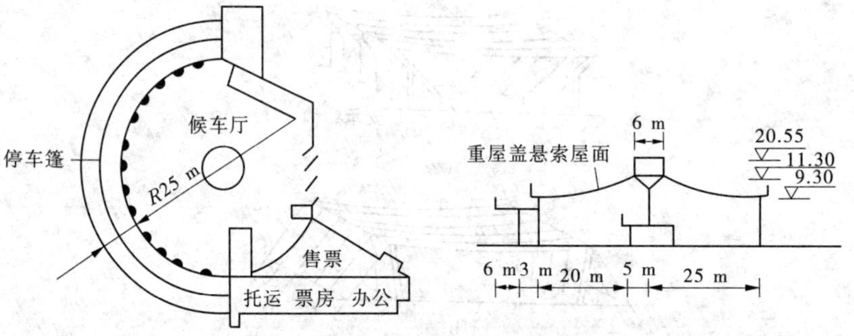

图 7-15　淄博长途汽车站伞形悬索结构

单层辐射索体系也可用于椭圆形建筑平面。其缺点是在竖向均布荷载作用下，各拉索的内力都不相同，从而会在受压外环梁中产生弯矩。圆形平面中，在竖向均布荷载作用下，各拉索的内力相等，且与垂度成反比。

2)双层悬索体系

双层悬索体系是由一系列承重锁和相反曲率的稳定索所组成的，见图 7-16。每对承重索和稳定索一般位于同一竖向平面内，二者之间通过受拉钢索或受压撑杆连系，连系杆可以斜向布置，构成犹如屋架的结构体系，故常称为索桁架；连系杆也可以布置成竖腹杆的形式，这时常称为索梁。根据承重索与稳定索位置关系的不同，连系腹杆可能受拉，也可能受压。当为圆形建筑平面时，常设中心内环梁。

双层悬索体系的特点是稳定性好，整体刚度大，反向曲率的索系可以承受不同方向的

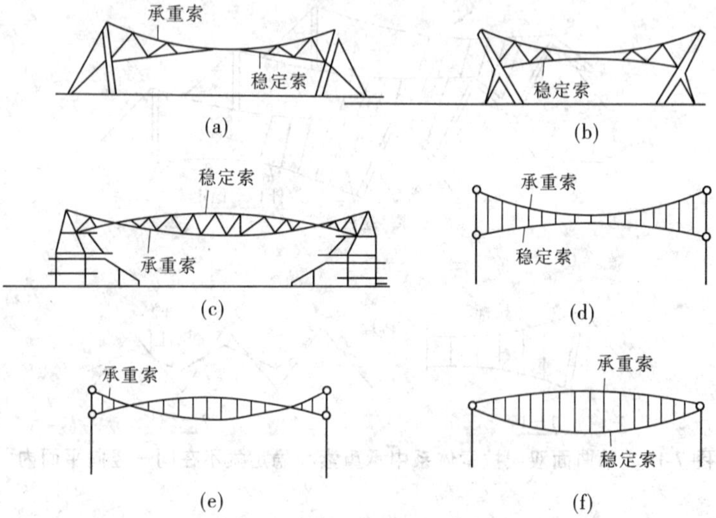

图 7-16　双层悬索体系

荷载作用，通过调整承重索、稳定索或腹杆的长度，可以对整个屋盖体系施加预应力，增强了屋盖的整体性。因此，双层悬索体系适宜于采用轻屋面，如钢板、铝板等屋面材料和轻质高效的保温材料，以减轻屋盖自重、节约材料、降低造价。

双层悬索体系按屋面几何形状分为单曲面双层拉索体系和双曲面双层拉索体系两类。

(1)单曲面双层拉索体系。

单曲面双层拉索体系也称双层平行索系，常用于矩形平面的单跨或多跨建筑，如图 7-17 所示。承重索的垂度一般取跨度的 1/15 ~ 1/20，稳定索的挠度则取跨度的 1/15 ~ 1/20。与单层悬索体系一样，双层平行索系两端也必须锚固在侧边构件上，或通过锚索固定在基础上。

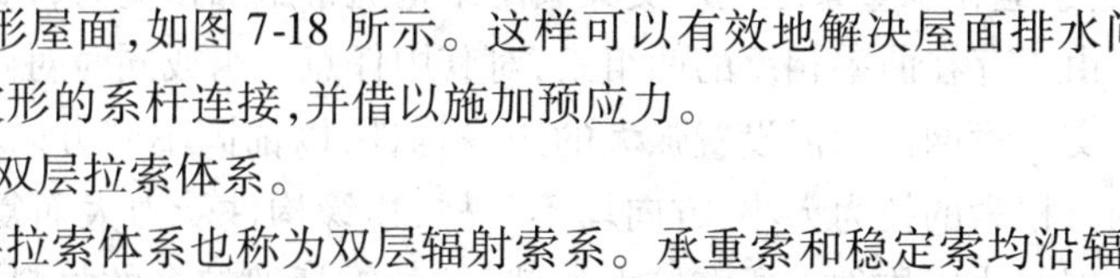

图 7-17　单曲面双层拉索体系

单曲面双层拉索体系中的承重索和稳定索也可以不在同一竖向平面内，而是相互错开布置，构成波形屋面，如图 7-18 所示。这样可以有效地解决屋面排水问题。承重索与稳定索之间靠波形的系杆连接，并借以施加预应力。

(2)双曲面双层拉索体系。

双曲面双层拉索体系也称为双层辐射索系。承重索和稳定索均沿辐射方向布置，周围支承在周边柱顶的受压环梁上，中心则设置受拉内环梁。整个屋盖支承于外墙或周边的柱上。根据承重索和稳定索的关系所形成的屋面可为上凸、下凹或交叉形，相应地，在周边柱顶应设置一道或两道受压环梁，如图 7-19 所示。通过调整承重索、稳定索或腹杆的长度并利用中心环受拉或受压，也可以对拉索体系施加预应力。

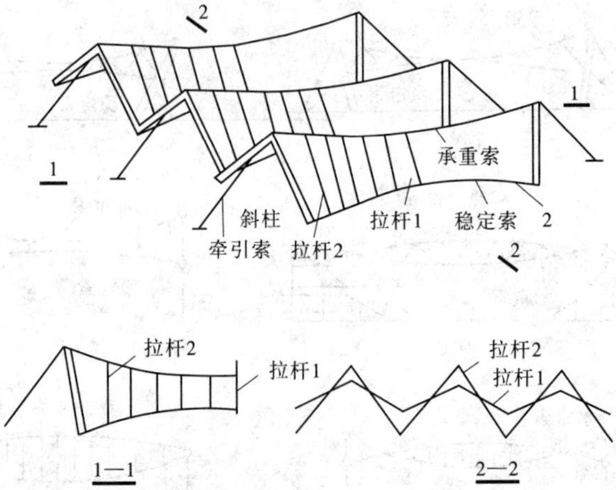

图 7-18　单曲面双层拉索体系中承重索和稳定索不在同一竖向平面内

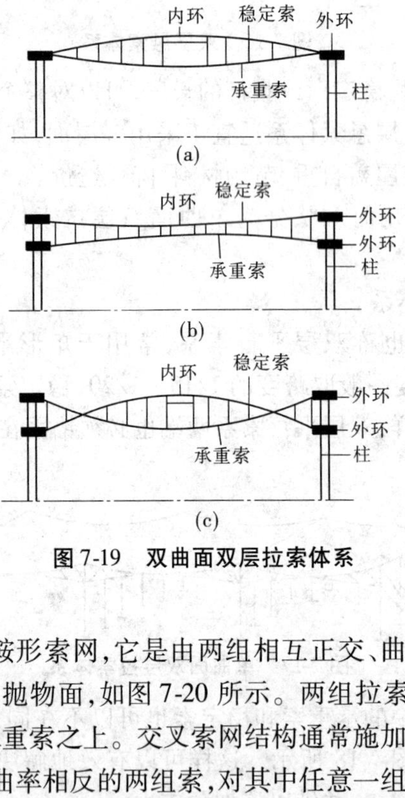

图 7-19　双曲面双层拉索体系

3)交叉索网体系

交叉索网体系也称为鞍形索网,它是由两组相互正交、曲率相反的拉索直接交叠组成,形成负高斯曲率的双曲抛物面,如图 7-20 所示。两组拉索中,下凹者为承重索,上凸者为稳定索,稳定索应在承重索之上。交叉索网结构通常施加预应力,以增强屋盖结构的稳定性和刚度。由于存在曲率相反的两组索,对其中任意一组或同时对两组进行张拉,均可实现预应力。交叉索网体系需设置强大的边缘构件,以锚固不同方向的两组拉索。由于交叉索网中的每根索的拉力大小、方向均不一样,边缘构件受力大而复杂,易产生相当大的弯矩、扭矩,因此边缘构件需要有较大的截面,常需耗费较多的材料。边缘构件过于纤小,对索网的刚度影响较大。交叉索网体系中边缘构件的形式很多,根据建筑造型的要求一般有以下几种布置方式。

(1)边缘构件为闭合曲线形环梁(见图 7-20(a))。

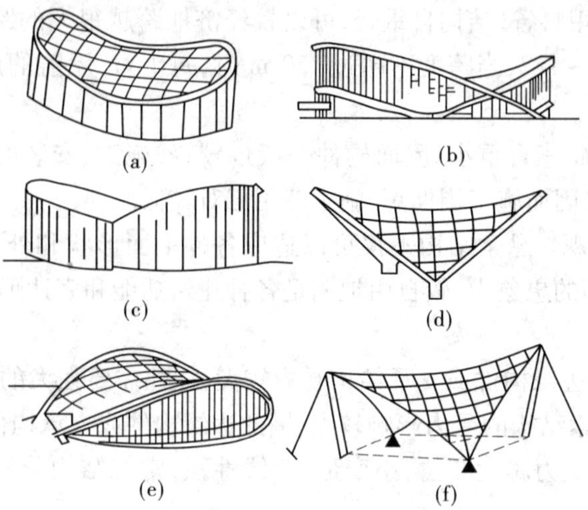

图 7-20　交叉索网体系及其边缘构件

边缘构件可做成闭合曲线环梁的形式，环梁呈马鞍形，搁置在下部的柱或承重墙上。

(2)边缘构件为落地交叉拱(见图 7-20(b))。

边缘构件做成倾斜的抛物线拱，拱在一定的高度相交后落地，拱的水平推力可通过在地下设拉杆平衡。交叉索网中的承重索在锚固点与拱平面相切，其传力路线清晰合理。

(3)边缘构件为不落地交叉拱(见图 7-20(c))。

边缘构件为倾斜的抛物线拱，两拱在屋面相交，拱的水平推力在一个方向相互抵消，在另一方向则必须设置拉索或刚性的竖向构件，如扶壁或斜柱等，以平衡其向外的水平合力。

(4)边缘构件为一对不相交的落地拱(图 7-20(d)、(e))。

作为边缘构件的一对落地拱可以不相交，各自独立，以满足建筑造型上的要求。这时落地拱平衡与稳定上有两个问题必须引起重视：一个是拱身平面内拱脚水平推力的平衡问题，一般需在地下设拉杆平衡；另一个是拱身平面外拱的稳定问题，必要时应设置墙或柱支承。

(5)边缘构件为拉索结构(见图 7-20(f))。

鞍形交叉索网结构也可用拉索作为边缘构件，如图 7-20(f)所示。这种索网结构可以根据需要设置立柱，并可做成任意高度，覆盖任意空间，造型活泼，布置灵活。这种结构方案常被用于薄膜帐篷式结构中。

交叉索网体系刚度大、变形小，具有反向受力能力，结构稳定性好，适用于大跨度建筑的屋盖。交叉索网体系适用于圆形、椭圆形、菱形等建筑平面，边缘构件形式丰富多变，造型优美，屋面排水容易处理，因而应用广泛。屋面一般采用轻质屋面材料，如卷材、铝板、拉力薄膜，以减轻自重、节省造价。

2. 悬索结构的特点

悬索结构与其他结构形式相比，具有如下一些特点。

(1)受力合理，经济性好。悬索结构依靠索的受拉抵抗外荷载，因此能够充分发挥高强钢索的力学性能,用料省,结构自重轻,可以较经济地跨越很大的跨度。索的用钢量仅为普通钢结构的1/5~1/7,当跨度不超过150 m时,每1 m^2 屋盖的用钢量一般在10 kg以下。

(2)施工方便。钢索自重小,屋面构件一般也较轻,施工、安装时不需要大型起重设备,也不需要脚手架,因而施工周期短,施工费用相对较低。

(3)建筑造型美观。悬索结构不仅可以适应各种平面形状和外形轮廓的要求,而且可以充分发挥建筑师的想象力,较自由地满足各种建筑功能和表达形式的要求,实现建筑和结构较完美的结合。

(4)悬索结构的边缘构件或支承结构受力较大,往往需要强大的截面、耗费较多的材料,而且其刚度对悬索结构的受力影响较大,因此边缘构件或支承构件的设计极为重要。

(5)悬索结构的受力属大变位、小变形,非线性强,常规结构分析中的叠加原理不能利用,计算复杂。

(二)悬索结构的设计和构造

虽然对悬索结构的选型很难给出一定的准则,但显然平面形状、跨度及承受的荷载等是结构选型的因素。对矩形平面采用单层单向悬索,承重索沿长边方向布置,或采用双层单向悬索,索沿短边向布置较有利;在圆形平面中可采用单层或双层辐射状悬索及索网结构;在接近方形的平面和椭圆形平面中则选用索网结构较为合适。

当平面为梯形或扇形,采用单层或双层悬索体系时,索的两端支点应按等距离设置,索系可按不平行布置。

单层悬索体系应采用重屋面,双层悬索体系宜采用轻屋面,也可采用重屋面。双层单向悬索屋盖应设置足够的支撑,以加强屋盖的整体性。

1.悬索结构的设计要点

1)设计基本规定

(1)对单层悬索体系,当平面为矩形时,悬索两端支点可设计为等高或不等高,索的垂度可取跨度的1/10~1/20;当平面为圆形时,中心受拉环与结构外环直径之比可取1/8~1/17,索的垂度可取跨度的1/10~1/20。对双层悬索体系,当平面为矩形时,承重索的垂度可取跨度的1/15~1/20,稳定索的拱度可取跨度的1/15~1/25;当平面为圆形时,中心受拉环与结构外环直径之比可取1/5~1/12,承重索的垂度可取跨度的1/17~1/22,稳定索的拱度可取跨度的1/16~1/26。对索网结构,承重索的垂度可取跨度的1/10~1/20,稳定索的拱度可取跨度的1/15~1/30。

(2)悬索结构的承重索挠度与其跨度之比及承重索跨中竖向位移与其跨度之比不应大于下列数值:单层悬索体系—1/200(自初始几何态算起),双层悬索体系、索网结构—1/250(自预应力态算起)。

(3)钢索宜采用钢丝、钢绞线、热处理钢筋,质量要求应分别符合国家现行有关标准,即《预应力混凝土用钢丝》(GB/T 5223—1995)、《预应力混凝土用钢绞线》(GB 5224—2003)、《预应力混凝土用热处理钢筋》(GB 4463—1984)。钢丝、钢绞线、热处理钢筋的抗拉强度标准值、抗拉强度设计值、弹性模量应按表7-7采用。

表7-7　钢索的抗拉强度标准值、设计值和弹性模量

项次	种类	公称直径（mm）	抗拉强度标准值（N/mm^2）	抗拉强度设计值（N/mm^2）	弹性模量（N/mm^2）
1	钢丝	4	1 470	610	7.0×10^5
		5	1 670	696	
		6	1 570	654	
		7、8、9	1 470	610	
2	钢绞线	9.5、11.1、17.7(1×7)	1 860	775	1.95×10^5
		15.2(1×7)	1 720	717	
		10.0、17.0(1×7)	1 720	717	
		10.8、17.9(1×7)	1 720	717	
3	热处理钢筋	6、8.2、10	1 470	610	7.0×10^5

(4)悬索结构的计算应按初始几何状态、预应力状态和荷载状态进行，并充分考虑几何非线性的影响。

(5)在确定预应力状态后，应对悬索结构在各种永久荷载和可变荷载情况下进行内力、位移计算，并根据具体情况，分别对施工安装荷载、地震和温度变化等作用下的内力、位移进行验算。在计算各个阶段各种荷载情况的效应时应考虑加载次序的影响。悬索结构内力和位移可按弹性阶段进行计算。

(6)作为悬索结构主要受力构件的柔性索只能承受拉力，设计时应防止各种情况下引起的索松弛而导致不能保持受拉情况的发生。

(7)设计悬索结构应采取措施防止支承结构产生过大的变形，计算时应考虑支承结构变形的影响。

(8)当悬索结构的跨度超过100 m且基本风压超过0.7 kN/mm^2时，应进行风的动力响应分析，分析方法宜采用时程分析法或随机振动法。

(9)对位于抗震设防烈度为8度或8度以上地区的悬索结构应进行地震反应验算。

2)荷载

悬索结构设计时除索中预应力外，所考虑的荷载与一般结构相同，这些荷载有以下几种。

(1)恒载：包括覆盖层、保温层、吊灯、索等自重。按现行国家标准《建筑结构荷载规范》(GB 50009—2001)进行计算。

(2)活载：包括保养、维修时的施工荷载。按《建筑结构荷载规范》(GB 50009—2001)取用。对于悬索结构，一般取0.3 kN/mm^2，不与雪荷载同时考虑。

(3)雪载：基本雪压按《建筑结构荷载规范》(GB 50009—2001)取用，在悬索结构中应根据屋盖的外形轮廓考虑雪荷载不均匀分布所产生的不利影响，并应考虑多种荷载情况进行静力分析。

(4)风载:基本风压值按《建筑结构荷载规范》(GB 50009—2001)取用,风荷载的体型系数宜进行风洞试验确定。

(5)动荷载:考虑风力、地震作用等对屋盖的动力影响。

(6)预应力:为了在荷载作用下不使钢索发生松弛和产生过大的变形,需将钢索的变形控制在一定的范围内;为了避免发生共振现象,需将体系的固有频率控制在一定的范围之内。这要求屋盖具有一定的刚度。因此,必须在索中施加预应力,预应力的取值一般应根据结构形式、活载与恒载比值及结构最大位移的控制值等因素通过多次试算确定。

(7)安装荷载:应分别考虑每一安装过程中安装荷载对结构的影响,在边缘构件和支承结构中常常出现较大的安装应力。

结构的蠕变和温度变化将导致钢索和结构刚度减小,在结构设计中应考虑它们的影响。

对非抗震设计,荷载效应组合应按《建筑结构荷载规范》(GB 50009—2001)计算。在截面及节点设计中,应按荷载的基本组合确定内力设计值,在位移计算中应考虑短期效应组合确定其挠度。

对抗震设计,应按《建筑抗震荷载规范》(GB 50011—2001)确定屋盖重力荷载代表值。

3)钢索设计

悬索结构中的钢索可根据结构跨度、荷载、施工方法和使用条件等因素,分别采用由高强钢丝组成的钢绞线、钢丝绳或平行钢丝束,其中钢绞线和平行钢丝束最为常见。也可采用圆钢筋或带状薄钢板。

平行钢丝束中各钢丝不经缠绕,受力均匀,能充分发挥钢材的力学性能,其承载能力和弹性模量较钢绞线或钢丝绳高,造价也较低,应用广泛,在悬索拉力较大时宜优先采用;在相同直径下,钢绞线的强度和弹性模量高于钢丝绳,但由于钢丝绳比较柔软,在需要弯曲且曲率较大的悬索结构中宜采用。

单索截面根据承载力按式(7-7)验算:

$$\gamma_0 N_d \leqslant f_{td} A \tag{7-7}$$

式中 γ_0——结构重要性系数,取 $\gamma_0 = 1.1$ 或 1.2;

N_d——单索最大轴向拉力设计值;

f_{td}——单索材料抗拉强度设计值,由表 7-7 查得;

A——单索截面面积。

2. 悬索结构的节点构造

悬索结构的节点构造应符合结构分析中的计算假定,所选用的钢材及节点连接中材料应按国家相应标准的规定采用。

节点及连接应进行承载力、刚度验算,以确保节点的传力可靠。节点和钢索连接件的承载力应大于钢索的承载力设计值。节点构造尚需考虑与钢索的连接相吻合,以消除可能出现的构造间隙和钢索的应力损失。

1)钢索与钢索连接

钢索与钢索之间应采用夹具连接,夹具的构造及连接方式可选用:①U 形夹连接;

②夹板连接。

2)钢索连接件

钢索的连接件可选用下列几种形式:①挤压螺杆;②挤压式连接环;③冷铸式连接环;④冷铸螺杆。

3)钢索与屋面板的连接

钢索与钢筋混凝土屋面板可用连接板连接或板内伸出钢筋进行连接。

4)钢索支承节点

(1)锚具。

钢索的锚具必须满足国家标准《预应力筋用锚具、夹具和连接器》(GB/T 14370—2007)中的Ⅰ类锚具标准,并按国家建设行业标准《预应力筋用锚具、夹具和连接器应用技术规程》(JGJ 85—2002)的设计要求进行制作、张拉和验收。

锚具选用的主要原则是与钢索的品种规格及张拉设备相配套。钢丝束最常用的锚具是钢丝束镦头锚具。这种锚具具有张拉方便、锚固可靠、抗疲劳性能优异、成本较低等特点,还可节约两端伸出的预应力钢丝,但对钢丝等长下料要求较严,人工也较费。另一种比较常用的是锥形螺杆锚具,用于锚固 $\phi5$ 高强钢丝束。钢绞线通常为夹片式锚具,夹片有两片式、三片式和多片式,目前国内常用的有JM型系列锚具、OVM型系列锚具等。

(2)钢索与钢筋混凝土支承结构及构件连接。

在构件上预留索孔和灌浆孔,索孔截面面积一般为索截面面积的2~3倍,以便于穿索,并保证张拉后灌浆密实。

(3)钢索与钢支承结构及构件连接。

在钢支承结构上加设相应构造,以便于锚具安装,同时在相应位置设置加劲肋,以保证节点处不发生局部破坏。

5)拉索的锚固

拉索的锚固可根据拉力的大小、倾角和地基土等条件采用下列方法:①重力式;②板式;③挡土墙式;④桩式。

四、膜结构

(一)膜结构的概念和特点

1.膜结构的概念

膜结构,这里泛指所有采用膜材及其支承构件(如拉索、钢骨架等)所组成的建筑物和构筑物。膜结构是建筑结构中最新发展起来的一种形式。自从20世纪70年代以来,膜结构以其造型新颖、质轻透光等优点在世界范围内得到了推广应用,它的产生与发展是深受Fuller“少费多用”思想的影响,即充分发挥材料自身特性,用最少的物质材料建造最大容积建筑,已成为体育建筑、会展中心、商业设施、交通站场等屋盖的主要选型之一。与传统的刚性结构不同,它是用高强度柔性薄膜材料与支撑体系相结合形成具有一定刚度的稳定曲面,能承受一定外荷载的空间结构形式。它是以性能优良的织物为材料,或是向膜内充气,通过空气压力来支承膜面,或是利用柔性拉索或刚性支承结构将膜面绷紧,从而形成具有一定刚度、能够覆盖较大空间的结构体系。薄膜结构在结构及建筑设计上充分体现了膜结构的轻巧、高强、透光等特点，可以在大跨度、大容积的公共建筑中实现人们所追求的那种自然、和谐、明亮的内部空间。这种结构特别适用于大型体育场馆、入口廊道、小品、公众休闲娱乐广场、展览会场、购物中心等领域。

膜结构建筑于20世纪后期成为国际上大跨度空间建筑及景观建筑的主要形式之一，具有强烈的时代感和代表性。它是集建筑学、结构力学、精细化工、材料科学、计算机技术等于一体的多学科交叉应用工程，具有很高的技术含量和艺术感染力，实用性强，应用领域广泛，其发展潜力巨大，是21世纪空间结构的发展主流。

2. 膜结构的发展和应用状况

作为一种真正的现代膜结构，一般都以1970年日本大阪国际博览会中的美国馆作为标志。这个类椭圆形(140 m×83.5 m)的展览馆是世界上第一个大跨度的空气支承膜结构。1975年在美国密执安州庞提亚克兴建了平面尺寸为234.9 m×183 m的“银色穹顶”，这是第一次将气承式膜结构应用于永久性的大型体育馆。其后在北美地区，类似的膜结构就建了9座，膜结构终于登堂入室，进入永久性建筑的行列。英国伦敦建成了直径达320 m的“千年穹顶”，它以12根穿出屋面高达100 m的桅杆，悬吊面积8万m^2的膜材屋盖，于1999年建成，英国国民在此举行了千年庆典，庆典结束后作为千年发展成就的展览厅。在新旧世纪交替之际，人们以膜结构来显示当代建筑技术与材料科学的发展水平。

日本在1988年修建东京后乐园棒球场时也采用了气承式膜结构。1997年日本熊本公园体育场主屋盖采用了加劲索的双层气胀式膜结构，使空气再一次作为膜的支承。熊本穹顶融合了车轮型双层圆形悬索和气胀式膜结构的特点，成为一种新型的杂交结构。直径107 m的圆形屋顶宛如一朵浮云覆盖着体育馆，双层膜之间的充气量远小于要对整个室内空间充气的气承式膜结构。一旦漏气，屋盖还可由钢索支承，不至于塌落。

中国的膜结构与国外先进水平相比还有较大的差距。其主要原因是长期以来在人们的观念上都把膜结构看做是帐篷之类的临时性建筑，很少在实际工程中采用。加上膜结构技术没有普及，建筑织物在国内没有适用的产品，1996年之前膜结构在中国几乎是空白。1997年完工的上海八万人体育场被公认为中国膜结构的起始点，和国外相比，起步晚，历史短，经验少。再加上没有行业规范及经济因素，国内的膜结构建筑出现了一些选材不当、制作粗糙等问题。近几年来，由于受国外建筑的影响及先进技术的引进，在膜结构应用上呈现了活跃的趋势。以体育场为主，一批不同跨度、形式各异的膜结构已在全国各地建成，总面积已达到100万m^2，并且以每年20%的速度增长。我国高等学校和科研单位对膜结构进行了研究与开发，建立了一定的技术储备，一批自己的设计和施工企业已初具规模，这一切都为近年来中国膜结构的飞跃发展打下了基础。“水立方”中国国家游泳中心，是2008年北京奥运会标志性建筑物之一，承担奥运会游泳、跳水、花样游泳、水球等比赛项目。“水立方”位于北京奥林匹克公园内，长宽均为177 m，高31 m，规划建设用地62 950 m^2，建筑面积87 283 m^2，ETFE气枕面积约10万m^2。整个建筑由3 700多个气枕构成，其中，一些气枕跨度达10 m，是世界上面积最大、技术难度最大、最复杂的膜结构工程。

3. 膜结构的特点

各种类型的膜结构形式在受力分析、设计构造、制作安装等方面难易程度有很大不同,应用上也不尽相同,但它们有如下共同特点。

1)自重轻

在建造大型公共建筑时,具有较好的性能价格比。在大跨度的结构中采用膜结构要比传统结构轻一个或几个数量级,单位面积的结构自重与造价也不会随跨度的增加而明显增加。

2)艺术性

膜结构以造型学、色彩学为依托,可结合自然条件及民族风情,根据建筑师的创意建造出传统建筑难以实现的曲线及造型。其造型优美、富有时代气息。膜结构突破了传统的建筑结构形式,易做成各种造型,且色彩丰富,在灯光的配合下易形成夜景,给人以现代美的享受。又由于其技术上的先进性,膜结构被誉为现代建筑高科技,是21世纪的建筑。

3)减少能源消耗

膜材料自身透光性较好,透光率在7%～20%,可充分利用自然光,白天使用不需人工照明,完全能满足各种体育比赛活动的需要。膜材料对光的折射率在70%以上,在日光照射下室内形成柔和的散光,给人以舒适、梦幻般的感受。

4)施工速度快

膜片的裁剪制作、钢索及钢结构等制作均在工厂内完成,可与下部钢筋混凝土结构或构件等同时进行,在施工现场只是钢索、钢结构及膜片的连接安装定位及张拉的过程,故在现场的施工安装比较文明、迅速快捷。

5)经济效益明显

虽然膜结构建筑项目从目前来说一次投资稍大,但由于此类结构的日常维护费用极小(被称为免维护结构),因此从长远来看,经济效果非常明显。此类结构若用于超大跨度建筑中,有更为突出的价格优势。膜结构的经济优势是与空间跨度和技术难度成正比的。对于同等大小的建筑,如果采用膜结构,其成本只相当于传统建筑的1/2或更少。

6)使用方便

易做成可拆卸结构,易于运输,可用做巡回演出、展览等。如美国某公司设计制作的音乐篷覆盖面积300多m^2,其拆卸和安装只需用不足1 h。

7)使用范围广

从气候条件来看,它适用于从阿拉斯加到沙特这样广阔的地域;从规模上看,可以小到单人帐篷、花园小品,大到覆盖几万、几十万平方米的建筑,甚至有人设想覆盖一个小城,实现人造自然。

8)安全可靠

由于其自重轻,抗震性能比较好。膜结构属柔性结构,能够忍受很大的位移,不易整体倒塌,且膜材料一般是阻燃材料,也不易造成火灾。

(二)膜结构的形式和分类

国内外文献中对膜结构的形式有多种分类方法,如张力膜结构、悬挂膜结构、复合膜结构,等等,不一而足。按膜材及其相关构件的受力方式分成整体张拉式膜结构、骨架支承式膜结构、索系支承式膜结构、空气支承膜结构四种形式。

1. 整体张拉式膜结构

整体张拉式膜结构可由桅杆等支承构件提供吊点，并在周边设置锚固点，通过预张拉而形成稳定的体系，如图 7-21 所示。这种膜结构主要由索和膜构成，两者共同起承重作用，通过支承点和锚固点形成整体。

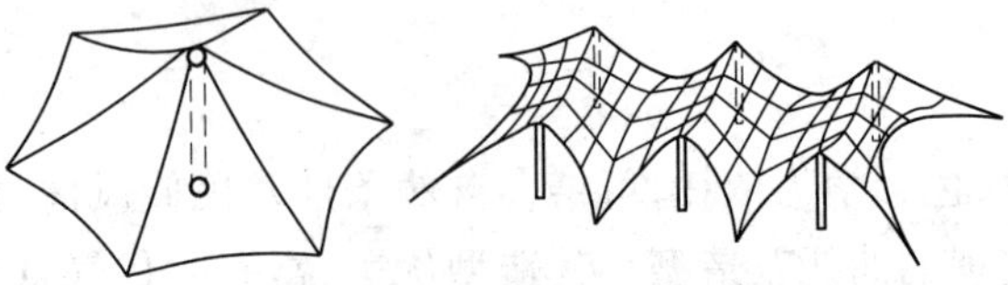

图 7-21　整体张拉式膜结构

整体张拉式膜结构是通过拉索将膜材料张拉于结构外而形成的构造形式。由于膜材是柔性结构，本身没有抗拉、抗压能力，抗弯能力也很差，完全靠外部施加的预应力保持其形状，即使在无外力且不考虑自重的情况下，也存在着相当大的拉应力。膜表面通过自身曲率变化达到内外力平衡。其具有高度的形体可塑性和结构灵活性，是索膜建筑的代表和精华。

2. 骨架支承式膜结构

骨架支承式膜结构，由钢构件中其他刚性构件（如拱、刚架）作为承重骨架，在骨架上布置按设计要求张紧的膜材，后者主要起围护作用，如图 7-22 所示。在钢架或其他材料的骨架上铺装膜材料，由此构成屋顶或外墙壁的构造形式。形态有平面形、单曲面形和以鞍形为代表的双曲线形。

3. 索系支承式膜结构

索系支承式膜结构，由空间索系作为主要承重结构，在索系上布置按设计要求张紧的膜材，如图 7-23 所示。这种膜结构主要由索、杆和膜构成，三者共同起承重作用。在通常所称的张拉整体结构中，如采用膜材，即属于索系支承式膜结构。另外，比较流行的索穹顶结构也属于此类。

图 7-22　骨架支承式膜结构

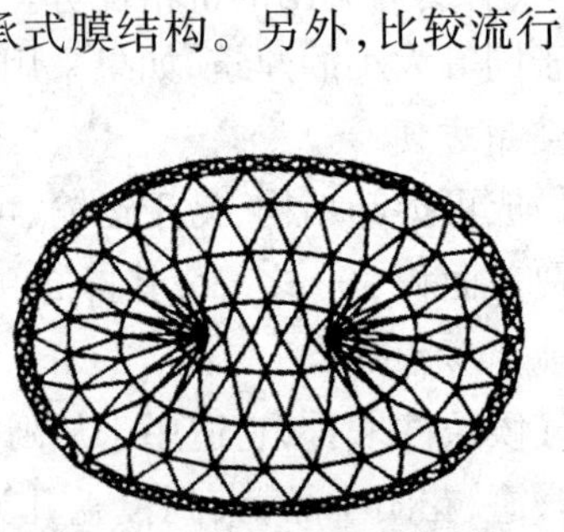

图 7-23　索系支承式膜结构

4. 空气支承膜结构

空气支承膜结构，具有密闭的充气空间，并设置维持内压的充气装置，借助内压保持膜材的张力，形成符合设计要求的曲面，如图 7-24 所示。

向由膜结构构成的室内充入空气，使室内的空气压力始终大于室外的空气压力，使膜材料处于张力状态来抵抗负载及外力的构造形式有单层结构和双层结构两种。单层结构如同肥皂泡，单层膜的内压大于外压。此结构具有大空间、重量轻、建造简单的优点，但需要不断输入超压气体及日常维护管理。双层结构是在双层膜之间充入空气，与单层相比

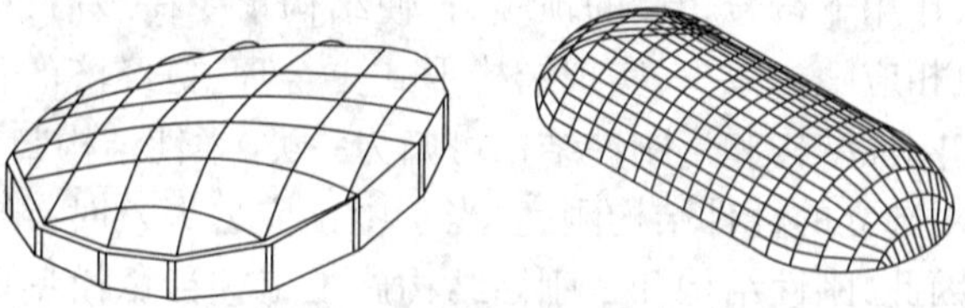

图7-24 空气支承膜结构

可以充入高压空气，形成具有一定刚性的结构，而且进出口可以敞开。

第二节 预应力钢结构

预应力技术不仅局限于混凝土结构，而且广泛应用于钢结构中。随着科学技术的飞速发展，工程建设要求扩大钢结构的应用，而又应该尽量节约钢材。解决矛盾的主要途径是：不断研究和改进现有的钢结构形式和设计理论，并创造新型的钢结构形式（包括组合或复合结构）。除节约钢材、减轻自重外，还扩大其应用的范围，创造新型的独特建筑风格。在此过程中，预应力技术必不可少，各种形式的预应力钢结构或预应力组合结构的研究与应用也应运而生。20世纪五六十年代预应力钢结构学科的研究工作开展较为广泛，从实腹梁、桁架等领域扩展到钢架、悬索结构、大跨空间结构、塔桅结构、高层建筑、桥跨结构、起重设备结构、储液库和大直径高压管道结构等领域。发展初期，各国都偏重于理论和基本杆件的研究和试验，以后逐步进入实用阶段。现在世界各地已陆续兴建了不少预应力钢结构工程。我国在20世纪50年代后期，也开始预应力钢结构的研究与开发，并在一批工矿企业的运输斜栈桥和吊车梁上采用了预应力技术。同时，对一批旧有的桥梁及建筑物在人力物资匮乏的条件下采取了预应力加固措施。对这一领域的开拓工作，我国其实起步不晚，但因多种原因，曾一度进展滞缓。近年来，随着经济建设的高速发展，预应力钢结构技术再次受到各地的重视和应用。

在结构上施加荷载以前，对钢结构或构件用特定的方法预加初应力，其应力符号与荷载引起的应力符号相反；当施加荷载时，以保证结构的安全和正常使用。结构或构件先抵消初应力，而且应考虑预应力的作用，然后按照一般受力情况工作的钢结构称为预应力钢结构。

一、预应力钢结构的基本原理和主要特点

（一）预应力钢结构的基本原理

应用预应力钢结构技术的基本思想是，采用人为的方法在结构或构件最大受力截面部位，引入与荷载效应相反的预应力，以提高结构承载能力（延伸了材料的强度幅度），改善结构受力状态（调整内力峰值），增大刚度（施加初始位移，扩大结构允许位移范围），达到节约材料、降低造价的目的。此外，预应力还具有提高结构稳定性、抗震性，改善结构疲劳强度，改进材料低温、抗蚀等各种特性的作用。在这方面国外已开展了研究，随着研究的深入与发展，还会有更多特性被揭示清楚，使预应力钢结构从理论到实践更为完善。

预应力钢结构的基本原理就是针对普通钢结构的特点，人为地在结构或构件较大受

力部位,引入与荷载作用下符号相反的预应力,使结构承受荷载后,构件的内力抵消一部分或大部分,变形也相应随之减少,实现结构形式更合理、更经济的目标。按照预应力钢结构施工工艺来分,刚性结构和半刚性结构可归为一类,柔性结构归为另一类。刚性结构和半刚性结构有相对独立的杆件结构刚度,当索中预应力失效时,结构刚度减小,但杆件结构刚度仍存在。因此,刚性结构和半刚性结构施工工艺计算模型可以分解为索对杆件部分结构的作用,悬挂体系、斜拉体系、预应力网架结构、预应力网壳结构和张弦梁屋架都具备可划分出相对独立的杆件部分结构的特性。柔性结构不同于刚性结构和半刚性结构,它仅在预应力作用下才形成有刚度的结构,不能划分出相对独立的杆件部分结构,它的设计和施工计算都需确定结构形状,因此柔性结构施工完全不同于刚性结构和半刚性结构施工。

预应力钢结构的加载方案一般可以分为三类。

1. 先张法

这种施加预应力的方案是最常用的,它适合于任何具体的结构与荷载形式。即在结构承受荷载之前引入预应力,等到结构开始承受荷载时,荷载逐渐抵消结构中预应力产生的效应,并最终达到结构设计的极限状态。虽然其适用性广,施工操作较方便,但是材料的抗拉(抗压)幅度只用了一次,属于单次预应力,从充分发挥材料的强度方面来讲还是相对差了些。

2. 中张法

该方案指结构定形就位后,先承受部分荷载,产生了荷载应力,然后施加预应力来降低或抵消先前的荷载应力,甚至在结构中,预应力加大至与荷载效应相反的内力效应,最好结构承受全部的设计荷载。这种方案只能用于刚性结构,而且结构所承受荷载可以分两批施加。

3. 多张法

该方案指多次对结构施加预应力。其基本原理就是多次反复利用材料弹性范围内的抗拉(抗压)强度区间$(-f, +f)$,荷载通过预应力不断传递到高强材料中去。

(二)预应力钢结构的主要特点

1. 充分利用材料的弹性强度潜力以提高承载能力

一般来说,非预应力钢结构杆件的材料强度最大值只是可以被利用的强度幅值的一半,而预应力杆件在引入与荷载应力符号相反的预应力后,则可提高原强度承载能力一倍。普通钢结构构件的受力都是从零应力开始,荷载作用后,构件能够受力至材料的抗拉和抗压强度极限。构件承载力大小取决于构件的截面面积与材料的强度极限,材料的应力区间为$[0,f]$。而引入预应力技术后,在钢材抗拉和抗压强度相等的条件下,对于受拉构件来说,可以通过拉杆中穿预应力索,预应力索使拉杆预压,使压应力达到$-f$,然后承受拉荷载的作用,拉杆的极限承载力将提高一倍,材料的应力区间变为$[-f,f]$。同时,对于拉杆中的索,结构中的很大内力将转移到索中,使高强材料适得其所。这就说明了在钢结构中引入预应力技术可以大大地提高结构的弹性受力范围和承载能力。

2. 改善结构的受力状态以节约钢材

在杆件内引入预应力后可以改善其受力状态,使结构构件或体系的内力(剪力、弯矩、轴力)发生重分布,控制截面的内力峰值产生不同程度的下降,节约用钢量,使结构设计更加经济合理。

3. 提高结构的刚度和稳定性,调整其动力性能

预应力能使结构产生与外部作用下位移方向相反或相同的预应力位移,可以提高结构的刚度。根据预应力体系的选择与预应力施加力度的大小可以调节基本杆件的振动频率与自振周期,从而调整其动力特性。

预应力钢结构的适用范围如下:

(1)需要大跨度及大无阻挡空间时,如体育场馆、展览厅、飞机库等;

(2)重荷载及超重负荷条件时,如桥梁、多层仓库、多层停车场等;

(3)活动及移动结构物,减少自重是重要原则时,如塔吊等;

(4)高耸结构物,稳定性及刚度是主导因素时,如无线电及电视塔、高压输电线塔等;

(5)高压大直径圆筒板结构,当板厚无法增大时,如储液(气)罐、输油(气)管线、冷却塔等;

(6)在运转条件下加固现有结构物时,如加固桥梁、运输栈桥、工业厂房等;

(7)创建新结构体系,以柔索取代受弯构件时,如吊挂体系、整体张拉体系等;

(8)从结构体系来说,可用于轴心受力(拉杆和压杆)杆件、受弯杆件(实腹梁和桁架)、拱和刚架、静定结构和超静定结构;

(9)目前,广泛应用于空间组合结构中,形成了新的建筑体系和形式(统称预应力空间组合结构),如悬挂体系、整体张拉结构体系等;

(10)不但广泛用于新建工程,还可用于旧结构的加固,是一种值得研究、有发展前途的新结构。

二、预应力钢结构材料锚具和施工

(一)预应力钢结构的材料锚具

用以实现拉索锚固的一系列构件组成了预应力锚固体系。从功能上分,锚固体系可分为锚具和锚下构造两大组成部分。锚具是定位锚头和锚固预应力拉索的主要构件。锚下构造是指布置在锚具下面用以支承和固定锚具的一系列构件的总称,因为锚下构造较整个预应力钢结构的尺寸要小得多,所以工程中又称之为锚结点。它是锚固体系解决锚固端的局部承压和张拉端部的扩孔成型的重要部分。

锚固体系在预应力钢结构中占有重要的地位。应用拉索法对结构施加预应力时,张拉后的预应力拉索只有通过锚具的锚固才能实现对结构施加预应力的效果,也只有依靠持久的锚固才能维持结构的预应力形态。

1. 预应力钢结构中的锚具

与混凝土结构锚固体系有所不同,目前还没有专用的预应力钢结构锚具系列,预应力钢结构实际工程中应用的锚具,一部分是参考能满足功能要求的混凝土结构的成型锚具,大部分是根据钢结构工程的特殊要求在缆索厂特别设计制作的合格产品。因此,预应力钢结构中锚具也形成了较有特色的几种类型。从研究和应用的现状来看,在预应力钢结构工程中被广泛采用的锚具主要有夹片锚、冷铸锚、热铸锚、挤压锚等四大类型。

1）夹片锚

夹片锚具是因每一个锚固单元内都有一副夹片而得名的。它由锚板、锚垫板、夹片等几部分构件组成。在实际应用中，锚垫板用于解决局部承压问题和满足端部扩孔的需要，锚板提供锥形孔用于固定夹片。夹片和拉索一起形成一个楔形锥体，工作时锥体在锥形孔中受到挤压通过夹片对预应力拉索的挤压力和摩擦力来实现拉索的锚固。从锚固原理上讲，夹片锚又有顶压夹片锚和不顶压夹片锚之分。顶压夹片锚需要带顶压器的千斤顶与之配合使用，当拉索张拉完成后，通过顶压器将由夹片和拉索组成的锥体压入锚板锥孔内实现锚固。不顶压夹片锚由于自带限位板，故不需要顶压器的顶压，当张拉完成时，放松工具锚使拉索带动工作锚夹片共同回缩将拉索锚固定住，从而达到形成预应力的目的。夹片是夹片锚的核心部件，常用的夹片锚有三片式和两片式。三片式锚具回缩后夹片外露不齐，而且排列的对称性不如两片式。也就是说，三片之间的间隙不均匀，当采用钢绞线做预应力拉索时，就易于导致钢绞线断丝和滑移而对锚固性能不利。两片式的夹片带有弹性槽，弹性槽可以调整夹片及锚板锥孔在制造上的尺寸偏差和钢绞线的直径偏差，调整夹片的受力使之均匀，增加锚固的安全度。从工程的使用效果比较，两片式锚具比三片式锚具的滑丝、断丝率低，锚固性能好。

夹片锚在实际应用上具有工序依赖性低、操作简单、成本低廉、拆换方便等优点。在锚端承压形式的结构中夹片锚得到了广泛的应用。同时夹片锚也具有一定的局限，夹片锚的最大局限在于抗动力性能不好。锚具在反复荷载或振动的作用下，夹片有松动失效的危险。在工程中发生过因夹片失效而引发的事故，所以工程人员对此问题应予以重视。采取必要的措施可降低夹片失效的概率。夹片锚的另一个问题是耐久性的问题。因夹片锚的特殊锚固机制，即为接触锚固而非锚固，致使锚固对接触面材质的性质非常敏感。如锚具的锈蚀、拉索外包的损伤和老化等长期缺陷会对锚固的性能产生不良的影响。应采取措施减小这些不良影响。此外，当吨位较大时，夹片锚要采用多锚或群锚的形式。此时，锚下构造的扩孔也有相当高的技术要求，同时对结构的锚固边界等也会提出要求，因此可以考虑其他形式的锚具。

2）冷铸锚

冷铸锚即高应力幅锚具。因其填料是在低温下灌注的，有别于高温下灌注的有色金属，故称之为冷铸锚。冷铸锚由锚杯、墩头锚板和杯内环氧树脂钢砂组成，靠环氧树脂将锚杯与钢索固结一体。固定端锚具通过连接件与结构主体连接在张拉端，锚具与结构主体之间的连接件中设有正反螺纹的螺杆，且螺杆两端分别与内螺纹相协调的螺母套管相连接，扭动可调整拉索和整个张锚体系的拉力大小。冷铸锚具有良好的抗动力效应性能。锚具尺寸粗壮，可同时锚固许多钢丝，适用于有大吨位的张拉要求的结构。冷铸锚的不足在于连接器必须事先同拉索固定，所以受力索的下料长度有精确的要求，锚具和预应力索头加工制作有严格的产品标准，需要在缆索厂指定加工，工期和成本造价会有所提高。冷铸锚固较之夹片锚可靠度有所提高。

3）热铸锚

热铸锚由锚杯和杯内锌铜合金体组成，靠锌铜合金将锚杯与钢索固结为一体。制作组装时，先将钢索从锚杯直径较小的一端插入内杯，然后向杯内注入加热熔化的锌铜合金水，锌铜合金水凝固后，即将锚杯与钢索固结在一起，锚杯的尺寸、锌铜合金的用量及合金与钢索的连接长度等根据钢索的设计索力和规格确定。使用测力扳手扭动两端带有正反螺纹的螺杆，施加索力，由测力扳手的读数控制扭力的大小，具有独特的张锚工艺。固定端锚具通过连接件与结构主体连接在张拉端，锚具与结构主体结构之间的连接件中设有正反螺纹的螺杆，且螺杆两端分别与内螺纹相协调的螺母套管相连接，扭动可调整拉索和整个张锚体系的拉力大小。热铸锚具有连接可靠、施工方便、造型美观的特点。因采用热熔的锌铜合金作为勃结材料，锚具锚固效果有了很大的提升。锚具的刚度大，锚具变形引起的预应力损失较小。锚具同冷铸锚一样具有较好的动力性能，并且锚固端耐高、低温的性能优良，耐抗腐蚀性能也较好，所以适用于较恶劣的工作环境。张拉工艺简单，只需要较少的劳力就可完成。张拉过程中若无特殊需要一般不需要千斤顶的协助，可节约设备投资。热铸锚被广泛应用到吊索、斜拉、悬挂等预应力结构形式中，具有不错的应用前景。热铸锚的不足在于材料造价较高，制作专业化程度较高，一般从专业厂家定制。

4）挤压锚

挤压锚又称冷压式锚具，由锚端螺母和套筒组成。套筒由普通优质钢材制成。套筒插入钢绞线后，在常温下应用千斤顶顶挤套筒，通过高硬度的锰合金压模进行模压，使套筒发生塑性变形，锚具与钢绞线握紧，并借助流入钢绞线螺旋外形间隙的金属，增加锚具与钢绞线的锚固能力。固定端锚具通过连接件与结构主体连接在张拉端，锚具与结构主体之间的连接件中设有正反螺纹的螺杆，且螺杆两端分别与内螺纹相协调的螺母套管相连接，扭动可调整拉索和整个张锚体系的拉力大小。挤压锚特别适用于高强钢丝的锚固，锚具同拉索的连接同样具有双重的锚固效果，锚具制作工艺简单，可现场加工，经济性较好。

2. 锚节点设计原则

锚节点即锚下构造，它是锚固体系连系锚具和结构主体的主要部分，起到固定锚具空间位置和传递锚端压拉力的重要作用。锚节点的设计是预应力钢结构工程中重要的设计内容之一。在锚固体系的设计中，结合工程的实际往往可以选择合适的锚具类型来实现工程的设想，但锚节点的设计却更富有变化。有时节点形式很简单，有时却必须非常复杂。但优良的锚节点形式应当兼具构造合理和经济实用的双重优点。以此为出发点，锚节点的设计应当遵循以下几条原则。

1）锚节点的外形应尽量简单

简单的立面造型，使锚节点传力途径简捷，便于计算分析；反之，立面过于复杂的造型，其受力状态也将很复杂，难以进行精确的受力分析，也不容易准确把握其在真实工作环境下的工作状态。锚节点是锚具的直接承力构件，应能提供一个平整的接触面，以使锚具与锚节点可靠接触并传递预压力。平面形状过于复杂的节点形式很难保证接触面的平整，也不利于形成均匀的平面压力。

2）锚节点的构造尽量简单

作为拉索预应力结构的关键节点，锚节点能否正常工作关系到整个结构的性能。锚节点的零件越多，构造越复杂，其可靠性越低，并且冗繁的构造也会妨碍穿索，引起不必要的赘余内力，使锚节点受力变得复杂。为保证锚节点的正常工作，应尽量采用构造简单的节点形式。

3）锚节点应有足够的刚度

由锚具传到锚节点的压力要远远大于一般非预应力结构构件的压力。不可避免的偏心作用又会进一步削弱截面的承载能力。只有锚节点具有足够大的刚度，才能保证节点不出现失稳。锚节点刚度过小，在预应力的作用下，也会引起较大的预应力损失。

4）尽量采用成熟的节点形式

成熟的节点形式已在大量的工程中应用过，形成了完整的合理的设计方法和施工工艺，对其受力特点和构造措施已经很明确。参考相近工程情况，采用成熟的节点形式，有助于保证锚节点的可靠性。

5）构件尺寸不宜过大

虽然加大构件尺寸具有提高节点承载力、增加刚度等好处，但是过大的尺寸会造成加工难度增加、施工困难、节点连接质量差等问题。所以，构件尺寸不宜过大。可通过合理的构造措施来满足更高的要求。

6）锚节点的构造合理

如上所述，一种优秀的锚节点形式必须综合考虑多种因素，但锚节点的尺寸限制同锚节点构件内很大并且复杂的应力是一对矛盾因素。采用合理的构造措施是解决这一问题的最佳方法。

7）尽量保证预应力钢索通过节点的形心

钢索张拉力的合力对节点的偏心会使节点产生弯曲和扭转，从而使连接在这个节点上的部分或全部杆件承受弯矩和扭矩，这对于按轴心受力考虑的杆件是不安全的。如果有同一节点的多根钢索同时存在偏心，会导致节点及其连接杆件的受力更加复杂和不利。此外，钢索的偏心还会导致锚具与结构的连接困难。

8）采取合理的加劲措施

采取加劲措施可增加锚节点的刚度，具有提高承载力、减小截面尺寸和节点变形等优点。加劲肋的设置必须合理。

9）与其他材料联合使用

当与其他材料联合使用时，会取得很好的效果。如在套管中设喇叭管灌注高度细石混凝土或在球形锚节点中高压灌注高强度细石混凝土，可极大地提高锚节点的刚度和局部承压能力，避免发生失稳，且能起到自锚的作用。

（二）预应力钢结构的施工

1. 预应力钢结构施工特点

（1）预应力施工会有阶段性，可以是嵌套形式。

（2）需要确定一个形状控制为索张拉目标，目标实现时的索力为目标控制索力，目标实现时控制点位移为目标控制位移，即初始状态。

（3）控制索力往往是几个，甚至是十几个以上。由于实际张拉设备有限，不可能所有索同时张拉，因此必须制定使用少数设备实现目标控制索力和目标控制位移的张拉方案。

2. 预应力钢结构的施工控制设计

预应力钢结构的施工状态控制设计，是指预先通过分析确定设计目标并制定张拉方案，张拉过程中对预应力钢结构施工状态进行实时识别，最终有目的地调整纠偏，从而使预应力钢结构施工受到有效的控制。为了实现这个目标，可采用几种施工计算方法，下面介绍三种方法：顺序循环法、倒装法和无应力法。

1)顺序循环法

顺序循环法分析步骤与实际预应力索施工步骤完全相同，通常在分析前根据工程具体情况先行确定若干备选方案，一般通过各个分组索2~3次循环迭代可逐步逼近设计索力，使结构最终成型。通过分析还可以准确获得各个施工阶段构件内力分布和结构几何形态。根据循环张拉的拉力增量可将顺序循环法细分为足量循环张拉法、等量递增循环张拉法和变量递增循环张拉法。足量循环张拉法是指每个循环中各组索的施工控制索力均为设计索力，由于后张索引入的预应力将在结构中重分布，必然导致先前张拉的索力发生变化，因此需要经过若干次循环张拉调整，直至各组索内力最终均达到设计要求的索力；等量递增循环张拉法是指通过 k 次循环张拉，将各组预应力索的设计索力等分为 k 份，每次循环张拉的索力增量为 P/k，直至最后各组索力均逼近设计索力后停止张拉循环；而变量递增循环张拉法是根据工程实际情况每次预应力施工张拉控制的索力增量不同，最后统一逼近设计索力的循环张拉施工方法。

2)倒装法

以斜拉张弦桁架组合结构为例来说明倒装法的原理。假如我们已经计算得到施工阶段荷载控制值，即索力 F_i 和控制位移 $U_i(i=1,\cdots,n)$，如果有 n 台张拉设备，就可能同步比例张拉 n 根索，实现施工目标。但实际工程施工时，考虑到施工成本，不会采用同步张拉方案。现考察使用一台设备张拉时索力和位移的变化情况。假定一台设备张拉次序和索号相同，要求张拉完成后的索内力和控制点位移为已计算得到的施工阶段荷载控制目标 $F_i(i=1,\cdots,6)$ 和 $U_i(i=1,\cdots,6)$。现假定按索号逐根张拉，张拉力就取 F_i。1号索张拉后，当2号索张拉时，1号索索力就不再是 F_i。继续张拉3号索，1号索和2号索的索力又发生变化。后继索张拉会改变已张拉索的索力，如此张拉无法达到施工阶段荷载控制力和控制位移的目标。

3)无应力法

依据索工作状态可以计算得到索无应力长度。把按无应力长度制作的索全部安装后，它的索力和位移在使用阶段荷载下就是使用阶段荷载的控制力和控制位移，在施工阶段荷载下就是施工阶段荷载的控制力和控制位移。因结构是弹性的，求解结果唯一，和索张拉次序无关。不难看出，按索无应力长度逐索安装，刚安装索的内力和相应控制点位移，就是倒装法按同样次序逐索张拉时该索控制内力和相应控制点位移。因此，无应力法和倒装法从本质上讲是同一过程的不同方式控制。无应力法逐一安装索，是以索的无应力长度作为张拉控制量，此时索力就是倒装法计算得到的控制张拉力。

通过以上分析，三种张拉顺序对应各阶段索力完全不同，因此各组索的张拉施工控制索力完全对应于事先制定的张拉顺序，张拉顺序不同，施工控制索力也不同。其中倒装法分析的结构计算结果是精确值，也是顺序循环张拉法多次循环逼近的结果。其计算过程简单明了，采用该分析结果进行张拉，能准确控制施工阶段各种预应力索的索力，张拉的最终结果与设计要求的结构成型索力完全一致。

第三节　建筑钢结构施工新技术

一、体育场馆安装技术

作为2008年北京奥运会的主会场,国家体育场造型奇特,结构形式和节点构造极其复杂,施工难度极大。国家体育场钢结构采用散装总体施工方案,虽然施工临时措施较多,但经多种方案比较,所选方案是能够安全实施的最佳方案。

(一)工程特点与难点

1. 工程组织管理难度大

本工程规模巨大,工程组织管理体系相当复杂,从市政府到业主、设计、监理、总包,从总包到土建施工单位、机电设备安装单位、装饰装潢单位、钢结构分部,从钢结构分部到钢结构加工单位、钢结构安装单位及膜结构施工单位,层次众多,项目管理极其复杂。同时,钢结构安装与土建、钢结构现场拼装等存在多方施工交叉作业现象,现场场地狭小,施工场地布置、构件运输及大型吊机行走路线等受到限制。施工各方需合理协调、统筹管理,工程组织管理难度大。

2. 结构复杂,造型奇特,安装精度控制难度大

由于国家体育场特殊的建筑造型,造成主、次结构之间存在多杆空间交汇现象。而次结构的复杂多变和规律性少,更增加了结构节点构造的复杂性。安装时,经常存在多个管口同时对接现象。对于箱形断面,要保证多个管口的对口精度,难度巨大。同时,对于大跨度空间结构,构件长度受温度变化的影响较大,安装精度极难控制。

3. 构件体型大、重量重、形体怪异,安装难度大

本工程中,桁架柱的最大断面达25 m×20 m,高度为67 m,单榀最重达700 t。主桁架高度为12 m,双榀贯通最大跨度为258.365 m,构件体型庞大,单体重量重,加之桁架柱和立面次结构的形体怪异,吊装难度大。同时,根据设计要求,本工程的顶面次结构需在支撑塔架卸载完毕后再进行安装。由于在支撑塔架的卸载过程中,屋盖钢结构会产生一定的变形,从而导致顶面次结构的安装边界条件发生了改变,但考虑到工期和设计难度,顶面次结构仍是按照卸载前的边界条件(即原设计坐标)进行加工和拼装的,这两者之间存在一定程度的尺寸偏差,从而导致顶面次结构的安装对口和精度控制难度增大。

4. 厚板焊接、高强钢焊接及低温焊接难度大

本工程中,厚板数量较多(最厚达110 mm),且均为高强钢(材质最高为Q460E),厚板焊接、高强钢焊接、铸钢件焊接等居多,现场焊接工作量相当大,难度高,高空焊接仰焊多。同时,主结构安装与厚板焊接正值冬季施工,焊前预热、焊后保温以及高空防风、防滑、防寒措施必不可少,施工难度大。

5. 合拢难度大

国家体育场屋盖钢结构属于特大型大跨度钢结构,双榀主桁架贯通最大跨度为258.365 m。由于结构形成过程和使用过程存在较大的温差,使用过程中,结构会产生较大的温度变形和温度应力。因此,根据北京地区的极限最低温度和极限最高温度,设计上

设置了合拢温度,即屋盖结构最终形成时的温度,以减小温度变形和温度应力。根据设计要求,本工程中的主桁架和立面次结构各设置了 4 条合拢线,其中,主桁架合拢口 96 个,立面次结构的合拢口 28 个,合拢口数量众多。为确保合拢线上的对接口同时合拢,需组织大量的人力和物力。同时,根据钢结构施工进度和北京历年来的气温情况,要确保设计要求的合拢温度,难度甚大,必须进行周密的部署和施工安排,合拢组织难度大。

6. 卸载难度大

国家体育场钢结构受力体系为中央大开口的斜交桁架双层网壳,表现出很强的空间非几何线性作用。根据总体施工方案,结构安装阶段,整个屋盖设置了 80 个支撑塔架,作为主桁架安装时的临时支撑,主结构安装完毕后,再进行卸载和拆除。在进行支撑塔架的卸载过程中,结构体系逐步转换,结构本身和支撑塔架的受力均产生变化,卸载的先后顺序、卸载等级及工艺都会对其产生影响,需进行详细的工况分析。对于如此复杂的结构体系,工况分析及同步卸载控制难度大。

7. 工期压力大

本工程的工期以钢结构施工为主线,其施工的进度直接影响体育场看台、基座、膜结构及其他相关工程的施工,工期压力相当大。对于本工程钢结构的安装,无论是从工程量来说,还是从施工难度来说,工期都相当紧张。加上冬季低温施工的效率低下和北京春季风沙对吊装作业的影响,更加大了工期压力。

(二)主要采用的施工技术

1. 支撑塔架设置

为实施屋盖钢结构的安装和施工,根据钢结构特点、吊装分段形式和下部混凝土看台结构的布置情况,在主桁架下弦交叉节点的位置设置 80 个 3 m×3 m 格构式支撑塔架(见图 7-25)。为提高支撑塔架的整体刚度和稳定性,防止支撑塔架的沉降,支撑塔架的顶部设置桁架式水平支撑体系,底部设置 6 m×6 m 的桩基承台。根据主桁架的总体安装顺序将整体支撑塔架分成四大块,长短轴各两个区块,四个区块所有支撑塔架连成整体。

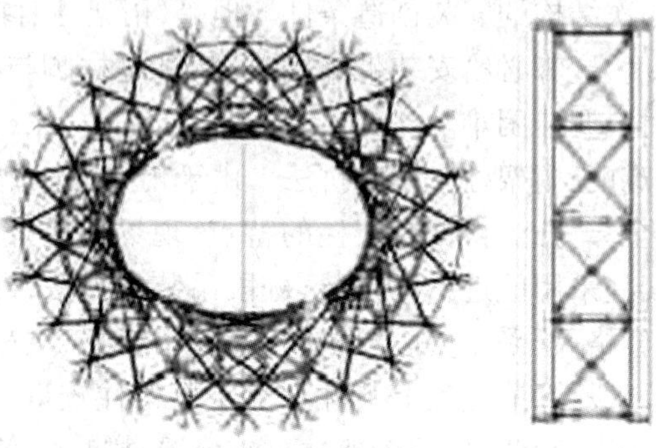

图 7-25　支撑塔架布置与标准节形式

为方便现场加工制作和安装,提高其经济性,支撑塔架和柱顶连系桁架的设计均采用标准节方式。支撑塔架的柱肢采用 D528 ×12 和 D609 ×12 的螺旋焊管,水平腹杆采用 2∟125 ×8 十字形布置,斜腹杆采用∟125 ×8 X 形交叉体系。为提高支撑塔架柱身的抗扭刚度,在每节标准段的两端和中间区域设置角钢交叉横隔。同时,为便于主桁架的安装和支撑塔架的整体卸载，支撑塔架顶部设置十字形箱梁和 H 型钢支顶装置。

2. 柱脚施工技术

国家体育场桁架柱柱脚共计 24 件，次结构（包括立面次结构、楼梯柱和排水柱）柱脚共计 106 件，所有柱脚通过 $\delta = 30$ mm 过渡板与混凝土承台中的预埋件相连。柱脚底部标高最低为 −8.72 m，顶部标高为 1.5 m（其中 C19 为 −0.8 m），最重为 189 t。柱脚单体重量大，50 mm、80 mm、100 mm 的厚板较多，厚板焊缝密集，焊接变形和残余应力控制难度大。同时，柱脚部分与土建单位的交叉施工集中，柱脚安装时，土建施工还未结束，现场施工条件较差并受到限制。加之，柱脚周围存在大量的插筋，情况复杂，柱脚安装操作空间相当狭窄，施工难度大。柱脚安装完毕后，土建单位还需进行承台钢筋绑扎和混凝土的二次浇筑工作。所以，本工程柱脚特别是桁架柱柱脚无论是从结构形式还是在受力上都不同于其他工程，安装时，不但要确保柱脚的垂直度、水平偏移、上口标高，为上部结构施工创造条件，还要确保焊接质量，以保证整个屋盖结构的安全。

根据柱脚的结构特点及现场实际情况，针对不同位置的柱脚采用不同的施工技术。对于桁架柱柱脚，采用分块安装方法，并尽量减少现场焊缝的数量，保证焊接操作空间和位置，降低焊接难度。为此，所有柱脚的锚梁均单独安装，并辅以垫板调节标高和垂直度，加设限位板以减小水平偏移。安装完毕后，采取稳定加固措施，避免土建施工对柱脚的影响。同时，对影响柱脚安装的钢筋，待柱脚安装就位后再进行绑扎。而柱脚的锚梁段以上部分，北区选择 500 t 履带吊分段或整体进行安装，南区选择 800 t 履带吊整体进行安装。

为满足现场安装时的作业条件，立面次结构、楼梯柱、排水柱柱脚与柱身分段对接口设置在二次混凝土顶面以上 1.2 m 左右，相邻断口的最小距离大于 0.6 m。次结构、楼梯柱、排水柱柱脚均采用整体安装，最大吊装重量为 24 t。

3. 桁架柱安装技术

桁架柱支撑着整个屋盖，受力大，施工质量要求高。安装时，不但要确保内柱的垂直度、水平偏移、上口坐标及上节柱和下节柱的对口偏差，而且要确保桁架柱上各牛腿的管口坐标，为主桁架和立面次结构的安装创造条件。但是，桁架柱对接管口多，刚度大，拼装时很难保证各管口的精度，这势必给安装带来困难，特别是柱脚与桁架柱对接处，因未进行预拼装且钢板较厚，对口调节困难。

为降低构件的拼装难度，桁架柱采用卧拼法。由于桁架柱体型庞大，整根吊装难度极大，且既不经济，又不安全。为此，根据桁架柱的特点、现场场地条件及安装精度要求、工期要求等实际情况，桁架柱采用就近整体拼装、分段吊装的方法，即桁架柱在指定的位置整体拼装完成并经验收合格后，采用分段双机抬吊、起吊直立、主吊车回转就位的吊装方法。每根桁架柱均分为两段：下节柱和上节柱。由于桁架柱较重，且重心偏向内柱，吊装过程中吊点与吊耳受力较大，为此，根据桁架柱重心位置、拼装形态及结构形式，下柱吊装时，内柱设置主吊点和圆管吊耳，以便于起吊直立过程中钢丝绳的转动；两外柱设置副吊点和板式吊耳，以便于桁架柱吊装时的平衡调节。同时，为保证桁架柱外观的美观及起吊后钢丝绳的受力，外柱上的吊耳均设置在桁架柱内侧，内柱上的吊耳设在菱形内柱两侧。上柱吊装时的吊点均设置在外柱弯扭段顶面，靠内柱一侧为主吊点，两主吊点距离较近，外侧为副吊点，主、副吊耳均采用板式吊耳。

在桁架柱的吊装过程中，吊耳将承受较大的集中荷载。由于吊耳的受力较为复杂，采用通常的方法难以确定吊耳的内力分布情况，只能通过实体有限元的方法来确定，并会涉及接触非线性与材料非线性问题。为便于吊耳的重复利用，吊耳设计时，可适当加长，并根据最重的吊装分段和最不利工况作为计算分析依据。根据计算分析，内柱圆管吊耳选用 D500×34 和 D610×32 两种，圆管内设厚度为 20 mm 的内加劲板。为了防止吊绳上滑，圆管外加限位环板，环板上设置加劲板来保证其强度与稳定性。板式吊耳则采用 50 mm 厚钢板。

桁架柱安装需要进行脱胎、起吊直立、吊装就位等一系列工艺程序，对于桁架柱此类特大型构件的安装，吊装前的各项准备工作尤为重要，如现场平面规划与清理：包括吊机站位点与行走路线，800 t 吊车配重摆放位置，吊机行走路线，超起配重的回转范围及桁架柱的起吊直立区域内构件、工器具、杂物等的清理，影响桁架柱脱胎的拼装平台、拼装定位板及其他杂物、垃圾的清理；柱脚上口处操作平台、安全通道搭设；内部加强支撑、外部刚性拉撑、刚性拉撑包箍、缆风绳耳板的装设；柱脚上口和桁架柱下端处的工装件、定位板的安装。为防止钢丝绳的损坏，500 t 辅助吊车吊点处需增设圆弧形钢板保护套。起吊直立和吊装就位时，通过电动葫芦及滑轮组对桁架柱进行平衡调节，并确保桁架柱内柱垂直于大地。

桁架柱起吊直立时，动作要平稳，并须进行全过程监测，直到桁架柱内、外柱下端口保持水平。下柱吊装就位时，因内柱下端为铸钢件，且铸钢件以插入形式与柱脚连接，所以在进行对口就位时，首先进行内柱的对口定位，然后调整外柱的对口偏差。

桁架柱就位后，先进行临时固定，然后通过经纬仪、全站仪进行内柱垂直度的控制测量及控制点坐标的测量，根据偏差情况进行调整，直到满足要求。调整时，先调整内柱垂直度，后调整每个箱形柱管口坐标。调整好桁架柱后及时利用卡马进行固定，然后三个管口同时施焊，对称焊接，待焊缝完成 2/3 以上后，吊车方可松钩。

为确保桁架柱的侧向稳定，根据吊装工况分析和变形计算结果，桁架柱就位后，在内柱与混凝土看台之间设置圆管刚性拉撑，外柱内侧拉设稳定缆风。

4. 主桁架安装技术

根据散装总体思路，即分段吊装方案，主桁架共分为 182 个吊装分段，其中平面桁架共 166 段，立体桁架共 16 段。除内圈主桁架外，主桁架均采用平拼法。由于主桁架分段形态和重心分布各不一样，故吊点的布置也互不相同。根据主桁架的分段形式，吊点设置总体上分为两种：外圈和中圈的平面主桁架采用两点吊装，局部牛腿较长的桁架增设一个稳定吊点；内圈立体主桁架采用三点吊装，一个主吊点和两个辅助吊点。所有吊点均设在桁架上弦节点区域对应内加劲或靠近内加劲的位置，以确保桁架上弦的局部受力要求。

由于主桁架吊装单元分为平面主桁架和立体主桁架，平面主桁架采取卧式组拼，而立体主桁架拼装形态与吊装时相同，所以平面主桁架与立体主桁架的吊装过程不尽相同。①平面主桁架：脱胎→翻身→就位→校正→焊接；②立体主桁架：脱胎→就位→校正→焊接。

为便于对位，主桁架安装时需在主桁架下弦下表面和上弦上表面标出质量控制基准点，基准点选择支撑塔架处主桁架两个方向轴线的交点，并将基准点投影到支撑塔架顶部十字梁上。当主桁架就位时,首先确保主桁架下弦下表面的基准点与支撑塔架顶部的基准点重合,然后通过经纬仪、全站仪进行主桁架的垂直度测量和主桁架上弦上表面基准点的坐标测量,如不符合设计和规范要求,可在支撑塔架顶部架设千斤顶来进行调整,直到基准点的坐标达到设计和规范要求。主桁架就位后,进行相关管口的坐标测量,如偏差不符合设计和规范要求,进行相应的处理,并作为相邻主桁架分段的安装依据。

主桁架安装前通过建模确定支顶点的标高,并根据计算结果加工和安装好支顶装置,确保支托位置和顶部标高符合预定的尺寸要求。确定标高时要考虑支撑塔架的压缩变形量(约 5 mm),确保主桁架就位后自重作用下的安装实测标高符合设计要求。为防止垫板和支托在主桁架就位时滑动,采用压马将垫板和支托固定在短柱上。就位过程中,如主桁架管口标高未达到设计坐标,可通过气割调整支托高度,满足要求后,将支托上端与主桁架下弦底板焊接固定。

主桁架高度高,且搁置在支撑塔架上,分段吊装时,高空构件的风载较大,在分段未连成整体或结构未形成整体之前,稳定性较差,尤其是最先吊装的主桁架分段,侧向稳定性差。所以,主桁架安装遵循分区对称安装原则,尽早形成独立稳定的区域,并按照三个阶段八个区域的吊装顺序进行安装。主桁架就位完毕后,及时进行固定,对接口设置卡马,自由端设置侧向稳定撑杆和缆风绳。对于首件吊装的主桁架,必须待所有固定措施和侧向稳定措施做好后方可松钩,松钩时要缓慢,以确保首件吊装的主桁架的安全和支撑塔架的安全。同时,在松钩过程中,要加强对主桁架的变形(主要为挠度)和支撑塔架垂直度的监测。

根据吊装工况分析和变形计算结果,起吊前局部悬臂杆件之间加设临时内支撑,支撑形式为[20(用于长度较短的支撑)和用[20 拼成的方通(用于长度较长的支撑)。

5. 立面次结构及钢楼梯安装技术

国家体育场的结构特色的主要体现就是次结构的布置,因其看似杂乱的布置,真正体现了“鸟巢”的结构主题。为确保管口对接质量,在施工总体思路上,立面次结构和钢楼梯分区间整体预拼装,分段进行安装。根据结构布置和吊车选用情况,立面次结构共分为 418 个吊装分段。在施工总体程序上,立面次结构安装遵循分区对称安装原则,尽早与桁架柱形成独立稳定的区域。同时,立面次结构及钢楼梯安装遵循由内向外的施工顺序:楼梯柱安装→内楼梯安装→立面次结构安装→外楼梯安装。

因立面次结构倾斜向外,在结构未形成整体稳定区块之前,自身稳定性很差。为防止侧向失稳,立面次结构吊装时,往看台方向拉设缆风绳。

6. 合拢技术

北京地区的气候类型属典型的温带大陆性气候,季节气温变化很大。由于“鸟巢”结构的钢构件直接暴露于室外,冬季时钢构件的温度与室外气温基本相同。夏季室外气温最高,同时太阳辐射强度也最大,太阳辐射将引起构件温度显著升高。由于屋架上、下弦膜材之间的空气流动性较差,屋架内部温度明显高于室外气温,形成“温箱效应”。另外,结构在迎光面与背光面的温差,以及屋面、立面钢构件的温差将形成梯度较大的温度场分布。由于国家体育场大跨度钢结构的平面尺度很大,温度变化将在结构中引起很大的内力和变形,对结构的安全性与用钢量将产生显著的影响。加之,国家体育场钢结构工程量大,结构安装需经历较长的时间跨度,为控制安装过程的变形,减小结构使用过程中的极限温度变形和温度应力,在安装主桁架的过程中,采用了分块安装法,即先将各分段主桁架在高空依次拼接为4个对称、均匀布置的独立板块,然后将各独立板块连成一个整体,这一分块连成整体的过程就叫做合拢。合拢时的钢构件平均温度即为合拢温度,它有别于合拢时的大气温度,它是结构使用过程中温度的基准点。为保证使用过程中的安全,特别是北京地区极限最高温度和极限最低温度时的安全,必须选择合适的合拢温度,以减小结构使用过程中的温度变形和温度应力。根据原设计要求,主桁架的合拢温度为(14±4)℃,立面结构与顶面次结构的合拢温度为(14±8)℃。考虑到全球气温变暖趋势、极限最高温度和极限最低温度的取值偏低及施工进度等诸多实际情况,设计对合拢温度进行了微调,调整后的合拢温度和要求为:①钢结构合拢温度15~23 ℃;②次结构合拢温度11~23 ℃;③设计合拢温度为钢结构的平均温度,在合拢时钢结构尽量做到温度均匀,在立面次结构后合拢情况下,顶面主结构温度允许偏差为±2 ℃。

国家体育场钢屋盖结构复杂,跨度较大,主桁架相互交错,合拢线的选择比较困难。在确定合拢线时,不但要考虑结构本身的受力和变形情况,同时还应考虑钢结构的整体安装顺序和主桁架的安装分段情况,尽量减少合拢点的数量,特别是合拢口的数量,以方便施工,减少合拢时的人员、设备及其他资源的投入,并确保施工过程的安全。根据设计要求,并结合现场施工的实际情况,主桁架、立面结构及顶面次结构的合拢线确定如下:①主桁架沿屋盖环向设置4条合拢线,主桁架的合拢线充分利用钢结构的两条分区施工线,另增设两条合拢线;②为保证整个结构的合拢,立面结构与顶面次结构沿屋盖环向在与主体钢结构合拢断面相应的位置设置4条合拢线;③安装时,合拢线处所有钢结构杆件均断开,采用卡马临时搭接,并保证合拢口的伸缩自由。根据以上情况,主桁架共有96个合拢口,立面次结构共有28个合拢口。

由设计要求和选定的合拢线可知,本工程的合拢口数量众多,牵涉到的合拢段较多。根据总体施工进度安排,合拢段安装的时间跨度相对较大,因此各合拢段安装时的温度差别较大,受温度变化的影响也较大。为确保合拢段的顺利安装和施工过程中的安全,同时确保合拢口合拢时的最终间隙大小,在进行合拢段的安装时,必须遵循以下原则:①尽量选择在与合拢时相近的温度条件下或低于该温度的条件下进行安装,以方便构件的进裆,控制合拢时的坡口间隙,该间隙大小要考虑温度变形计算结果和焊接收缩变形,以减小合拢口的焊接量和焊接残余应力,确保合拢口的焊接质量。如达不到预定的要求,可调整合拢段先焊一端的坡口间隙。同时,对合拢口的错边量也要加以严格控制,保证合拢的顺利进行。②尽量采用小间隙安装法,避免合拢时合拢口间隙过大。③为确保合拢段施工过程中的安全,合拢段安装就位后,除设计要求的合拢口不进行焊接连接外,其他接口部位均需及时焊接完毕,以增强结构的整体稳定性。④为确保合拢口在施工过程中因温度变化而自由伸缩,合拢口采用卡马搭接连接,卡马的大小和数量需根据该接口部位的受力计算确定。此受力计算不但要考虑合拢段安装过程中搭接受力要求,而且要考虑合拢过程中合拢口的受力要求,包括构件本体的受力。

因合拢口数量众多,如一次合拢,则需投入大量的人力和物力,且施工组织管理也相当困难,根据现场实际情况,结合设计提出的先行合拢构件需纳入后续合拢线合拢温度要求范围这一基本原则，本工程的合拢按合拢线依次进行。先进行主桁架的合拢，再进行立面结构的合拢。主桁架合拢时，先进行两大施工区域内部合拢线的合拢，再进行两大施工分区间合拢线的合拢，同一合拢线的各合拢口同时、同步合拢。在进行主桁架4条合拢线的合拢时，合拢温度条件要基本相同，此时因立面结构还未合拢和形成整体，故可不对立面结构的温度做严格的要求。但当进行立面结构的合拢时，顶面主桁架因已形成整体并参与受力，所以必须加以总体考虑，主桁架的温度要求同立面结构的合拢温度要求。

按照设计要求，合拢时钢结构本体温度是结构的整体温度，为确切掌握整个屋盖钢结构的温度场分布情况，以及不同部位钢结构实际温度同气温的对应关系，确定最佳的合拢时机，特建立以热电偶作为测温元件的自动测温系统。该系统测温范围为 $-5\sim+120$ ℃，测试精度为 ±1 ℃。温度测试共布设60个测点，其中，顶面桁架36个测点，立面结构24个测点。测点具体设置为：上下弦杆的上表面、立面结构的侧表面、内柱的外侧面。温度测试在合拢前5天开始进行全天24 h跟踪监测，并覆盖合拢过程的所有工作。为形成连续的测量资料，每间隔 $0.5\sim1$ h读取各测量点的温度信息，并形成数据文件。重点对各测量点的夜间温度进行整理分析，以获取夜间钢结构整体温度的具体数值和分布情况。

为防止合拢时因温度变化而产生过大的温度变形和温度应力，选择气温相对稳定的情况下进行合拢，即合拢安排在夜间进行。由于合拢口数量多，焊接量大，要在短时间内将合拢口焊接完毕，难度较大。为此，实际合拢时，先将合拢口的所有卡马焊接固定，然后进行合拢口焊缝的焊接。卡马的焊接在1 h内完成，卡马的连接焊缝高度根据受力计算结果确定。卡马焊接完毕后，及时进行合拢口对接焊缝的焊接，并确保焊接过程中钢结构的本体温度尽可能处于设计要求的合拢温度范围内。

7. 支撑塔架卸载技术

国家体育场支撑塔架的卸载具有卸载总吨位大（达14 000 t）、卸载点分布广、点数多、同比卸载量变化大及单点卸载吨位大等特点，为确保结构的安全和整体外形，需控制各点同步下降。为此，采用液压同步控制系统来进行卸载。

对于大跨度空间结构，卸载顺序直接影响到支撑塔架的受力变化和结构本身的受力转换。不同的结构形式，卸载顺序也会有所区别，但总体原则是确保支撑塔架的受力不超出预定要求和结构成型相对平稳。根据多次计算分析的结果，最终确定由外向内的卸载总顺序，分7大步和35小步进行卸载，并且在外、中、内三圈支撑塔架各圈卸载过程中保持同步，三圈支撑每次卸载的位移同各点的最终总位移保持等比关系。

二、大型公共建筑施工技术

由于CCTV主楼钢结构的双向倾斜和三角形单元结构受力的特征，以及巨大的施工难度，特别是超大悬臂结构的超高空大跨度悬挑施工，施工单位研制了特大型塔吊在纯钢结构中的爬升施工技术、大型临时栈桥解决吊装受限的施工技术、预应力锚栓张拉技术、超大悬臂钢结构超高空安装技术等一系列先进的施工工艺和技术。

（一）主要施工特点

CCTV主楼钢结构建造规模宏大，构件重、节点构造复杂，对构件吊装、测量定位、变形控制及施工管理的要求非常高，需要有与之相匹配的特大型垂直运输设备、较高的施工平面管理水平及先进的建造施工技术和施工措施。

本工程因塔楼的双向倾斜设计和超大悬臂结构影响,在建造过程中主体结构的三维空间位置将受自重、日照、温差、风载摆动、基础沉降等因素影响而不断发生动态变化,为使结构完成后达到设计位形和尺寸要求,施工中需采取预调值反变形措施加以控制。

为满足建筑美观、结构承力和使用功能的要求,悬臂结构的体型庞大、外挑距离长、超重,在安装中构件容易失稳,因此只有形成整体受力后,方能确保结构的整体稳定性和安全性。而且,设计要求主体钢结构、楼面混凝土、幕墙、内装饰和机电设备等施工完成,即将加入使用活荷载情况下,悬臂底部需呈水平,其施工过程将面临严峻的建筑力学考验,施工具有很大的难度和风险。为使两座塔楼的悬臂能在空中顺利实现转角合拢,确保结构安全,需要采取特殊的施工措施,运用先进的测量技术和施工方法,克服因结构预调值处理、构件截面多样化及结构位形动态变化而增加的测量控制难度,实现结构高精度合拢。

本工程使用的钢材材质有 Q235、Q345、Q390、Q420、S460 等系列,现场焊接 70% 为高强厚板焊接,焊接母材强度高,焊接量大,焊缝长,焊接收缩变形大,焊接质量要求高,如何控制焊接变形和消除应力,将直接影响结构安装成型,特别是重型钢柱的空间位置。

(二)施工技术准备

1. 结构施工计算和误差调整分析

随着钢结构工程逐渐大型化,其施工技术要求越来越高,结构施工计算分析和施工误差调整分析越来越重要,它是进行这类工程施工最关键的技术措施之一,首先要保证结构施工计算的正确性,其次要确保施工误差调整的可控性。同样,CCTV 主楼钢结构各项施工方案在实施前就运用 SAP、ANSYS、CAD 等技术进行了大量的结构施工虚拟仿真计算分析,以论证、比较、判定施工方案的先进性和可操作性,同时,确定了为控制、调整钢构件的位置和标高安装误差而采取的施工措施,并且力求这些措施简单方便、误差调整快捷易行。

2. 制定专项施工质量验收标准

本工程大量使用 Q390、Q420 和 S460 高强钢材,主要构件都是由厚板焊接而成的,截面形状多样,多杆件汇交节点十分复杂。在施工中对构件外形尺寸、组装对位、空间三维坐标值如何控制才能达到要求,允许偏差控制在什么范围才能保证整个结构的倾斜度和结构合拢精度要求,这就要有相应的技术质量标准来指导和控制,而现行的钢结构施工规范对于这种特大型复杂高层重钢结构有一定局限性,不能完全满足施工需要。因此,通过多方论证,在国家现行《钢结构施工质量验收规范》基础上,制定了《中央电视台新台址钢结构安装工程施工质量验收标准》,作为钢结构安装的质量控制依据,以确保安装精度符合设计和使用功能的要求。

3. 构件分段与辅助连接耳板及吊点布置

按照尽量降低对吊装设备的起重性能要求、减少吊装次数、满足结构受力和加工运输要求的原则,外框筒钢柱按 2 层分 1 节,核心筒和内筒钢柱按 3 层分 1 节。分段后的构件大部分为大型超重构件,为方便吊装就位、校正和临时固定,确保安装顺利和安装精度,需采取大量的施工技术措施,以降低施工操作难度。

因此,用于临时连接、吊装吊点、倾斜角度调节等临时连接耳板的布置就成为整个钢结构安装最重要的一个环节,经计算,设置的临时连接耳板就有 1 150 t。这些临时连接耳板需要根据钢构件倾斜角度和构件重量,事先在构件上设置,并在深化设计图中同构件一起体现,在工厂制作中将其焊接在构件上规定位置。

4. 选择吊装设备

根据 CCTV 主楼钢结构单重在 10 ~ 80 t 的构件较多、吊装就位距离远的实际情况,通过吊装工况计算分析,每座塔楼各选择了 1 台 M1280D 动臂塔吊、1 台 M600D 动臂塔吊分别作为主吊和辅吊。

5. 确定钢柱安装坐标值与标识

运用虚拟仿真技术,按照施工顺序与步骤对结构进行反变形计算分析,确定出钢柱预调值,由此分别计算出钢柱顶部的深化设计坐标值和安装坐标值。每节钢柱选取至少 3 个点位进行坐标控制,在制作中将这些点位进行明显标识,它是钢柱吊装就位时的唯一控制依据,关系着构件安装的准确性,必须做到万无一失、高精确。

(三) 施工方法与顺序

本工程钢结构采用多台动臂塔吊同时对两座塔楼、裙楼展开安装,核心筒与内框筒钢结构由中间向四周对称安装并领先外框筒钢结构 2 ~ 3 层,而外框筒钢结构安装随建筑物的倾斜方向以平面对角为分界线依次对称进行。主体钢结构安装与冷压型钢板、混凝土施工、防火涂料、幕墙等专业施工保持 4 ~ 6 层的施工节奏。两座塔楼钢结构安装到顶部后,通过塔吊内爬移位后分别对塔楼 1 和塔楼 2 的悬臂采用分离延伸、局部合拢、块体扩大、高空散件安装的方法进行施工。悬臂施工完成后,安装在裙楼后浇带、裙楼与塔楼的连接角部、悬臂腋部预留的钢结构延迟构件。

附　录

附录 1　钢材和连接的强度设计值

附表 1-1　钢材的强度设计值　　（单位:N/mm^2）

钢材 牌号	钢材 厚度或直径(mm)	抗拉、抗压和抗弯 f	抗剪 f_v	端面承压(刨平顶紧) f_{ce}
Q235 钢	≤16	215	125	325
	>16～40	205	120	
	>40～60	200	115	
	>60～100	190	110	
Q345 钢	≤16	310	180	400
	>16～35	295	170	
	>35～50	265	155	
	>50～100	250	145	
Q390 钢	≤16	350	205	415
	>16～35	335	190	
	>35～50	315	180	
	>50～100	295	170	
Q420 钢	≤16	380	220	440
	>16～35	360	210	
	>35～50	340	195	
	>50～100	325	185	

注:表中厚度是指计算点的钢材厚度,对轴心受拉构件是指截面中较厚板件的厚度。

附表 1-2　焊缝的强度设计值　　（单位：N/mm^2）

焊接方法和焊条型号	构件钢材		对接焊缝				角焊缝
	牌号	厚度或直径（mm）	抗压 f_c^w	焊缝质量为下列等级时，抗拉 f_t^w		抗剪 f_v^w	抗拉、抗压和抗剪 f_f^w
				一、二级	三级		
自动焊、半自动焊和 E43 型焊条的手工焊	Q235 钢	≤16	215	215	185	125	160
		>16～40	205	205	175	120	
		>40～60	200	200	170	115	
		>60～100	190	190	160	110	
自动焊、半自动焊和 E50 型焊条的手工焊	Q345 钢	≤16	310	310	265	180	200
		>16～35	295	295	250	170	
		>35～50	265	265	225	155	
		>50～100	250	250	210	145	
自动焊、半自动焊和 E55 型焊条的手工焊	Q390 钢	≤16	350	350	300	205	220
		>16～35	335	335	285	190	
		>35～50	315	315	270	180	
		>50～100	295	295	250	170	
自动焊、半自动焊和 E55 型焊条的手工焊	Q420 钢	≤16	380	380	320	220	220
		>16～35	360	360	305	210	
		>35～50	340	340	290	195	
		>50～100	325	325	275	185	

注：(1) 自动焊和半自动焊所采用的焊丝与焊剂，应保证其熔敷金属抗拉强度不低于相应手工焊条的数值。

(2) 焊缝质量等级应符合现行国家标准《钢结构工程施工质量验收规范》(GB 50205—2001) 的规定。其中厚度小于 8 mm 钢材的对接焊缝，不宜用超声波探伤确定焊缝质量等级。

(3) 对接焊缝抗弯受压区强度设计取 f_c^w，抗弯受拉区强度设计值取 f_t^w。

(4) 表中厚度是指计算点的钢材厚度。

附表 1-3　螺栓连接的强度设计值　（单位：N/mm^2）

螺栓的钢材牌号（或性能等级）和构件的钢材牌号		普通螺栓						锚栓	承压型连接高强度螺栓		
		C 级螺栓			A 级、B 级螺栓						
		抗拉 f_t^b	抗剪 f_v^b	承压 f_c^b	抗拉 f_t^b	抗剪 f_v^b	承压 f_c^b	抗拉 f_t^b	抗拉 f_t^b	抗剪 f_v^b	承压 f_c^b
普通螺栓	4.6 级、4.8 级	170	140	—	—	—	—	—	—	—	—
	5.6 级	—	—	—	210	190	—	—	—	—	—
	8.8 级	—	—	—	400	320	—	—	—	—	—
锚栓	Q235 钢	—	—	—	—	—	—	140	—	—	—
	Q345 钢	—	—	—	—	—	—	180	—	—	—
承压型连接高强度螺栓	8.8 级	—	—	—	—	—	—	—	400	250	—
	10.9 级	—	—	—	—	—	—	—	500	310	—
构件	Q235 钢	—	—	305	—	—	405	—	—	—	470
	Q345 钢	—	—	385	—	—	510	—	—	—	590
	Q390 钢	—	—	400	—	—	530	—	—	—	615
	Q420 钢	—	—	425	—	—	560	—	—	—	655

注：(1) A 级螺栓用于 $d \leqslant 24$ mm 和 $l \leqslant 10d$ 或 $l \leqslant 150$ mm（按较小值）的螺栓，B 级螺栓用于 $d > 24$ mm 或 $l > 10d$ 或 $l > 150$ mm（按较小值）的螺栓。d 为公称直径，l 为螺杆公称长度。

(2) A 级、B 级螺栓孔的精度和孔壁表面粗糙度，C 级螺栓孔的允许偏差和孔壁表面粗糙度，均应符合现行国家标准《钢结构工程施工质量验收规范》（GB 50205—2001）的要求。

附表 1-4　结构构件或连接设计强度的折减系数

项次	情况	折减系数
1	单面连接的单角钢：	
	(1) 按轴心受力计算强度和连接	0.85
	(2) 按轴心受压计算稳定性	
	等边角钢	$0.6 + 0.0015\lambda$，但不大于 1.0
	短边相连的不等边角钢	$0.5 + 0.0025\lambda$，但不大于 1.0
	长边相连的不等边角钢	0.70
2	跨度≥60 m 桁架的受压杆和端部受压腹杆	0.95
3	无垫板的单面施焊对接焊缝	0.85
4	施工条件较差的高空安装焊缝和铆钉连接	0.90
5	沉头和半沉头铆钉连接	0.80

注：(1) λ 为长细比，对中间无联系的单角钢压杆，应按最小回旋半径计算，当 $\lambda < 20$ 时，取 $\lambda = 20$。

(2) 当几种情况同时存在时，其折减系数应连乘。

附录2　受弯构件的容许挠度

附表2-1　受弯构件的容许挠度

项次	构件类型	挠度容许值	
		$[v_T]$	$[v_Q]$
1	吊车梁和吊车桁架(按自重和起重量最大的一台吊车计算挠度)		
	(1)手动吊车和单梁吊车(含悬挂吊车)	$l/500$	
	(2)轻级工作制桥式吊车	$l/800$	
	(3)中级工作制桥式吊车	$l/1\ 000$	
	(4)重级工作制桥式吊车	$l/1\ 200$	
2	手动或电动葫芦的轨道梁	$l/400$	
3	有重轨(质量≥38 kg/m)轨道的工作平台梁	$l/600$	
	有轻轨(质量≤24 kg/m)轨道的工作平台梁	$l/400$	
4	楼(屋)盖梁或桁架,工作平台梁(第3项除外)和平台梁		
	(1)主梁或桁架(包括设有悬挂起重设备的梁和桁架)	$l/400$	$l/500$
	(2)抹灰顶棚的次梁	$l/250$	$l/350$
	(3)除(1)、(2)外的其他梁	$l/250$	$l/300$
	(4)屋盖檩条		
	支承无积灰的瓦楞铁和石棉瓦者	$l/150$	
	支承压型金属板、有积灰的瓦楞铁和石棉瓦等屋面者	$l/200$	
	支承其他屋面材料者	$l/200$	
	(5)平台板	$l/150$	
5	墙梁构件		
	(1)支柱		$l/400$
	(2)抗风桁架(作为连续支柱的支承时)		$l/1\ 000$
	(3)砌体墙的横梁(水平方向)		$l/300$
	(4)支承压型金属板、瓦楞铁和石棉瓦墙面的横梁(水平方向)		$l/200$
	(5)带有玻璃窗的横梁(竖直和水平方向)	$l/200$	$l/200$

注:(1)l为受弯构件的跨度(对悬臂梁和伸臂梁为悬伸长度的2倍)。

(2)$[v_T]$为全部荷载标准值产生的挠度(如有起拱应减去拱度)的容许值,$[v_Q]$为可变荷载标准值产生的挠度的容许值。

附录3　截面塑性发展系数

附表 3-1　截面塑性发展系数

<table>
<tr><th>项次</th><th>截面形式</th><th>γ_x</th><th>γ_y</th></tr>
<tr><td>1</td><td>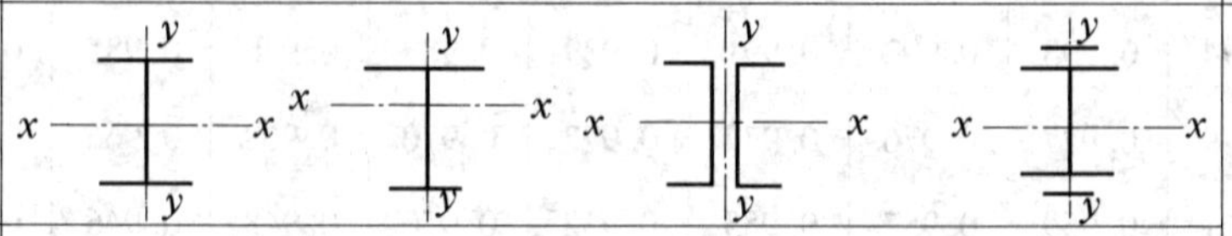</td><td rowspan="2">1.05</td><td>1.2</td></tr>
<tr><td>2</td><td>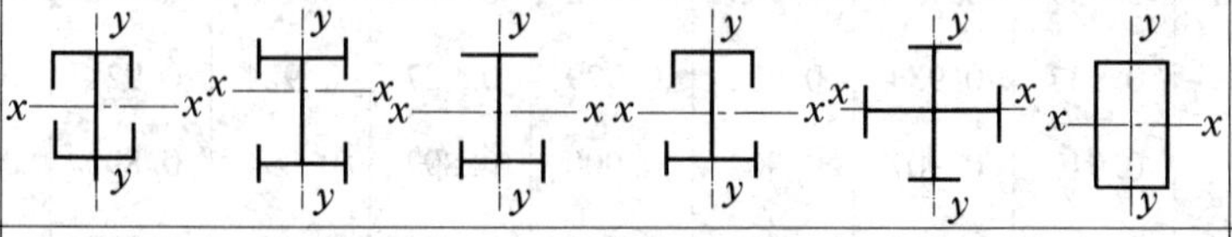</td><td>1.05</td></tr>
<tr><td>3</td><td>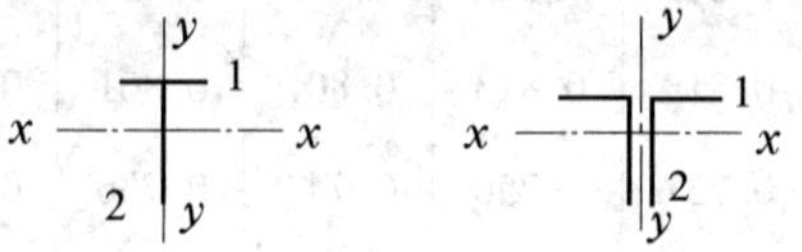</td><td rowspan="2">$\gamma_{x_1}=1.05$
$\gamma_{x_2}=1.2$</td><td>1.2</td></tr>
<tr><td>4</td><td>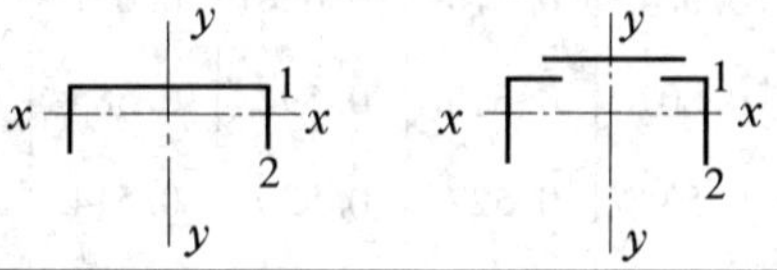</td><td>1.05</td></tr>
<tr><td>5</td><td>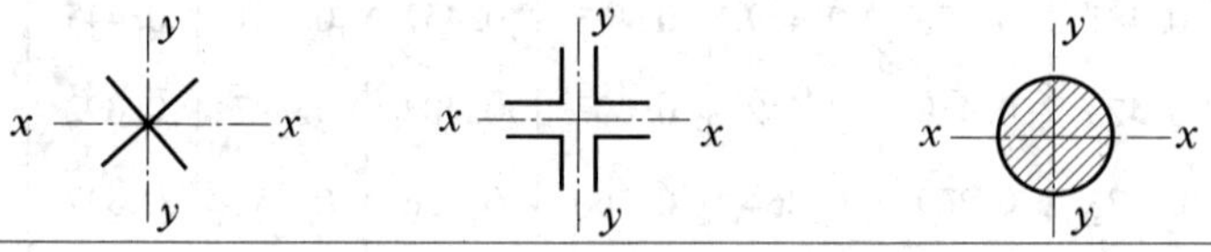</td><td>1.2</td><td>1.2</td></tr>
<tr><td>6</td><td>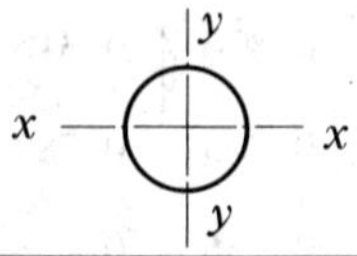</td><td>1.15</td><td>1.15</td></tr>
<tr><td>7</td><td>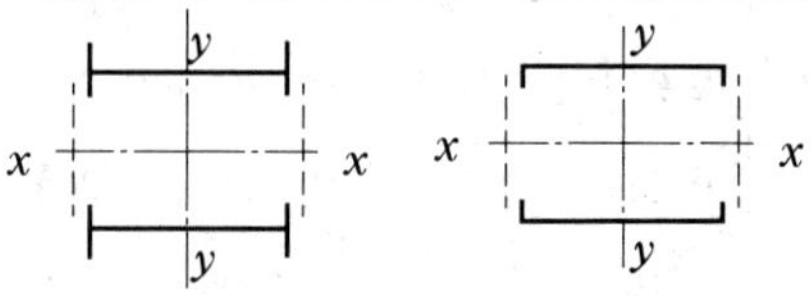</td><td rowspan="2">1.0</td><td>1.05</td></tr>
<tr><td>8</td><td>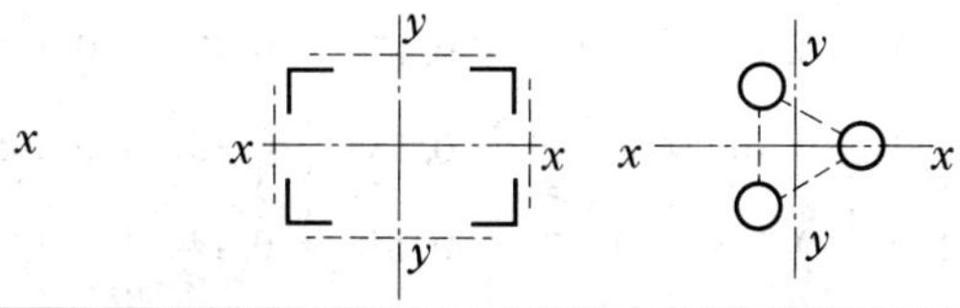</td><td>1.0</td></tr>
</table>

注：当压弯构件受压翼缘的自由外伸宽度与其厚度之比大于 $13\sqrt{235/f_y}$ 时，应取 $\gamma_x=1.0$。

附录4　轴心受压构件的稳定系数

附表 4-1　a 类截面轴心受压构件的稳定系数 φ

$\lambda\sqrt{\frac{f_y}{235}}$	0	1	2	3	4	5	6	7	8	9
0	1.000	1.000	1.000	1.000	0.999	0.999	0.998	0.998	0.997	0.996
10	0.995	0.994	0.993	0.992	0.991	0.989	0.988	0.986	0.985	0.983
20	0.981	0.979	0.977	0.976	0.974	0.972	0.970	0.968	0.966	0.964
30	0.963	0.961	0.959	0.957	0.955	0.952	0.950	0.948	0.946	0.944
40	0.941	0.939	0.937	0.934	0.932	0.929	0.927	0.924	0.921	0.919
50	0.916	0.913	0.910	0.907	0.904	0.900	0.897	0.894	0.890	0.886
60	0.883	0.879	0.875	0.871	0.867	0.863	0.858	0.854	0.849	0.844
70	0.839	0.834	0.829	0.824	0.818	0.813	0.807	0.801	0.795	0.789
80	0.783	0.776	0.770	0.763	0.757	0.750	0.743	0.736	0.728	0.721
90	0.714	0.706	0.699	0.691	0.684	0.676	0.668	0.661	0.653	0.645
100	0.638	0.630	0.622	0.615	0.607	0.600	0.592	0.585	0.577	0.570
110	0.563	0.555	0.548	0.541	0.534	0.527	0.520	0.514	0.507	0.500
120	0.494	0.488	0.481	0.475	0.469	0.463	0.457	0.451	0.445	0.440
130	0.434	0.429	0.423	0.418	0.412	0.407	0.402	0.397	0.392	0.387
140	0.383	0.378	0.373	0.369	0.364	0.360	0.356	0.351	0.347	0.343
150	0.339	0.335	0.331	0.327	0.323	0.320	0.316	0.312	0.309	0.305
160	0.302	0.298	0.295	0.292	0.289	0.285	0.282	0.279	0.276	0.273
170	0.270	0.267	0.264	0.262	0.259	0.256	0.253	0.251	0.248	0.246
180	0.243	0.241	0.238	0.236	0.233	0.231	0.229	0.226	0.224	0.222
190	0.220	0.218	0.215	0.213	0.211	0.209	0.207	0.205	0.203	0.201
200	0.199	0.198	0.196	0.194	0.192	0.190	0.189	0.187	0.185	0.183
210	0.182	0.180	0.179	0.177	0.175	0.174	0.172	0.171	0.169	0.168
220	0.166	0.165	0.164	0.162	0.161	0.159	0.158	0.157	0.155	0.154
230	0.153	0.152	0.150	0.149	0.148	0.147	0.146	0.144	0.143	0.142
240	0.141	0.140	0.139	0.138	0.136	0.135	0.134	0.133	0.132	0.131
250	0.130									

附表 4-2　b 类截面轴心受压构件的稳定系数 φ

$\lambda\sqrt{\frac{f_y}{235}}$	0	1	2	3	4	5	6	7	8	9
0	1.000	1.000	1.000	0.999	0.999	0.998	0.997	0.996	0.995	0.994
10	0.992	0.991	0.989	0.987	0.985	0.983	0.981	0.978	0.976	0.973
20	0.970	0.967	0.963	0.960	0.957	0.953	0.950	0.946	0.943	0.939
30	0.936	0.932	0.929	0.925	0.922	0.918	0.914	0.910	0.906	0.903
40	0.899	0.895	0.891	0.887	0.882	0.878	0.874	0.870	0.865	0.861
50	0.856	0.852	0.847	0.842	0.838	0.833	0.828	0.823	0.818	0.813
60	0.807	0.802	0.797	0.791	0.786	0.780	0.774	0.769	0.763	0.757
70	0.751	0.745	0.739	0.732	0.726	0.720	0.714	0.707	0.701	0.694
80	0.688	0.681	0.675	0.668	0.661	0.655	0.648	0.641	0.635	0.628
90	0.621	0.614	0.608	0.601	0.594	0.588	0.581	0.575	0.568	0.561
100	0.555	0.549	0.542	0.536	0.529	0.523	0.517	0.511	0.505	0.499
110	0.493	0.487	0.481	0.475	0.470	0.464	0.458	0.453	0.447	0.442
120	0.437	0.432	0.426	0.421	0.416	0.411	0.406	0.402	0.397	0.392
130	0.387	0.383	0.378	0.374	0.370	0.365	0.361	0.357	0.353	0.349
140	0.345	0.341	0.337	0.333	0.329	0.326	0.322	0.318	0.315	0.311
150	0.308	0.304	0.301	0.298	0.295	0.291	0.288	0.285	0.282	0.279
160	0.276	0.273	0.270	0.267	0.265	0.262	0.259	0.256	0.254	0.251
170	0.249	0.246	0.244	0.241	0.239	0.236	0.234	0.232	0.229	0.227
180	0.225	0.223	0.220	0.218	0.216	0.214	0.212	0.210	0.208	0.206
190	0.204	0.202	0.200	0.198	0.197	0.195	0.193	0.191	0.190	0.188
200	0.186	0.184	0.183	0.181	0.180	0.178	0.176	0.175	0.173	0.172
210	0.170	0.169	0.167	0.166	0.165	0.163	0.162	0.160	0.159	0.158
220	0.156	0.155	0.154	0.153	0.151	0.150	0.149	0.148	0.146	0.145
230	0.144	0.143	0.142	0.141	0.140	0.138	0.137	0.136	0.135	0.134
240	0.133	0.132	0.131	0.130	0.129	0.128	0.127	0.126	0.125	0.124
250	0.123									

附表 4-3 c 类截面轴心受压构件的稳定系数 φ

$\lambda\sqrt{\frac{f_y}{235}}$	0	1	2	3	4	5	6	7	8	9
0	1.000	1.000	1.000	0.999	0.999	0.998	0.997	0.996	0.995	0.993
10	0.992	0.990	0.988	0.986	0.983	0.981	0.978	0.976	0.973	0.970
20	0.966	0.959	0.953	0.947	0.940	0.934	0.928	0.921	0.915	0.909
30	0.902	0.896	0.890	0.884	0.877	0.871	0.865	0.858	0.852	0.846
40	0.839	0.833	0.826	0.820	0.814	0.807	0.801	0.794	0.788	0.781
50	0.775	0.768	0.762	0.755	0.748	0.742	0.735	0.729	0.722	0.715
60	0.709	0.702	0.695	0.689	0.682	0.676	0.669	0.662	0.656	0.649
70	0.643	0.636	0.629	0.623	0.616	0.610	0.604	0.597	0.591	0.584
80	0.578	0.572	0.566	0.559	0.553	0.547	0.541	0.535	0.529	0.523
90	0.517	0.511	0.505	0.500	0.494	0.488	0.483	0.477	0.472	0.467
100	0.463	0.458	0.454	0.449	0.445	0.441	0.436	0.432	0.428	0.423
110	0.419	0.415	0.411	0.407	0.403	0.399	0.395	0.391	0.387	0.383
120	0.379	0.375	0.371	0.367	0.364	0.360	0.356	0.353	0.349	0.346
130	0.342	0.339	0.335	0.332	0.328	0.325	0.322	0.319	0.315	0.312
140	0.309	0.306	0.303	0.300	0.297	0.294	0.291	0.288	0.285	0.282
150	0.280	0.277	0.274	0.271	0.269	0.266	0.264	0.261	0.258	0.256
160	0.254	0.251	0.249	0.246	0.244	0.242	0.239	0.237	0.235	0.233
170	0.230	0.228	0.226	0.224	0.222	0.220	0.218	0.216	0.214	0.212
180	0.210	0.208	0.206	0.205	0.203	0.201	0.199	0.197	0.196	0.194
190	0.192	0.190	0.189	0.187	0.186	0.184	0.182	0.181	0.179	0.178
200	0.176	0.175	0.173	0.172	0.170	0.169	0.168	0.166	0.165	0.163
210	0.162	0.161	0.159	0.158	0.157	0.156	0.154	0.153	0.152	0.151
220	0.150	0.148	0.147	0.146	0.145	0.144	0.143	0.142	0.140	0.139
230	0.138	0.137	0.136	0.135	0.134	0.133	0.132	0.131	0.130	0.129
240	0.128	0.127	0.126	0.125	0.124	0.124	0.123	0.122	0.121	0.120
250	0.119									

附表 4-4　d 类截面轴心受压构件的稳定系数 φ

$\lambda\sqrt{\frac{f_y}{235}}$	0	1	2	3	4	5	6	7	8	9
0	1.000	1.000	0.999	0.999	0.998	0.996	0.994	0.992	0.990	0.987
10	0.984	0.981	0.978	0.974	0.969	0.965	0.960	0.955	0.949	0.944
20	0.937	0.927	0.918	0.909	0.900	0.891	0.883	0.874	0.865	0.857
30	0.848	0.840	0.831	0.823	0.815	0.807	0.799	0.790	0.782	0.774
40	0.766	0.759	0.751	0.743	0.735	0.728	0.720	0.712	0.705	0.697
50	0.690	0.683	0.675	0.668	0.661	0.654	0.646	0.639	0.632	0.625
60	0.618	0.612	0.605	0.598	0.591	0.585	0.578	0.572	0.565	0.559
70	0.552	0.546	0.540	0.534	0.528	0.522	0.516	0.510	0.504	0.498
80	0.493	0.487	0.481	0.476	0.470	0.465	0.460	0.454	0.449	0.444
90	0.439	0.434	0.429	0.424	0.419	0.414	0.410	0.405	0.401	0.397
100	0.394	0.390	0.387	0.383	0.380	0.376	0.373	0.370	0.366	0.363
110	0.359	0.356	0.353	0.350	0.346	0.343	0.340	0.337	0.334	0.331
120	0.328	0.325	0.322	0.319	0.316	0.313	0.310	0.307	0.304	0.301
130	0.299	0.296	0.293	0.290	0.288	0.285	0.282	0.280	0.277	0.275
140	0.272	0.270	0.267	0.265	0.262	0.260	0.258	0.255	0.253	0.251
150	0.248	0.245	0.244	0.242	0.240	0.237	0.235	0.233	0.231	0.229
160	0.227	0.225	0.223	0.221	0.219	0.217	0.215	0.213	0.212	0.210
170	0.208	0.206	0.204	0.203	0.201	0.199	0.197	0.196	0.194	0.192
180	0.191	0.189	0.188	0.186	0.184	0.183	0.181	0.180	0.178	0.177
190	0.176	0.174	0.173	0.171	0.170	0.168	0.167	0.166	0.164	0.163
200	0.162									

附录5　柱的计算长度系数

附表 5-1　有侧移框架柱的计算长度系数 μ

K_2	K_1												
	0	0.05	0.1	0.2	0.3	0.4	0.5	1	2	3	4	5	≥10
0	∞	6.02	4.46	3.42	3.01	2.78	2.64	2.33	2.17	2.11	2.08	2.07	2.03
0.05	6.02	4.16	3.47	2.86	2.58	2.42	2.31	2.07	1.94	1.90	1.87	1.86	1.83
0.1	4.46	3.47	3.01	2.56	2.33	2.20	2.11	1.90	1.79	1.75	1.73	1.72	1.70
0.2	3.42	2.86	2.56	2.23	2.05	1.94	1.87	1.70	1.60	1.57	1.55	1.54	1.52
0.3	3.01	2.58	2.33	2.05	1.90	1.80	1.74	1.58	1.49	1.46	1.45	1.44	1.42
0.4	2.78	2.42	2.20	1.94	1.80	1.71	1.65	1.50	1.42	1.39	1.37	1.37	1.35
0.5	2.64	2.31	2.11	1.87	1.74	1.65	1.59	1.45	1.37	1.34	1.32	1.32	1.30
1	2.33	2.07	1.90	1.70	1.58	1.50	1.45	1.32	1.24	1.21	1.20	1.19	1.17
2	2.17	1.94	1.79	1.60	1.49	1.42	1.37	1.24	1.16	1.14	1.12	1.12	1.10
3	2.11	1.90	1.75	1.57	1.46	1.39	1.34	1.21	1.14	1.11	1.10	1.09	1.07
4	2.08	1.87	1.73	1.55	1.45	1.37	1.32	1.20	1.12	1.10	1.08	1.08	1.06
5	2.07	1.86	1.72	1.54	1.44	1.37	1.32	1.19	1.12	1.09	1.08	1.07	1.05
≥10	2.03	1.83	1.70	1.52	1.42	1.35	1.30	1.17	1.10	1.07	1.06	1.05	1.03

注：(1)表中的计算长度系数 μ 值按下式算得：

$$\left[36K_1K_2-\left(\frac{\pi}{\mu}\right)^2\right]\sin\frac{\pi}{\mu}+6(K_1+K_2)\left(\frac{\pi}{\mu}\right)\cos\frac{\pi}{\mu}=0$$

式中，K_1、K_2 分别为相交于柱上端、柱下端的横梁线刚度之和与柱线刚度之和的比值。当横梁远端为铰接时，应将横梁线刚度乘以 0.5；当横梁远端为嵌固时，则乘以 2/3。

(2)当横梁与柱铰接时，取横梁线刚度为零。

(3)对于底层框架柱，当柱与基础铰接时，取 $K_2=0$(对平板支座可取 $K_2=0.1$)；当柱与基础刚接时，取 $K_2=10$。

附表 5-2　无侧移框架柱的计算长度系数 μ

K_2	K_1												
	0	0.05	0.1	0.2	0.3	0.4	0.5	1	2	3	4	5	≥10
0	1.000	0.990	0.981	0.964	0.949	0.935	0.922	0.875	0.820	0.791	0.773	0.760	0.732
0.05	0.990	0.981	0.971	0.955	0.940	0.926	0.914	0.867	0.814	0.784	0.766	0.754	0.726
0.1	0.981	0.971	0.962	0.946	0.931	0.918	0.906	0.860	0.807	0.778	0.760	0.748	0.721
0.2	0.964	0.955	0.946	0.930	0.916	0.903	0.891	0.846	0.795	0.767	0.749	0.737	0.711
0.3	0.949	0.940	0.931	0.916	0.902	0.889	0.878	0.834	0.784	0.756	0.739	0.728	0.701
0.4	0.935	0.926	0.918	0.903	0.889	0.877	0.866	0.823	0.774	0.747	0.730	0.719	0.693
0.5	0.922	0.914	0.906	0.891	0.878	0.866	0.855	0.813	0.765	0.738	0.721	0.710	0.685
1	0.875	0.867	0.860	0.846	0.834	0.823	0.813	0.774	0.729	0.704	0.688	0.677	0.654
2	0.820	0.814	0.807	0.795	0.784	0.774	0.765	0.729	0.686	0.663	0.648	0.638	0.615
3	0.791	0.784	0.778	0.767	0.756	0.747	0.738	0.704	0.663	0.640	0.625	0.616	0.593
4	0.773	0.766	0.760	0.749	0.739	0.730	0.721	0.688	0.648	0.625	0.611	0.601	0.580
5	0.760	0.754	0.748	0.737	0.728	0.719	0.710	0.677	0.638	0.616	0.601	0.592	0.570
≥10	0.732	0.726	0.721	0.711	0.701	0.693	0.685	0.654	0.615	0.593	0.580	0.570	0.549

注:(1)表中的计算长度系数 μ 值按下式算得:

$$\left[\left(\frac{\pi}{\mu}\right)^2+2(K_1+K_2)-4K_1K_2\right]\frac{\pi}{\mu}\sin\frac{\pi}{\mu}-2\left[(K_1+K_2)\left(\frac{\pi}{\mu}\right)^2+4K_1K_2\right]\cos\frac{\pi}{\mu}+8K_1K_2=0$$

式中,K_1、K_2 分别为相交于柱上端、柱下端的横梁线刚度之和与柱线刚度之和的比值。当横梁远端为铰接时,应将横梁线刚度乘以 1.5;当横梁远端为嵌固时,则乘以 2.0。

(2)当横梁与柱铰接时,取横梁线刚度为零。

(3)对于底层框架柱,当柱与基础铰接时,取 $K_2=0$(对平板支座可取 $K_2=0.1$);当柱与基础刚接时,取 $K_2=10$。

附表 5-3　柱上端为自由的单阶柱下段的计算长度系数 μ

简图

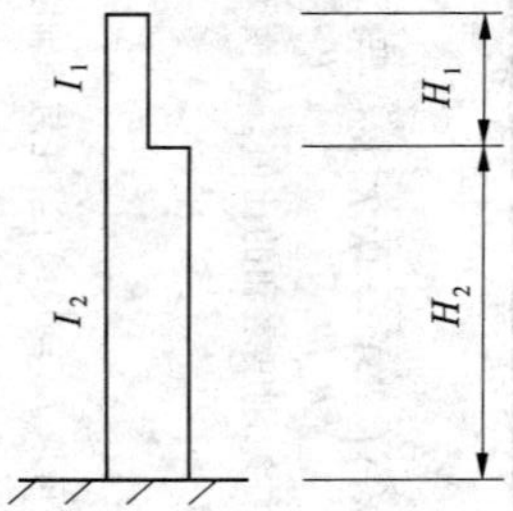

$$K_1=\frac{I_1}{I_2}\frac{H_2}{H_1}$$

$$\eta_1=\frac{H_1}{H_2}\sqrt{\frac{N_1}{N_2}\frac{I_2}{I_1}}$$

N_1—上段柱的轴心力

N_2—下段柱的轴心力

η_1 \ K_1	0.06	0.08	0.10	0.12	0.14	0.16	0.18	0.2	0.22	0.24	0.26	0.28	0.3	0.4	0.5	0.6	0.7	0.8
0.2	2.00	2.01	2.01	2.01	2.01	2.01	2.01	2.02	2.02	2.02	2.02	2.02	2.02	2.03	2.04	2.05	2.06	2.07
0.3	2.01	2.02	2.02	2.02	2.03	2.03	2.03	2.04	2.04	2.05	2.05	2.05	2.06	2.08	2.10	2.12	2.13	2.15
0.4	2.02	2.03	2.04	2.04	2.05	2.06	2.07	2.07	2.08	2.09	2.09	2.10	2.11	2.14	2.18	2.21	2.25	2.28
0.5	2.04	2.05	2.06	2.07	2.09	2.10	2.11	2.12	2.13	2.15	2.16	2.17	2.18	2.24	2.29	2.35	2.40	2.45
0.6	2.06	2.08	2.10	2.12	2.14	2.16	2.18	2.19	2.21	2.23	2.25	2.26	2.28	2.36	2.44	2.52	2.59	2.66
0.7	2.10	2.13	2.16	2.18	2.21	2.24	2.26	2.29	2.31	2.34	2.36	2.38	2.41	2.52	2.62	2.72	2.81	2.90
0.8	2.15	2.20	2.24	2.27	2.31	2.34	2.38	2.41	2.44	2.47	2.50	2.53	2.56	2.70	2.82	2.94	3.06	3.16
0.9	2.24	2.29	2.35	2.39	2.44	2.48	2.52	2.56	2.60	2.63	2.67	2.71	2.74	2.90	3.05	3.19	3.32	3.44
1.0	2.36	2.43	2.48	2.54	2.59	2.64	2.69	2.73	2.77	2.82	2.86	2.90	2.94	3.12	3.29	3.45	3.59	3.74
1.2	2.69	2.76	2.83	2.89	2.95	3.01	3.07	3.12	3.17	3.22	3.27	3.32	3.37	3.59	3.80	3.99	4.17	4.34
1.4	3.07	3.14	3.22	3.29	3.36	3.42	3.48	3.55	3.61	3.66	3.72	3.78	3.83	4.09	4.33	4.56	4.77	4.97
1.6	3.47	3.55	3.63	3.71	3.78	3.85	3.92	3.99	4.07	4.12	4.18	4.25	4.31	4.61	4.88	5.14	5.38	5.62
1.8	3.88	3.97	4.05	4.13	4.21	4.29	4.37	4.44	4.52	4.59	4.66	4.73	4.80	5.13	5.44	5.73	6.00	6.26
2.0	4.29	4.39	4.48	4.57	4.65	4.74	4.82	4.90	4.99	5.07	5.14	5.22	5.30	5.66	6.00	6.32	6.63	6.92
2.2	4.71	4.81	4.91	5.00	5.10	5.19	5.28	5.37	5.46	5.54	5.63	5.71	5.80	6.19	6.57	6.92	7.26	7.58
2.4	5.13	5.24	5.34	5.44	5.54	5.64	5.74	5.84	5.93	6.03	6.12	6.21	6.30	6.73	7.14	7.52	7.89	8.24
2.6	5.55	5.66	5.77	5.88	5.99	6.10	6.20	6.31	6.41	6.51	6.61	6.71	6.80	7.27	7.71	8.13	8.52	8.90
2.8	5.97	6.09	6.21	6.33	6.44	6.55	6.67	6.78	6.89	6.99	7.10	7.21	7.31	7.81	8.28	8.73	9.16	9.57
3.0	6.39	6.52	6.64	6.77	6.89	7.01	7.13	7.25	7.37	7.48	7.59	7.71	7.82	8.35	8.86	9.34	9.80	10.24

注:表中的计算长度系数 μ 值按下式算得:

$$\eta_1 K_1\tan\frac{\pi}{\mu}\tan\frac{\pi\eta_1}{\mu}-1=0$$

附表 5-4　柱上端可移动但不转动的单阶柱下段的计算长度系数 μ

简图

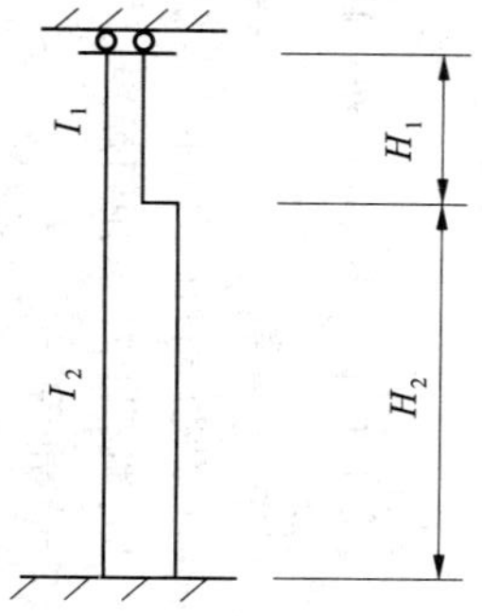

$$K_1 = \frac{I_1}{I_2}\frac{H_2}{H_1}$$

$$\eta_1 = \frac{H_1}{H_2}\sqrt{\frac{N_1}{N_2}\frac{I_2}{I_1}}$$

N_1—上段柱的轴心力

N_2—下段柱的轴心力

	K_1																
η_1	0.06	0.08	0.10	0.12	0.14	0.16	0.18	0.20	0.22	0.24	0.26	0.28	0.3	0.4	0.5	0.6	0.7	0.8
0.2	1.96	1.94	1.93	1.91	1.90	1.89	1.88	1.86	1.85	1.84	1.83	1.82	1.81	1.76	1.72	1.68	1.65	1.62
0.3	1.96	1.94	1.93	1.92	1.91	1.89	1.88	1.87	1.86	1.85	1.84	1.83	1.82	1.77	1.73	1.70	1.66	1.63
0.4	1.96	1.95	1.94	1.92	1.91	1.90	1.89	1.88	1.87	1.86	1.85	1.84	1.83	1.79	1.75	1.72	1.68	1.66
0.5	1.96	1.95	1.94	1.93	1.92	1.91	1.90	1.89	1.88	1.87	1.86	1.85	1.85	1.81	1.77	1.74	1.71	1.69
0.6	1.97	1.96	1.95	1.94	1.93	1.92	1.91	1.90	1.90	1.89	1.88	1.87	1.87	1.83	1.80	1.78	1.75	1.73
0.7	1.97	1.97	1.96	1.95	1.94	1.94	1.93	1.92	1.92	1.91	1.90	1.90	1.89	1.86	1.84	1.82	1.80	1.78
0.8	1.98	1.98	1.97	1.96	1.96	1.95	1.95	1.94	1.94	1.93	1.93	1.93	1.92	1.90	1.88	1.87	1.86	1.84
0.9	1.99	1.99	1.98	1.98	1.98	1.97	1.97	1.97	1.97	1.96	1.96	1.96	1.96	1.95	1.94	1.93	1.92	1.92
1.0	2.00	2.00	2.00	2.00	2.00	2.00	2.00	2.00	2.00	2.00	2.00	2.00	2.00	2.00	2.00	2.00	2.00	2.00
1.2	2.03	2.04	2.04	2.05	2.06	2.07	2.07	2.08	2.08	2.09	2.10	2.10	2.11	2.13	2.15	2.17	2.18	2.20
1.4	2.07	2.09	2.11	2.12	2.14	2.16	2.17	2.18	2.20	2.21	2.22	2.23	2.24	2.29	2.33	2.37	2.40	2.42
1.6	2.13	2.16	2.19	2.22	2.25	2.27	2.30	2.32	2.34	2.36	2.37	2.39	2.41	2.48	2.54	2.59	2.63	2.67
1.8	2.22	2.27	2.31	2.35	2.39	2.42	2.45	2.48	2.50	2.53	2.55	2.57	2.59	2.69	2.76	2.83	2.88	2.93
2.0	2.35	2.41	2.46	2.50	2.55	2.59	2.62	2.66	2.69	2.72	2.75	2.77	2.80	2.91	3.00	3.08	3.14	3.20
2.2	2.51	2.57	2.63	2.68	2.73	2.77	2.81	2.85	2.89	2.92	2.95	2.98	3.01	3.14	3.25	3.33	3.41	3.47
2.4	2.68	2.75	2.81	2.87	2.92	2.97	3.01	3.05	3.09	3.13	3.17	3.20	3.24	3.38	3.50	3.59	3.68	3.75
2.6	2.87	2.94	3.00	3.06	3.12	3.17	3.22	3.27	3.31	3.35	3.39	3.43	3.46	3.62	3.75	3.86	3.95	4.03
2.8	3.06	3.14	3.20	3.27	3.33	3.38	3.43	3.48	3.53	3.58	3.62	3.66	3.70	3.87	4.01	4.13	4.23	4.32
3.0	3.26	3.34	3.41	3.47	3.54	3.60	3.65	3.70	3.75	3.80	3.85	3.89	3.93	4.12	4.27	4.40	4.51	4.61

注:表中的计算长度系数 μ 值按下式算得:

$$\tan\frac{\pi\eta_1}{\mu} + \eta_1 K_1 \tan\frac{\pi}{\mu} = 0$$

附录 6　疲劳计算的构件和连接分类

附表 6-1　构件和连接分类

项次	简图	说明	类别
1	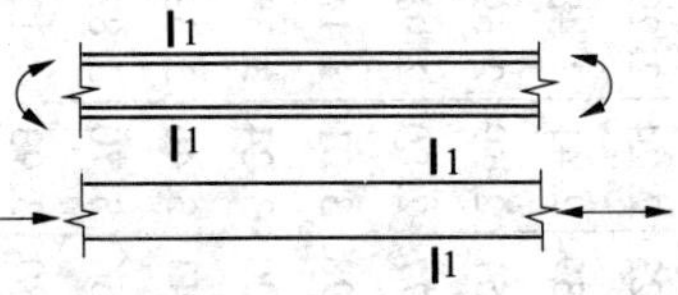	无连接处的主体金属 (1)轧制型钢 (2)钢板 a. 两边为轧制边或刨边 b. 两侧为自动、半自动切割边(切割质量标准应符合《钢结构工程施工质量验收规范》)	 1 1 2
2	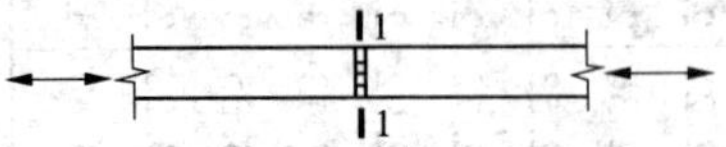	横向对接焊缝附近的主体金属 (1)符合《钢结构工程施工质量验收规范》的一级焊缝 (2)经加工、磨平的一级焊缝	 3 2
3	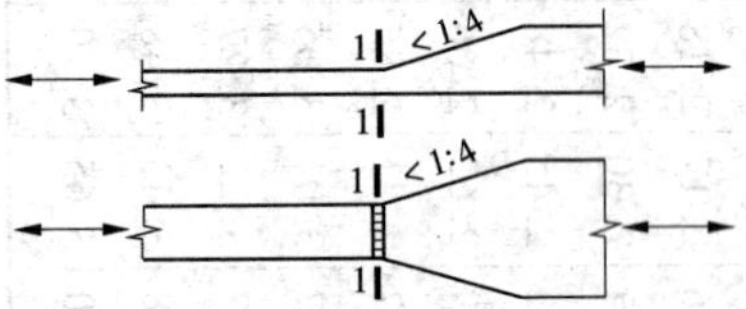	不同厚度(或宽度)横向对接焊缝附近的主体金属,焊缝加工成平滑过渡并符合一级焊缝标准	2
4	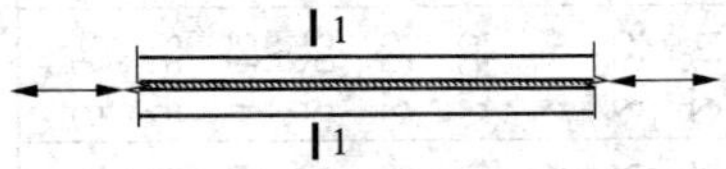	纵向对接焊缝附近的主体金属,焊缝符合二级焊缝标准	2
5	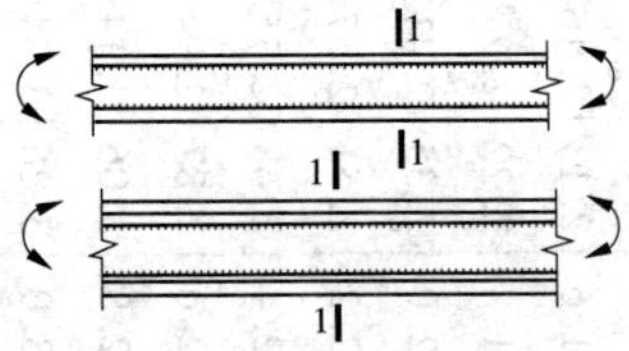	翼缘连接焊缝附近的主体金属 (1)翼缘板与腹板的连接焊缝 a. 自动焊,二级焊缝 b. 自动焊,三级焊缝,外观缺陷符合二级 c. 手工焊,三级焊缝,外观缺陷符合二级 (2)双层翼缘板之间的连接焊缝 a. 自动焊,三级焊缝,外观缺陷符合二级 b. 手工焊,三级焊缝,外观缺陷符合二级	 2 3 4 3 4
6	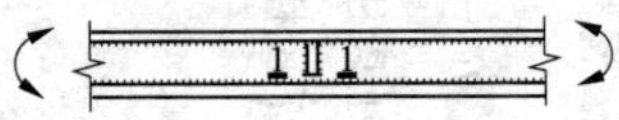	横向加劲肋端部附近的主体金属 (1)肋端不断弧(采用回焊) (2)肋端断弧	 4 5

续附表 6-1

项次	简图	说明	类别
7	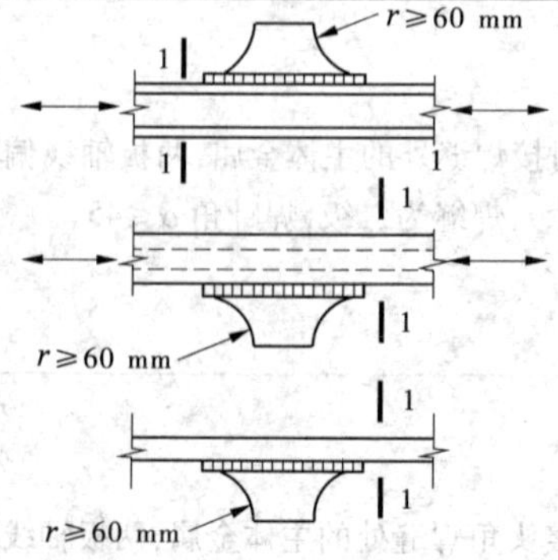	梯形节点板用对接焊缝焊于梁翼缘、腹板及桁架构件处的主体金属，过渡处在焊后铲平、磨光、圆滑过渡，不得有焊接起弧、灭弧缺陷	5
8	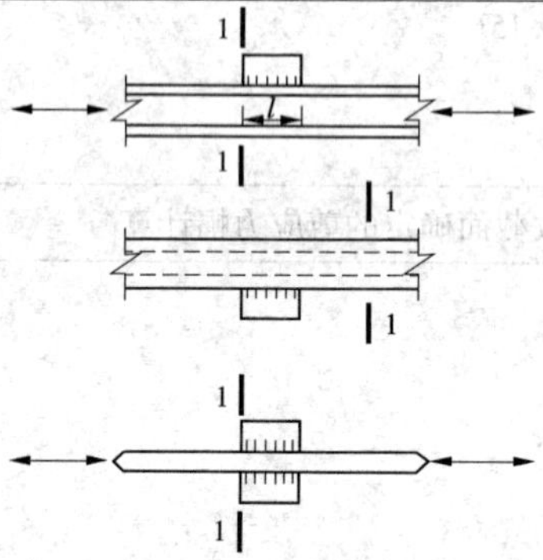	矩形节点板焊接于构件翼缘或腹板处的主体金属，$l>150$ mm	7
9	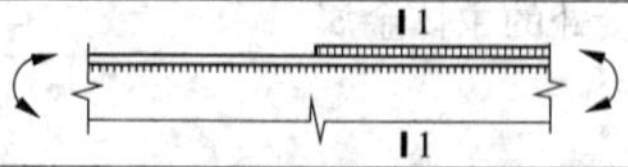	翼缘板中断处的主体金属（板端有正面焊缝）	7
10	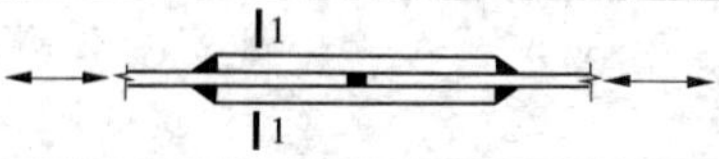	向正面角焊缝过渡处的主体金属	6
11	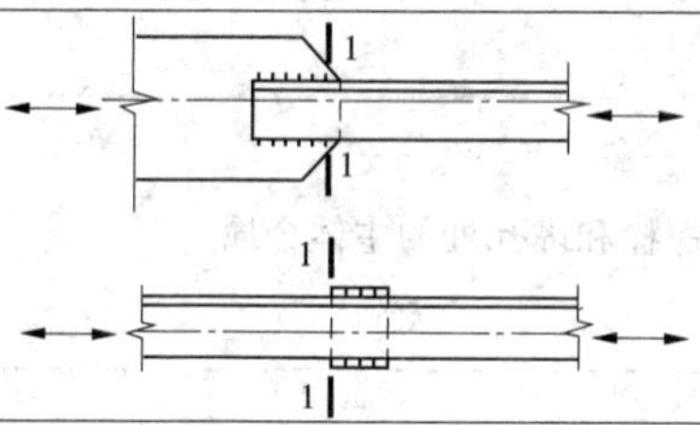	两侧面角焊缝连接端部的主体金属	8
12	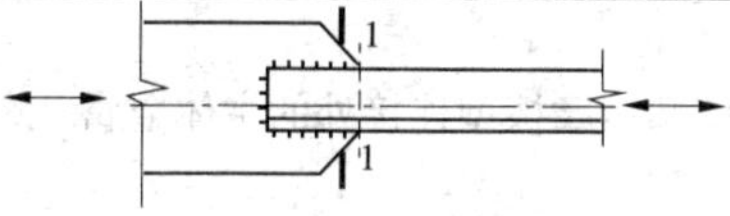	三面围焊的角焊缝端部的主体金属	7
13	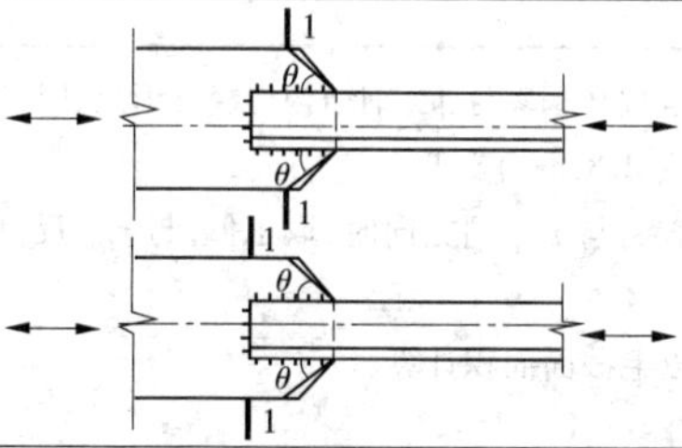	三面围焊或两侧面角焊缝连接的节点板主体金属（节点板计算宽度按应力扩散角 $\theta=30°$ 考虑）	7

续附表 6-1

项次	简图	说明	类别
14	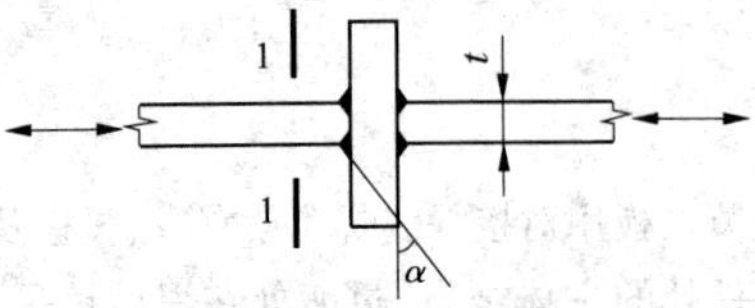	K 形对接焊缝外的主体金属，两板轴线偏离小于 0.15t，焊缝为二级，焊趾角 $\alpha \leqslant 45°$	5
15	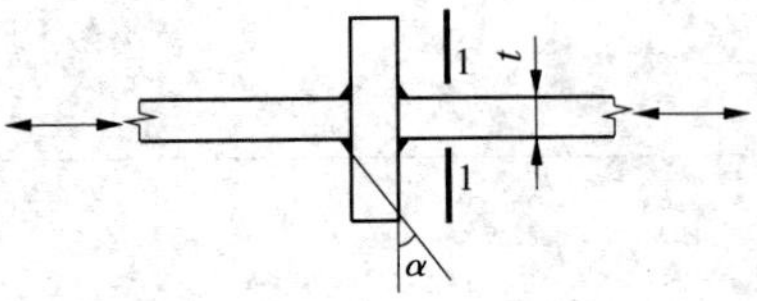	十字接头角焊缝处的主体金属，两板轴线偏高小于 0.15t	7
16	角焊缝	按有效截面确定的剪应力幅计算	8
17	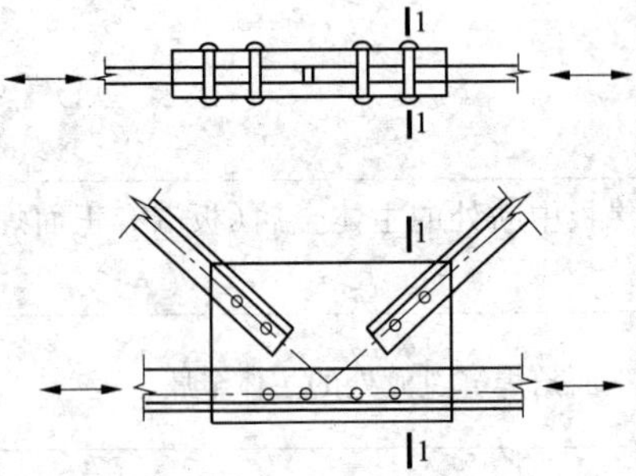	铆钉连接处的主体金属	3
18	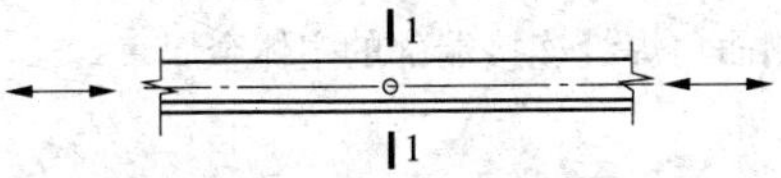	连系螺栓和虚孔处的主体金属	3
19	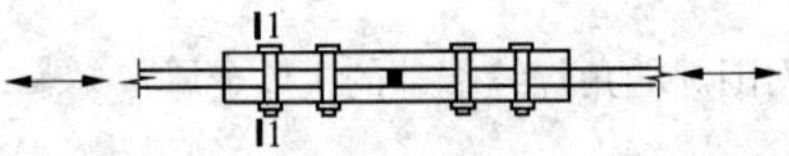	高强度螺栓摩擦型连接处的主体金属	2

注：(1) 所有对接焊缝均需焊透。所有焊缝的外形尺寸均应符合现行国家标准《钢结构焊缝外形尺寸》的规定。

(2) 角焊缝应符合现行《钢结构设计规范》第 8.2.7 条和第 8.2.8 条的要求。

(3) 第 16 项中的剪应力幅 $\Delta\tau = \tau_{max} - \tau_{min}$，其中 τ_{min} 的取值为：与 τ_{max} 同方向时，取正值；与 τ_{max} 反方向时，取负值。

(4) 第 17、18 项中的应力应以净截面面积计算，第 19 项应以毛截面面积计算。

附录 7　型钢表

附表 7-1　普通工字钢

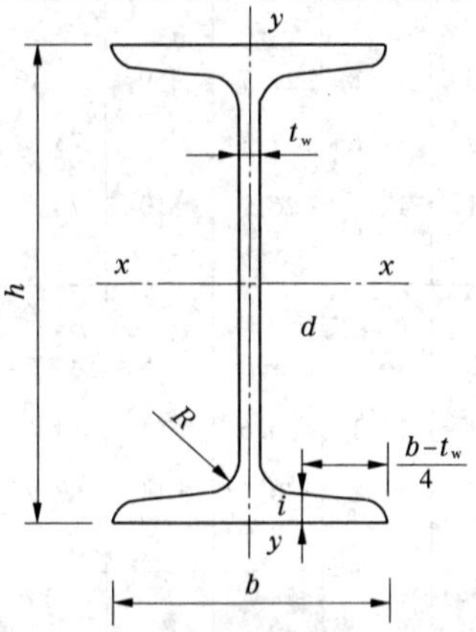

符号：
h—高度
b—翼缘宽度
t_w—腹板厚度
t—翼缘平均厚度
I—惯性矩
W—截面模量
i—回转半径
S—半截面的面积矩
长度：型号 10 ~ 18，长 5 ~ 19 m
　　型号 20 ~ 63，长 6 ~ 19 m

型号	尺寸(mm)					截面面积	质量	x—x 轴				y—y 轴		
	h	b	t_w	t	R	(cm^2)	(kg/m)	I_x	W_x	i_x	I_x/S_y	I_y	W_y	i_y
								cm^4	cm^3	cm		cm^4	cm^3	cm
10	100	68	4.5	7.6	6.5	14.3	11.2	245	49	4.14	8.69	33	9.6	1.51
12.6	126	74	5.0	8.4	7.0	18.1	14.2	488	77	5.19	11.0	47	12.7	1.61
14	140	80	5.5	9.1	7.5	21.5	16.9	712	102	5.75	12.2	64	16.1	1.73
16	160	88	6.0	9.9	8.0	26.1	20.5	1 127	141	6.57	13.9	93	21.1	1.89
18	180	94	6.5	10.7	8.5	30.7	24.1	1 699	185	7.37	15.4	123	26.2	2.00
20a	200	100	7.0	11.4	9.0	35.5	27.9	2 369	237	8.16	17.4	158	31.6	2.11
20b		102	9.0			39.5	31.1	2 502	250	7.95	17.1	169	33.1	2.07
22a	220	110	7.5	12.3	9.5	42.1	33.0	3 406	310	8.99	19.2	226	41.1	2.32
22b		112	9.5			46.5	36.5	3 583	326	8.78	18.9	240	42.9	2.27
25a	250	116	8.0	13.0	10.0	48.5	38.1	5 017	401	10.2	21.7	280	48.4	2.40
25b		118	10.0			53.5	42.0	5 278	422	9.93	21.4	297	50.4	2.36
28a	280	122	8.5	13.7	10.5	55.4	43.5	7 115	508	11.3	24.3	344	56.4	2.49
28b		124	10.5			61.0	47.9	7 481	534	11.1	24.0	364	58.7	2.44

续附表 7-1

型号	尺寸(mm)					截面面积 (cm^2)	质量 (kg/m)	x—x 轴				y—y 轴		
	h	b	t_w	t	R			I_x	W_x	i_x	I_x/S_y	I_y	W_y	i_y
								cm^4	cm^3	cm	cm	cm^4	cm^3	cm
32a	320	130	9.5	15.0	11.5	67.1	52.7	11 080	692	12.8	27.7	459	70.6	2.62
32b		132	11.5			73.5	57.7	11 626	727	12.6	27.3	484	73.3	2.57
32c		134	13.5			79.9	62.7	12 173	761	12.3	26.9	510	76.1	2.53
36a	360	136	10.0	15.8	12.0	76.4	60.0	15 796	878	14.4	31.0	555	81.6	2.69
36b		138	12.0			83.6	65.6	16 574	921	14.1	30.6	584	84.6	2.64
36c		140	14.0			90.8	71.3	17 351	964	13.8	30.2	614	87.7	2.60
40a	400	142	10.5	16.5	12.5	86.1	67.6	21 714	1 086	15.9	34.4	660	92.9	2.77
40b		144	12.5			94.1	73.8	22 781	1 139	15.6	33.9	693	96.2	2.71
40c		146	14.5			102	80.1	23 847	1 192	15.3	33.5	727	99.7	2.67
45a	450	150	11.5	18.0	13.5	102	80.4	32 241	1 433	17.7	38.5	855	114	2.89
45b		152	13.5			111	87.4	33 759	1 500	17.4	38.1	895	118	2.84
45c		154	15.5			120	94.5	35 278	1 568	17.1	37.6	938	122	2.79
50a	500	158	12.0	20	14	119	93.6	46 472	1 859	19.7	42.9	1 122	142	3.07
50b		160	14.0			129	101	48 556	1 942	19.4	42.3	1 171	146	3.01
50c		162	16.0			139	109	50 639	2 026	19.1	41.9	1 224	151	2.96
56a	560	166	12.5	21	14.5	135	106	65 576	2 342	22.0	47.9	1 366	165	3.18
56b		168	14.5			147	115	68 503	2 447	21.6	47.3	1 424	170	3.12
56c		170	16.5			158	124	71 430	2 551	21.3	46.8	1 485	175	3.07
63a	630	176	13.0	22	15	155	122	94 004	2 984	24.7	53.8	1 702	194	3.32
63b		178	15.0			167	131	98 171	3 117	24.2	53.2	1 771	199	3.25
63c		180	17.0			180	141	102 339	3 249	23.9	52.6	1 842	205	3.20

附表 7-2　H 型钢和 T 型钢

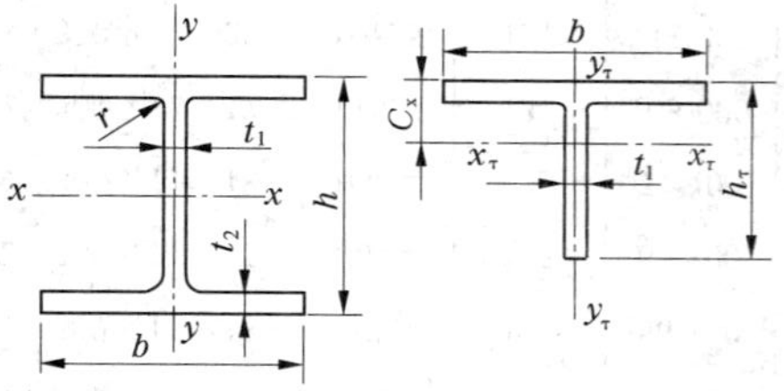

符号：

h—H 型钢截面高度
b—翼缘宽度
t_1—腹板厚度
t_2—翼缘厚度
W—截面模量
i—回转半径
S—半截面的静力矩
I—惯性矩

对 T 型钢：截面高度 h_T、截面面积 A_T、质量 q_T、惯性矩 I_{yT} 等于相应 H 型钢的 1/2

HW、HM、HN 分别代表宽翼缘、中翼缘、窄翼缘 H 型钢；TW、TM、TN 分别代表各自 H 型钢部分的 T 型钢

H 型钢									H 和 T	T 型钢				
类别	H 型钢规格（mm）	截面面积	质量	x—x 轴			y—y 轴			重心	x_T 轴—x_T 轴		T 型钢规格（mm）	类别
	$(h \times b \times t_1 \times t_2)$	A (cm²)	q (kg/m)	I_x (cm⁴)	W_x (cm³)	i_x (cm)	I_y (cm⁴)	W_y (cm³)	i_y, i_{yT} (cm)	C_x (cm)	I_{xT} (cm⁴)	i_{xT} (cm)	$(h_T \times b \times t_1 \times t_2)$	
HW	100×100×6×8	21.90	17.2	383	76.5	4.18	134	26.7	2.47	1.00	16.1	1.21	50×100×6×8	TW
	125×125×6.5×9	30.31	23.8	847	136	5.29	294	47.0	3.11	1.19	35.0	1.52	62.5×125×6.5×9	
	150×150×7×10	40.55	31.9	1 660	221	6.39	564	75.1	3.73	1.37	66.4	1.81	75×150×7×10	
	175×175×7.5×11	51.43	40.3	2 900	331	7.50	984	112	4.37	1.55	115	2.11	87.5×175×7.5×11	
	200×200×8×12	64.28	50.5	4 770	477	8.61	1 600	160	4.99	1.73	185	2.40	100×200×8×12	
	#200×204×12×12	72.28	56.7	5 030	503	8.35	1 700	167	4.85	2.09	256	2.66	#100×204×12×12	
	250×250×9×14	92.18	72.4	10 800	867	10.8	3 650	292	6.29	2.08	412	2.99	125×250×9×14	
	#250×255×14×14	104.7	82.2	11 500	919	10.5	3 880	304	6.09	2.58	589	3.36	#125×255×14×14	
	#294×302×12×12	108.3	85.0	17 000	1 160	12.5	5 520	365	7.14	2.83	858	3.98	#147×302×12×12	
	300×300×10×15	120.4	94.5	20 500	1 370	13.1	6 760	450	7.49	2.47	798	3.64	150×300×10×15	
	300×305×15×15	135.4	106	21 600	1 440	12.6	7 100	466	7.24	3.02	1 110	4.05	150×305×15×15	
	#344×348×10×16	146.0	115	33 300	1 940	15.1	11 200	646	8.78	2.67	1 230	4.11	#172×348×10×16	
	350×350×12×19	173.9	137	40 300	2 300	15.2	13 600	776	8.84	2.86	1 520	4.18	175×350×12×19	

续附表 7-2

类别	H 型钢规格(mm) ($h \times b \times t_1 \times t_2$)	截面面积 A (cm^2)	质量 q (kg/m)	H 型钢 x—x 轴 I_x (cm^4)	W_x (cm^3)	i_x (cm)	y—y 轴 I_y (cm^4)	W_y (cm^3)	H 和 T i_y, i_{yT} (cm)	T 型钢 重心 C_x (cm)	x_T 轴—x_T 轴 I_{xT} (cm^4)	i_{xT} (cm)	T 型钢规格(mm) ($h_T \times b \times t_1 \times t_2$)	类别
HW	#388×402×15×15	179.2	141	49 200	2 540	16.6	16 300	809	9.52	3.69	2 480	5.26	#194×402×15×15	TW
	#394×398×11×18	187.6	147	56 400	2 860	17.3	18 900	951	10.0	3.01	2 050	4.67	#197×398×11×18	
	400×400×13×21	219.5	172	66 900	3 340	17.5	22 400	1 120	10.1	3.21	2 480	4.75	200×400×13×21	
	#400×408×21×21	251.5	197	71 100	3 560	16.8	23 800	1 170	9.73	4.07	3 650	5.39	#200×408×21×21	
	#414×405×18×28	296.2	233	93 000	4 490	17.7	31 000	1 530	10.2	3.68	3 620	4.95	#207×405×18×28	
	#428×407×20×35	361.4	284	119 000	5 580	18.2	39 400	1 930	10.4	3.90	4 380	4.92	#214×407×20×35	
HM	148×100×6×9	27.25	21.4	1 040	140	6.17	151	30.2	2.35	1.55	51.7	1.95	74×100×6×9	TM
	194×150×6×9	39.76	31.2	2 740	283	8.30	508	67.7	3.57	1.78	125	2.50	97×150×6×9	
	244×175×7×11	56.24	44.1	6 120	502	10.4	985	113	4.18	2.27	289	3.20	122×175×7×11	
	294×200×8×12	73.03	57.3	11 400	779	12.5	1 600	160	4.69	2.82	572	3.96	147×200×8×12	
	340×250×9×14	101.5	79.7	21 700	1 280	14.6	3 650	292	6.00	3.09	1 020	4.48	170×250×9×14	
	390×300×10×16	136.7	107	38 900	2 000	16.9	7 210	481	7.26	3.40	1 730	5.03	195×300×10×16	
	440×300×11×18	157.4	124	56 100	2 550	18.9	8 110	541	7.18	4.05	2 680	5.84	220×300×11×18	
	482×300×11×15	146.4	115	60 800	2 520	20.4	6 770	451	6.80	4.90	3 420	6.83	241×300×11×15	
	488×300×11×18	164.4	129	71 400	2 930	20.8	8 120	541	7.03	4.65	3 620	6.64	244×300×11×18	
	582×300×12×17	174.5	137	103 000	3 530	24.3	7 670	511	6.63	6.39	6 360	8.54	291×300×12×17	
	588×300×12×20	192.5	151	118 000	4 020	24.8	9 020	601	6.85	6.08	6 710	8.35	294×300×12×20	
	#594×302×14×23	222.4	175	137 000	4 620	24.9	10 600	701	6.90	6.33	7 920	8.44	#297×302×14×23	

续附表 7-2

类别	H 型钢规格(mm) ($h\times b\times t_1\times t_2$)	截面面积 A (cm^2)	质量 q (kg/m)	H 型钢 x—x 轴 I_x (cm^4)	W_x (cm^3)	i_x (cm)	y—y 轴 I_y (cm^4)	W_y (cm^3)	H 和 T i_y, i_{yT} (cm)	T 型钢 重心 C_x (cm)	x_T 轴—x_T 轴 I_{xT} (cm^4)	i_{xT} (cm)	T 型钢规格(mm) ($h_T\times b\times t_1\times t_2$)	类别
HN	100×50×5×7	12.16	9.54	192	38.5	3.98	14.9	5.96	1.11	1.27	11.9	1.40	50×50×5×7	TN
	125×60×6×8	17.01	13.3	417	66.8	4.95	29.3	9.75	1.31	1.63	27.5	1.80	62.5×60×6×8	
	150×75×5×7	18.16	14.3	679	90.6	6.12	49.6	13.2	1.65	1.78	42.7	2.17	75×75×5×7	
	175×90×5×8	23.21	18.2	1 220	140	7.26	97.6	21.7	2.05	1.92	70.7	2.47	87.5×90×5×8	
	198×99×4.5×7	23.59	18.5	1 610	163	8.27	114	23.0	2.20	2.13	94.0	2.82	99×99×4.5×7	
	200×100×5.5×8	27.57	21.7	1 880	188	8.25	134	26.8	2.21	2.27	115	2.88	100×100×5.5×8	
	248×124×5×8	32.89	25.8	3 560	287	10.4	255	41.1	2.78	2.62	208	3.56	124×124×5×8	
	250×125×6×9	37.87	29.7	4 080	326	10.4	294	47.0	2.79	2.78	249	3.62	125×125×6×9	
	298×149×5.5×8	41.55	32.6	6 460	433	12.4	443	59.4	3.26	3.22	395	4.36	149×149×5.5×8	
	300×150×6.5×9	47.53	37.3	7 350	490	12.4	508	67.7	3.27	3.38	465	4.42	150×150×6.5×9	
	346×174×6×9	53.19	41.8	11 200	649	14.5	792	91.0	3.86	3.68	681	5.06	173×174×6×9	
	350×175×7×11	63.66	50.0	13 700	782	14.7	985	113	3.93	3.74	816	5.06	175×175×7×11	
	#400×150×8×13	71.12	55.8	18 800	942	16.3	734	97.9	3.21					

续附表 7-2

类别	H 型钢规格(mm)	截面面积	质量	H 型钢					H 和 T	重心	T 型钢			类别
				x—x 轴			y—y 轴				x_T 轴—x_T 轴		T 型钢规格(mm)	
	($h \times b \times t_1 \times t_2$)	A (cm^2)	q (kg/m)	I_x (cm^4)	W_x (cm^3)	i_x (cm)	I_y (cm^4)	W_y (cm^3)	i_y, i_{yT} (cm)	C_x (cm)	I_{xT} (cm^4)	i_{xT} (cm)	($h_T \times b \times t_1 \times t_2$)	
HN	396×199×7×11	72.16	56.7	20 000	1 010	16.7	1 450	145	4.48	4.17	1 190	5.76	198×199×7×11	TN
	400×200×8×13	84.12	66.0	23 700	1 190	16.8	1 740	174	4.54	4.23	1 400	5.76	200×200×8×13	
	#450×150×9×14	83.41	65.5	27 100	1 200	18.0	793	106	3.08					
	446×199×8×12	84.95	66.7	29 000	1 300	18.5	1 580	159	4.31	5.07	1 880	6.65	223×199×8×12	
	450×200×9×14	97.41	76.5	33 700	1 500	18.6	1 870	187	4.38	5.13	2 160	6.66	225×200×9×14	
	#500×150×10×16	98.23	77.1	38 500	1 540	19.8	907	121	3.04					
	496×199×9×14	101.3	79.5	41 900	1 690	20.3	1 840	185	4.27	5.90	2 840	7.49	248×199×9×14	
	500×200×10×16	114.2	89.6	47 800	1 910	20.5	2 140	214	4.33	5.96	3 210	7.50	250×200×10×16	
	#506×201×11×19	131.3	103	56 500	2 230	20.8	2 580	257	4.43	5.95	3 670	7.48	#253×201×11×19	
	596×199×10×15	121.2	95.1	69 300	2 330	23.9	1 980	199	4.04	7.76	5 200	9.27	298×199×10×15	
	600×200×11×17	135.2	106	78 200	2 610	24.1	2 280	228	4.11	7.81	5 820	9.28	300×200×11×17	
	#606×201×12×20	153.3	120	91 000	3 000	24.4	2 720	271	4.21	7.76	6 580	9.26	#303×201×12×20	
	#692×300×13×20	211.5	166	172 000	4 980	28.6	9 020	602	6.53					
	700×300×13×24	235.5	185	201 000	5 760	29.3	10 800	722	6.78					

注:“#”表示的规格为非常用规格。

附表 7-3 普通槽钢

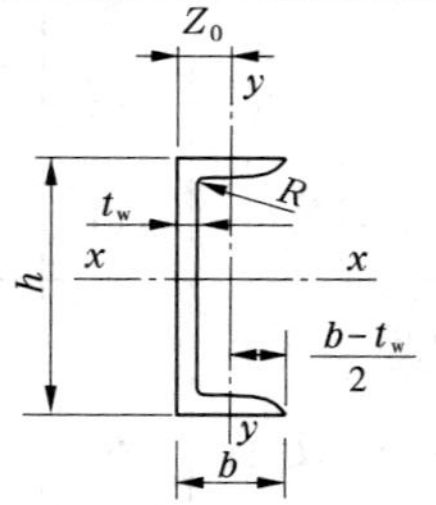

符号含义同普通工字型钢，但 W_y 为对应于翼缘肢尖的截面模量。

长度：型号 5 ~ 8，长 5 ~ 12 m
型号 10 ~ 18，长 5 ~ 19 m
型号 20 ~ 40，长 6 ~ 19 m

型号	尺寸(mm)					截面面积	质量	x—x 轴			y—y 轴			y_1—y_1 轴	Z_0
	h	b	t_w	t	R	(cm^2)	(kg/m)	I_x (cm^4)	W_x (cm^3)	i_x (cm)	I_y (cm^4)	W_y (cm^3)	i_y (cm)	I_{y1} (cm^4)	(cm)
5	50	37	4.5	7.0	7.0	6.92	5.44	26	10.4	1.94	8.3	3.5	1.10	20.9	1.35
6.3	63	40	4.8	7.5	7.5	8.45	6.63	51	16.3	2.46	11.9	4.6	1.19	28.3	1.39
8	80	43	5.0	8.0	8.0	10.24	8.04	101	25.3	3.14	16.6	5.8	1.27	37.4	1.42
10	100	48	5.3	8.5	8.5	12.74	10.00	198	39.7	3.94	25.6	7.8	1.42	54.9	1.52
12.6	126	53	5.5	9.0	9.0	15.69	12.31	389	61.7	4.98	38.0	10.3	1.56	77.8	1.59
14a	140	58	6.0	9.5	9.5	18.51	14.53	564	80.5	5.52	53.2	13.0	1.70	107.2	1.71
14b		60	8.0	9.5	9.5	21.31	16.73	609	87.1	5.35	61.2	14.1	1.69	120.6	1.67
16a	160	63	6.5	10.0	10.0	21.95	17.23	866	108.3	6.28	73.4	16.3	1.83	144.1	1.79
16b		65	8.5	10.0	10.0	25.15	19.75	935	116.8	6.10	83.4	17.6	1.82	160.8	1.75
18a	180	68	7.0	10.5	10.5	25.69	20.17	1 273	141.4	7.04	98.6	20.0	1.96	189.7	1.88
18b		70	9.0	10.5	10.5	29.29	22.99	1 370	152.2	6.84	111.0	21.5	1.95	210.1	1.84
20a	200	73	7.0	11.0	11.0	28.83	22.53	1 780	178.0	7.86	128.0	24.2	2.11	244.0	2.01
20b		75	9.0	11.0	11.0	32.83	25.77	1 914	191.4	7.64	143.6	25.9	2.09	268.4	1.95
22a	220	77	7.0	11.5	11.5	31.84	24.99	2 394	217.6	8.67	157.8	28.2	2.23	298.2	2.10
22b		79	9.0	11.5	11.5	36.24	28.45	2 571	233.8	8.42	176.5	30.1	2.21	326.3	2.03

续附表 7-3

型号	尺寸(mm)					截面面积	质量	x—x 轴			y—y 轴			y_1—y_1 轴	Z_0
	h	b	t_w	t	R	(cm^2)	(kg/m)	I_x (cm^4)	W_x (cm^3)	i_x (cm)	I_y (cm^4)	W_y (cm^3)	i_y (cm)	I_{y1} (cm^4)	(cm)
25a		78	7.0	12.0	12.0	34.91	27.40	3 359	268.7	9.81	175.9	30.7	2.24	324.8	2.07
25b	250	80	9.0	12.0	12.0	39.91	31.33	3 619	289.6	9.52	196.4	32.7	2.22	355.1	1.99
25c		82	11.0	12.0	12.0	44.91	35.25	3 880	310.4	9.30	215.9	34.6	2.19	388.6	1.96
28a		82	7.5	12.5	12.5	40.02	31.42	4 753	339.5	10.90	217.9	35.7	2.33	393.3	2.09
28b	280	84	9.5	12.5	12.5	45.62	35.81	5 118	365.6	10.59	241.5	37.9	2.30	428.5	2.02
28c		86	11.5	12.5	12.5	51.22	40.21	5 484	391.7	10.35	264.1	40.0	2.27	467.3	1.99
32a		88	8.0	14.0	14.0	48.50	38.07	7 511	469.4	12.44	304.7	46.4	2.51	547.5	2.24
32b	320	90	10.0	14.0	14.0	54.90	43.10	8 057	503.5	12.11	335.6	49.1	2.47	592.9	2.16
32c		92	12.0	14.0	14.0	61.30	48.12	8 603	537.7	11.85	365.0	51.6	2.44	642.7	2.13
36a		96	9.0	16.0	16.0	60.89	47.80	11 874	659.7	13.96	455.0	63.6	2.73	818.5	2.44
36b	360	98	11.0	16.0	16.0	68.09	53.45	12 652	702.9	13.63	496.7	66.9	2.70	880.5	2.37
36c		100	13.0	16.0	16.0	75.29	59.10	13 429	746.1	13.36	536.6	70.0	2.67	948.0	2.34
40a		100	10.5	18.0	18.0	75.04	58.91	17 578	878.9	15.30	592.0	78.8	2.81	1 057.9	2.49
40b	400	102	12.5	18.0	18.0	83.04	65.19	18 644	932.2	14.98	640.6	82.6	2.78	1 135.8	2.44
40c		104	14.5	18.0	18.0	91.04	71.47	19 711	985.6	14.71	687.8	86.2	2.75	1 220.3	2.42

附表 7-4　等边角钢

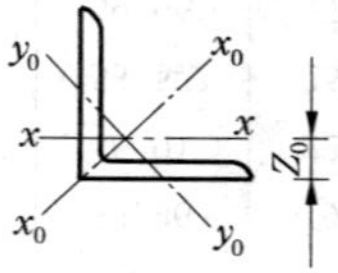

单角钢

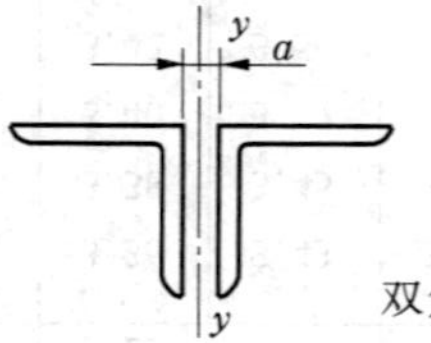

双角钢

型号	圆角 R	重心矩 Z_0	截面面积 A	质量	惯性矩 I_x	截面模量 W_x^{max}	截面模量 W_x^{min}	回转半径 i_x	回转半径 i_{x0}	回转半径 i_{y0}	当 a 为下列数值时，i_y 6 mm	8 mm	10 mm	12 mm	14 mm
	mm	mm	cm^2	kg/m	cm^4	cm^3	cm^3	cm	cm	cm	cm	cm	cm	cm	cm
∟20×3	3.5	6.0	1.13	0.89	0.40	0.66	0.29	0.59	0.75	0.39	1.08	1.17	1.25	1.34	1.43
∟20×4		6.4	1.46	1.15	0.50	0.78	0.36	0.58	0.73	0.38	1.11	1.19	1.28	1.37	1.46
∟25×3	3.5	7.3	1.43	1.12	0.82	1.12	0.46	0.76	0.95	0.49	1.27	1.36	1.44	1.53	1.61
∟25×4		7.6	1.86	1.46	1.03	1.34	0.59	0.74	0.93	0.48	1.30	1.38	1.47	1.55	1.64
∟30×3	4.5	8.5	1.75	1.37	1.46	1.72	0.68	0.91	1.15	0.59	1.47	1.55	1.63	1.71	1.80
∟30×4		8.9	2.28	1.79	1.84	2.08	0.87	0.90	1.13	0.58	1.49	1.57	1.65	1.74	1.82
∟36×3	4.5	10.0	2.11	1.66	2.58	2.59	0.99	1.11	1.39	0.71	1.70	1.78	1.86	1.94	2.03
∟36×4		10.4	2.76	2.16	3.29	3.18	1.28	1.09	1.38	0.70	1.73	1.80	1.89	1.97	2.05
∟36×5		10.7	3.38	2.65	3.95	3.68	1.56	1.08	1.36	0.70	1.75	1.83	1.91	1.99	2.08
∟40×3	5	10.9	2.36	1.85	3.59	3.28	1.23	1.23	1.55	0.79	1.86	1.94	2.01	2.09	2.18
∟40×4		11.3	3.09	2.42	4.60	4.05	1.60	1.22	1.54	0.79	1.88	1.96	2.04	2.12	2.20
∟40×5		11.7	3.79	2.98	5.53	4.72	1.96	1.21	1.52	0.78	1.90	1.98	2.06	2.14	2.23
∟45×3	5	12.2	2.66	2.09	5.17	4.25	1.58	1.39	1.76	0.90	2.06	2.14	2.21	2.29	2.37
∟45×4		12.6	3.49	2.74	6.65	5.29	2.05	1.38	1.74	0.89	2.08	2.16	2.24	2.32	2.40
∟45×5		13.0	4.29	3.37	8.04	6.20	2.51	1.37	1.72	0.88	2.10	2.18	2.26	2.34	2.42
∟45×6		13.3	5.08	3.99	9.33	6.99	2.95	1.36	1.71	0.88	2.12	2.20	2.28	2.36	2.44

续附表 7-4

型号		圆角 R	重心矩 Z_0	截面面积 A	质量	惯性矩 I_x	截面模量 W_x^{max}	截面模量 W_x^{min}	回转半径 i_x	回转半径 i_{x0}	回转半径 i_{x0}	当 a 为下列数值时，i_y 6 mm	8 mm	10 mm	12 mm	14 mm
		mm	mm	cm^2	kg/m	cm^4	cm^3	cm^3	cm	cm	cm	cm	cm	cm	cm	cm
	3		13.4	2.97	2.33	7.18	5.36	1.96	1.55	1.96	1.00	2.26	2.33	2.41	2.48	2.56
∟50 ×	4	5.5	13.8	3.90	3.06	9.26	6.70	2.56	1.54	1.94	0.99	2.28	2.36	2.43	2.51	2.59
	5		14.2	4.80	3.77	11.21	7.90	3.13	1.53	1.92	0.98	2.30	2.38	2.45	2.53	2.61
	6		14.6	5.69	4.46	13.05	8.95	3.68	1.51	1.91	0.98	2.32	2.40	2.48	2.56	2.64
	3		14.8	3.34	2.62	10.19	6.86	2.48	1.75	2.20	1.13	2.50	2.57	2.64	2.72	2.80
∟56 ×	4	6	15.3	4.39	3.45	13.18	8.63	3.24	1.73	2.18	1.11	2.52	2.59	2.67	2.74	2.82
	5		15.7	5.42	4.25	16.02	10.22	3.97	1.72	2.17	1.10	2.54	2.61	2.69	2.77	2.85
	8		16.8	8.37	6.57	23.63	14.06	6.03	1.68	2.11	1.09	2.60	2.67	2.75	2.83	2.91
	4		17.0	4.98	3.91	19.03	11.22	4.13	1.96	2.46	1.26	2.79	2.87	2.94	3.02	3.09
	5		17.4	6.14	4.82	23.17	13.33	5.08	1.94	2.45	1.25	2.82	2.89	2.96	3.04	3.12
∟63 ×	6	7	17.8	7.29	5.72	27.12	15.26	6.00	1.93	2.43	1.24	2.83	2.91	2.98	3.06	3.14
	8		18.5	9.51	7.47	34.45	18.59	7.75	1.90	2.39	1.23	2.87	2.95	3.03	3.10	3.18
	10		19.3	11.66	9.15	41.09	21.34	9.39	1.88	2.36	1.22	2.91	2.99	3.07	3.15	3.23
	4		18.6	5.57	4.37	26.39	14.16	5.14	2.18	2.74	1.40	3.07	3.14	3.21	3.29	3.36
	5		19.1	6.88	5.40	32.21	16.89	6.32	2.16	2.73	1.39	3.09	3.16	3.24	3.31	3.39
∟70 ×	6	8	19.5	8.16	6.41	37.77	19.39	7.48	2.15	2.71	1.38	3.11	3.18	3.26	3.33	3.41
	7		19.9	9.42	7.40	43.09	21.68	8.59	2.14	2.69	1.38	3.13	3.20	3.28	3.36	3.43
	8		20.3	10.67	8.37	48.17	23.79	9.68	2.13	2.68	1.37	3.15	3.22	3.30	3.38	3.46
	5		20.3	7.41	5.82	39.96	19.73	7.30	2.32	2.92	1.50	3.29	3.36	3.43	3.50	3.58
	6		20.7	8.80	6.91	46.91	22.69	8.63	2.31	2.91	1.49	3.31	3.38	3.45	3.53	3.60
∟75 ×	7	9	21.1	10.16	7.98	53.57	25.42	9.93	2.30	2.89	1.48	3.33	3.40	3.47	3.55	3.63
	8		21.5	11.50	9.03	59.96	27.93	11.20	2.28	2.87	1.47	3.35	3.42	3.50	3.57	3.65
	10		22.2	14.13	11.09	71.98	32.40	13.64	2.26	2.84	1.46	3.38	3.46	3.54	3.61	3.69

续附表 7-4

型号	圆角 R	重心矩 Z_0	截面面积 A	质量	惯性矩 I_x	截面模量 W_x^{max}	截面模量 W_x^{min}	回转半径 i_x	回转半径 i_{x0}	回转半径 i_{x0}	当 a 为下列数值时，i_y 6 mm	8 mm	10 mm	12 mm	14 mm
	mm	mm	cm^2	kg/m	cm^4	cm^3	cm^3	cm	cm	cm	cm	cm	cm	cm	cm
5		21.5	7.91	6.21	48.79	22.70	8.34	2.48	3.13	1.60	3.49	3.56	3.63	3.71	3.78
6		21.9	9.40	7.38	57.35	26.16	9.87	2.47	3.11	1.59	3.51	3.58	3.65	3.73	3.80
∟80×7	9	22.3	10.86	8.53	65.58	29.38	11.37	2.46	3.10	1.58	3.53	3.60	3.67	3.75	3.83
8		22.7	12.30	9.66	73.50	32.36	12.83	2.44	3.08	1.57	3.55	3.62	3.70	3.77	3.85
10		23.5	15.13	11.87	88.43	37.68	15.64	2.42	3.04	1.56	3.58	3.66	3.74	3.81	3.89
6		24.4	10.64	8.35	82.77	33.90	12.61	2.79	3.51	1.80	3.91	3.98	4.05	4.12	4.20
7		24.8	12.30	9.66	94.83	38.28	14.54	2.78	3.50	1.78	3.93	4.00	4.07	4.14	4.22
∟90×8	10	25.2	13.94	10.95	106.5	42.30	16.42	2.76	3.48	1.78	3.95	4.02	4.09	4.17	4.24
10		25.9	17.17	13.48	128.6	49.57	20.07	2.74	3.45	1.76	3.98	4.06	4.13	4.21	4.28
12		26.7	20.31	15.94	149.2	55.93	23.57	2.71	3.41	1.75	4.02	4.09	4.17	4.25	4.32
6		26.7	11.93	9.37	115.0	43.04	15.68	3.10	3.91	2.00	4.30	4.37	4.44	4.51	4.58
7		27.1	13.80	10.83	131.9	48.57	18.10	3.09	3.89	1.99	4.32	4.39	4.46	4.53	4.61
8		27.6	15.64	12.28	148.2	53.78	20.47	3.08	3.88	1.98	4.34	4.41	4.48	4.55	4.63
∟100×10	12	28.4	19.26	15.12	179.5	63.29	25.06	3.05	3.84	1.96	4.38	4.45	4.52	4.60	4.67
12		29.1	22.80	17.90	208.9	71.72	29.47	3.03	3.81	1.95	4.41	4.49	4.56	4.64	4.71
14		29.9	26.26	20.61	236.5	79.19	33.73	3.00	3.77	1.94	4.45	4.53	4.60	4.68	4.75
16		30.6	29.63	23.26	262.5	85.81	37.82	2.98	3.74	1.93	4.49	4.56	4.64	4.72	4.80
7		29.6	15.20	11.93	177.2	59.78	22.05	3.41	4.30	2.20	4.72	4.79	4.86	4.94	5.01
8		30.1	17.24	13.53	199.5	66.36	24.95	3.40	4.28	2.19	4.74	4.81	4.88	4.96	5.03
∟110×10	12	30.9	21.26	16.69	242.2	78.48	30.60	3.38	4.25	2.17	4.78	4.85	4.92	5.00	5.07
12		31.6	25.20	19.78	282.6	89.34	36.05	3.35	4.22	2.15	4.82	4.89	4.96	5.04	5.11
14		32.4	29.06	22.81	320.7	99.07	41.31	3.32	4.18	2.14	4.85	4.93	5.00	5.08	5.15

续附表 7-4

型号	圆角 R	重心矩 Z_0	截面面积 A	质量	惯性矩 I_x	截面模量 W_x^{max}	W_x^{min}	回转半径 i_x	i_{x0}	i_{x0}	当 a 为下列数值时，i_y 6 mm	8 mm	10 mm	12 mm	14 mm
	mm	mm	cm^2	kg/m	cm^4	cm^3	cm^3	cm	cm	cm	cm	cm	cm	cm	cm
∟125×8	14	33.7	19.75	15.50	297.0	88.20	32.52	3.88	4.88	2.50	5.34	5.41	5.48	5.55	5.62
∟125×10	14	34.5	24.37	19.13	361.7	104.8	39.97	3.85	4.85	2.48	5.38	5.45	5.52	5.59	5.66
∟125×12	14	35.3	28.91	22.70	423.2	119.9	47.17	3.83	4.82	2.46	5.41	5.48	5.56	5.63	5.70
∟125×14	14	36.1	33.37	26.19	481.7	133.6	54.16	3.80	4.78	2.45	5.45	5.52	5.59	5.67	5.74
∟140×10	14	38.2	27.37	21.49	514.7	134.6	50.58	4.34	5.46	2.78	5.98	6.05	6.12	6.20	6.27
∟140×12	14	39.0	32.51	25.52	603.7	154.6	59.80	4.31	5.43	2.77	6.02	6.09	6.16	6.23	6.31
∟140×14	14	39.8	37.57	29.49	688.8	173.0	68.75	4.28	5.40	2.75	6.06	6.13	6.20	6.27	6.34
∟140×16	14	40.6	42.54	33.39	770.2	189.9	77.46	4.26	5.36	2.74	6.09	6.16	6.23	6.31	6.38
∟160×10	16	43.1	31.50	24.73	779.5	180.8	66.70	4.97	6.27	3.20	6.78	6.85	6.92	6.99	7.06
∟160×12	16	43.9	37.44	29.39	916.6	208.6	78.98	4.95	6.24	3.18	6.82	6.89	6.96	7.03	7.10
∟160×14	16	44.7	43.30	33.99	1 048	234.4	90.95	4.92	6.20	3.16	6.86	6.93	7.00	7.07	7.14
∟160×16	16	45.5	49.07	38.52	1 175	258.3	102.6	4.89	6.17	3.14	6.89	6.96	7.03	7.10	7.18
∟180×12	16	48.9	42.24	33.16	1 321	270.0	100.8	5.59	7.05	3.58	7.63	7.70	7.77	7.84	7.91
∟180×14	16	49.7	48.90	38.38	1 514	304.6	116.3	5.57	7.02	3.57	7.67	7.74	7.81	7.88	7.95
∟180×16	16	50.5	55.47	43.54	1 701	336.9	131.4	5.54	6.98	3.55	7.70	7.77	7.84	7.91	7.98
∟180×18	16	51.3	61.95	48.63	1 881	367.1	146.1	5.51	6.94	3.53	7.73	7.80	7.87	7.95	8.02
∟200×14	18	54.6	54.64	42.89	2 104	385.1	144.7	6.20	7.82	3.98	8.47	8.54	8.61	8.67	8.75
∟200×16	18	55.4	62.01	48.68	2 366	427.0	163.7	6.18	7.79	3.96	8.50	8.57	8.64	8.71	8.78
∟200×18	18	56.2	69.30	54.40	2 621	466.5	182.2	6.15	7.75	3.94	8.53	8.60	8.67	8.75	8.82
∟200×20	18	56.9	76.50	60.06	2 867	503.6	200.4	6.12	7.72	3.93	8.57	8.64	8.71	8.78	8.85
∟200×24	18	58.4	90.66	71.17	3 338	571.5	235.8	6.07	7.64	3.90	8.63	8.71	8.78	8.85	8.92

附表 7-5 不等边角钢

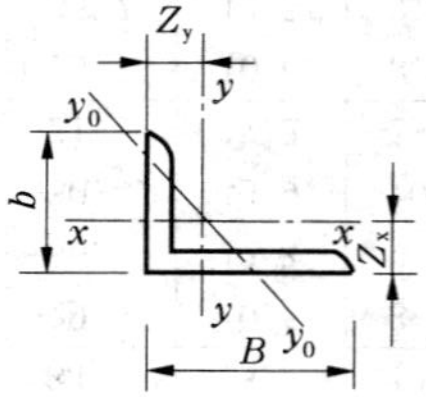

单角钢

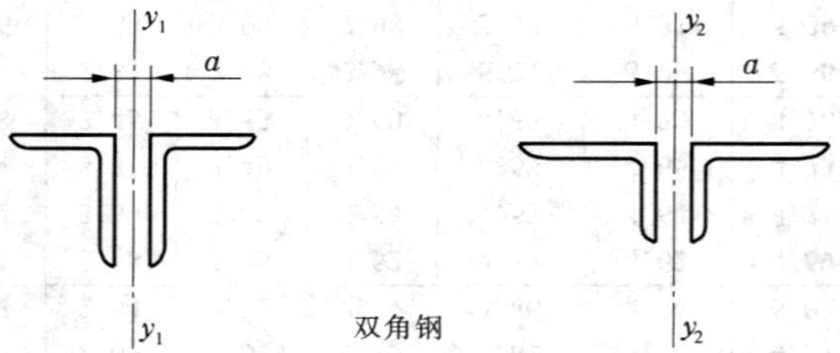

双角钢

角钢型号 B×b×t	圆角 R	重心矩 Z_x	重心矩 Z_y	截面面积 A	质量	回转半径 i_x	回转半径 i_y	回转半径 i_{y0}	当 a 为下列数值, i_{y1} 6 mm	8 mm	10 mm	12 mm	当 a 为下列数值, i_{y2} 6 mm	8 mm	10 mm	12 mm
		mm	mm	cm^2	kg/m	cm	cm	cm	cm	cm	cm	cm	cm	cm	cm	cm
∟25×16×3	3.5	4.2	8.6	1.16	0.91	0.44	0.78	0.34	0.84	0.93	1.02	1.11	1.40	1.48	1.57	1.66
∟25×16×4	3.5	4.6	9.0	1.50	1.18	0.43	0.77	0.34	0.87	0.96	1.05	1.14	1.42	1.51	1.60	1.68
∟32×20×3	3.5	4.9	10.8	1.49	1.17	0.55	1.01	0.43	0.97	1.05	1.14	1.23	1.71	1.79	1.88	1.96
∟32×20×4	3.5	5.3	11.2	1.94	1.52	0.54	1.00	0.43	0.99	1.08	1.16	1.25	1.74	1.82	1.90	1.99
∟40×25×3	4	5.9	13.2	1.89	1.48	0.70	1.28	0.54	1.13	1.21	1.30	1.38	2.07	2.14	2.23	2.31
∟40×25×4	4	6.3	13.7	2.47	1.94	0.69	1.26	0.54	1.16	1.24	1.32	1.41	2.09	2.17	2.25	2.34
∟45×28×3	5	6.4	14.7	2.15	1.69	0.79	1.44	0.61	1.23	1.31	1.39	1.47	2.28	2.36	2.44	2.52
∟45×28×4	5	6.8	15.1	2.81	2.20	0.78	1.43	0.60	1.25	1.33	1.41	1.50	2.31	2.39	2.47	2.55
∟50×32×3	5.5	7.3	16.0	2.43	1.91	0.91	1.60	0.70	1.37	1.45	1.53	1.61	2.49	2.56	2.64	2.72
∟50×32×4	5.5	7.7	16.5	3.18	2.49	0.90	1.59	0.69	1.40	1.47	1.55	1.64	2.51	2.59	2.67	2.75
∟56×36×3	6	8.0	17.8	2.74	2.15	1.03	1.80	0.79	1.51	1.59	1.66	1.74	2.75	2.82	2.90	2.98
∟56×36×4	6	8.5	18.2	3.59	2.82	1.02	1.79	0.78	1.53	1.61	1.69	1.77	2.77	2.85	2.93	3.01
∟56×36×5	6	8.8	18.7	4.42	3.47	1.01	1.77	0.78	1.56	1.63	1.71	1.79	2.80	2.88	2.96	3.04
∟63×40×4	7	9.2	20.4	4.06	3.19	1.14	2.02	0.88	1.66	1.74	1.81	1.89	3.09	3.16	3.24	3.32
∟63×40×5	7	9.5	20.8	4.99	3.92	1.12	2.00	0.87	1.68	1.76	1.84	1.92	3.11	3.19	3.27	3.35
∟63×40×6	7	9.9	21.2	5.91	4.64	1.11	1.99	0.86	1.71	1.78	1.86	1.94	3.13	3.21	3.29	3.37
∟63×40×7	7	10.3	21.6	6.80	5.34	1.10	1.97	0.86	1.73	1.81	1.89	1.97	3.16	3.24	3.32	3.40

续附表 7-5

角钢型号 $B \times b \times t$		圆角 R	重心矩 Z_x	重心矩 Z_y	截面面积 A	质量	回转半径 i_x	回转半径 i_y	回转半径 i_{y0}	当 a 为下列数值，i_{y1} 6 mm	8 mm	10 mm	12 mm	当 a 为下列数值，i_{y2} 6 mm	8 mm	10 mm	12 mm
			mm	mm	cm^2	kg/m	cm	cm	cm	cm	cm	cm	cm	cm	cm	cm	cm
∟70×45×	4	7.5	10.2	22.3	4.55	3.57	1.29	2.25	0.99	1.84	1.91	1.99	2.07	3.39	3.46	3.54	3.62
	5		10.6	22.8	5.61	4.40	1.28	2.23	0.98	1.86	1.94	2.01	2.09	3.41	3.49	3.57	3.64
	6		11.0	23.2	6.64	5.22	1.26	2.22	0.97	1.88	1.96	2.04	2.11	3.44	3.51	3.59	3.67
	7		11.3	23.6	7.66	6.01	1.25	2.20	0.97	1.90	1.98	2.06	2.14	3.45	3.54	3.61	3.69
∟75×50×	5	8	11.7	24.0	6.13	4.81	1.43	2.39	1.09	2.06	2.13	2.20	2.28	3.60	3.68	3.76	3.83
	6		12.1	24.4	7.26	5.70	1.42	2.38	1.08	2.08	2.15	2.23	2.30	3.63	3.70	3.78	3.86
	8		12.9	25.2	9.47	7.43	1.40	2.35	1.07	2.12	2.19	2.27	2.35	3.67	3.75	3.83	3.91
	10		13.6	26.0	11.6	9.10	1.38	2.33	1.06	2.16	2.24	2.31	2.40	3.71	3.79	3.87	3.95
∟80×50×	5	8	11.4	26.0	6.38	5.00	1.42	2.57	1.10	2.02	2.09	2.17	2.24	3.88	3.95	4.03	4.10
	6		11.8	26.5	7.56	5.93	1.41	2.55	1.09	2.04	2.11	2.19	2.27	3.90	3.98	4.05	4.13
	7		12.1	26.9	8.72	6.85	1.39	2.54	1.08	2.06	2.13	2.21	2.29	3.92	4.00	4.08	4.16
	8		12.5	27.3	9.87	7.75	1.38	2.52	1.07	2.08	2.15	2.23	2.31	3.94	4.02	4.10	4.18
∟90×56×	5	9	12.5	29.1	7.21	5.66	1.59	2.90	1.23	2.22	2.29	2.36	2.44	4.32	4.39	4.47	4.55
	6		12.9	29.5	8.56	6.72	1.58	2.88	1.22	2.24	2.31	2.39	2.46	4.34	4.42	4.50	4.57
	7		13.3	30.0	9.88	7.76	1.57	2.87	1.22	2.26	2.33	2.41	2.49	4.37	4.44	4.52	4.60
	8		13.6	30.4	11.2	8.78	1.56	2.85	1.21	2.28	2.35	2.43	2.51	4.39	4.47	4.54	4.62
∟100×63×	6	10	14.3	32.4	9.62	7.55	1.79	3.21	1.38	2.49	2.56	2.63	2.71	4.77	4.85	4.92	5.00
	7		14.7	32.8	11.1	8.72	1.78	3.20	1.37	2.51	2.58	2.65	2.73	4.80	4.87	4.95	5.03
	8		15.0	33.2	12.6	9.88	1.77	3.18	1.37	2.53	2.60	2.67	2.75	4.82	4.90	4.97	5.05
	10		15.8	34.0	15.5	12.1	1.75	3.15	1.35	2.57	2.64	2.72	2.79	4.86	4.94	5.02	5.10
∟100×80×	6		19.7	29.5	10.5	8.35	2.40	3.17	1.73	3.31	3.38	3.45	3.52	4.54	4.62	4.69	4.76
	7		20.1	30.0	12.3	9.06	2.39	3.16	1.71	3.32	3.39	3.47	3.54	4.57	4.64	4.71	4.79
	8		20.5	30.4	13.9	10.9	2.37	3.15	1.71	3.34	3.41	3.49	3.56	4.59	4.66	4.73	4.81
	10		21.3	31.2	17.2	13.5	2.35	3.12	1.69	3.38	3.45	3.53	3.60	4.63	4.70	4.78	4.85
∟110×70×	6		15.7	35.3	10.6	8.35	2.01	3.54	1.54	2.74	2.81	2.88	2.96	5.21	5.29	5.36	5.44
	7		16.1	35.7	12.3	9.66	2.00	3.53	1.53	2.76	2.83	2.90	2.98	5.24	5.31	5.39	5.46
	8		16.5	36.2	13.9	10.9	1.98	3.51	1.53	2.78	2.85	2.92	3.00	5.26	5.34	5.41	5.49
	10		17.2	37.0	17.2	13.5	1.96	3.48	1.51	2.82	2.89	2.96	3.04	5.30	5.38	5.46	5.53

续附表 7-5

角钢型号 $B \times b \times t$		圆角 R	重心矩 Z_x	重心矩 Z_y	截面面积 A	质量	回转半径 i_x	回转半径 i_y	回转半径 i_{y0}	当 a 为下列数值,i_{y1} 6 mm	8 mm	10 mm	12 mm	当 a 为下列数值,i_{y2} 6 mm	8 mm	10 mm	12 mm
			mm		cm^2	kg/m	cm			cm				cm			
∟125×80×	7	11	18.0	40.1	14.1	11.1	2.30	4.02	1.76	3.13	3.18	3.25	3.33	5.90	5.97	6.04	6.12
	8		18.4	40.5	16.0	12.6	2.29	4.01	1.75	3.13	3.20	3.27	3.35	5.92	5.99	6.07	6.14
	10		19.2	41.4	19.7	15.5	2.26	3.98	1.74	3.17	3.24	3.31	3.39	5.96	6.04	6.11	6.19
	12		20.0	42.2	23.4	18.3	2.24	3.95	1.72	3.20	3.28	3.35	3.43	6.00	6.08	6.16	6.23
∟140×90×	8	12	20.4	45.0	18.0	14.2	2.59	4.50	1.98	3.49	3.56	3.63	3.70	6.58	6.65	6.73	6.80
	10		21.2	45.8	22.3	17.5	2.56	4.47	1.96	3.52	3.59	3.66	3.73	6.62	6.70	6.77	6.85
	12		21.9	46.6	26.4	20.7	2.54	4.44	1.95	3.56	3.63	3.70	3.77	6.66	6.74	6.81	6.89
	14		22.7	47.4	30.5	23.9	2.51	4.42	1.94	3.59	3.66	3.74	3.81	6.70	6.78	6.86	6.93
∟160×100×	10	13	22.8	52.4	25.3	19.9	2.85	5.14	2.19	3.84	3.91	3.98	4.05	7.55	7.63	7.70	7.78
	12		23.6	53.2	30.1	23.6	2.82	5.11	2.18	3.87	3.94	4.01	4.09	7.60	7.67	7.75	7.82
	14		24.3	54.0	34.7	27.2	2.80	5.08	2.16	3.91	3.98	4.05	4.12	7.64	7.71	7.79	7.86
	16		25.1	54.8	39.3	30.8	2.77	5.05	2.15	3.94	4.02	4.09	4.16	7.68	7.75	7.83	7.90
∟180×110×	10	14	24.4	58.9	28.4	22.3	3.13	5.81	2.42	4.16	4.23	4.30	4.36	8.49	8.56	8.63	8.71
	12		25.2	59.8	33.7	26.5	3.10	5.78	2.40	4.19	4.26	4.33	4.40	8.53	8.60	8.68	8.75
	14		25.9	60.6	39.0	30.6	3.08	5.75	2.39	4.23	4.30	4.37	4.44	8.57	8.64	8.72	8.79
	16		26.7	61.4	44.1	34.6	3.05	5.72	2.37	4.26	4.33	4.40	4.47	8.61	8.68	8.76	8.84
∟200×125×	12		28.3	65.4	37.9	29.8	3.57	6.44	2.75	4.75	4.82	4.88	4.95	9.39	9.47	9.54	9.62
	14		29.1	66.2	43.9	34.4	3.54	6.41	2.73	4.78	4.85	4.92	4.99	9.43	9.51	9.58	9.66
	16		29.9	67.0	49.7	39.0	3.52	6.38	2.71	4.81	4.88	4.95	5.02	9.47	9.55	9.62	9.70
	18		30.6	67.8	55.5	43.6	3.49	6.35	2.70	4.85	4.92	4.99	5.06	9.51	9.59	9.66	9.74

附表 7-6　热轧无缝钢管

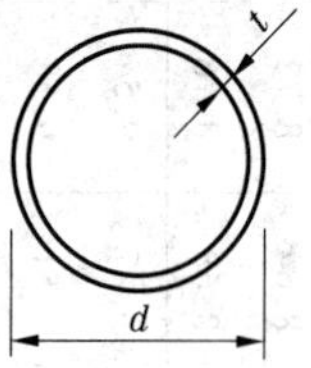

I—截面惯性矩
W—截面模量
i—截面回转半径

尺寸(mm)		截面	质量	截面特性			尺寸(mm)		截面	质量	截面特性		
d	t	面积 (cm^2)	(kg/m)	I (cm^4)	W (cm^3)	i (cm)	d	t	面积 (cm^2)	(kg/m)	I (cm^4)	W (cm^3)	i (cm)
32	2.5	2.32	1.82	2.54	1.59	1.05	63.5	3.0	5.70	4.48	26.15	8.24	2.14
	3.0	2.73	2.15	2.90	1.82	1.03		3.5	6.60	5.18	29.79	9.38	2.12
	3.5	3.13	2.46	3.23	2.02	1.02		4.0	7.48	5.87	33.24	10.47	2.11
	4.0	3.52	2.76	3.52	2.20	1.00		4.5	8.34	6.55	36.50	11.50	2.09
38	2.5	2.79	2.19	4.41	2.32	1.26		5.0	9.19	7.21	39.60	12.47	2.08
	3.0	3.30	2.59	5.09	2.68	1.24		5.5	10.02	7.87	42.52	13.39	2.06
	3.5	3.79	2.98	5.70	3.00	1.23		6.0	10.84	8.51	45.28	14.26	2.04
	4.0	4.27	3.35	6.26	3.29	1.21	68	3.0	6.13	4.81	32.42	9.54	2.30
42	2.5	3.10	2.44	6.07	2.89	1.40		3.5	7.09	5.57	36.99	10.88	2.28
	3.0	3.68	2.89	7.03	3.35	1.38		4.0	8.04	6.31	41.34	12.16	2.27
	3.5	4.23	3.32	7.91	3.77	1.37		4.5	8.98	7.05	45.47	13.37	2.25
	4.0	4.78	3.75	8.71	4.15	1.35		5.0	9.90	7.77	49.41	14.53	2.23
45	2.5	3.34	2.62	7.56	3.36	1.51		5.5	10.80	8.48	53.14	15.63	2.22
	3.0	3.96	3.11	8.77	3.90	1.49		6.0	11.69	9.17	56.68	16.67	2.20
	3.5	4.56	3.58	9.89	4.40	1.47	70	3.0	6.31	4.96	35.50	10.14	2.37
	4.0	5.15	4.04	10.93	4.86	1.46		3.5	7.31	5.74	40.53	11.58	2.35
50	2.5	3.73	2.93	10.55	4.22	1.68		4.0	8.29	6.51	45.33	12.95	2.34
	3.0	4.43	3.48	12.28	4.91	1.67		4.5	9.26	7.27	49.89	14.26	2.32
	3.5	5.11	4.01	13.90	5.56	1.65		5.0	10.21	8.01	54.24	15.50	2.30
	4.0	5.78	4.54	15.41	6.16	1.63		5.5	11.14	8.75	58.38	16.68	2.29
	4.5	6.43	5.05	16.81	6.72	1.62		6.0	12.06	9.47	62.31	17.80	2.27
	5.0	7.07	5.55	18.11	7.25	1.60	73	3.0	6.60	5.18	40.48	11.09	2.48
54	3.0	4.81	3.77	15.68	5.81	1.81		3.5	7.64	6.00	46.26	12.67	2.46
	3.5	5.55	4.36	17.79	6.59	1.79		4.0	8.67	6.81	51.78	14.19	2.44
	4.0	6.28	4.93	19.76	7.32	1.77		4.5	9.68	7.60	57.04	15.63	2.43
	4.5	7.00	5.49	21.61	8.00	1.76		5.0	10.68	8.38	62.07	17.01	2.41
	5.0	7.70	6.04	23.34	8.64	1.74		5.5	11.66	9.16	66.87	18.32	2.39
	5.5	8.38	6.58	24.96	9.24	1.73		6.0	12.63	9.91	71.43	19.57	2.38
	6.0	9.05	7.10	26.46	9.80	1.71	76	3.0	6.88	5.40	45.91	12.08	2.58
57	3.0	5.09	4.00	18.61	6.53	1.91		3.5	7.97	6.26	52.50	13.82	2.57
	3.5	5.88	4.62	21.14	7.42	1.90		4.0	9.05	7.10	58.81	15.48	2.55
	4.0	6.66	5.23	23.52	8.25	1.88		4.5	10.11	7.93	64.85	17.07	2.53
	4.5	7.42	5.83	25.76	9.04	1.86		5.0	11.15	8.75	70.62	18.59	2.52
	5.0	8.17	6.41	27.86	9.78	1.85		5.5	12.18	9.56	76.14	20.04	2.50
	5.5	8.90	6.99	29.84	10.47	1.83		6.0	13.19	10.36	81.41	21.42	2.48
	6.0	9.61	7.55	31.69	11.12	1.82	83	3.5	8.74	6.86	69.19	16.67	2.81
60	3.0	5.37	4.22	21.88	7.29	2.02		4.0	9.93	7.79	77.64	18.71	2.80
	3.5	6.21	4.88	24.88	8.29	2.00		4.5	11.10	8.71	85.76	20.67	2.78
	4.0	7.04	5.52	27.73	9.24	1.98		5.0	12.25	9.62	93.56	22.54	2.76
	4.5	7.85	6.16	30.41	10.14	1.97		5.5	13.39	10.51	101.04	24.35	2.75
	5.0	8.64	6.78	32.94	10.98	1.95		6.0	14.51	11.39	108.22	26.08	2.73
	5.5	9.42	7.39	35.32	11.77	1.94		6.5	15.62	12.26	115.10	27.74	2.71
	6.0	10.18	7.99	37.56	12.52	1.92		7.0	16.71	13.12	121.69	29.32	2.70

续附表 7-6

尺寸(mm)		截面面积	质量	截面特性		
d	t	(cm²)	(kg/m)	I (cm⁴)	W (cm³)	i (cm)
89	3.5	9.40	7.38	86.05	19.34	3.03
	4.0	10.68	8.38	96.68	21.73	3.01
	4.5	11.95	9.38	106.92	24.03	2.99
	5.0	13.19	10.36	116.79	26.24	2.98
	5.5	14.43	11.33	126.29	28.38	2.96
	6.0	15.65	12.28	135.43	30.43	2.94
	6.5	16.85	13.22	144.22	32.41	2.93
	7.0	18.03	14.16	152.67	34.31	2.91
95	3.5	10.06	7.90	105.45	22.20	3.24
	4.0	11.44	8.98	118.60	24.97	3.22
	4.5	12.79	10.04	131.31	27.64	3.20
	5.0	14.14	11.10	143.58	30.23	3.19
	5.5	15.46	12.14	155.43	32.72	3.17
	6.0	16.78	13.17	166.86	35.13	3.15
	6.5	18.07	14.19	177.89	37.45	3.14
	7.0	19.35	15.19	188.51	39.69	3.12
102	3.5	10.83	8.50	131.52	25.79	3.48
	4.0	12.32	9.67	148.09	29.04	3.47
	4.5	13.78	10.82	164.14	32.18	3.45
	5.0	15.24	11.96	179.68	35.23	3.43
	5.5	16.67	13.09	194.72	38.18	3.42
	6.0	18.10	14.21	209.28	41.03	3.40
	6.5	19.50	15.31	223.35	43.79	3.38
	7.0	20.89	16.40	236.96	46.46	3.37
114	4.0	13.82	10.85	209.35	36.73	3.89
	4.5	15.48	12.15	232.41	40.77	3.87
	5.0	17.12	13.44	254.81	44.70	3.86
	5.5	18.75	14.72	276.58	48.52	3.84
	6.0	20.36	15.98	297.73	52.23	3.82
	6.5	21.95	17.23	318.26	55.84	3.81
	7.0	23.53	18.47	338.19	59.33	3.79
	7.5	25.09	19.70	357.58	62.73	3.77
	8.0	26.64	20.91	376.30	66.02	3.76
121	4.0	14.70	11.54	251.87	41.63	4.14
	4.5	16.47	12.93	279.83	46.25	4.12
	5.0	18.22	14.30	307.05	50.75	4.11
	5.5	19.96	15.67	333.54	55.13	4.09
	6.0	21.68	17.02	359.32	59.39	4.07
	6.5	23.38	18.35	384.40	63.54	4.05
	7.0	25.07	19.68	408.80	67.57	4.04
	7.5	26.74	20.99	432.51	71.49	4.02
	8.0	28.40	22.29	455.57	75.30	4.01
127	4.0	15.46	12.13	292.61	46.08	4.35
	4.5	17.32	13.59	325.29	51.23	4.33
	5.0	19.16	15.04	357.14	56.24	4.32
	5.5	20.99	16.48	388.19	61.13	4.30
	6.0	22.81	17.90	418.44	65.90	4.28
	6.5	24.61	19.32	447.92	70.54	4.27
	7.0	26.39	20.72	476.63	75.06	4.25
	7.5	28.16	22.10	504.58	79.46	4.23
	8.0	29.91	23.48	531.80	83.75	4.22
133	4.0	16.21	12.73	337.53	50.76	4.56
	4.5	18.17	14.26	375.42	56.45	4.55
	5.0	20.11	15.78	412.40	62.02	4.53
	5.5	22.03	17.29	448.50	67.44	4.51
	6.0	23.94	18.79	483.72	72.74	4.50
	6.5	25.83	20.28	518.07	77.91	4.48
	7.0	27.71	21.75	551.58	82.94	4.46
	7.5	29.57	23.21	584.25	87.86	4.45
	8.0	31.42	24.66	616.11	92.65	4.43
140	4.5	19.16	15.04	440.12	62.87	4.79
	5.0	21.21	16.65	483.76	69.11	4.78
	5.5	23.24	18.24	526.40	75.20	4.76
	6.0	25.26	19.83	568.06	81.15	4.74
	6.5	27.26	21.40	608.76	86.97	4.73
	7.0	29.25	22.96	648.51	92.64	4.71
	7.5	31.22	24.51	687.32	98.19	4.69
	8.0	33.18	26.04	725.21	103.60	4.68
	9.0	37.04	29.08	798.29	114.04	4.64
	10	40.84	32.06	867.86	123.98	4.61
146	4.5	20.00	15.70	501.16	68.65	5.01
	5.0	22.15	17.39	551.10	75.49	4.99
	5.5	24.28	19.06	599.95	82.19	4.97
	6.0	26.39	20.72	647.73	88.73	4.95
	6.5	28.49	22.36	694.44	95.13	4.94
	7.0	30.57	24.00	740.12	101.39	4.92
	7.5	32.63	25.62	784.77	107.50	4.90
	8.0	34.68	27.23	828.41	113.48	4.89
	9.0	38.74	30.41	912.71	125.03	4.85
	10	42.73	33.54	993.16	136.05	4.82

续附表 7-6

尺寸(mm)		截面面积	质量	截面特性			尺寸(mm)		截面面积	质量	截面特性		
				I	*W*	*i*					*I*	*W*	*i*
d	*t*	(cm²)	(kg/m)	(cm⁴)	(cm³)	(cm)	*d*	*t*	(cm²)	(kg/m)	(cm⁴)	(cm³)	(cm)
152	4.5	20.85	16.37	567.61	74.69	5.22	180	5.0	27.49	21.58	1 053.17	117.02	6.19
	5.0	23.09	18.13	624.43	82.16	5.20		5.5	30.15	23.67	1 148.79	127.64	6.17
	5.5	25.31	19.87	680.06	89.48	5.18		6.0	32.80	25.75	1 242.72	138.08	6.16
	6.0	27.52	21.60	734.52	96.65	5.17		6.5	35.43	27.81	1 335.00	148.33	6.14
	6.5	29.71	23.32	787.82	103.66	5.15		7.0	38.04	29.87	1 425.63	158.40	6.12
	7.0	31.89	25.03	839.99	110.52	5.13		7.5	40.64	31.91	1 514.64	168.29	6.10
	7.5	34.05	26.73	891.03	117.24	5.12		8.0	43.23	33.93	1 602.04	178.00	6.09
	8.0	36.19	28.41	940.97	123.81	5.10		9.0	48.35	37.95	1 772.12	196.90	6.05
	9.0	40.43	31.74	1 037.59	136.53	5.07		10	53.41	41.92	1 936.01	215.11	6.02
	10	44.61	35.02	1 129.99	148.68	5.03		12	63.33	49.72	2 245.84	249.54	5.95
159	4.5	21.84	17.15	652.27	82.05	5.46	194	5.0	29.69	23.31	1 326.54	136.76	6.68
	5.0	24.19	18.99	717.88	90.30	5.45		5.5	32.57	25.57	1 447.86	149.26	6.67
	5.5	26.52	20.82	782.18	98.39	5.43		6.0	35.44	27.82	1 567.21	161.57	6.65
	6.0	28.84	22.64	845.19	106.31	5.41		6.5	38.29	30.06	1 684.61	173.67	6.63
	6.5	31.14	24.45	906.92	114.08	5.40		7.0	41.12	32.28	1 800.08	185.57	6.62
	7.0	33.43	26.24	967.41	121.69	5.38		7.5	43.94	34.50	1 913.64	197.28	6.60
	7.5	35.70	28.02	1 026.65	129.14	5.36		8.0	46.75	36.70	2 025.31	208.79	6.58
	8.0	37.95	29.79	1 084.67	136.44	5.35		9.0	52.31	41.06	2 243.08	231.25	6.55
	9.0	42.41	33.29	1 197.12	150.58	5.31		10	57.81	45.38	2 453.55	252.94	6.51
	10	46.81	36.75	1 304.88	164.14	5.28		12	68.61	53.86	2 853.25	294.15	6.45
168	4.5	23.11	18.14	772.96	92.02	5.78	203	6.0	37.13	29.15	1 803.07	177.64	6.97
	5.0	25.60	20.10	851.14	101.33	5.77		6.5	40.13	31.50	1 938.81	191.02	6.95
	5.5	28.08	22.04	927.85	110.46	5.75		7.0	43.10	33.84	2 072.43	204.18	6.93
	6.0	30.54	23.97	1 003.12	119.42	5.73		7.5	46.06	36.16	2 203.94	217.14	6.92
	6.5	32.98	25.89	1 076.95	128.21	5.71		8.0	49.01	38.47	2 333.37	229.89	6.90
	7.0	35.41	27.79	1 149.36	136.83	5.70		9.0	54.85	43.06	2 586.08	254.79	6.87
	7.5	37.82	29.69	1 220.38	145.28	5.68		10	60.63	47.60	2 830.72	278.89	6.83
	8.0	40.21	31.57	1 290.01	153.57	5.66		12	72.01	56.52	3 296.49	324.78	6.77
	9.0	44.96	35.29	1 425.22	169.67	5.63		14	83.13	65.25	3 732.07	367.69	6.70
	10	49.64	38.97	1 555.13	185.13	5.60		16	94.00	73.79	4 138.78	407.76	6.64

续附表 7-6

尺寸(mm)		截面面积	质量	截面特性		
d	t	(cm²)	(kg/m)	I (cm⁴)	W (cm³)	i (cm)
219	6.0	40.15	31.52	2 278.74	208.10	7.53
	6.5	43.39	34.06	2 451.64	223.89	7.52
	7.0	46.62	36.60	2 622.04	239.46	7.50
	7.5	49.83	39.12	2 789.96	254.79	7.48
	8.0	53.03	41.63	2 955.43	269.90	7.47
	9.0	59.38	46.61	3 279.12	299.46	7.43
	10	65.66	51.54	3 593.29	328.15	7.40
	12	78.04	61.26	4 193.81	383.00	7.33
	14	90.16	70.78	4 758.50	434.57	7.26
	16	102.04	80.10	5 288.81	483.00	7.20
245	6.5	48.70	38.23	3 465.46	282.89	8.44
	7.0	52.34	41.08	3 709.06	302.78	8.42
	7.5	55.96	43.93	3 949.52	322.41	8.40
	8.0	59.56	46.76	4 186.87	341.79	8.38
	9.0	66.73	52.38	4 652.32	379.78	8.35
	10	73.83	57.95	5 105.63	416.79	8.32
	12	87.84	68.95	5 976.67	487.89	8.25
	14	101.60	79.76	6 801.68	555.24	8.18
	16	115.11	90.36	7 582.30	618.96	8.12
273	6.5	54.42	42.72	4 834.18	354.15	9.42
	7.0	58.50	45.92	5 177.30	379.29	9.41
	7.5	62.56	49.11	5 516.47	404.14	9.39
	8.0	66.60	52.28	5 851.71	428.70	9.37
	9.0	74.64	58.60	6 510.56	476.96	9.34
	10	82.62	64.86	7 154.09	524.11	9.31
	12	98.39	77.24	8 396.14	615.10	9.24
	14	113.91	89.42	9 579.75	701.81	9.17
	16	129.18	101.41	10 706.79	784.38	9.10

尺寸(mm)		截面面积	质量	截面特性		
d	t	(cm²)	(kg/m)	I (cm⁴)	W (cm³)	i (cm)
299	7.5	68.68	53.92	7 300.02	488.30	10.31
	8.0	73.14	57.41	7 747.42	518.22	10.29
	9.0	82.00	64.37	8 628.09	577.13	10.26
	10	90.79	71.27	9 490.15	634.79	10.22
	12	108.20	84.93	11 159.52	746.46	10.16
	14	125.35	98.40	12 757.61	853.35	10.09
	16	142.25	111.67	14 286.48	955.62	10.02
325	7.5	74.81	58.73	9 431.80	580.42	11.23
	8.0	79.67	62.54	10 013.92	616.24	11.21
	9.0	89.35	70.14	11 161.33	686.85	11.18
	10	98.96	77.68	12 286.52	756.09	11.14
	12	118.00	92.63	14 471.45	890.55	11.07
	14	136.78	107.38	16 570.98	1 019.75	11.01
	16	155.32	121.93	18 587.38	1 143.84	10.94
351	8.0	86.21	67.67	12 684.36	722.76	12.13
	9.0	96.70	75.91	14 147.55	806.13	12.10
	10	107.13	84.10	15 584.62	888.01	12.06
	12	127.80	100.32	18 381.63	1 047.39	11.99
	14	148.22	116.35	21 077.86	1 201.02	11.93
	16	168.39	132.19	23 675.75	1 349.05	11.86

附表 7-7　电焊钢管

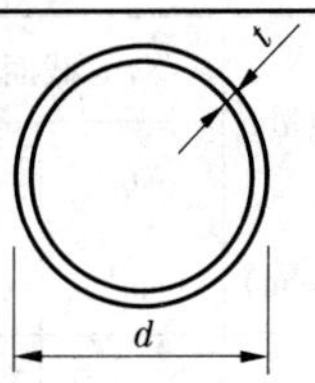

I—截面惯性矩

W—截面模量

i—截面回转半径

尺寸(mm)		截面面积	质量	截面特性		
d	t	(cm^2)	(kg/m)	I (cm^4)	W (cm^3)	i (cm)
32	2.0	1.88	1.48	2.13	1.33	1.06
	2.5	2.32	1.82	2.54	1.59	1.05
38	2.0	2.26	1.78	3.68	1.93	1.27
	2.5	2.79	2.19	4.41	2.32	1.26
40	2.0	2.39	1.87	4.32	2.16	1.35
	2.5	2.95	2.31	5.20	2.60	1.33
42	2.0	2.51	1.97	5.04	2.40	1.42
	2.5	3.10	2.44	6.07	2.89	1.40
45	2.0	2.70	2.12	6.26	2.78	1.52
	2.5	3.34	2.62	7.56	3.36	1.51
	3.0	3.96	3.11	8.77	3.90	1.49
51	2.0	3.08	2.42	9.26	3.63	1.73
	2.5	3.81	2.99	11.23	4.40	1.72
	3.0	4.52	3.55	13.08	5.13	1.70
	3.5	5.22	4.10	14.81	5.81	1.68
53	2.0	3.20	2.52	10.43	3.94	1.80
	2.5	3.97	3.11	12.67	4.78	1.79
	3.0	4.71	3.70	14.78	5.58	1.77
	3.5	5.44	4.27	16.75	6.32	1.75
57	2.0	3.46	2.71	13.08	4.59	1.95
	2.5	4.28	3.36	15.93	5.59	1.93
	3.0	5.09	4.00	18.61	6.53	1.91
	3.5	5.88	4.62	21.14	7.42	1.90
60	2.0	3.64	2.86	15.34	5.11	2.05
	2.5	4.52	3.55	18.70	6.23	2.03
	3.0	5.37	4.22	21.88	7.29	2.02
	3.5	6.21	4.88	24.88	8.29	2.00
63.5	2.0	3.86	3.03	18.29	5.76	2.18
	2.5	4.79	3.76	22.32	7.03	2.16
	3.0	5.70	4.48	26.15	8.24	2.14
	3.5	6.60	5.18	29.79	9.38	2.12
70	2.0	4.27	3.35	24.72	7.06	2.41
	2.5	5.30	4.16	30.23	8.64	2.39
	3.0	6.31	4.96	35.50	10.14	2.37
	3.5	7.31	5.74	40.53	11.58	2.35
	4.5	9.26	7.27	49.89	14.26	2.32
76	2.0	4.65	3.65	31.85	8.38	2.62
	2.5	5.77	4.53	39.03	10.27	2.60
	3.0	6.88	5.40	45.91	12.08	2.58
	3.5	7.97	6.26	52.50	13.82	2.57
	4.0	9.05	7.10	58.81	15.48	2.55
	4.5	10.11	7.93	64.85	17.07	2.53
83	2.0	5.09	4.00	41.76	10.06	2.86
	2.5	6.32	4.96	51.26	12.35	2.85
	3.0	7.54	5.92	60.40	14.56	2.83
	3.5	8.74	6.86	69.19	16.67	2.81
	4.0	9.93	7.79	77.64	18.71	2.80
	4.5	11.10	8.71	85.76	20.67	2.78

续附表 7-7

尺寸(mm)		截面面积	质量	截面特性		
d	t	(cm²)	(kg/m)	I (cm⁴)	W (cm³)	i (cm)
89	2.0	5.47	4.29	51.75	11.63	3.08
	2.5	6.79	5.33	63.59	14.29	3.06
	3.0	8.11	6.36	75.02	16.86	3.04
	3.5	9.40	7.38	86.05	19.34	3.03
	4.0	10.68	8.38	96.68	21.73	3.01
	4.5	11.95	9.38	106.92	24.03	2.99
95	2.0	5.84	4.59	63.20	13.31	3.29
	2.5	7.26	5.70	77.76	16.37	3.27
	3.0	8.67	6.81	91.83	19.33	3.25
	3.5	10.06	7.90	105.45	22.20	3.24
102	2.0	6.28	4.93	78.57	15.41	3.54
	2.5	7.81	6.13	96.77	18.97	3.52
	3.0	9.33	7.32	114.42	22.43	3.50
	3.5	10.83	8.50	131.52	25.79	3.48
	4.0	12.32	9.67	148.09	29.04	3.47
	4.5	13.78	10.82	164.14	32.18	3.45
	5.0	15.24	11.96	179.68	35.23	3.43
108	3.0	9.90	7.77	136.49	25.28	3.71
	3.5	11.49	9.02	157.02	29.08	3.70
	4.0	13.07	10.26	176.95	32.77	3.68
114	3.0	10.46	8.21	161.24	28.29	3.93
	3.5	12.15	9.54	185.63	32.57	3.91
	4.0	13.82	10.85	209.35	36.73	3.89
	4.5	15.48	12.15	232.41	40.77	3.87
	5.0	17.12	13.44	254.81	44.70	3.86

尺寸(mm)		截面面积	质量	截面特性		
d	t	(cm²)	(kg/m)	I (cm⁴)	W (cm³)	i (cm)
121	3.0	11.12	8.73	193.69	32.01	4.17
	3.5	12.92	10.14	223.17	36.89	4.16
	4.0	14.70	11.54	251.87	41.63	4.14
127	3.0	11.69	9.17	224.75	35.39	4.39
	3.5	13.58	10.66	259.11	40.80	4.37
	4.0	15.46	12.13	292.61	46.08	4.35
	4.5	17.32	13.59	325.29	51.23	4.33
	5.0	19.16	15.04	357.14	56.24	4.32
133	3.5	14.24	11.18	298.71	44.92	4.58
	4.0	16.21	12.73	337.53	50.76	4.56
	4.5	18.17	14.26	375.42	56.45	4.55
	5.0	20.11	15.78	412.40	62.02	4.53
140	3.5	15.01	11.78	349.79	49.97	4.83
	4.0	17.09	13.42	395.47	56.50	4.81
	4.5	19.16	15.04	440.12	62.87	4.79
	5.0	21.21	16.65	483.76	69.11	4.78
	5.5	23.24	18.24	526.40	75.20	4.76
152	3.5	16.33	12.82	450.35	59.26	5.25
	4.0	18.60	14.60	509.59	67.05	5.23
	4.5	20.85	16.37	567.61	74.69	5.22
	5.0	23.09	18.13	624.43	82.16	5.20
	5.5	25.31	19.87	680.06	89.48	5.18

附录 8　螺栓和锚栓的规格

附表 8-1　螺栓螺纹处有效截面面积

公称直径	12	14	16	18	20	22	24	27	30
螺栓有效截面面积 A_e(cm^2)	0. 84	1. 15	1. 57	1. 92	2. 45	3. 03	3. 53	4. 59	5. 61
公称直径	33	36	39	42	45	48	52	56	60
螺栓有效截面面积 A_e(cm^2)	6. 94	8. 17	9. 76	11. 2	13. 1	14. 7	17. 6	20. 3	23. 6
公称直径	64	68	72	76	80	85	90	95	100
螺栓有效截面面积 A_e(cm^2)	26. 8	30. 6	34. 6	38. 9	43. 4	49. 5	55. 9	62. 7	70. 0

附表 8-2　锚栓规格

		Ⅰ				Ⅱ			Ⅲ			
形式		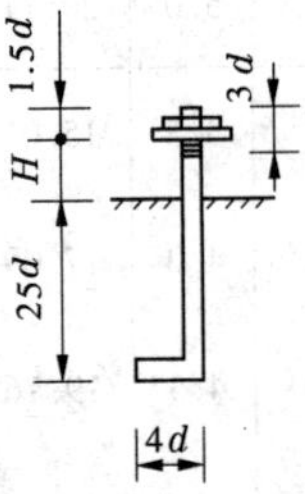				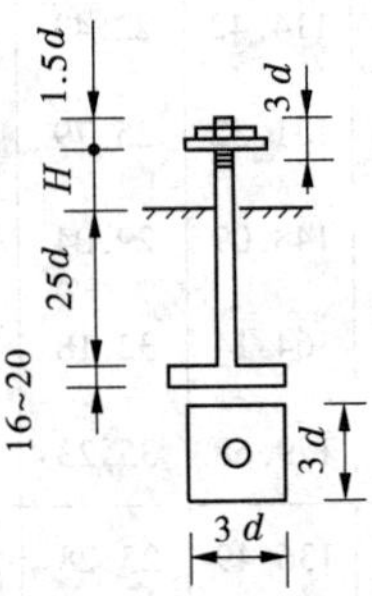			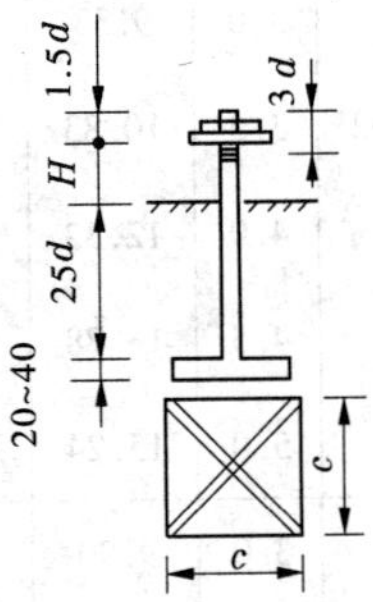			
锚栓直径 d(mm)		20	24	30	36	42	48	56	64	72	80	90
锚栓有效截面面积(cm^2)		2. 45	3. 53	5. 61	8. 17	11. 2	14. 7	20. 3	26. 8	34. 6	43. 4	55. 9
锚栓设计拉力(kN)(Q235 钢)		34. 3	49. 4	78. 5	114. 1	156. 9	206. 2	284. 2	375. 2	484. 4	608. 2	782. 7
Ⅲ型锚栓	锚板宽度 c(mm)					140	200	200	240	280	350	400
	锚板厚度 t(mm)					20	20	20	25	30	40	40

附录 9　各种截面回转半径的近似值

附表 9-1　各种截面回转半径的近似值

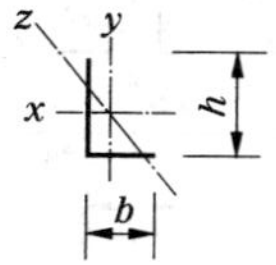	$i_x=0.30h$ $i_y=0.30b$ $i_z=0.195h$	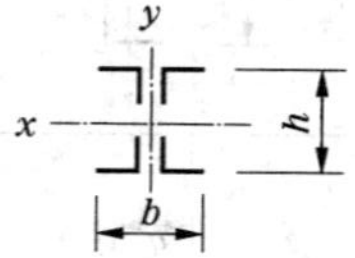	$i_x=0.40h$ $i_y=0.21b$	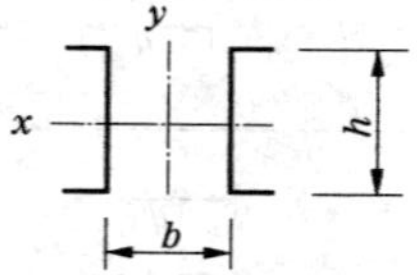	$i_x=0.38h$ $i_y=0.60b$	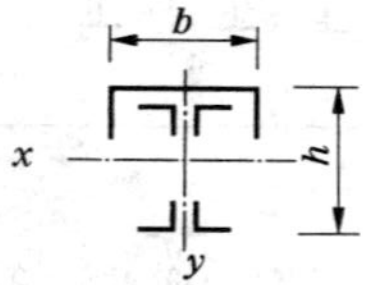	$i_x=0.41h$ $i_y=0.22b$
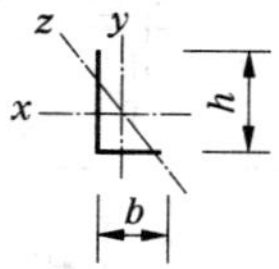	$i_x=0.32h$ $i_y=0.28b$ $i_z=0.18\frac{h+b}{2}$	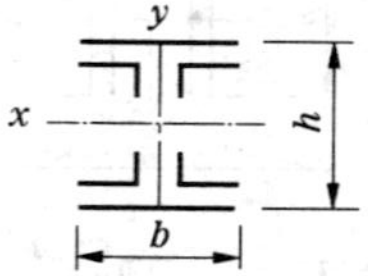	$i_x=0.45h$ $i_y=0.235b$	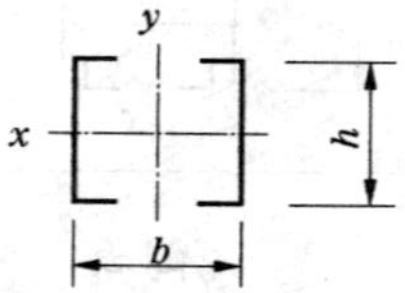	$i_x=0.38h$ $i_y=0.44b$	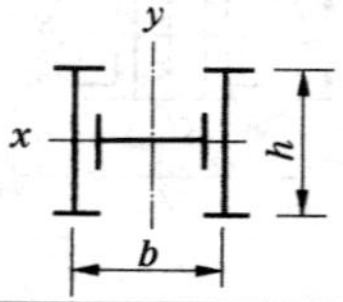	$i_x=0.32h$ $i_y=0.49b$
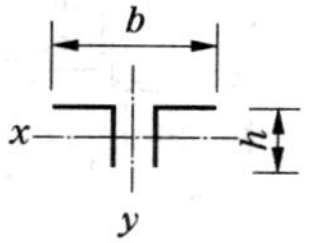	$i_x=0.30h$ $i_y=0.215b$	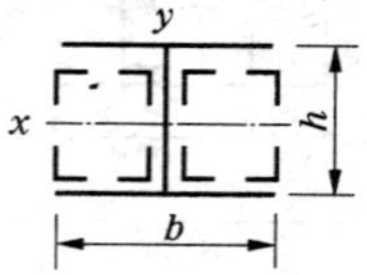	$i_x=0.44h$ $i_y=0.28b$	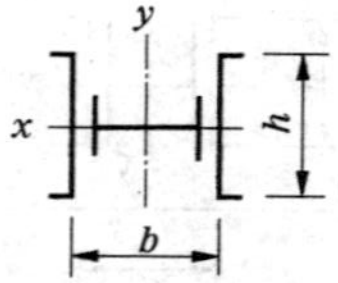	$i_x=0.32h$ $i_y=0.58b$	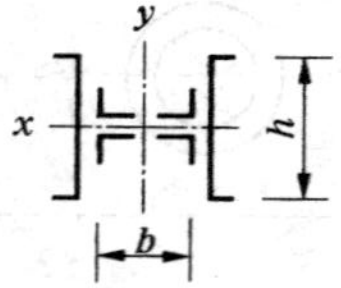	$i_x=0.29h$ $i_y=0.50b$
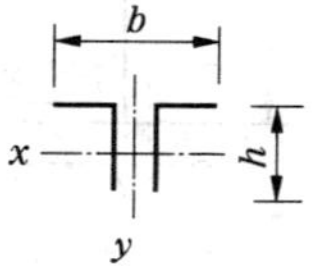	$i_x=0.32h$ $i_y=0.20b$	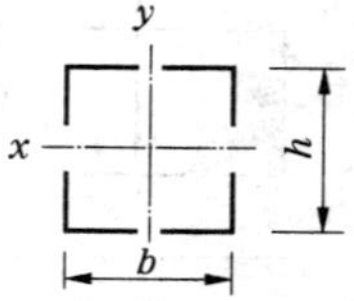	$i_x=0.43h$ $i_y=0.43b$	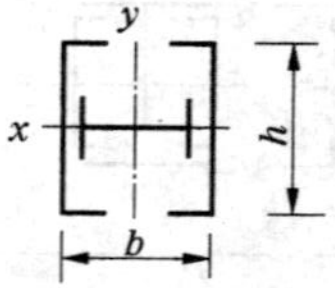	$i_x=0.32h$ $i_y=0.40b$	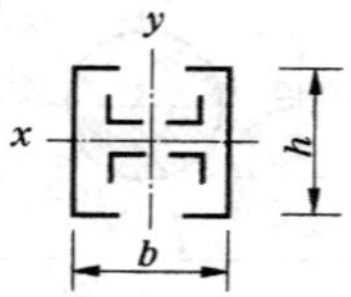	$i_x=0.29h$ $i_y=0.45b$
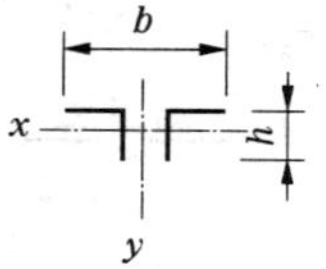	$i_x=0.28h$ $i_y=0.24b$	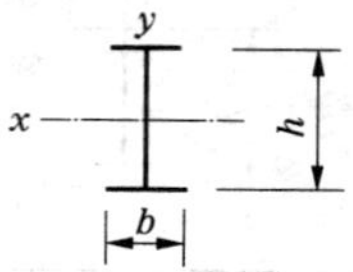	$i_x=0.39h$ $i_y=0.20b$	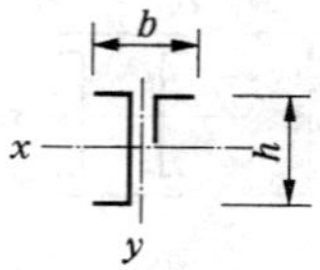	$i_x=0.32h$ $i_y=0.12b$	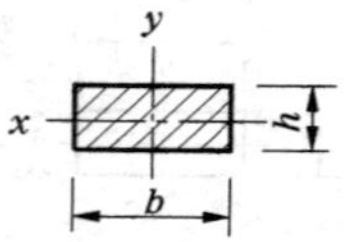	$i_x=0.29h$ $i_y=0.29b$

续附表 9-1

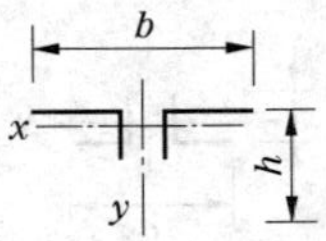 $i_x=0.30h$ $i_y=0.17b$	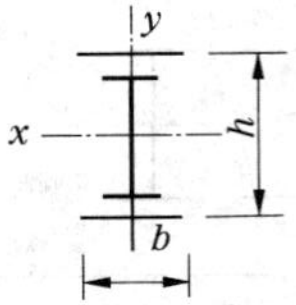 $i_x=0.42h$ $i_y=0.22b$	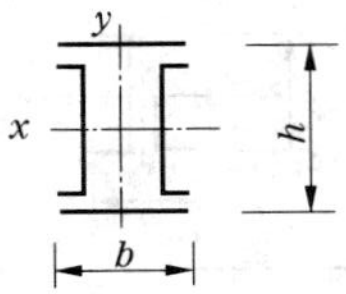 $i_x=0.44h$ $i_y=0.32b$	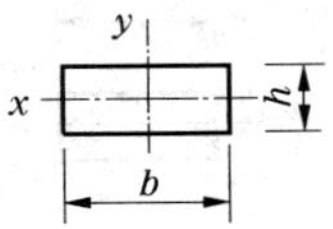 $i_x=0.41\dfrac{h_1+h_2}{2}$ $i_y=0.41\dfrac{b_1+b_2}{2}$
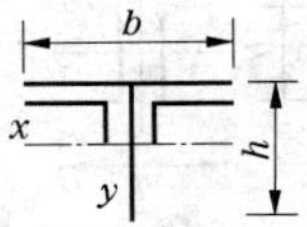 $i_x=0.28h$ $i_y=0.21b$	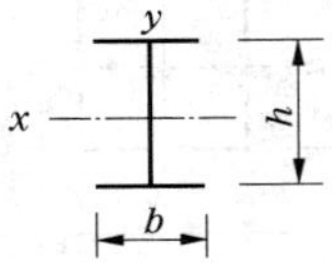 $i_x=0.43h$ $i_y=0.24b$	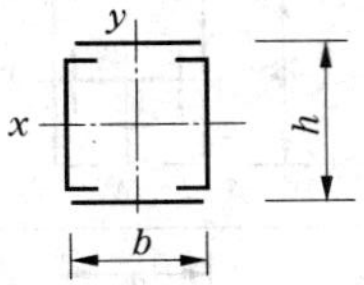 $i_x=0.44h$ $i_y=0.38b$	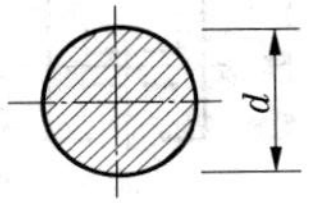 $i=0.25d$
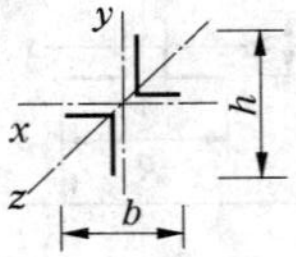 $i_x=0.21h$ $i_y=0.21b$ $i_z=0.185h$	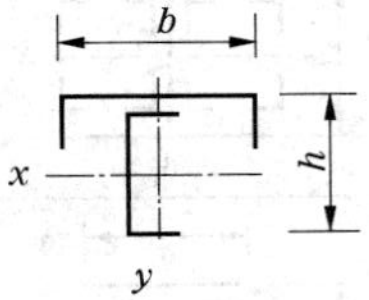 $i_x=0.365h$ $i_y=0.275b$	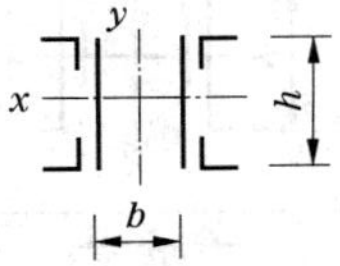 $i_x=0.37h$ $i_y=0.54b$	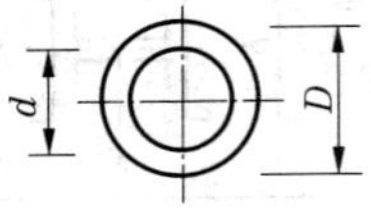 $i=0.35\dfrac{d+D}{2}$
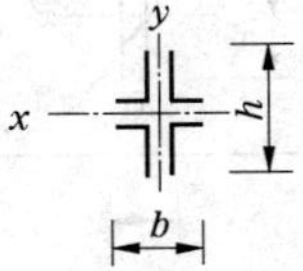 $i_x=0.21h$ $i_y=0.21b$	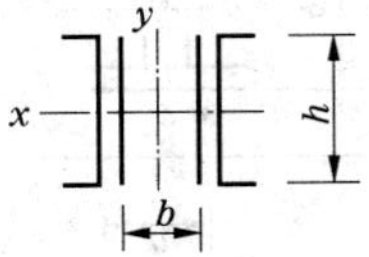 $i_x=0.35h$ $i_y=0.56b$	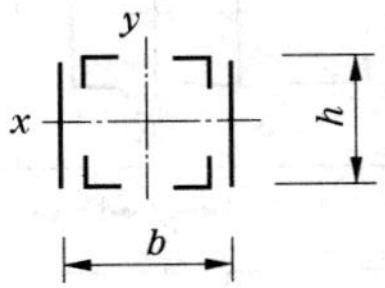 $i_x=0.37h$ $i_y=0.45b$	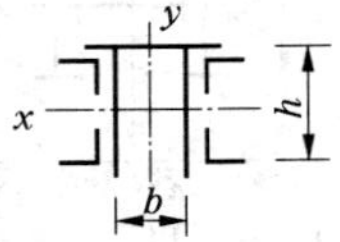 $i_x=0.39h$ $i_y=0.53b$
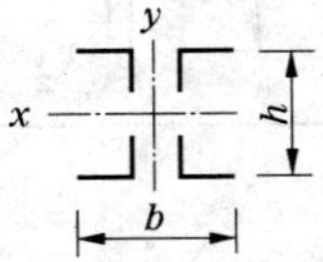 $i_x=0.45h$ $i_y=0.24b$	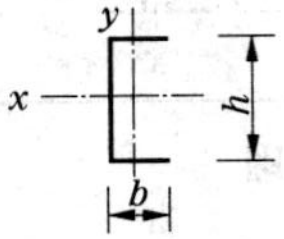 $i_x=0.39h$ $i_y=0.29b$	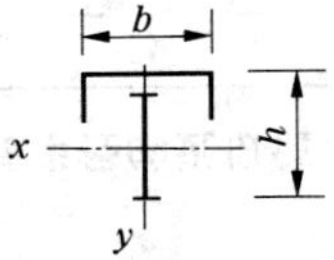 $i_x=0.40h$ $i_y=0.24b$	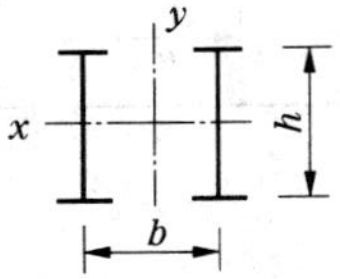 $i_x=0.40h$ $i_y=0.50b$

参考文献

[1] GB 50017—2003　钢结构设计规范[S].
[2] GB 50018—2002　冷弯薄壁型钢结构技术规范[S].
[3] GB 50009—2001　建筑结构荷载规范[S].
[4] JGJ 99—98　高层民用建筑钢结构技术规程[S].
[5] 本书编制组.《钢结构设计规范》应用讲解[M].北京:中国计划出版社,2003.
[6] 本书编制组.《钢结构设计规范》专题指南[M].北京:中国计划出版社,2003.
[7] 汪一俊.钢结构设计手册[M].北京:中国建筑工业出版社,2003.
[8] 魏明钟.钢结构[M].武汉:武汉理工大学出版社,2002.
[9] 陈骥.钢结构稳定理论与设计[M].北京:科学出版社,2001.
[10] 彭伟.钢结构设计原理[M].成都:西南交通大学出版社,2006.
[11] 戴国欣.钢结构[M].武汉:武汉理工大学出版社,2007.
[12] 张耀春.钢结构设计原理[M].北京:高等教育出版社,2004.
[13] 赵根田,孙德发.钢结构[M].北京:机械工业出版社,2007.
[14] 陈绍蕃,顾强.钢结构(上册)——钢结构基础[M].2版.北京:中国建筑工业出版社,2007.